普通高等教育“十一五”国家级规划教材

水产动物营养与配合饲料学

宋青春　齐遵利　主编

中国农业大学出版社
·北京·

编写人员

主　　编　宋青春（河北农业大学）

　　　　　齐遵利（河北农业大学）

副 主 编　王福强（大连水产学院）

　　　　　郝彦周（烟台大学）

　　　　　陈秀敏（河北农业大学）

　　　　　张秀文（河北农业大学）

参　　编　夏艳洁（吉林农业大学）

　　　　　王秋荣（集美大学）

　　　　　白东青（天津农学院）

　　　　　王正丽（青岛农业大学）

　　　　　曹志华（长江大学）

　　　　　黄沧海（集美大学）

　　　　　黄　凯（广西大学）

　　　　　林　刚（南昌大学）

内 容 简 介

本书是普通高等教育“十一五”国家级规划教材，适用于水产养殖专业的本科教育，同时也是研究生教育、高职高专教育、科研和生产的重要参考资料。

本书在传统的相关教材或参考资料的框架基础上，吸收了新的科研成果和理论，特别是对于目前研究的热门内容水产动物的微粒子饲料以及当前人们普遍关心的饲料安全问题，做了专门的介绍。主要内容包括水产动物的摄食、消化与吸收，对各类营养素和能量的需要，配合饲料的原料特性，配方设计，加工工艺，配合饲料质量与安全控制以及水产动物营养与饲料的研究方法等。

前　言

我国的水产养殖已有3 000多年的历史，在长期的养殖生产中，劳动人民积累了丰富的实践经验。1958年我国水产科技工作者总结了过去的丰产经验，归纳出了“水、种、饵、混、密、轮、防、管”八字精养法，该精养法在其诞生后50多年的养殖生产中发挥了重要的指导作用，使养殖产量和经济效益大幅度提高，同时生产和科技的发展也赋予了该精养法以更新、更多的内容。在该精养法中，“水、种、饵”三字是构成水产养殖生产的基本要素，缺一不可。水产养殖的过程实际上就是“饵”在“水”中通过“种”转化为水产品的过程，“饵”是水产养殖的物质基础。

我国传统的池塘养殖方式中，一般用施肥培养浮游生物或投放水、陆生青饲料或农副产品的下脚料来解决饲料问题，因此，产量低下，优质鱼比例不高，经济效益上不去。

随着社会的发展和人民生活水平的提高，人们对水产品的数量要求越来越大，对其质量要求也越来越高，这就要求水产工作者在较短的时间内养殖出量多质优的水产品。为此，水产科技工作者从多方面研究影响水产动物生长的因素，其中一个重要方面就是水产动物的营养与配合饲料。在各级政府的大力支持下，经过科研人员几十年的努力，我国水产动物营养与饲料取得了长足的发展，特别是近几年的科研成果层出不穷，对水产养殖的发展起到了巨大的推动作用。

水产动物营养与配合饲料学是水产养殖（淡水养殖、海水养殖）专业一门必修的专业基础课。尽管它属于专业基础课，但是带有很强的专业课性质。我国的水产动物营养与配合饲料的研究起步较晚，其教育则起步更晚，20世纪90年代初才开始进入课堂。当时全国没有统编教材，各校使用校内自编材料，也有的使用非教材出版物。1996年李爱杰主编了第一部全国高等院校的统编教材《水产动物营养与饲料学》，在当时和以后的教育、生产和科研中发挥了重要作用。其后出版或内部发行了一些高职高专使用的教材，但是对于高等教育再未有新教材。随着社会的发展和科技的进步，新的科研成果和理论不断出现，新教材编写势在必行，本教材就是在这种形势下产生的。

本教材是普通高等教育“十一五”国家级规划教材，由10所高校的14位教师在大量收集国内外最新资料的基础上，用两年多的时间精心编写而成。本教材适用于水产养殖（淡水养殖、海水养殖）专业的本科教育，同时也是研究生教育、高职高专教育、科研和生产的重要参考资料。

本书在传统的相关教材或参考资料的框架基础上，吸收了新的科研成果和理论，特别是对于目前研究的前沿水产动物的微粒子饲料以及当前人们普遍关心的饲料安全问题，都做了专门的介绍，体现了“与时俱进”的思想。

河北皓海生物科技有限公司陈飞鹏，吉林省水产推广总站黄福、朱新华，河北农业大学阎莹、潘娟参加了部分编写整理工作。

本教材在编写过程中参考了大量资料，特向各位原作者表示感谢。

由于本教材内容多，工作量大，再加上编者水平有限，书中错误或遗漏之处在所难免，诚望广大读者批评指正。

编　者

2009 年 10 月

目　录

绪　论

第一节　营养与饲料

一、营　养

(一)营养的概念

生物生命活动的过程，实际上就是新陈代谢的过程。新陈代谢包括合成代谢和分解代谢两个同时进行的过程及物质代谢和能量代谢两个同时进行的方面。动物体要生存，就必须不断地从外界环境中摄取食物，经过口腔、食道、胃、肠道的消化和吸收，并在体内进行一系列的生化反应，以此维持生命活动和建造自身组织，从而能正常地生活、生长、发育和繁殖。

营养就是动物摄取、消化、吸收和利用食物进行合成代谢的过程。食物中所含有的具有营养作用的物质称为营养素或营养物质，营养素包括六大类，即蛋白质、脂质、碳水化合物、无机盐、维生素和水，每一类营养素又包括若干种营养素。

实际上，一个小生命的产生之初(精子和卵子结合成受精卵那一刻)开始就进行营养活动，此时，水产动物一般是利用从母体带来的营养物质——卵黄——进行生命活动，此阶段称为内源营养阶段；当卵黄中的营养物质即将消耗完毕之前，这个小生命的消化系统也发育到了一定程度，对环境中的适口食物能够摄取、消化和吸收，此时，同时利用卵黄和食物中的营养物质进行生命活动，因此，此阶段称为混合营养阶段；当卵黄中的营养物质消耗完毕之后，这个小生命完全依靠从外界摄取的食物中的营养物质进行生命活动，故此阶段称为外源营养阶段。通常人们所说的水产动物的营养主要是指外源营养阶段。

(二)营养研究的目的

营养的研究是随着养殖方式(或密度)的发展而发展的。随着养殖密度的增大，人工饲料的作用越来越重要，营养的研究的作用也越来越重要。

(1)在粗放粗养或野生的情况下，水产动物的食物完全来自于野生天然食物，无人工投喂，也无人工培养的天然食物，因此，也不需要营养学知识。

(2)在滤食性动物为主，吃食性动物为辅的养殖方式中，天然饲料为主，人工饲料为辅。渔产力主要决定于天然饲料。这就需要人工培养一定质和量的天然饲料，这就需要掌握一定的水产动物的摄食、消化和吸收等有关营养学知识。

(3)以吃食性动物为主,滤食性动物为辅的养殖方式中,人工饲料为主,天然饲料为辅。渔产力主要决定于人工饲料。这就需要不仅掌握一定的水产动物的摄食、消化和吸收等有关营养学知识,而且还要掌握水产动物的营养需求等知识。

(4)完全人工投喂的养殖方式。在高密度的集约化养殖条件下(工厂化养殖、流水养殖、网箱养殖),水体中的天然食物对水产动物的营养基本上没有什么作用。水产动物的生长和发育完全依赖于人工饲料,即渔产力完全决定于人工饲料。这就要求掌握更多的营养学知识,因为在这种养殖方式条件下,没有天然饲料的补充,人工饲料中一旦缺乏某一种或几种营养素,就会抑制水产动物的生长和发育,从而影响经济效益。

随着优质水产动物(吃食性水产动物)放养密度的提高,人工饲料的使用量越来越高,地位也越来越重要,为了使其作用得以充分利用,同时又能充分发挥水产动物的生长潜力,势必要研究水产动物的食性、摄食方式、对饲料的消化率、营养生理、营养性疾病、对各种营养素的需求量等。

因此,研究营养的目的是为设计和生产配合饲料提供理论依据,没有相应的营养学研究,就不可能设计和生产出真正的配合饲料,自然也就不能满足水产动物的生理需要,不能达到高产、高效的目的。

营养良好的水产动物,摄食旺盛,体质健壮,发育正常,生长速度快,精力充沛,对外界刺激反应敏感,行动敏捷,对疾病和不良环境的抵抗力强,成活率高,体色鲜艳,机体化学组成好,质量高;对于亲体来说,性腺发育好,按时繁殖,精、卵数量多,质量好,受精率高,胚胎发育正常,孵化率高,孵化出的幼体发育也好,生长快,成活率高。反之,若营养不良,则会导致与上述相反的结果。

(三)营养学及其研究内容

营养学就是在动物及其食物的关系的整体观念中,加入生理、生化知识,阐述食物与动物关系的科学。其研究内容主要包括:

(1)动物对各种营养素的摄取、消化、吸收和利用情况;

(2)各种营养素对动物营养作用(生理功能);

(3)各种营养性疾病的发生原因及防治措施;

(4)动物正常生长、发育和繁殖时对各种营养素的最适需求量。

二、饲 料

(一)饲料的概念

饲料是指能为养殖动物提供营养素,在一定条件下无毒,直接或加工后能被养殖动物摄取、消化和吸收的物质。

(二)饲料的分类

我国传统上对饲料有多种分类方法。有的从来源上将饲料划分为天然饲料和人工饲料,天然饲料是指本来就生活在水环境中的饲料,如浮游生物、底栖生物、水生维管束植物等。人工饲料是指人工投喂的饲料,如麸皮、豆饼、配合饲料等。也有的从饲料的特性上把饲料划分为粗饲料、精饲料、鲜活饲料、动物性饲料、植物性饲料等。随着科技的发展,人们对饲料的划分也趋于一致。国际上将饲料划分为八大类,我国根据国际分类法并结合本国国情将饲料划分为 8 大类 16 亚类 34 个饲料类别,具体分类详见第九章。

根据饲料的营养成分,可划分为单一饲料和配合饲料。单一饲料由一种饲料组成,如鱼粉、豆饼(粕)、麸皮等。配合饲料由多种原料组成,如预混合饲料、浓缩饲料、全价配合饲料等。随着配合饲料的发展,人们往往将单一饲料称为饲料原料(相对于配合饲料)。配合饲料是饲料的发展趋势。

(三)饲料研究的目的

动物生长的过程,实际上就是动物对饲料营养成分的利用和积累的过程,饲料的质量直接影响着动物的生长、发育和繁殖。

过去水产养殖的产量和效益低下,随着科技的发展,产量和效益不断提高,其中的原因是多方面的,其中一个重要原因就是饲料的质量在不断提高。

研究饲料的目的是利用物理、化学和生物的方法,从化学成分、物理性状等方面满足养殖动物的生理需要,提高饲料的利用率,最大限度地发挥饲料的使用价值,降低饲料成本和养殖成本,提高整个养殖的经济效益。

(四)饲料学及其研究内容

饲料学是研究有关饲料的科学。其研究内容主要有:

1. 饲料的化学成分

(1)饲料的营养成分　只有掌握了饲料的营养成分,才能更好地利用饲料。利用饲料实际上就是利用其中的营养素。

(2)饲料原料的抗营养因子及毒素　许多饲料都含有一定量的抗营养因子(特别是植物性原料,如豆类饲料中的抗胰蛋白酶等),有些饲料含有毒素,它们的存在会影响到养殖动物的营养生理活动,影响营养素作用的发挥。为此,必须去除其中的抗营养因子和毒素,或有选择地或限量地利用某种饲料。

2. 促进饲料营养价值和利用率提高的方法

(1)原料的配合　根据养殖动物的营养需求、饲料原料的特性和价格,合理地选择和搭配原料。

(2)饲料的加工　消除抗营养因子和毒素,提高添加剂的热稳定性和化学稳定性,配合饲料的水稳定性以及消化吸收率和适口性等。

3. 新原料的开发　随着养殖业的饲料原料显得有些紧张,从而导致其价格不断上涨,为了降低饲料成本,开发新的饲料原料势在必行。

三、水产动物营养与配合饲料学

(一)概念

水产动物营养与配合饲料学是研究水产动物的营养及配合饲料的科学。其研究对象主要是鱼类和甲壳类,同时也包括爬行动物(鳖、龟)、棘皮动物(海参、海胆)、软体动物(贝、螺、鲍)、两栖类(蛙)等。研究内容主要包括水产动物的摄食、消化与吸收,对各类营养素的需要,配合饲料的原料特性、配方设计、加工工艺,配合饲料质量与安全控制以及水产动物的营养及饲料的研究方法等。

(二)相关学科

本课程是水产养殖专业的专业基础课，与其他课程有着密切的关系，欲掌握好本课程的内容，必须将其与其他课程联系起来，特别是生物化学与生理学，另外还有生物统计学、鱼类增养殖学、甲壳类增养殖学、水产动物病害学、生物学、水产养殖机械、有机化学、无机化学、组织学、微生物学、分析化学等。

(三)开设本课程的目的

饲料是水产养殖的原料，要搞好水产养殖，必须掌握有关水产动物营养与配合饲料的知识。同时，饲料也是饲料生产厂家的产品，要生产出高质量的水产动物饲料，对水产动物营养与配合饲料知识的掌握则要求更高。因此，无论对于从事水产养殖的毕业生还是从事水产动物配合饲料生产的毕业生，都必须掌握本课程的知识。即使是从事水产动物配合饲料营销的毕业生，对于水产动物营养与配合饲料的相关知识也是必须掌握的。

另外，水产动物养殖与陆生动物养殖存在很大的相似性，水产动物的营养与饲料和陆生动物的营养与饲料之间也存在很大的相似性。

因此，凡是将来从事与饲料有关的工作的毕业生都必须掌握本课程。本课程对于扩大毕业生就业面具有重要意义。

第二节　水产动物营养与配合饲料的发展概况

自 1912 年发现维生素，以及后来对矿物质、氨基酸、抗生素和特种饲料添加剂的研究以来，各国对动物营养的研究发展极为迅速。随着人们对畜禽产品和水产品需要量的增加，以及畜禽和水产动物饲养的工厂化，根据动物营养需要来生产配合饲料的工业得到了迅速发展。

一、国外水产动物营养与配合饲料的发展概况

早在 20 世纪 20 年代，国外就开始配合饲料的研究和生产。最初主要用于饲养家禽，以后发展到饲养家畜，50 年代才应用于养鱼。半个世纪以来，水产动物的配合饲料发展较快，美国、日本、德国等国基本上都应用配合颗粒饲料来养鱼。

鱼类配合饲料研制，20 世纪 50 年代初始于美国西部营养研究所。Halver 等通过对虹鳟的营养和代谢基础的研究，搞清了饲料中蛋白质和氨基酸的作用以及某些维生素的缺乏对鱼类摄食、生长、成活率的影响和可能引起的某些疾病，以此为基础提出了第一个虹鳟鱼的配合饲料配方。用此饲料配方饲养虹鳟鱼 3 年，未发生任何营养性疾病，生长发育完全正常。1953 年 Browag 首先用颗粒状配合饲料饲养虹鳟，发现其生长状况并不比喂新鲜饲料差，此后颗粒状饲料便开始用于养鱼。

20 世纪 50 年代末，美国国家研究中心和美国科学院逐步积累了有关虹鳟营养需要的资料，进一步提出了鱼类营养平衡配方，应包括足量的 10 种必需氨基酸、脂肪酸、维生素和矿物元素等，开辟了研制不同鱼类、不同生长阶段配合饲料的广阔领域。

美国对水产配合饲料的研究和生产给日本科研人员以很大的启发。1957 年，日本首先引进了

美国虹鳟配合饲料技术，在日本的大学、水产厅及县办试验场合作下，研制了以北洋鱼粉为主要原料的虹鳟鱼配合饲料。在它的刺激下，掀起了一股养鱼热潮。同时，日本能势健嗣与荻野珍吉等提出了冷水性鱼类（虹鳟）与暖水性鱼类（鲤鱼）在营养需要上存在的差异，把养鱼配合饲料的研究引向了深入。配合饲料工业的发展，是日本养鱼史上一个划时代的变化，从而进一步巩固了日本成为世界渔业大国的基础。

1956 年在全苏谷物科学研究所指导下，在萨拉托夫配合饲料工厂建立了第一个鱼用配合饲料车间。生产的配合饲料开始主要用来饲养鲤鱼，后来发展到饲养其他鱼类。

二、我国水产动物营养与配合饲料的发展概况

1958 年，我国曾进行过颗粒饲料和混合饲料养鱼试验，但没有很好地坚持下来。到 20 世纪 70 年代初又重新开展这方面的研究工作。1972 年底进行了草鱼颗粒饲料的研制和养殖试验，并于 1975 年 12 月初，在湖北省沙市市召开了新中国成立以来我国第一次有关鱼类饲料研究经验交流座谈会。

1976 年，中央农林部将“淡水鱼饲料研究”列入了国家 1976—1978 年重点项目，并委托长江水产研究所为该项目牵头单位，当时全国共有 10 个省、市、自治区 10 多个科研单位和高等院校参加，大家分工协作分别进行了草鱼、青鱼、鲤鱼等品种的饲料配方的研制和其他方面的养鱼饲料的研究。

1977—1979 年，中央农林部又将“颗粒饲料养鱼”列入全国农、林、牧、渔业科技成果示范推广项目，分别在我国北方（河北、河南）、南方（广西南宁）和长江流域（湖北黄冈地区、武汉市、荆州地区）等地，进行应用颗粒饲料养鱼示范推广工作，从而使我国渔用配合颗粒饲料研制工作推向新的高潮。

随着人工配合颗粒饲料养鱼的推广，各地生产单位纷纷要求购买颗粒饲料加工机械，从而促进了我国渔业机械的发展，各种型号的软颗粒机、硬颗粒机、膨化颗粒机等陆续研制、鉴定、投产，鱼用颗粒饲料加工工厂也逐步建立起来了。

“六五”期间，国家将“鱼饲料开发技术”列入了科技攻关项目，从而使我国主要养殖鱼类的营养需要和饲料配方的研究发生了很大的转变，大大加强了主要养殖鱼类的营养、生理、生化等基础理论的研究，促使了初级配合饲料的研制转入到向中、高级配合饲料方向的发展，同时又加速了我国鱼用饲料工业的形成。

“六五”以后除继续进行鱼虾营养需要量和饲料配方研究之外，还制定了 11 条鱼虾饲料标准的营养指标推荐值，以及鱼虾配合饲料及其添加剂生物学综合评定技术规程等，从而缩短了我国渔用配合饲料与世界的差距。

实际上，从“六五”计划以后，每个五年计划都将配合饲料的研究列入重点科技攻关项目，如鱼虾的生理生化代谢等基础研究、名特优养殖品种的饲料配方研究，已列入农业部“九五”重点研究计划。国家资助研究的范围越来越广，研究经费逐年增多，极大地促进了水产动物营养研究和饲料工业的发展，预计不久的将来会赶上或超过世界先进水平。

第三节　水产动物及食物的化学组成

欲使人工饲料充分满足水产动物的营养需要，必须研究水产动物体的化学组成，该组成是设计配合饲料的重要参考资料。实际上，水产动物是摄取食物长大的，故二者的化学组成存在很大的相

似性，但摄取的食物在水产动物体内要经过消化、吸收、分解、合成等生理、生化过程，因此，二者的化学组成也存在很大的差异。水产动物与其食物的化学组成见图 0-1。

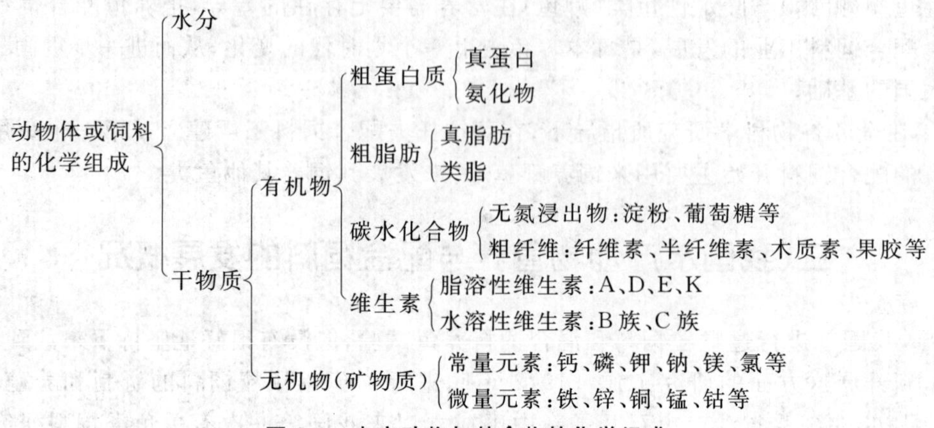

图 0-1 水产动物与其食物的化学组成

水产动物与其饲料之间在营养成分的大类组成上存在着相似性，但在各营养成分的种类和含量上却存在着很大差别，因此，只有将多种饲料相配合才可满足水产动物的生理需求。

第一章
水产动物的摄食、消化与吸收

内容提要

本章介绍水产动物的摄食及影响因素，水产动物的消化器官与消化酶，主要营养物质消化过程以及吸收方式，同时对消化率及其测定方法进行了讲述。

第一节　水产动物的摄食

摄食是水产动物最主要的生理活动。鱼虾类通过摄食活动获得能量和营养物质，为个体的生存、生长、发育、繁殖以及种群的增长提供物质基础。在长期的进化过程中鱼虾类逐渐形成了一系列与之相关的生理、行为和形态的适应特征。下面主要以鱼类为例，介绍水产动物的摄食生理。

一、摄食器官

鱼类通过摄食器官获得自身赖以生存和生长发育的各种营养物质。鱼类在长期演化过程中，形成了一系列适应各自食性类型摄食方式的形态学特征。

鱼类摄食器官主要有口、齿、舌和鳃耙等。

1. 口　口的大小、形状和位置与其摄取食物的大小和摄食方式有关。口型可分为三种位置：口上位，如中上层鱼、吃食鱼均属此口型；口下位，是中下层和底栖鱼类的常见口型；口端位（前位），口型分别适应各自摄食对象的生态位。

口的大小决定了鱼一次能摄取饲料颗粒的大小。刚开口的仔鱼，由内源性营养转向外源性营养时，口径大小更具有决定性意义。仔鱼口径的大小，决定了开口饵（饲）料颗粒的大小。

2. 齿　齿的有无、形状、大小、分布位置随鱼的种类而不同，并与其食性相一致。一般具有颌齿的鱼类，多数为肉食性鱼类，利于抓捕食物。咽齿的形状与其吞食的食物形态特征相适应，如草鱼的咽齿齿冠两侧有许多栉状突起，齿呈梳状，便于切割水草。

3. 舌　鱼类无真正意义上的舌，一般为原始型。但舌上分布有味蕾，有味觉功能，起挑选食物的功能。

4. 鳃耙　鳃耙是鱼类的主要滤食器官，又是保护鳃的一种构造。多数鱼类在鳃耙顶端分布的味蕾具有味觉功能。不同鱼类，鳃耙的有无、发达程度不尽相同，与其食性是一致的。

二、摄食过程

摄食是感觉器官、神经器官和运动器官等协调作用完成的。鱼类等水产动物对食物的定位一般以视觉或嗅、味觉等来决定。

Jones(1991)认为,水产动物摄食过程分为三个阶段:①起始阶段,即发觉或意识到食物刺激和存在;②寻找阶段,即寻找食物位点,并趋向食物,有时猛咬或吞咽;③摄取阶段,即摄入食物并判断食物的适口性、可食性等。

视觉:白昼摄食的中上层鱼类和浅水底层鱼类,视觉在其捕食中均具有重要意义,有些种类甚至在视觉不能起作用时完全不能捕食。鱼类一般优先利用视觉捕食,但也不排斥其他感觉器官对摄食的作用。

嗅觉:Dempsey(1978)观察到大西洋鲱幼鱼对饵料生物的抽提液和几种氨基酸有反应,并证实这种反应是由嗅觉决定的。

听觉:日本竹荚鱼(*Trachurus japonicus*)能为其同类的摄食声所吸引,说明听觉在其摄食中也可以起一定的诱导作用。

侧线:侧线感觉器官是有些鱼类的主要摄食感觉器官。Montgomery 等(1985)研究针鱼(*Hyporham phusihi*)的摄食习性,发现其食物主要为夜间进入水层的浮游动物。组织学研究表明针鱼头前部发达的侧线管系统是猎物识别的主要器官。欧鳊(*Abramis brama*)幼鱼能在完全黑暗的环境中利用侧线捕食其前方约 5 mm 的浮游动物(Townsend,1982)。

凶猛性鱼类除利用视觉捕食外,其他感觉器官的辅助作用也非常重要。对黄尾五条鰤(*Seriola quinqueradiata*)捕食行为研究表明,视觉用于捕食前对猎物的近距离识别和定位,嗅觉、听觉则用于对猎物的远距离定向(Kobayashi 等,1987)。

另外,对于几乎所有不同生态习性的鱼类,觅食时通常都不同程度地利用嗅觉、听觉对食物进行远距离定向,特别是那些快速游泳鱼类,当它们摄取食物后,一般均利用口咽腔味觉、触觉对食物进行最后识别。

三、摄食节律

很多鱼类的摄食活动表现出特定的节律,这是对其生活环境的一种主动适应。Helfman(1986)年将其分为白天摄食、晚上摄食、晨昏摄食以及无明显节律 4 种类型。雷霁霖(2005)根据鱼类的摄食强度随着昼夜、季节、年龄差异以及周期性的变化更为具体地将摄食节律分为日节律、季节节律、年龄差异和周期性间歇 4 种类型。

牙鲆(*Paralichthys olivaceus*)主要靠视觉诱导摄食,仔鱼每天出现 3 个摄食高峰,分别是 4:00～6:00,12:00～14:00 和 16:00～18:00,当照度达到 1 lx 时仔鱼开始摄食,光照强度为 18～25 lx 时,摄食率最高,具有典型的日摄食节律(陈桂梓等,1992)。带鱼和鲐鱼的日节律也非常明显,带鱼摄食强度白天高于黑夜,而鲐鱼则在夜间摄食比较强烈,摄食强度黑夜高于白天(Helfman,1986)。当然,在鱼类的生命周期中,鱼类的摄食日节律可能发生变化。如半滑舌鳎的摄食高峰变态前出现在白天,营底栖生活后属夜间活动类型,白天基本不摄食。

鱼类的摄食是一种内源节律,是对光照、温度、饵料等周期性变动的生态因子的一种主动适应。摄食节律使鱼的摄食活动表现出主动性。Lissmann 等(1982)的研究表明,一种电鱼(*Gymnorh-*

amphichthys hypostormus)在饵料出现数小时前就开始活动,并将其他生理机能调动起来,为摄食做好了准备。摄食节律不仅是行为的一种外在形式,而且是以很多生理机能的变化为基础的。Davis(1962)和John(1964)的研究结果表明,一些黎明摄食的鱼类在光线达到摄食水平以前很久视网膜运动就开始了,包括掩盖色素分子的运动以及视杆肌样体的收缩和视锥肌样体的舒张。这种变化并不直接依靠光照水平的变化,而主要是依靠自身的内源节律。因此,这种变化保证鱼在黎明光照变化很快时能立即开始摄食,而不必经过较长时间的视觉调整过程,许多晨昏摄食的鱼类都具有这一特点。摄食节律为苗种培育时确定合适的投饵时间提供了理论依据。在仔、稚、幼鱼期的适宜时间投饵,可以保证鱼有足够的时间捕获饵料。

四、影响水产动物摄食的因素

水产动物的摄食受到很多因素的影响。

(一)环境因子

特殊的生存环境,使鱼虾类的生长发育受环境因素的影响较大,特别在早期阶段,由于受到自身发育条件的限制,鱼虾类对环境因子的变化更为敏感,环境因素的稍微变化,都会极大地影响鱼虾类的摄食率。这些环境因子主要包括光照、温度、盐度、pH、溶氧量和氨态氮浓度等。其中,光照和水温是影响鱼虾类摄食效率的最重要的非生物因子。

1. 光照 对于依靠视觉摄食的水产动物,光照是影响摄食的最重大因素之一。不同生态类型的鱼类摄食与光照都有一定的关系(Marman 等,1987)。研究表明,光对于视觉摄食鱼类是必须的,并存在一个适宜光强范围,在此范围内鱼类摄食最为活跃,摄食率最高(Batty,1987)。仔鱼通常是视觉摄食者,没有光照就不能产生视觉反应。仔鱼的摄食强度与光照强度之间的关系曲线通常呈S形相关:随着光照从完全黑暗逐渐增强,直到抵达摄食临界光强度,摄食强度才会发生改变;然后摄食强度随光照强度的增大而迅速抵达最大值。

光照之所以成为重要摄食条件,还和它能增加饵背景反差相关。通常,仔鱼对食饵的反应与食饵的背景反差呈正相关。有些食饵对象由于具特定的性状和颜色,增加了背景反差,容易被仔鱼发现。实验发现,仔鱼对藻类培养的体呈绿色的轮虫较之单用酵母培养的无色轮虫,摄食率明显提高。

另外,光照之所以成为影响摄食的主要环境因子,与饵料生物的活动规律密切相关。自然界中,浮游物及幼体多数具有一定的趋光性,清晨和傍晚通常集于水体上层活动,有利于仔鱼摄食,这是视觉摄食类型(如真鲷)仔鱼生命活动与饵料生物环境间的生态学适应。对于这类型的鱼类,为了提高仔鱼的开口率,促进生长发育,夜晚适当延长照明时间益于育苗生产。

2. 温度 水温对鱼虾类摄食效率亦有重要影响,一般而言,在适温范围内,水温越高,摄食量越大。而水温过高或过低都会降低摄食量。

在适当的温度范围内,水温越高,饵料消化越快,摄食量也随之增加。各种鱼类的生长适宜温度范围不同。真鲷是近海暖水种,适宜高而稳定的水温。实验表明,其摄食最适合的水温为26～28 ℃。水温低于10 ℃时真鲷几乎不摄食,但水温高于28 ℃时,真鲷摄食量也急剧下降。鲢在水温8～10 ℃以上时开始摄食,在16～18 ℃以上时,鲢日消耗饲料量急速增加,生长加快;夏季水温26～32 ℃,摄食最盛,生长最快 (何志辉,1987)。而南美白对虾摄食及生长的适宜水温为18～35 ℃,水温18 ℃以下时摄食量减少，存活率降低。

3. 盐度 盐度对有些水产动物的摄食也有影响。郑微云等(1993)在真鲷幼鱼摄食及其影响因素实验中表明，盐度对真鲷摄食影响很大。最适盐度为 2.5%～3.0%，当盐度低于 1.0%时，真鲷几乎不摄食，而当盐度高于 3.0%时，真鲷摄食也急剧下降。Davenport(1979)研究发现随着海水盐度的降低，滤食性贝类的摄食率也变小。而三角帆蚌摄食率的适宜盐度为 0.10%～0.20%。当盐度高于 0.20%时，三角帆蚌的摄食率将会明显下降。看来不论盐度过高或过低，都会降低水产动物的摄食率。

4. 溶解氧 鱼类摄食率受溶解氧的影响也较大。当溶解氧的饱和度下降到 50%～70%以下，大多数鱼类的食欲衰退，摄食量剧减。通常情况下，生活习性为喜集群、游泳迅速、杂食性鱼类的需氧量较大。

另外，氨态氮、亚硝酸盐和硫化氢等化学污染物都会降低鱼虾的摄食。

(二)饥饿

水产动物在饥饿或营养缺乏后，重新摄食后会表现出一个快速的迸发式的生长，被称为补偿生长。其摄食在开始时有所增加，随后逐渐下降，直到恒定。但鱼虾长期饥饿以至抵达不可逆点时，鱼虾就不能再恢复摄食和生长的能力。在一定的限度内，鱼虾类饥饿的时间越长，饱食阶段的摄食率就越高。王岩(2001)发现罗非鱼禁食时间越长，饱食阶段的摄食率和生长率升高的幅度就越大。摄食的最适间隔应相应于胃肠的排空时间和必要开始摄食的时间，即当食欲出现较大的最短禁食时间(Brett，1971)。

(三)体重

随着鱼虾的生长，鱼虾的体重随之增加，其摄食量也相应增大，但其单位体重的鱼虾的摄食量反而下降。如鲤在 30～50 g 鱼的投饲率为 6.8%，800 g 鱼的投饲率仅为 2.2%。虹鳟最大摄食量(R)与体重(W)的关系为：$R=0.024\,W^{1.7}$(Grove 等，1978)。

(四)应激

当鱼虾处于应激状态下，会降低摄食水平，其影响程度因种而异，影响因素多种多样。例如，虹鳟经一个短途运输后，绝食 4～7 d。褐鳟经 2 min 捕捉处理后，停食 3 d。但金鱼等经驯化的观赏性鱼类，对一般的捕捉处理的应激反应较弱。捕到手上的养殖斑节对虾仍可继续进食。

(五)饲料

饲料的营养组成、饲料颗粒大小、硬度与鱼虾的摄食量直接有关。

1. 饲料质量 一般来说，饲料质量高，投饲量可相应减少；反之，投饲量则相应提高。特别是饲料蛋白质和脂肪含量对投饲量影响最大。

2. 饲料颗粒大小、硬度和光洁度 食物颗粒的大小必须与鱼类等动物相适应，使水产动物摄食的时间最短和耗能量小。鲫鱼稚鱼开始摄食时，饲料颗粒应小于 500 μm，真鲷稚鱼应小于200 μm。甲壳动物的摄食虽然有咬碎咀嚼等过程，但大小合适的饲料颗粒可减少饲料的破碎损失和动物摄食过程的能量消耗。鰤鱼稚鱼、鳗鲡等喜欢表面光滑质地较软的饲料；而对虾、虹鳟、大马哈鱼等可摄食硬颗粒饲料。

3. 活饵密度　饵料密度适宜，可提高食物碰见率，摄食耗能降低。对于鱼，饵料密度过低，即使是发育强壮的仔鱼，其摄食能力也会受到很大限制，但在饵料密度达到一定程度以后，再高的饵料密度对仔鱼的摄食强度影响也不明显。

4. 饲料的色、香、味　虹鳟、鲤鱼、真鲷、鲫鱼、罗非鱼和鲕鱼等具有敏锐的色彩感觉，鱿鱼内脏和糠虾中的脂溶性红色素及虾黄素类化合物对真鲷有强烈的引诱作用；Ina(1978)从蚕蛹中分离出荧光物质，并认为其对鲤、鳗鱼等有引诱作用。

水产动物对食物中一些特殊化学气味的反应具有高度的种间特异性。有机酸对金鱼、鲤鱼和罗非鱼等杂食性鱼类具有一定的诱食作用。一些碱性和中性物质(甘氨酸、脯氨酸、牛磺酸、缬氨酸和甜菜碱)等则对肉食性鱼类诱食效果较好。牛磺酸对虾蟹类甲壳动物也具有很好的诱食作用。大蒜和洋葱中因含有挥发性低分子有机物而有特殊蒜香味，这种蒜香味对多数鱼类的嗅觉有强烈的刺激作用，能引诱鱼类摄食；黄柏主要含有黄连素，对鱼类有诱食作用；部分植物挥发油，如阿魏酸和辟汗草的提取物对黄鳝和对虾有较强的诱食作用。

另外，鱼虾摄食还和其他很多因素有关，如繁殖、疾病、群体的影响以及对饲料的习惯程度等。

第二节　水产动物对饲料的消化

一、鱼虾的消化系统

鱼类的消化系统(图 1-1)由一条长的消化道和与其相连的一些消化腺组成。消化道起始于口腔，向后依次为食道、胃(亦有无胃者)、中肠、后肠，最后终止于肛门。消化腺包括肝、胰和消化道壁上的小腺体。消化腺合成消化酶，分泌消化液，经导管输送到消化道内，促使饲料中的蛋白质、脂肪和糖类发生水解作用。

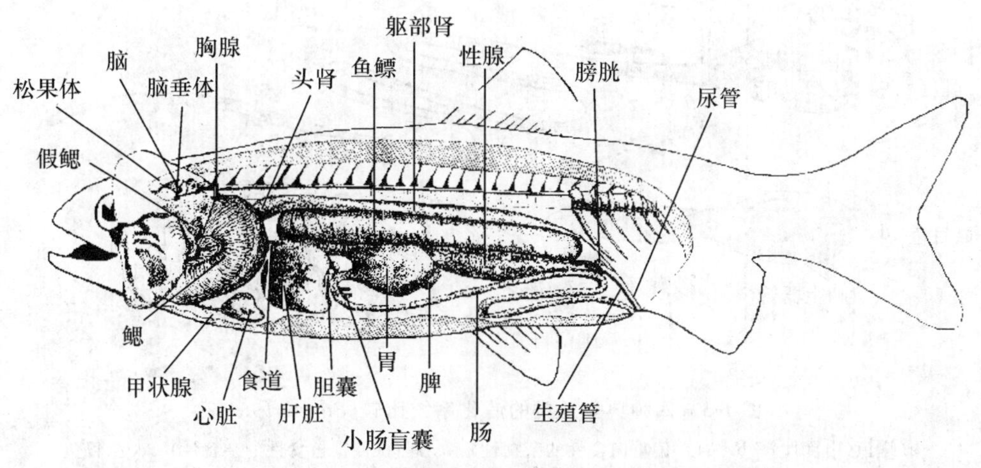

图 1-1　典型鱼类的消化系统

对虾的消化系统(图 1-2)由口腔、食道、胃、中肠、后肠、肛门、肝胰脏和中肠前、后盲囊组成。

鱼虾消化器官的解剖结构随个体生长而发生变化。在刚孵化时，鱼类的消化道首先在靠近卵黄

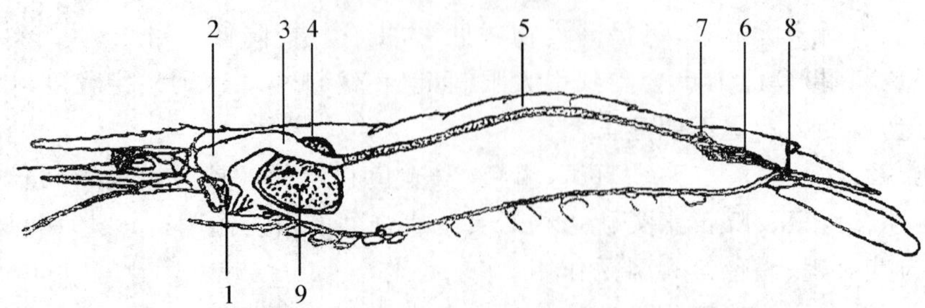

图 1-2　对虾的消化系统(摘自李爱杰《水产动物营养与饲料》,1996)

1. 口、食道　2. 贲门胃　3. 幽门胃　4. 中肠前盲囊　5. 中肠
6. 后肠　7. 中肠后盲囊　8. 肛门　9. 肝胰脏

物质处发育成一个简单的管,然后继续发育。在孵化后第一个周内,肠道延长、扭曲,发育成有特定功能的各种囊。小肠细胞在头几天广泛增殖,随后只在能形成黏膜褶皱的区域内继续增殖(Rombout 等,1984)。在鱼苗发育过程中肠道结构和功能最终稳定下来,但在变态时又发生显著变化,特别是饵料发生大的变化时更是如此。此时,胃肠道的结构和机能也不够完善。随着鱼苗的生长,最终发育成有完善结构和功能的消化系统。

4 种典型鱼类的消化系统比较见图 1-3。

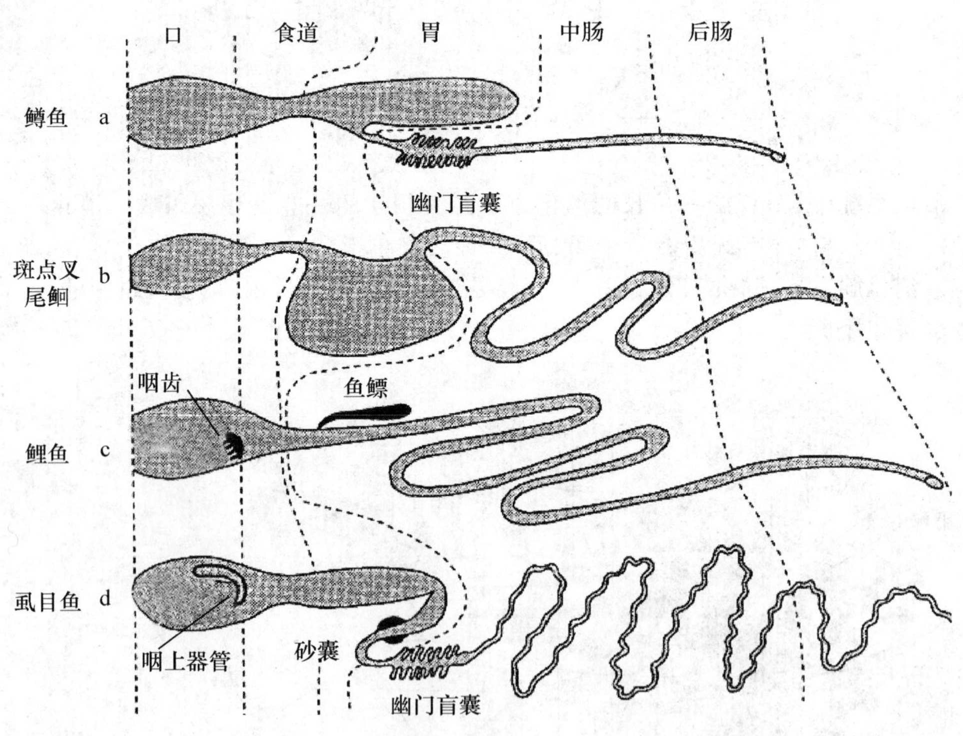

图 1-3　四种典型鱼类的消化系统比较(Smith,1980)

a. 鳟鱼(肉食性)　b. 鲇鱼(偏重肉食性的杂食性)　c. 鲤鱼(偏重植食性的杂食性)　d. 虱目鱼

(一)口腔

鱼类的口腔是摄食器官,内生味蕾、齿、舌等辅助构造,具有食物选择、破碎、吞咽等功能。与哺乳动物口腔能分泌唾液淀粉酶不同,大多数鱼类的口咽部没有消化酶的活性。而鳃耙具有滤食功

能，其发达程度与食性有关。

对虾的口则生于两颚之间，其功能与鱼类相似。

（二）食道

一般地，鱼类的食道短而宽，可膨胀，以致相对较大的物质也能被吞进。食道是食物由口腔进入胃肠的管道，也是由横纹肌到平滑肌的转变区。食道的壁较厚，内面覆盖黏膜，分泌黏液，便于通过食物团。食道前端有味蕾分布，肌肉层发达，收缩时可将食物团送下或吐出不适食物。

对虾的食道也是一个短管，与膨大的胃相连。

（三）胃

大多数鱼存在胃。胃体常分为前后两部，前部称为贲门胃，后部称为幽门胃。幽门之后便是中肠。与较高级的脊椎动物不同，许多鱼有大量的幽门垂，且总是出现在中肠之前。幽门垂为指状囊，离开胃从幽门处向外延伸至小肠。一些幽门垂有分支，但是最简单的幽门垂与人的阑尾相似，幽门垂的数量是进行鱼类分类学的特征之一。另外，值得注意的是，在无胃鱼中，没有幽门垂。

胃的黏膜上皮有三类细胞，即泌酸细胞、内分泌细胞和黏液细胞。泌酸细胞能分泌胃蛋白酶原和盐酸，内分泌细胞能分泌促胃酸激素（gastrin）、生长激素抑制素（somatostatin）和胰多肽（pancreatic polypeptide），黏液细胞则分泌黏蛋白质。另外，三种细胞都能分泌水分和一些无机盐（如 NaCl、KCl 等）。

胃液是黏膜表面上皮细胞及胃腺的混合分泌物，为无色透明、常含黏液的酸性液体，由胃酸（盐酸）、胃蛋白酶和黏液组成。

也有的鱼没有胃，如七鳃鳗、八目鳗、鲤和鹦嘴鱼等。在无胃鱼中，食道与中肠相连。胆管总是进入中肠，且大多数紧靠幽门胃。有些无胃鱼（如金鱼）有一个看起来像胃的肠球（instestinal bulb），胆管常可进入肠球。肠球相对较薄，也不分泌蛋白酶和盐酸，因此蛋白质的消化主要依靠肠道的胰蛋白酶进行。

对虾的胃也分为贲门胃和幽门胃。从食道到胃的内壁有几丁质衬垫，可以把这两部分统称为前肠。

（四）小肠

小肠是消化道中最重要的消化部位。肠道的长短与鱼类的食性相一致。一般来说，小肠的长度在肉食鱼类中占其体长的 1/2～2/3。杂食鱼类肠道要长一些。而在草食性鱼类，肠道折叠的很长，肠道长度是其体长的 5～6 倍。中肠紧接在幽门后部，有许多独特的上皮吸收和分泌细胞。后肠是中肠的延伸，其消化和吸收功能逐渐变弱，pH 值近中性（在 7.8～6.4 之间），产生的黏液增多。中肠和后肠的肠道上皮有许多延伸的褶皱。中肠和后肠之间的分界有的很明显，如斑点叉尾鮰有回肠瓣，其后肠肠壁开始增厚。鲑科鱼类的中肠与后肠的差异难以用肉眼辨别，但组织学清楚地显示一个由柱状分泌吸收上皮到扁平黏液分泌上皮的突然变化，这反映了一个由消化吸收到成粪排泄的功能变化过程。然而，消化道短的鱼类的后肠比消化道长的鱼类有更多的黏膜皱褶，这有增加食物停留时间和吸收的作用。对虹鳟的研究表明，后肠仍可能存在蛋白质等大分子的胞饮作用（Ezeasor 和 Stokoe，1981）。

小肠黏膜主要由上皮细胞和分散其间的杯状细胞组成，是动物吸收营养素的主要部位。小肠的功能单位是绒毛，肠黏膜表面有无数绒毛，因而极大地增加了营养物质的吸收面积。每一条绒毛的外周为一层柱状上皮细胞，这种上皮细胞具有特殊的吸收能力。在上皮细胞的肠腔边缘排列着数百条微绒毛，使吸收面积增加了数百倍。肠内总的表面积随黏膜皱褶、绒毛和微绒毛的增加而增加。微绒毛被糖蛋白覆盖而形成刷状缘，这里含有可水解糖类和蛋白质的各种消化酶，其表面又有许多运输蛋白。

小肠的消化液，包含肠壁外的胰腺分泌的胰液、肝脏分泌的胆汁以及肠壁内腺体分泌的小肠液。

1. 胰液 胰液由胰腺组织中腺泡细胞分泌，经胰腺导管排入小肠。胰液的分泌是连续的，摄食时分泌量增加。

胰液是无色透明的碱性液体，其渗透压与血浆相等。胰液中除水(约 90%)外，还含有无机盐电解质和有机物。无机盐中主要是浓度很高的碳酸氢盐和氯化物，碳酸氢钠可以部分中和来自胃的酸性食糜，维持小肠内中性或弱碱性环境，为各种胰酶消化作用提供适宜条件。

胰液消化酶含量丰富，包括胰蛋白酶、胰肽酶、胰脂肪酶、胰淀粉酶和胰核酸酶等。胰消化酶刚分泌时大部分以无活性的酶原形式存在，在合适的条件下被激活后才具有消化酶活性。

2. 胆汁 胆汁是橙黄色、有黏性、味苦的弱碱性液体。胆汁由肝细胞合成。平时分泌的胆汁由肝管经胆管流入小肠，或贮存于胆囊中，在消化期间从胆囊中反射性排出。

胆汁中不含消化酶，主要成分为胆色素、胆酸、胆固醇、卵磷脂及其他磷脂、脂肪和矿物质等。胆汁对消化的作用，是由胆酸盐来实现的，即激活胰脂肪酶，促进脂肪的乳化，以增加脂肪和脂肪酶接触的表面积。鲑科鱼类的胆汁 85%是胆酸。鲻鱼的胆汁盐大部分为牛磺鹅(脱氧)胆酸盐，这被认为是草食性鱼类的特点。鲤科鱼类和胭脂鱼类的胆汁更原始，大部分为鲤鱼醇(cyprinol)，只有微量的牛磺胆酸盐(李爱杰，1996)。

甲壳类没有胆囊，似乎没有胆汁乳化脂肪帮助消化。但 Dall 和 Moriarty(1983)的研究表明，黄道蟹(*Cancer pagurus*)、河虾(*A. leptodactylus*)和巨螯虾(*Homarus gammarus*)等合成酯酰基羟脯氨酰牛磺酸(或其他氨基酸)二肽这些乳化剂，帮助脂肪的消化。

3. 小肠液 小肠液是小肠黏膜中各种腺体分泌物的混合，含有重碳酸钠和多种消化酶，并且大都混杂有脱落的肠黏膜上皮细胞。这些脱落的上皮细胞中含有丰富的消化酶，同小肠液中游离存在的消化酶一起参与小肠内的消化过程。小肠食糜中有些不完全水解产物，被小肠黏膜吸收后，可在黏膜细胞内酶的作用下，进行最后的水解。

小肠液中含有种类齐全的消化酶，如肠肽酶、肠脂肪酶、分解糖类的酶以及分解核酸和核苷酸的酶等，其对饲料中营养物质的消化作用是十分全面而彻底的，可将蛋白质、脂肪和糖类水解为可被机体吸收利用的形式。

(五)胰脏

鱼类胰脏的结构和分布非常复杂。虽然有独立的胰脏，但弥散型胰脏更普遍。胰脏小结弥散地分布于肠系膜、肝管、胆管、体腔等处。有些胰组织深入肝脏形成肝胰脏(如鲤鱼、鲷类等)。胰脏除分泌胰岛素外，还能分泌消化酶。

一般仔鱼孵化后不久消化道的背面后方出现胰脏，随后胰腺细胞中出现酶原颗粒。酶原颗粒是由高尔基体形成的一种由膜包围的胞质颗粒，酶原颗粒的作用是贮存和分泌由内质网上的核糖核蛋白体所合成的酶原。

关于胰腺酶的分泌机制有许多研究报道。如采用免疫组织化学手段来区分胰脏外分泌腺中的酶原和酶或以分光光度计法测定胰腺和肠腔所分泌酶的酶活。利用这些手段，研究发现鱼类胰腺酶分泌机制的成熟比哺乳动物迟缓。研究表明塞内加尔鳎、狼鲈仔鱼的胰腺酶分泌机制的成熟分别在孵化后第 21 d 和第 25 d。

二、水产动物的消化酶

通常，鱼类中除了个别鱼以外，口腔内没有唾液腺，因此可以认为，鱼的口腔只是咀嚼食物而不分泌消化酶。然而，尽管活性很弱，但仍发现罗非鱼口腔中有淀粉酶，食道部有淀粉酶和脂肪酶。另外，鲤鱼的咽部有较弱的蛋白酶和麦芽糖酶，而食道部却有相当强的淀粉酶、麦芽糖酶和蛋白酶的活性。大多数鱼的食道部有黏液分泌腺，所以食道不仅使饵料滑下去，特别是像鲤鱼那样的无胃鱼，食道部的酶还起着消化的作用。

在正常情况下，鱼类所分泌的消化酶主要包括胃壁腺体分泌的胃蛋白酶、胃脂肪酶，胰腺分泌的胰蛋白酶、糜蛋白酶、羧肽酶、胰淀粉酶和胰脂肪酶，小肠黏膜分泌的氨肽酶、羧肽酶、蔗糖酶、麦芽糖酶、乳糖酶和异麦芽糖酶等。

虾类消化酶相对研究较少。

(一)胃消化酶

鱼虾类的胃液中含有胃蛋白酶和盐酸，有的还存在少量脂肪酶和双糖酶。

胃蛋白酶由胃黏膜主细胞产生，刚分泌出来时是不具有活性的胃蛋白酶原，由盐酸或已激活的胃蛋白酶激活为有活性的胃蛋白酶。

鱼类胃蛋白酶的最适 pH 为 2～3，最适温度为 30～50 ℃。

对虾类胃消化酶的研究很少。刘玉梅(1984，1991)认为中国对虾存在少量的胃蛋白酶。

(二)胰脏消化酶

胰腺是具有外分泌和内分泌的腺体。它的外分泌部分由腺泡和导管系统组成，产生的分泌物是胰液。胰腺所分泌的消化酶可分为蛋白分解酶、糖类分解酶、脂肪分解酶和核酸酶四大类。

1. 蛋白分解酶　鱼类的胰蛋白分解酶主要包括胰蛋白酶、糜蛋白酶、胶原酶和羧肽酶等。从胰腺分泌出来的胰蛋白酶原经自动催化或经肠激酶作用转变为胰蛋白酶。大麻哈鱼(*Oncorhynchus keta*)有 6 种阴离子和一种阳离子胰蛋白酶，其最适 pH 为 8.0～8.3；可被猪的肠肽酶激活，与哺乳类的胰蛋白酶相似。

糜蛋白酶原和羧肽酶原都被胰蛋白酶所激活。胰蛋白酶对天然蛋白质的作用较小，但对经胃液消化而变性的蛋白质作用迅速。胰蛋白酶与糜蛋白酶共同作用，水解蛋白质为多肽，而羧肽酶则降解多肽为小肽和氨基酸。

胰腺也能分泌胶原酶(collagenase)，可以作用于胶原蛋白使之分解。

弹性蛋白酶(elastase)，又叫胰肽酶 E，也由胰腺分泌。鲇鱼和鲫鱼的弹性蛋白酶与猪的相似，最适 pH 略高于 7.0，对弹性蛋白、酪蛋白和血红蛋白都有很高的活性。在所研究的鱼类都能找到弹性蛋白酶。类弹性蛋白有 15 种之多。

从河虾、巨螯虾和对虾属中分离到胰蛋白酶，其最适 pH(7～9)与哺乳动物相似，但是在若干方面与哺乳类胰蛋白酶还是有很大不同。

2. 脂肪分解酶 胰脏是脂肪酶和酯酶的主要分泌器官。胰脂肪酶是胃肠道消化脂肪的主要酶。与高等动物的相似,在胆盐的协同作用下,鱼类胰脂肪酶能将脂肪主要分解为脂肪酸和甘油一酯。

脂肪酶和酯酶也存在于许多甲壳动物中,也可将脂肪分解为游离脂肪酸、单酯酰甘油和二酯酰甘油。

3. 糖类分解酶 鱼类胰淀粉酶能分解淀粉,产生糊精和麦芽糖。胰液内还有麦芽糖酶、蔗糖酶等双糖酶,将双糖进一步分解为单糖。甲壳动物也都能分泌 α-淀粉酶、麦芽糖酶等酶类。

Fange(1976,1979)发现板鳃类及一种硬骨鱼类的胰脏能分泌几丁质酶。具有咬碎咀嚼摄食行为的鱼类,几丁质酶活性低,而囫囵吞食的鱼类几丁质酶活性高。并且证明这些鱼类的几丁质酶是内源性酶。尾崎九雄(1983)和荻野珍吉(1987)都认为:几丁质酶的活性与食性有密切的关系,以浮游动物、甲壳动物为食的鱼类,几丁质酶活性特别高。且认为内源性与外源性几丁质酶有不同的最适 pH 范围,前者在 4 附近,后者在 7 附近。肠微生物区系虽然不能产生大量的几丁质酶,但肠杆菌和弧菌都可以产生几丁质酶,罗非鱼的消化道含有丰富的几丁质分解细菌。

甲壳动物有同类相残或吃自己壳皮的习性,自然它们也能分泌几丁质酶和壳二糖酶,这已被在黄道蟹上的研究所证实。

此外,胰脏还能分泌核酸酶。核酸酶包括核糖核酸酶和脱氧核糖核酸酶,降解相应的底物为核苷酸。

(三)小肠消化酶

鱼类小肠能分泌糖类分解酶、蛋白质分解酶(肠肽酶、氨肽酶、二肽酶等)以及脂肪分解酶(单甘油脂肪酶和卵磷脂酶)等。这些酶可以进一步使糖类、蛋白质和脂肪降解为最终的产物,如单糖、氨基酸和甘油等。

在中国对虾(*P. setiferus*,*P. kerathurus*)中发现羧肽酶 A 和 B 及亮氨酸肽酶,在其他甲壳动物中还发现芳香酰胺酶、二肽酶等酶类(Dall 和 Moriarty,1983)。

三、水产动物对饲料的消化

(一)在胃内的消化

饲料经口腔后吞咽入胃,胃的贲门部和胃体部运动微弱,饲料在胃内按层次排列,可保持数小时之久。胃体部所分泌的胃液,逐渐渗透入胃内容物,开始对饲料蛋白质进行消化。

1. 蛋白质消化 鱼虾类胃液中的胃蛋白酶能消化蛋白质,其实,鱼虾类饲料中的蛋白质相当大部分是在胃内被分解为脲和胨。

2. 脂肪消化 胃黏膜也能分泌脂肪酶,但通常作用较弱(荻野珍吉,1987)。肉食性鱼类的胃黏膜上的脂肪酶、酯酶活性很高,表明胃黏膜存在胞饮作用。

(二)在小肠内的消化

胃食糜的各种营养物质在消化液有关酶的作用下,进入小肠内继续进行消化。胃肠道消化酶的作用基本上在小肠内完成，营养物的分解产物也主要在小肠内被吸收进入血液循环，供机体利用。

1. 蛋白质消化　酸性胃食糜排入小肠时，与胰液、胆汁及小肠液混合而被中和，随着食糜沿肠管移行，食糜的 pH 值逐渐升高，胃酶的作用逐渐降低，而胰酶的活性逐渐增强。待食糜接近或变为碱性时，胃酶的作用被抑制，而胰蛋白酶起主要消化作用，于是蛋白质被水解为氨基酸和小肽。

2. 糖类的消化　食糜中的淀粉在胰液淀粉酶的作用下，水解生成麦芽糖，后者被肠液的麦芽糖酶进一步水解为葡萄糖。其他糖类，则由相应的酶水解为葡萄糖或其他单糖。

3. 脂肪的消化　饲料脂肪在胃内已被粗略乳化，进入小肠后，在胆盐作用下进一步乳化。胰液的脂肪分解酶迅速水解甘油三酯的乳化小滴，产生游离脂肪酸、单甘油酯、双甘油酯及少量甘油。游离脂肪酸和单甘油酯与胆盐结合形成复合物，被肠壁上皮迅速吸收，一些双甘油酯和微量甘油三酯也可被吸收。

饲料中营养物质在小肠内被消化吸收的同时，随各种消化液混入食糜的内源营养组分，也被重新吸收进入血液循环。

(三)消化速度

消化速度常指胃或整个消化道全部排空所需要的时间。单指胃时，叫胃排空时间；指整个消化道时，称总消化时间。确切地说，是食物通过时间。李爱杰(1996)把影响消化速度的因素总结为如下 5 个方面。

1. 食性　肉食性大麻哈鱼在适温范围内总消化时间为 15～26 h，高温快些，低温即慢些。红点鲑的总消化时间为 24 h 左右。胡子鲇具有杂食性特点，但总消化时间也是 24 h 左右。消化速率特快的金枪鱼也需 14 h 左右。这与活动强度有关，活动强度越大，消化速率就越快(荻野珍吉，1987)。草食性鱼类的消化道比肉食性鱼类长得多。一般认为，这可扩大吸收面积、延长食物停留时间和利于微生物帮助消化等。

大多数肉食性鱼类的营养物质总消化吸收率在 70%～90%，而草食性鱼类仅 10%～50%(Smith，1989)。因此，一般地，肉食性鱼类总消化时间较长，消化吸收率高，而草食性鱼类则相反。当然，草食性鱼类的食物营养物质相对含量低，且较难消化。

2. 水温　对鱼、虾这些变温动物来说，温度是一个最重要环境因子。大多数消化酶的最适温度都比环境水温高。所以不难想象，随着温度的上升，消化速率加快。食物在胃中的排空速率在适温范围内随着水温的上升，呈指数函数加快，即

$$r=ae^{bt}$$

式中 r 为食物在胃的排空速率；t 为水温；a、b 为常数。

Brett 和 Higgs(1970)用红大麻哈鱼和湿饲料做实验，证明以上公式成立，水温 3 ℃时，胃排空时间为 147 h，而在 24 ℃时才 18 h。

3. 饲料性状　用天然饲料喂河鳟时表明：r 值不仅与水温有关，还与饲料的种类有关。杜父鱼和鳕鱼消化鱼粉饲料需要 5～6 d，而消化钩虾仅需 3～3.5 d。饲料质地均匀细腻的消化快，粗糙不均的消化慢。这和消化过程的机械处理与幽门反射等因素有关。因此，加工饲料时，必须考虑原料要粉碎到何种程度才合适。纤维素含量是影响食物在消化道中快速移动的重要因素。

4. 投饲频率　实验证明，反复多次投饲，会使消化道内含物反射性急速移动，在未完全消化的情况下就会被排掉。不同鱼、虾摄食习性不一，消化能力有别。即使同种动物在不同生长阶段也有差异。因此，弄清它们的摄食习性，最小消化时间，合理投饲，对充分利用饲料，提高养殖经济效益

是有好处的。

5. 应激 应激反应首先导致生理机能紊乱。在脊椎动物中,应激反应首先刺激肾上腺素和去甲肾上腺素的分泌增加,而后皮质醇类物质分泌增加。这两类激素能产生广泛的生理效应。其中,肾上腺素能抑制消化道蠕动,并抑制血流进入内脏。如果消化活动正在进行时,而消化道蠕动受到抑制,消化速度自然下降。食物在消化道滞留,消化酶有可能消化肠胃壁甚至穿孔(Smith,1989)。消化道离体实验可充分显示肾上腺素、乙酰胆碱对蠕动的抑制作用。业已证实,鱼类存在与高等脊椎动物十分相似的植物神经系统和神经递质种类,但甲壳动物这方面的研究还很少。

第三节 营养物质的吸收

饲料被消化后,各种营养物质经消化道黏膜进入血液或淋巴液的过程称为吸收。食物中的水、无机盐和维生素等营养物质能被直接吸收;蛋白质、脂肪和糖类则必须经消化酶消化,分解为简单的、能溶于水的小分子物质后,才能被吸收利用。胃内一般仅能吸收少量水分、葡萄糖和有机酸;小肠是动物机体所需的营养物质吸收的主要部位。

一、吸收机制

营养物质在胃肠道的吸收是一个复杂的过程,其机理一般可分为胞饮作用、被动转运和主动转运等过程。

1. 胞饮作用 胞饮作用是细胞直接吞噬食物微粒的过程。细胞通过伸出伪足或与物质接触处的膜内陷,从而将这些物质包入细胞内。以这种方式吸收的物质,可以是分子形式,也可以是团块或聚集物形式。鱼、虾类的消化道中仍然存在这种吸收方式。

2. 被动转运 被动吸收是通过滤过、渗透、简单扩散和易化扩散(需要载体)等几种形式,将消化了的营养物质吸收进入血液和淋巴系统。这种吸收形式不需要消耗机体能量。一些分子量低的物质,如简单多肽、各种离子、电解质和水等的吸收即为被动吸收。

3. 主动转运 主动转运是通过细胞本身耗能的代谢活动,将物质分子由膜的低浓度一侧转运至高浓度一侧的过程。主动转运过程主要靠上皮细胞的代谢活动,是一种需要消耗能量、逆电化学梯度进行的吸收过程。动物机体内绝大部分营养物质的吸收是靠主动转运完成的。营养物质的主动吸收需要有细胞上载体的协助。营养物质转运时,首先在细胞膜同载体结合成复合物,通过细胞膜转运入上皮细胞,营养物质与载体分离并释放入细胞中,载体又转回细胞膜的外表面,这样往返循环以主动吸收各种营养物质。载体系统有特异性,细胞膜上同时存在有多种不同的载体系统,每一系统只运载某些特定的营养物质。载体在转运营养物质时,需有酶的催化和能量供给。

吸收过程大体上取决于被吸收的营养物质和膜的结构,但绒毛的舒缩节律性运动可以促进营养物质的吸收。

二、营养物质的吸收

1. 蛋白质的吸收 绝大多数蛋白质在胃肠道内被分解成氨基酸,再主动吸收入血液。有 3 种不同的载体分别对中性、碱性和酸性氨基酸起转运作用。蛋白质消化分解产生的氨基酸并不能全部被肠道吸收。其原因在于各种氨基酸的吸收速度存在明显差异,各种氨基酸的吸收率也有差异,精氨酸、异亮氨酸、蛋氨酸和亮氨酸迅速吸收,苏氨酸、组氨酸、甘氨酸及谷氨酸吸收缓慢,其他氨基酸的吸收速度居中,并且 *L*-构型比相应的 *D*-构型吸收快。小肠不同部位对氨基酸的吸收能力不同,随着食糜沿肠道后端移动,氨基酸吸收亦随之降低。

蛋白质在肠腔内的最终水解产物,除了氨基酸外,还有部分寡肽(小肽),而且一些寡肽可完整被肠黏膜细胞吸收并转运进入血液循环。进入肠黏膜细胞的寡肽,一部分由黏膜细胞内肽酶水解成氨基酸而进入血液循环,另一部分能通过肠黏膜的肽载体进入循环。

寡肽的吸收机制与氨基酸完全不同,它是一个依靠 H^+ 浓度、Ca^{2+} 浓度电位差且耗能的独立转运过程,同时寡肽吸收速度更快、效率更高,比游离氨基酸具有更多的优越性:①寡肽中氨基酸残基吸收速度快于等量游离氨基酸吸收的速度;②寡肽吸收可以避免氨基酸之间的吸收竞争;③寡肽吸收耗能低;④寡肽与游离氨基酸的吸收是相互独立的不同的机制。寡肽的这种吸收优势具有很大的潜在营养作用,如促进氨基酸吸收、直接进行蛋白质合成以及改善动物生产性能等。某些寡肽也作为生理调节物,在动物消化代谢中起着非常重要的作用。

在鲤鱼和丁鲹的成鱼中发现蛋白质的完整吸收,两种鱼都属于鲤科鱼类,没有胃。在其中肠部有胞饮作用吸取蛋白质的肠上皮细胞。在仔鱼的未发达的消化道中,其后肠部也能由胞饮作用而进行蛋白质的吸收。在蛋白质的消化吸收中胞饮作用有多大程度的重要性,尚需进一步研究。

2. 糖类的吸收 糖类在胃肠内降解为单糖和双糖。单糖可直接吸收。麦芽糖、蔗糖、乳糖等双糖虽然可以完全溶解于食糜中,但在正常情况下,必须经肠黏膜上皮的刷状缘含有的双糖酶降解为单糖后才被吸收。

单糖的吸收是主动转运过程。各种单糖的吸收速度不同。葡萄糖和半乳糖吸收最快,而果糖的吸收速度较慢,甘露糖、木糖和阿拉伯糖吸收更慢。

3. 脂肪的吸收 脂肪在胆盐和脂肪酶的作用下水解成脂肪酸和单酰甘油酯。脂肪酸与胆盐形成复合物后,进入肠黏膜的上皮细胞。这种复合物进入上皮细胞后,脂肪酸与胆盐分离,后者透出细胞经血液循环回肝脏,以供再次分泌。同时,甘油也透入细胞与磷酸合成磷酸甘油。于是脂肪酸同磷酸甘油合成磷脂化合物,再转变成中性脂肪。中性脂肪在黏膜上皮细胞合成后,其中一部分(链中碳原子数超过 12)经绒毛的中央乳糜管入淋巴管,另一部分(碳原子数少于 12)由毛细血管入门静脉。脂肪的吸收部位主要在肠前部或幽门盲囊,若饲料脂肪过多,吸收作用可延至肠的后端。

饲料脂肪类型影响动物对脂肪的吸收率。通常,短链脂肪酸要比长链脂肪酸吸收率高;不饱和程度高的脂肪酸比不饱和程度低的脂肪酸吸收率高;而游离脂肪酸比甘油三酯吸收率高。

4. 水、无机盐和维生素的吸收 大部分水在小肠和直肠被吸收,胃也能吸收少量的水。肠壁吸收水分的主要动力是渗透压。营养物质被吸收时,使上皮细胞内的渗透压升高,从而促进水分转移,其中以钠离子的主动转运最重要,是促使水分被吸收的主要因素。

无机盐类主要在小肠内吸收,钠和钾较易吸收,其次是镁和钙,最难吸收的是磷酸盐和硫酸盐。

脂溶性维生素经小肠吸收的机理并不十分清楚。一般认为,维生素 A 可通过主动转运进行吸收,维生素 D、维生素 E、维生素 K 随食糜中的脂类物质被动吸收。脂溶性维生素可能溶解于脂肪吸附时所形成的乳糜微粒中,经乳糜管由肠黏膜转运。脂溶性维生素沿全部小肠吸收。水溶性维生素除维生素 B_{12} 外,主要通过被动扩散在小肠前段吸收。

第四节 消化率及其测定

一、概 念

饲料进入水产动物消化道后，经机械（撕碎、胃肠蠕动）及化学（消化液、消化酶）作用，一部分被分解、消化和吸收。另一部分未被消化的残渣，最后以粪的形式排出体外。这部分损失的大小因饲料性质和动物种类等而不同，它直接影响饲料对水产动物的营养价值。因此，为确实估测饲料营养价值，最简单的办法是测定饲料营养物质的消化率。

消化率是以百分数表示的可消化营养物质占饲料中该物质总量的比例。

二、消化试验

为测定饲料营养物质或能量的消化率，需用水产动物进行消化试验。

（一）常规全收粪法

这是传统消化试验方法，原理是准确记录饲料的摄食数量，同时全部无损地收集所对应的排粪量。从二者中营养物质量之差求出消化的数量，进而算出其消化率。

常规全收粪法消化试验的原则和方法：

1. 试验动物 应健康正常。一个测定需用两个水族箱，每个水族箱放置 10 尾鱼虾，以消除个体间的差异。

2. 试验期 消化试验的关键是统计摄入与排出的营养物质的差值。为了水产动物适应试验条件和排除试验前消化道中残余物质的影响，在正式试验期前要设预试期。预试期内除不采集粪样外，一切处理均同试验期。常规全收粪法消化试验是费时费力的工作，试验期长有利于取得精确测定结果，但劳动和经费的支出也大。建议各种水产动物的消化试验期为：预试期 3～5 d，正式试验期 5 d。

3. 试验饲料 包括可单独饲喂的饲料，应一次按预定喂量分别称出，装入有标记的密封容器内。测定不能单独饲喂的饲料原料时，试验要分两期进行。第一期测基础日粮（base diet 或 reference diet），第二期测供试日粮（test diet）。供试日粮由 70％基础日粮＋30％待测饲料（test ingredient）组成。试验过程中，如有残饵必须收集采样分析，以便校正营养物质的摄食量。

4. 计算方法 直接测定时，计算公式如下：

$$AD=\frac{I-E}{I}\times 100\%$$

式中 AD 为表观消化率；I 为饲料或某一成分的摄入量；E 为粪便或某一成分的总排出量。

在测定不能单独饲喂的饲料原料时，需用差别套算公式间接测定计算：

$$D_F=D_B+\frac{100(AD_T-AD_B)}{30} \text{ 或者 } D_F=D_T+\frac{70(AD_T-AD_B)}{30}$$

式中 D_F 为待测饲料或其某一成分表观消化率；D_T 为供试日粮或其某一成分的表观消化率；D_B 为

基础日粮或其某一成分的表观消化率；30％为待测饲料占供试日粮的比例。

上述消化试验测定的均为饲料或其某一营养物质的表观消化率。因为鱼虾粪便中的物质并非都是未消化饲料的残渣，其中含有消化道的一些代谢产物（如消化道脱落细胞、消化酶和消化液）和肠道微生物及其产物。因而上面算得的消化率称为表观消化率（apparent digestibility，AD）。当将粪中非饲料来源物质（内源物质，e）扣除之后，算得的消化率才叫真消化率（true digestibility，TD）。

$$TD=\frac{I-(E-e)}{I}\times 100\%$$

表观消化率一般比真消化率要低，但是真消化率的测定比较复杂，故一般测定和应用的饲料营养物质消化率是表观消化率。

（二）指示剂法

用全收粪法测定饲料的消化率时，必须准确地计量试验动物的摄食量和排粪量，工作量大，要求条件较高。在有些情况下，无法或不方便直接计量摄食量和排粪量。用指示剂法，则可不必统计摄食量和排粪量，而用消化前后营养物质与指示剂间比例关系的变化就可测出消化率。指示剂可按一定比例加入饲料中（外源），也可以是自然含存于饲料中的（内源）。但不论哪种指示剂，都应在动物消化道内均匀分布，不消化吸收，对动物无毒无害，而且容易准确测定的物质。

1. 外源指示剂法　可作为外源指示剂的物质有很多种，如三氧化二铬（Cr_2O_3）和一些稀土元素的氧化物。Cr_2O_3 是最常用的外源指示剂。此法的预饲期和试验期与全收粪法相同。Cr_2O_3 须在预饲期开始时均匀拌在日粮中投喂。每日投喂和收粪可以不计量，把整个试验期粪样混合，在取样分析粪中的营养物质含量和 Cr_2O_3 含量。用指示剂法测定饲料营养物质消化率的计算公式为：

$$\text{消化率 } D=\left(1-\frac{A'}{A}\times\frac{B}{B'}\right)\times 100\%$$

式中 A 为饲料中某种营养成分的含量（％）；A' 为粪便中相应成分的含量（％）；B 为饲料中指示剂的含量（％）；B' 为粪便中指示剂的含量（％）。

如果计算总消化率，即干物质的消化率，可由下式求得：

$$D=\left(1-\frac{B}{B'}\right)\times 100\%$$

2. 内源指示剂法　饲料中自然含存的一些物质可作为内源指示剂，如 SiO_2、木质素、酸不溶灰分等。酸不溶灰分较为常用。其做法是：称取饲料或粪便样品，放于坩埚中在 450 ℃马弗炉中过夜，将灰分移入烧杯中，加 100 mL 的 2 mol/L（或 4 mol/L）HCl 与灰分混合，煮沸 5 min，趁热用无灰滤纸过滤，冲洗至无酸后，将残渣连同滤纸转移到已知重量的坩埚中，再行灰化。由此即可测出饲料或粪中酸不溶灰分的含量。其计算消化率的公式与外源指示剂完全相同。

内源指示剂的优点是均匀自然含存于饲料，可减少由于混匀度问题造成的误差。但在使用内源指示剂时应避免外来污染，如粪便中混入泥沙则会影响测定结果。

指示剂法除不需统计摄食量与排粪量外，其他原则与全收粪法相同。

（三）其他方法

常规消化试验耗费大量人力、物力和财力，目前有人尝试用体外模拟法来测定消化率。这种方法是利用酶制剂或研究对象的消化器官的酶提取液在试管中进行的消化试验。此法虽然简便，但无法反映体内消化的真实情况，结果缺乏可靠性，已经很少采用。

三、影响消化率的因素

凡影响水产动物消化生理、消化道结构及机能和饲料性质的因素，都会影响消化率。影响消化率的因素很多，主要是动物、饲料、饲料的加工调制等几个方面。

(一)动物本身

1.动物种类 不同种类的动物，由于消化道的结构、功能、长度和容积不同，因而消化力也不一样。一般来说，不同种类动物对粗饲料的消化率差异较大。草食性鱼类对粗饲料的消化率最高，杂食性鱼类次之，肉食性鱼类最低。

2.生长阶段及个体差异 水产动物从幼体到成体，消化器官和机能发育的完善程度不同，则消化力强弱不同，对饲料养分的消化率也不一样。蛋白质、脂肪、糖类的消化率有随动物生长阶段的增加而呈上升的趋势。虹鳟在体重6 g以下时，对饲料蛋白质的消化率明显较低，而在体重10～100 g范围内消化率没有明显差异。这和它的消化酶活力的变化十分吻合。中国对虾的消化酶活力也随着生长阶段的不同而变化(刘玉梅等，1984，1991)。

相同生长阶段、同品种的不同个体，对同一种饲料养分的消化率仍有差异。

(二)饲料

1.饲料种类 不同种类和来源的饲料因营养素含量及性质的不同，可消化性也不同。一般鱼粉等动物源性饲料的可消化性较高，植物源性饲料因为含有抗营养因子，其可消化性较低。

2.饲料化学成分 饲料的化学成分以粗蛋白质和粗纤维对消化率影响最大。饲料中养分愈多，消化率愈高；粗纤维愈多，则消化率愈低。

(1)营养素含量 饲料中养分含量高，消化率就越高。其实，真消化率并不受营养素含量的影响，受影响的是表观消化率。因为表观消化率没有扣除粪便中的内源成分，当被测营养物质越低时，粪中内源性成分的比例就越大，影响就越明显。

(2)粗纤维 随饲料本身粗纤维含量增加，有机物质的消化率下降，这在鱼虾中反应十分明显。

(3)饲料抗营养物因子 各种抗营养因子都不同程度地影响饲料消化率，如胰蛋白酶抑制因子、单宁等可以降低蛋白质的消化率。

(三)饲料的加工调制

饲料加工调制的方法很多，有物理的、化学的、微生物等方法。各种方法对饲料养分消化率均产生影响，其程度视动物种类不同而有差异。

适度的粉碎有利于鱼虾对饲料干物质、能量和氮的消化，例如过10～30目筛的白鱼粉，虹鳟对其消化率仅11%，过30～50目筛，消化率为51%，过50目筛以上，消化率为73%，过120目筛以上时，消化率便没有什么差异了(尾崎九雄，1985)；中国对虾对花生饼的蛋白质消化率，在20目时为80%以下，在40～100目，消化率达92%以上。

适宜的加热、膨化可提高饲料中蛋白质等有机物质的消化率。大豆蛋白经加热处理，可使胰蛋白酶抑制因子失活，提高蛋白质的消化率。另外，生淀粉加热熟化能提高其消化率。但是过热处理，会使赖氨酸、色氨酸等和糖发生美拉德反应(Maillard reaction)，从而使氨基酸的利用率下降。

(四)其他因素

其他需要关注的因素还有水温。但水温对消化率的影响较为复杂。一方面，在适温范围内水温升高会加快食物在消化道的移动，缩短消化时间，从而可能降低消化率。但另一方面，由于水温的升高，酶活力也会增加，而使消化速度加快。一般而言，多数鱼虾在正常的自然水温变化过程中，能平衡食物移动速度和酶活力之间的关系，因此水温的自然变化不会引起消化率的显著变化。低温时，除了食物移动速度慢，增加消化时间外，有的种类还可以增加酶的分泌量以弥补酶活力的不足。麦康森(1998)的研究表明，中国对虾在15～35 ℃范围内蛋白质消化率没有显著差异。

思考题

1. 影响水产动物摄食量的主要因素有哪些？
2. 鱼类能分泌哪些消化酶？这些消化酶的功能有哪些？
3. 鱼虾类对主要营养物质的消化过程是怎样的？
4. 什么是消化率？测定水产动物对饲料的消化率有哪些方法？
5. 试说明直接法(全收粪法)测定消化率的原理和步骤。
6. 试说明指示剂法测定消化率的原理和步骤。
7. 影响消化率的因素有哪些？

第二章
水产动物的蛋白质营养

内容提要

本章介绍蛋白质的组成、分类、生理作用、代谢，水产动物对蛋白质的需要及影响因素，水产动物对必需氨基酸的需要量，蛋白质营养价值的评定，最后介绍肽的营养。

蛋白质是细胞的重要组成成分，在生命过程中起着重要的作用，涉及动物代谢的大部分与生命攸关的化学反应。不同种类动物都有自己特定的、多种不同的蛋白质。在器官、体液和其他组织中，没有两种蛋白质的生理功能是完全一样的。这些差异是由于组成蛋白质的氨基酸种类、数量和结合方式不同的必然结果。

动物在组织器官的生长和更新过程中，必须从食物中不断获取蛋白质等含氮物质。因此，把食物中的含氮化合物转变为机体蛋白质是一个重要的营养过程。

第一节　蛋白质的组成与生理作用

一、蛋白质的组成与分类

(一) 蛋白质的组成

1. 组成蛋白质的元素　蛋白质的主要组成元素是碳、氢、氧、氮，大多数的蛋白质还含有硫，少数含有磷、铁、铜和碘等元素。比较典型的蛋白质元素组成(%)如下：

碳	51.0～55.0	氮	15.5～18.0
氢	6.5～7.3	硫	0.5～2.0
氧	21.5～23.5	磷	0～1.5

各种蛋白质的含氮量虽不完全相等，但差异不大。一般蛋白质的含氮量按16%计。动物组织和饲料中真蛋白质含氮量的测定比较困难，通常只测定其中的总含氮量，并以粗蛋白表示。

2. 组成蛋白质的氨基酸　蛋白质是由氨基酸构成的含氮的高分子化合物。由于构成蛋白质的氨基酸的数量、种类和排列顺序不同而形成了各种各样的蛋白质。因此可以说蛋白质的营养实际上是氨基酸的营养。目前，各种生物体中发现的氨基酸已有180多种，但常见的构成动植物体蛋白质的氨基酸只有20种。几种动物产品和饲料氨基酸含量见表2-1。植物能合成自己全部所需的氨基酸，动物蛋白质虽然含有与植物蛋白质同样的氨基酸，但动物不能全部自己合成。

表 2-1　几种蛋白质的氨基酸含量

（引自 Kirchgessncr，1987）　%

氨基酸	酪蛋白	卵蛋白	叶肉	鳕鱼粉	大豆蛋白	蚕豆蛋白	小麦蛋白
丙氨酸(Ala)	3.0	6.7	5.0	7.5			
精氨酸(Arg)	1.1	5.7	7.2	6.7	6.5	6.0	5.0
天冬氨酸(Asp)	7.1	9.3	6.1	8.6			
半胱氨酸(Cys)	1.3	1.5					
胱氨酸(Crs-Cys)	0.3	0.5	1.1	1.0			
谷氨酸(Glu)	22.4	16.5	15.6	13.4			
甘氨酸(Gly)	2.7	3.0	5.1	12.5			
组氨酸(His)	3.1	2.4	2.9	1.8	2.3	2.9	1.9
异亮氨酸(Ile)	6.1	7.0	6.3	4.1	12.4	13.5	9.5
亮氨酸(Leu)	9.2	9.2	7.7	6.7			
赖氨酸(Lys)	8.2	6.3	8.2	6.9	6.3	6.0	2.1
蛋氨酸(Met)	2.8	5.2	2.2	2.8	1.5	0.8	1.3
苯丙氨酸(Phe)	5.0	7.7	5.0	3.4	9.4	7.0	7.5
脯氨酸(Pro)	11.2	3.6	6.0	6.8			
丝氨酸(Ser)	6.3	8.1	5.5	5.6	4.2	2.6	2.9
苏氨酸(Thr)	4.9	4.0	5.0	4.2	1.3	0.9	1.2
色氨酸(Try)	1.2	1.2	1.1	1.0			
酪氨酸(Tyr)	6.3	3.7	4.4	2.8			
缬氨酸(Val)	7.2	7.0	5.0	4.8	4.7	5.1	4.0

氨基酸有 *L* 型和 *D* 型两种构型。除蛋氨酸外，*L* 型的氨基酸生物学效价比 *D* 型高，而且大多数 *D* 型氨基酸不能被动物利用或利用率很低。天然饲料中仅含易被利用的 *L* 型氨基酸。微生物能合成 *L* 型和 *D* 型两种氨基酸，化学合成的氨基酸多为 *D*、*L* 型混合物。

（二）蛋白质的性质和分类

1. 蛋白质的性质　蛋白质凭借游离的氨基和羧基而具有两性特征，在等电点易生成沉淀。不同的蛋白质等电点不同，该特性常用作蛋白质的分离提纯。生成的沉淀按其有机结构和化学性质，通过 pH 的细微变化可复溶。蛋白质的两性特征使其成为很好的缓冲剂，并且由于其分子量大和离解度低，在维持蛋白质溶液形成的渗透压中也起着重要作用。这种缓冲和渗透作用对于维持内环境的稳定和平衡具有非常重要的意义。

在紫外线照射、加热煮沸以及用强酸、强碱、重金属盐或有机溶剂处理蛋白质时，可使其若干理化和生物学性质发生改变，这种现象称为蛋白质的变性。酶的灭活，食物蛋白经烹调加工有助于消化等，就是利用了这一特性。

2. 蛋白质的分类　简单的化学方法难以区分数量庞杂、特性各异的这类高分子化合物。通常按照其结构、形态和物理特性进行分类。不同分类间往往也有交错重叠的情况。一般可分为纤维蛋白、球状蛋白和结合蛋白三大类。

(1)纤维蛋白　包括胶原蛋白、弹性蛋白和角蛋白。

①胶原蛋白　胶原蛋白是软骨和结缔组织的主要蛋白质，一般占哺乳动物体蛋白总量30%左右。胶原蛋白不溶于水，对动物消化酶有抗性，但在水或稀酸、稀碱中煮沸，易变成可溶的、易消化的白明胶。胶原蛋白含有大量的羟脯氨酸和少量羟赖氨酸，缺乏半胱氨酸、胱氨酸和色氨酸。

②弹性蛋白　弹性蛋白是弹性组织，如腱和动脉的蛋白质。弹性蛋白不能转变成白明胶。

③角蛋白　角蛋白是羽毛、毛发、爪、喙、蹄、角以及脑灰质、脊髓和视网膜神经的蛋白质。它们不易溶解和消化，含较多的胱氨酸(14%～15%)。粉碎的羽毛和猪毛，在高压高温(120 ℃)下处理1 h，其消化率可提高到70%～80%，胱氨酸含量则减少5%～6%。

(2)球状蛋白

①清蛋白　主要有卵清蛋白、血清清蛋白、豆清蛋白、乳清蛋白等，溶于水，加热凝固。

②球蛋白　球蛋白可用5%～10%的NaCl溶液从动、植物组织中提取，不溶或微溶于水，可溶于中性盐的稀溶液中，加热凝固。血清球蛋白、血浆纤维蛋白原、肌浆蛋白、豌豆的豆球蛋白等都属于此类蛋白。

③谷蛋白　麦谷蛋白、玉米谷蛋白、大米的米精蛋白属此类蛋白。不溶于水或中性溶液，而溶于稀酸或稀碱。

④醇溶蛋白　玉米醇溶蛋白、小麦和黑麦的麦醇溶蛋白、大麦的大麦醇溶蛋白属此类蛋白。不溶于水、无水乙醇或中性溶液，而溶于70%～80%的乙醇。

⑤组蛋白　属碱性蛋白，溶于水。组蛋白含碱性氨基酸特别多。大多数组蛋白在活细胞中与核酸结合，如血红蛋白的珠蛋白和鲭鱼精子中的鲭组蛋白。

⑥鱼精蛋白　鱼精蛋白是低分子蛋白，含碱性氨基酸多，溶于水。例如，鲑鱼精子中的鲑精蛋白、鲟鱼的鲟精蛋白、鲱鱼的鲱精蛋白等。鱼精蛋白在鱼的精子细胞中与核酸结合。

球蛋白比纤维蛋白易于消化，从营养学的角度看，氨基酸含量和比例也较纤维蛋白更理想。

(3)结合蛋白　结合蛋白是蛋白部分再结合一个非氨基酸的基团(辅基)。比如核蛋白(脱氧核糖核蛋白、核糖体)、磷蛋白(酪蛋白、胃蛋白酶)、金属蛋白(细胞色素氧化酶、铜蓝蛋白、黄嘌呤氧化酶)、脂蛋白(卵黄球蛋白、血中β_1-脂蛋白)、色蛋白(血红蛋白、细胞色素C、黄素蛋白、视网膜中与视紫质结合的水溶性蛋白)及糖蛋白(γ-球蛋白、半乳糖蛋白、甘露糖蛋白、氨基糖蛋白)。

二、蛋白质的生理作用

蛋白质在动物的生命活动中具有重要的营养作用。

1. 蛋白质是构建机体组织细胞的主要原料　动物的肌肉、神经、结缔组织、腺体、精液、皮肤、血液、毛发、角、喙等都以蛋白质为主要成分，起着传导、运输、支持、保护、连接、运动等多种功能。肌肉、肝、脾等组织器官的干物质含蛋白质80%以上。蛋白质也是乳、蛋、毛的主要组成成分。除反刍动物外，食物蛋白质几乎是唯一可用以形成动物体蛋白质的氮来源。

2. 蛋白质是机体内功能物质的主要成分　在动物的生命和代谢活动中起催化作用的酶、某些起调节作用的激素、具有免疫和防御机能的抗体(免疫球蛋白)都是以蛋白质为主要成分。另外，蛋白质对维持体内的渗透压和水分的正常分布也起着重要的作用。

3. 蛋白质是组织更新、修补的主要原料　在动物的新陈代谢过程中，组织和器官的蛋白质更新、损伤组织的修补都需要蛋白质。据同位素测定,全身蛋白质6～7个月可更新一半。

4. 蛋白质可供能和转化为糖、脂肪 在机体能量供应不足时,蛋白质也可分解供能,维持机体的代谢活动。当摄入蛋白质过多或氨基酸不平衡时,多余的部分也可能转化成糖、脂肪或分解产热。正常条件下,鱼等水生动物体内亦有相当数量的蛋白质参与供能作用。

第二节 蛋白质的消化与代谢

一、蛋白质的消化与利用

食物中的蛋白质在水产动物体内被消化吸收之后才能被机体利用。食物蛋白在水产动物体内的消化率受到多方面因素的影响,如水产动物的种类和规格、蛋白质的种类和含量、饲料的成分和饲料的加工工艺等,但总的来说,水产动物对蛋白质的消化率还是比较高的。

食物中的蛋白质在体内被分解成氨基酸,进入体液循环,然后被机体利用。吸收到体内的氨基酸有3个去向,可用以下模式表示:

$$I=I_m+I_g+I_e$$

式中I为吸收的氨基酸,I_m为用于机体组织蛋白质的更新与修复的氨基酸,I_g为用于生长的氨基酸,I_e为分解后作为能源消耗的氨基酸。

在上式中,I_m和I_g的作用是蛋白质固有的营养效果,是其他营养素所不能代替的。I_e的作用从理论上来说是可以用脂质或碳水化合物代替的。

用于I_m的氨基酸的量,相当于提供无氮饲料时由粪便排出的代谢性氮、尿排出的内源性氮和鳃分泌的氨态氮的总和。随着水温和水产动物大小而变化,水产动物越大,用于I_m的越多。但在一定条件下,对某种水产动物来说,是相当恒定的。

用于I_g的氨基酸因不同的生长阶段而异,在幼体阶段,I_g在摄取的蛋白质中所占比例大些;但到接近于成体阶段时,便逐渐变小;而体重不再增加时,I_g则接近于零,即$I=I_m+I_e$,此时饲料蛋白质的用量可以降低。随着水产动物的生长,I_m的绝对量有些增加,但比起生长中的水产动物的I_g值要小得多,每一单位体重的蛋白质的需要量,可以说随着接近成体而减少。

被吸收的氨基酸是用于I_m还是I_g或I_e,因蛋白质的质量、数量、非蛋白能量等而异。①营养价值高的蛋白质,用于I_m和I_g的比例高,用于I_e的比例低,反之营养价值低的蛋白质,用于I_e的比例多,用于I_m和I_g的比例则少。②当非蛋白能量低时,用于I_m和I_g的比例低,用于I_e的比例高。③当饲料中蛋白质含量高时,用于I_g的比例高,用于I_m的比例少,因此,为了使动物能很好地利用蛋白质促进生长,饲料中含有优质而适量的蛋白质和非蛋白可消化能源是很重要的。

二、蛋白质和氨基酸的代谢

(一)内源氮和代谢氮

鱼、虾类摄取饲料后,经过消化和吸收过程,在消化道内没有被消化吸收的废物以粪的形式排出体外。而被吸收了的氨基酸主要用于合成体蛋白质，一部分氨基酸经脱氨基以氨的形式（也有以尿素和尿酸形式）通过肾和鳃排出体外。鱼、虾类在摄取无蛋白质饲料时，其排出的粪和尿中亦有含氮物质等代谢产物，从粪中排出的氮叫代谢氮（medogenous nitrogen），主要是肠黏膜脱落细胞、黏液和消化液所含有的氮；从尿排出及鳃分泌出的氮叫内源氮（endogenous nitrogen），主要是体内蛋白质修补更新时，部分体蛋白降解，最终由尿排泄及由鳃分泌的氮。代谢氮（F_o）和内源氮（U_o）排泄量的总和（E_o）即鱼类为了维持生命活动所需蛋白质最低需要量。据荻野珍吉等（1973）报道，用无蛋白质饲料饲养体重 50～300 g 的鲤鱼来测定 F_o 和 U_o 的排泄量，排泄量随水温的变化而变化。在鲤鱼适宜的温度范围内，每 100 g 体重，每日 E_o 量为 10～13 mg，其中 F_o 为 3～4 mg，U_o 为 7～9 mg，体重 2～10 g 的鲤鱼，在水温 19～25 ℃时，每 100 g 体重一日的 E_o 为 14 mg，其中 F_o 为 3 mg，U_o 为 11 mg。即稚鲤每 100 g 体重一日内要分解、消耗 87 mg(14 mg×6.25)蛋白质。虹鳟鱼在水温 12～19 ℃时，每 100 g 体重一日，F_o 为 1 mg，U_o 为 8.5 mg，E_o 为 9.5 mg，即分解、消耗 59 mg(9.5 mg×6.25)蛋白质。

据毛永庆等（1985）测得草鱼体蛋白氮维持量每天每 100 g 体重为 3～4 mg，鲮鱼体蛋白维持量每天每 100 g 体重为 14 mg。

（二）氮的平衡

1. 氮平衡 所谓氮的平衡（nitrogen balance）是动物所摄取的蛋白质的氮量与在粪和尿中排出的氮量之差。可用下式表示：

$$B=I-(F+U)$$

式中 B 为氮的平衡；I 为摄入的氮量；F 为粪中排出的氮量；U 为尿、鳃中排出的氮量。

氮的平衡有 3 种情况：

氮总平衡（有的称为氮零平衡），即 $B=0$，$I=F+U$，表现为体内蛋白质分解与合成处于动态平衡。

氮正平衡，即 $B>0$，摄入的饲料蛋白质除补偿体蛋白的消耗外，还有一部分用于构成新的体组织，表现为鱼、虾体重增加，体蛋白增加。

氮负平衡，即 $B<0$，通过粪和尿、鳃排出的氮量超过摄入氮量时，表现为鱼、虾体消瘦，体重减轻。

据荻野珍吉（1980）报道，以酪蛋白为饲料蛋白源，饲养体重为 90～400 g 鲤鱼，测定氮的平衡。平均 100 g 体重的鲤鱼摄取氮量低于 15～17 mg 以下时呈氮的负平衡；当摄入的氮量在17 mg以上时，呈氮的正平衡；当摄入的氮量在 190～200 mg 时，氮的平衡 B 值达到最大值。

2. 氮平衡试验 氮平衡试验主要用于研究动物蛋白质的需要，饲料蛋白质的利用率以及饲料或饲粮蛋白质量的比较。通过饲料粪氮和尿氮的测定就可知道体沉积氮。测定的方法除增加体氮的分析外，其他与消化代谢试验相同。根据食入氮、粪氮和尿氮可进行如下计算：

氮的消化率＝（食入氮－粪氮）÷食入氮

沉积氮＝食入氮－（粪氮＋尿氮）

氮的总利用率＝沉积氮÷食入氮

氮的生物学价值（BV）＝沉积氮÷吸收氮

氮的沉积除了受动物的性别、年龄和遗传因素的影响外，另一重要的影响因素是饲粮蛋白质的数量和质量。

通过氮平衡试验确定蛋白质的需要应注意的是：试验饲粮蛋白质的水平能满足需要，必需氨基酸的数量足够、比例恰当以及其他营养物质适量，使动物能充分发挥遗传潜力。如果要测定某个饲料或饲粮蛋白质的利用率，则采用限食，原则是食入蛋白质的量不超过或稍低于动物所需要的量。

(三)蛋白质周转

机体蛋白质是一个动态平衡体系，机体蛋白质沉积是其合成和降解的结果，生长动物蛋白质合成率大于降解率，成年动物两个过程的速率相等，蛋白质摄入严重不足的动物，体蛋白降解率则大于合成率。不同组织器官蛋白质合成和降解的速度不一样。肝脏和胰腺合成速度最快，小肠次之，大肠和肾较慢，肌肉和心脏最慢。蛋白质、氨基酸在体内贮存是很有限的，且主要是在肝脏。肝脏蛋白质含量随进食而增加，在短时间内可贮存食入蛋白质总量的 50%，但这个量也只能构成机体蛋白质总量的 5%左右，因此过量的蛋白质只能转化为碳水化合物和脂肪，或分解产热。饲喂氨基酸不平衡的日粮，在 24 h 以后补给所缺氨基酸已不能发挥其互补作用，提高饲粮蛋白质利用率。在合成机体组织新蛋白的同时，老组织的蛋白质也在不断更新，使动物能够很好地适应内外环境的变化。被更新的组织蛋白质降解成氨基酸进入机体氨基酸代谢库，相当一部分又可重新用于合成蛋白质，只有少部分转化为其他物质。这种老组织不断更新，被更新的组织蛋白降解为氨基酸，而又重新用于合成组织蛋白质的过程称为蛋白质的周转代谢(turn over)(图 2-1)。据测定，每天机体合成的蛋白质总量远远超过消化和吸收的饲粮蛋白质，为吸收蛋白质的 5～10 倍。

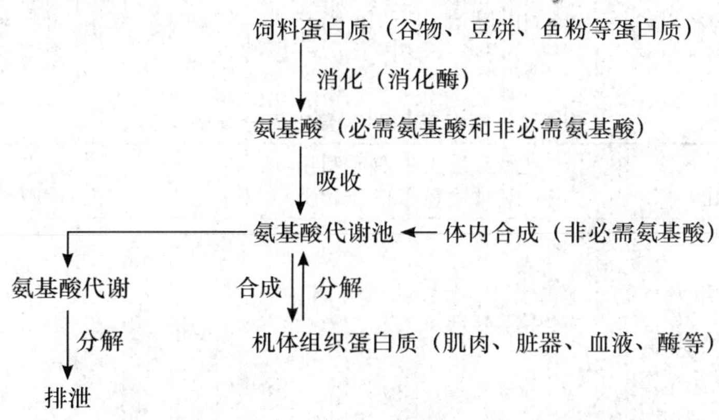

图 2-1　蛋白质的代谢过程

蛋白质周转受年龄的影响，随着年龄的增长，单位体重蛋白质的周转率降低。机体每日被更新的蛋白质占总合成量的 60%。蛋白质的合成、分解也受激素的控制。胰岛素和生长激素促进氨基酸的摄入和蛋白质合成，儿茶酚氨、异高血糖素和糖皮质激素基本上是促进蛋白质分解。

第三节　水产动物对蛋白质的需要

一、蛋白质需要的研究方法

蛋白质是决定鱼、虾类生长的最关键的营养物质，也是饲料成本中花费最大的部分。确定配合饲料中蛋白质最适需要量，这在水产动物营养学和饲料生产上极为重要。鱼、虾类对蛋白质需要量包含两个意义：①维持体蛋白动态平衡所必需的蛋白质量，即维持体内蛋白质现状所必需的蛋白质量。②能使鱼、虾类最大生长，或能使体内蛋白质积蓄达最大量所需的最低蛋白质量。在鱼、虾类养殖生产中通常考虑的是后者。

鱼、虾类对蛋白质需要量的高低，受多种因素影响。如鱼、虾类的种类、年龄、水温、饲料蛋白源的营养价值以及养殖方式等，对蛋白质的需要量均会产生影响。确定鱼、虾类最大生长蛋白质需要量有如下方法：

(1)蛋白质浓度梯度法，采用不同梯度蛋白质含量的试验饲料来饲养鱼、虾类，测定各试验组鱼、虾类的增重率、蛋白质效率等指标，确定蛋白质需要量。

(2)使用营养价值高的蛋白质饲料，使氮的平衡达到最高的正平衡，由摄取的氮量计算出蛋白质最大需要量。

(3)使用营养价值高的蛋白质饲料饲养鱼、虾类，经一定时间达到鱼体氮的最大增加量，计算出蛋白质最大需要量。

(4)正交试验设计法，可以在一次实验中同时得到多种营养素的适宜含量。

在研究饲料中蛋白质适宜含量的试验中，不同的研究者会得出不同的结果，这是因为所使用的动物规格、饲料配比、试验条件、试验方法、评价标准等不同所致。荻野珍吉(1987)提出：对鲤鱼以氮的最大积蓄量为标准时，以酪蛋白为蛋白源，其蛋白质的需要量为 11～12 g/(kg · d)；以蛋白质利用率为标准时为 5.6～8.1 g/(kg · d)。现在，以氮的最大积蓄量为标准时蛋白质的需要量为 11 g，以氮的利用率为标准时蛋白质的最高需要量为 7 g，则其投饲率和饲料蛋白质含量的关系如表2-2所示。

表 2-2 投饲率和饲料蛋白质含量的关系 %

投饲率 (占体重的百分比)	达到最大蛋白质利用率时饲料蛋白质含量	达到最大氮积蓄量时饲料蛋白质含量
1.5	47	73
2.0	35	55
2.5	28	44
3.0	23	37
3.5	20	31
4.0	18	28

二、几种主要养殖鱼类对蛋白质的需要量

(一)主要淡水养殖鱼类对蛋白质的需要量

青鱼属于肉食性鱼类，杨国华等用酪蛋白为蛋白源，采用梯度法求得青鱼鱼苗对蛋白质需要量为 41%，王道尊等(1981)报道，2 龄青鱼在饲料中蛋白质含量在 29.54%～40.85%时增重率缓慢上升，并达到最高值，当蛋白质含量超过 40.85%时，增重率下降。

这一结果同分析青鱼的天然饲料——螺蛳的蛋白质含量 38.89%和黄蚬的蛋白质含量 32.2%相近。所以可确定青鱼配合饲料的蛋白质含量在青鱼夏花阶段为 40%，鱼种阶段为 35%，养成鱼阶段为 30%。

草鱼属于草食性鱼类，林鼎等(1980)采用蛋白质浓度梯度法，对体重2.4～8 g的草鱼进行试验，结果得到蛋白质最适需要量为27.66%。

黄忠志等(1986)的试验报道：体重1.9 g的草鱼在水温25～26 ℃时，蛋白质最适需要量为48.26%；体重5.5～4.0 g的草鱼，在水温18～23 ℃时，蛋白质最适需要量为31.98%；体重10 g的草鱼，在水温25 ℃时，蛋白质最适需要量为28.20%。用豆饼、鱼粉为饲料蛋白源，对体重33 g的草鱼经217 d的饲养结果，以含蛋白质32.64%的饲料组生长最佳。草鱼在幼鱼阶段以浮游动物等为食，对蛋白质的需要量较高，随着生长发育食性转变到完全能够摄食水生植物的时候，对饲料蛋白质需要量降低。所以，草鱼配合饲料的蛋白质含量从鱼苗到夏花阶段可确定为30%，鱼种到养成鱼阶段可确定为22%～25%。

团头鲂属草食性鱼类，据邹志清等(1988)报道，对饲料中蛋白质最适需要量为21.25%～30.83%。

鲤鱼属杂食性鱼类，它在世界上被广泛地作为养殖对象，所以国内外学者对鲤鱼的营养研究较多。鲤鱼对蛋白质的需要量，据荻野珍吉等报道，在水温20～27 ℃时，用酪蛋白为蛋白源，测定其维持体蛋白质，即氮的平衡为零时，每100 g体重鲤鱼每天最低需摄取17 mg氮，相当于0.106 g蛋白质。在不同投饲率的场合，鲤鱼维持体蛋白基础代谢的最低饲料蛋白质见表2-3。

表2-3　鲤鱼维持体蛋白所需最低饲料蛋白质含量

(荻野珍吉，1987)　%

投饲率(占体重的百分比)	2.0	2.5	3.0	3.5	4.0
饲料蛋白质含量	5.3	4.2	3.5	3.0	2.7

从表2-3可见，鲤鱼用3%～5%饲料蛋白质就能维持体蛋白平衡，该含量即为鲤鱼维持生命所必需的最低饲料蛋白质含量。

确定鲤鱼体的蛋白质最大积蓄量或最大速度生长时所必需的蛋白质量。尽管体蛋白质最大积蓄量和最大速度生长并不是一回事，但是两者所得到的蛋白质需要量是很相近的。据荻野珍吉等(1987)试验认为：体重100 g鲤鱼的氮平衡达到最大值时，氮的最低摄取量为190～200 mg，换算成蛋白质为1.19～1.25 g。在不同投饲场合，鲤鱼体蛋白质最大积蓄时，其饲料蛋白质含量如表2-4所示。

表2-4　鲤鱼体蛋白质最大积蓄时饲料蛋白质的含量

(荻野珍吉，1987)　%

投饲率(占体重的百分比)	2.0	2.5	3.0	3.5	4.0
饲料蛋白质含量	58	46	38	33	29

从表2-4可见，使鲤鱼最大速度生长时，投饲率在3%～4%，饲料蛋白质含量为29%～38%。我国学者对鲤鱼的营养需要的研究也做了大量工作。从养殖生产实际出发，在鲤鱼配合饲料中蛋白质含量，鱼苗阶段(0.02～0.2 g)为40%～45%，鱼种阶段(0.2～100 g)为35%～40%，成鱼阶段(100 g以上)为30%～35%。

罗非鱼也属杂食性鱼类，据黄忠志等(1985)研究，罗非鱼的饲料蛋白质最适需要量为31%，王基炜等(1985)试验，当饲料蛋白质含量为30%时生长最佳。

虹鳟是肉食性，属冷水性鱼类。据荻野珍吉(1980)报道，在水温12～19 ℃时，测定其维持体蛋白质，即在氮平衡为零时，每100 g体重的虹鳟每天最低摄取氮14 mg，相当于88 mg蛋白质，在不同投饲率的场合维持体蛋白最低饲料蛋白质含量，见表2-5。

表 2-5 虹鳟维持体蛋白所需饲料蛋白质含量

（荻野珍吉，1987） %

投饲率（占体重的百分比）	2.0	2.5	3.0	3.5	4.0
饲料蛋白质含量	4.4	3.5	2.9	2.5	2.2

从表 2-5 可见，虹鳟用 2%～4%饲料蛋白质，就能维持体蛋白质，即为虹鳟维持生命所必需的最低饲料蛋白质含量。虹鳟每天每 100 g 体重的氮平衡达到最大正值时，氮的最低摄取量为 186 mg，换算成蛋白质为 1.16 g。在不同投饲率的场合，虹鳟体蛋白质最大积蓄时，其饲料蛋白质含量见表 2-6。

表 2-6 虹鳟体蛋白最大积蓄时饲料蛋白质含量

（荻野珍吉，1987） %

投饲率（占体重的百分比）	2.0	2.5	3.0	3.5	4.0
饲料蛋白质含量	58	46	38	33	29

从表 2-6 可见，虹鳟能最大速度生长，投饲率在 2.5%～3.5%时，饲料蛋白质含量为 38%～46%。可生产上虹鳟的饲料蛋白质最适需要量为：鱼苗阶段 45%，鱼种阶段 40%～45%，成鱼阶段 35%～40%。

斑点叉尾鮰属杂食性鱼类，对饲料蛋白质需要量为：鱼苗阶段 35%～40%，鱼种阶段 30%～35%，成鱼阶段 28%～35%。

鳗鲡属肉食性鱼类，对饲料蛋白质需要量为：鳗线（白仔鳗）48.5%，幼鳗（黑仔鳗）45%，成鳗 41%。

鲮鱼的饲料蛋白质最适需要量为 38.88%～44.44%。

（二）主要海水养殖鱼类对蛋白质的需要量

海水鱼类的养殖是开发海洋牧场的重要组成部分，在世界上据不完全统计，海水和咸淡水的养殖鱼近百种。国外对主要海水养殖鱼类的营养和饲料的研究已取得不少成果。现简要介绍如下：

鰤鱼是日本的主要海水养殖对象。据日本坂本饲料株式会社最近研究成果，确定鰤鱼稚鱼饲料蛋白质最适需要量为 45%，鰤鱼育成用饲料蛋白质最适需要量为 40%。

真鲷是名贵海水养殖鱼类，据米康夫（1975）报道，其饲料蛋白质最适需要量为 55%。

黑鲷是我国主要海水养殖鱼类，具有广阔的开发前景，徐学良（1990）研究认为，黑鲷幼鱼饲料蛋白质需要量为 40%以上，以 45%为最佳。对黑鲷幼鱼投喂低蛋白质饲料（30%～35%）时，其鱼体蛋白质含量偏低，而鱼体脂肪含量却偏高。

金鲷的饲料蛋白质最适需要量为 40%（Sabaut 和 Luquet，1973）。

鲽鱼饲料蛋白质最适需要量为 50%（Cowey 等，1973）。

三、甲壳动物对蛋白质的需要量

（一）虾类对蛋白质的需要量

对虾的种类很多，国内、外不少学者对对虾饲料蛋白质的需要量做了许多工作，在配合饲料中蛋白质的最适需要量因对虾的种类不同而异，对同一种对虾由于研究者所用饲料蛋白源不同和饲料配方中其他组分的影响，以及试验条件不同，而使试验结果也有一定的差异。各种对虾饲料蛋白质最适需要量见表 2-7。

表 2-7　各种对虾饲料蛋白质最适需求量

对虾名称	最宜蛋白质需求量/%	研究者
中国对虾(*Penaeus chinensis*)	31.8	谢保华等,1981
	50～65	侯文璞等,1990
体长 6～6.5 cm　7.5～8 cm	45～50	大连饲料研究所,1989
体重 2.10～2.51 g	45.5	李爱杰等,1986
体长 5.875～7.875 mm	44.2	
体重 2.87～3.44 g	44	徐新章等,1988
体重 0.14～0.9 g	27.1～42.8（中值 35.5）	梁亚全等,1986
对虾幼体	56	钟惟仁等,1988
日本对虾(*Penaeus japonicus*)	52～57	弟子丸等,1978
斑节对虾(*Penaeus monodon*)	40	Khannapa,1977
	40～50,46	李栋梁,1971
	40	Alava 和 Lim,1983
	40	Aquacop,1977
	35	Bages 和 Sloane,1981
	35	Lin 等,1982
墨吉对虾(*Penaeus merguiensis*)	34～42	Sedgwick,1979
	50	Aquacop,1978
印度对虾(*Penaeus indicus*)	42.8	Colvin,1976
褐对虾(*Penaeus aztecus*)	23～31	Sheuart 等,1973
	40	Venkataramiah 等,1975
白对虾(*Penaeus setaferus*)	28～32	Andrews 等,1972

在对虾不同生长阶段，其饲料中最适蛋白质含量也不同，如表 2-7 所示，梁亚全等(1986)研究中国对虾的蛋白质需要量，认为随着对虾的生长，饲料中的蛋白质含量也要增加。但在对虾商品配合饲料生产上，除中国对虾饲料中最适蛋白质含量随着生长而增加外，一般是随着生长其饲料蛋白质含量逐渐下降，如表 2-8 所示。

表 2-8　饲料蛋白质含量随生长变化情况

虾体重/g	饲料蛋白质含量/%	虾体重/g	饲料蛋白质含量/%
0～0.5	45	3.0～15.0	38
0.5～3.0	40	15.0～40.0	36

日本沼虾(*Maerobrafhium nipponense*)俗称青虾，我国近年来人工养殖日本沼虾越来越广泛。据虞冰如等(1988)的试验结果，饲料蛋白质含量以 36%～46%为宜。罗氏沼虾(*Macrobrachium rosenbergii*)也是一种广泛养殖的淡水大虾，据 Millikin 等(1980)用鱼粉及大豆蛋白(1.65 ∶ 1)研究，其饲料蛋白质需要量为 40%，李爱杰等(1992)研究结果是，饲料蛋白质适宜添加量在不同生长期分别为 42%(1.5～4 cm)、39%(3.9～5.4 cm)和 36%(6.0 cm 以上)。

(二)河蟹对蛋白质的需要量

河蟹(中华绒螯蟹)是我国的名贵养殖对象。其对饲料蛋白质需要量，徐新章(1988)采用

$L_9(3^4)$正交设计试验方法对河蟹溞状幼体配合饲料蛋白质、脂肪、纤维素和糖的适宜含量进行试验，结果分别为45%、6%、4%、20%，张萍等(1995)报道，河蟹饲料蛋白质需要量为35%～46%。

我国水产动物饲料中蛋白质的适宜含量见表2-9。

表2-9 我国水产动物饲料中蛋白质适宜含量
(引自郝彦周，2005)

水产动物种类	水产动物规格/g	试验水温/℃	蛋白源	饲料中的适宜含量/%	日需要量/(g/100 g体重)	研究方法	资料来源
草鱼	2.4	26～30.5	鱼肉粉	37.70			林鼎等，1980
	5.5		酪蛋白	27.81			
	8.0		鱼肉粉	26.50			
	1.9	25～26	酪蛋白	48.26		抛物线回归	廖朝兴等，1987
	3.7	18～23		29.64			
	10	25		28.2			
	5.0～7.3	23～30.0	酪蛋白	36.7	1.56～1.74	正交法	毛永庆等，1985
	0.15～0.2	22～23	酪蛋白	52.6			Dabrowski，1977
团头鲂	3.8～4.3	20	酪蛋白	27.04～30.39	0.67～0.76	正交法	石文雷等，1983
	31.08～38.48	20～25	酪蛋白	25.58～41.40			
	21.4～30.0	24.6～33.3	酪蛋白	21.0	0.95	直线回归	邹志清等，1987
				30.8	1.54	抛物线回归	
鲮鱼	5.12～5.75	29.6～32.0	酪蛋白	38.88～44.44	0.70～0.80	正交法	毛永庆等，1985
鲤鱼	7	19.5～24.0	酪蛋白	35			刘汉华等，1991
罗非鱼	8.0	27.5～29.5	酪蛋白，鱼粉	38.68	1.16～1.93		徐捷，1988
	28.7	21.5～27.8	鱼粉，豆饼	40.2			刘焕亮，1988
	3～4	23～28	酪蛋白，植物蛋白	31			黄忠志等，1985
	5.9～15.6	21～27.8	酪蛋白，鱼粉	30			王基炜等，1985
滁州鲫	0.28～0.52	15～23	进口鱼粉、豆饼粉	41.0～43. 5		抛物线回归	陈可东等，2004
青鱼	1.0～1.6	17～27	酪蛋白	41.00	1.23	梯度法	杨国华等，1981
	3.5	22～29	酪蛋白	35～40			戴祥庆等，1988
	37.12～48.32	24～34	酪蛋白	29.54～40.85			王道尊等，1984
	夏花			40		天然食物(螺蛳、螺蚬)蛋白质含量分析	王道尊等，1987
	鱼种			35			
	成鱼			30			

续表 2-9

水产动物种类	水产动物规格/g	试验水温/℃	蛋白源	饲料中的适宜含量/%	日需要量/(g/100 g 体重)	研究方法	资料来源
革胡子鲇	4.5±0.29	26.7±2.5	酪蛋白	37.5	2.25	正交法	苑福熙等，1986
	3.5～16.9	27.2～31	鱼粉，豆饼	29～35	2.9～3.5		吴乃薇等，1988
南方鲇	43.73±6.22	27.5	白鱼粉	47～51		直线回归	张文兵等，2000
大口鲇	15±0.7	26.7±1.2	酪蛋白，鱼粉	40.23	1.81	直线回归	张泽芸等，1994
				48.32	2.17	抛物线回归	
江黄颡鱼	2.65±0.07	27.0±2.0	酪蛋白，鱼粉	36.24		直线回归	王武等，2003
				39.73		抛物线回归	
牙鲆	3～6 cm	21.6～24.4	鱼粉，花生饼	52.78		正交法	张显娟等，1998
鲈鱼	32	22～25	酪蛋白	43		正交法	仲维仁等，1998
大口黑鲈			酪蛋白	42		正交法	钱国英等，1998
杂交条纹鲈	15.45	18～26	鱼粉	40			陈杰等，2001
黑鲷	幼鱼			45			徐学良，1990
暗纹东方鲀	23.6±0.27	24～26	白鱼粉	49		直线回归	杨州等，2003
罗氏沼虾	3.6	24～29	酪蛋白，鱼粉	50		梯度法	朱雅珠等，1995
南美白对虾	4.21±0.31	25～31	鱼粉，豆粉	42.37～44.12		梯度法	李广丽等，2001
	中期	28	鱼粉，豆粕	48.3			刘立鹤等，2003
	末期			46.09			
中国对虾	0.14～0.9			27.1～42.8			梁亚全等，1986
	0.89～2.86			35.5～51.6			
	1.7～10.85			40.4～61.1			
	2.10～2.51			45.5			李爱杰等，1986
	5.88～7.88 cm			44.2			
	2.87～3.44	21～23	鱼粉，虾糠等	44.0	2.596	正交法	徐新章等，1988
	1.02～1.34			46.4～51.5			梁萌青等，1989
	1.70～1.90			64.8			
	2.57～2.80			64.8			
	6～6.5 cm 7.5～8.0 cm			45～50			大连饲料研究所，1989
	幼体			56			仲维仁等，1988
中华绒螯蟹	溞状幼体			45		正交法	徐新章等，1988
	6～10	22～24	酪蛋白，酵母	34.05～46.50	2.04～2.79		陈立侨等，1994

续表 2-9

水产动物种类	水产动物规格/g	试验水温/℃	蛋白源	饲料中的适宜含量/%	日需要量/(g/100 g体重)	研究方法	资料来源
中华鳖	50.77～61.69	23.5～31.5	酪蛋白，鱼粉	47.43～49.16	1.897～1.966	梯度法	曾训江等，1988
	117.66～151.67	28.04～34.04		43.32～45.05	1.733～1.802		徐旭阳等，1991
	3.61～4.13			36～42			吴遵霖等，1988
	10～15	28		46.6		正交法	包吉墅等，1992
	稚鳖	28～30		50			程伶，1993
	二龄鳖	28.9	鱼粉，血粉，酵母等	45～48.3		正交法	涂涝等，1995
	101.88±3.46	24～29	酪蛋白	47.5		正交法	王凤雷等，1995
	11.23±0.95	28.3	白鱼粉	49.52			周贵谭，2004

四、影响水产动物对蛋白质需要量的因素

水产动物饲料中蛋白质的适宜含量并不是一成不变的，它随着条件的变化而变化，影响因素主要有以下几个方面：

1. 水产动物种类 水产动物种类不同，食性及代谢机能也不同，即使在其他条件相同的条件下，对饲料蛋白水平的要求也不同，一般的规律是肉食性动物要求蛋白质水平高，草食性动物要求低，而杂食性动物的要求居中。

2. 水产动物规格 对同一种动物，在不同的生长发育阶段，其生理代谢活动不同，对蛋白质需求也不同，幼体时代谢旺盛，生长潜力大，对蛋白质的要求较高，随着生长发育的进行，生长潜力渐小，对蛋白质的要求也渐低。另外，与动物消化系统的发育也有关系，小规格时消化系统发育不完善，消化机能低，为满足生理需要，要求饲料蛋白质水平高，随着消化系统的发育和完善，消化机能渐强，对饲料蛋白质水平的要求也渐低。但是对于亲体来说，为促进其性腺发育，对蛋白质的要求量要比成体高。

3. 蛋白质质量(营养价值) 蛋白质的种类不同，其质量(营养价值)则不同，即蛋白质中必需氨基酸的数量和比例就不同，而在一定条件下，水产动物对各种必需氨基酸的需求是一定的，因此，营养价低的蛋白质要求较多的数量才能满足其需要，而营养价较高的蛋白质，只需少量即可满足其生理需要。

4. 非蛋白可消化能 为了让蛋白质尽量地转化为体蛋白，饲料中应含有一定量的非蛋白可消化能(脂肪、可消化糖)。假如非蛋白可消化能不足，动物体将利用部分蛋白质作为能量而消耗，这就减少了蛋白质供给生长的数量，反之，若非蛋白可消化能充足，蛋白质则减少了用于能量的消耗，更有效地合成体蛋白，因此，饲料中非蛋白可消化能含量低时，蛋白质水平应适当高些，反之，蛋白质水平可适当低些。

5. 天然饲料 如果养殖水体中天然饲料含量丰富，则人工饲料中蛋白质含量可低些，反之，蛋白质含量应高些，所以，池塘粗养或半精养时，人工饲料中蛋白质含量可低些，而池塘精养或网箱养

殖、流水养殖时，人工饲料中蛋白质水平应高些。

6. 投饲率　投饲率与饲料蛋白质水平密切相关，因为二者存在下列关系：

蛋白质需求量＝蛋白质含量×投饲率

若投饲率较高，饲料中有少量蛋白质即可满足需要，反之，则要多量方可满足需要。在此要注意，由于水生动物消化器官的结构和机能等方面的因素，投饲率也不可能过大或过小，因此，饲料蛋白质水平也不能过低或过高。

7. 环境因素　水温和溶氧是影响水产动物饲料中蛋白质适宜含量最重要的环境因素，特别是水温。在一定的范围内，水温、溶氧越高，机体代谢越旺盛，就要求有大量的蛋白质满足其营养需要；反之，少量蛋白质即可满足其需要。此外，盐度、pH、硬度等也会影响蛋白质适宜水平。总之，当环境因素越适合机体的代谢时，蛋白质水平就应越高，反之，则应低。

在养殖生产中，为了尽快促进养殖动物的生长发育，就必须保证饲料中蛋白质的适宜含量，但是饲料中蛋白质的含量并非越高越好。这一方面要考虑经济效益，另一方面机体的生长速度及代谢机能也是有限的，倘若蛋白水平太高，不但不能促进机体的生长发育，反而影响机体的正常代谢，饲养效果降低，严重时导致动物中毒，再加上饲料原料的高成本，致使整个养殖生产经济效益降低。

第四节　水产动物对必需氨基酸的需要量

对蛋白质质量的认识，从19世纪初开始，自首次证实体氮来源于饲粮含氮化合物、无氮饲粮不能维持动物生存以来，经历了一个漫长的过程。直到20世纪初，才相继提出了一系列评定蛋白质质量的方法，确定了氨基酸与蛋白质营养的关系，提出了必需氨基酸、非必需氨基酸以及限制性氨基酸等概念。近年来又提出了理想蛋白质氨基酸模式的概念，从而使需要与供给的精确统一成为可能。目前，对蛋白质质量的认识和评定已达到较理想的程度。

一、必需氨基酸和非必需氨基酸

1. 必需氨基酸　必需氨基酸是指动物自身不能合成或合成的量不能满足动物的需要，必须由饲粮提供的氨基酸。鱼类的必需氨基酸经研究确定有异亮氨酸、亮氨酸、赖氨酸、蛋氨酸、苯丙氨酸、苏氨酸、色氨酸、缬氨酸、精氨酸、组氨酸10种氨基酸，各种动物所需必需氨基酸的种类大致相同，但因各自遗传特性的不同，也存在一定的差异。

确定鱼、虾类的必需氨基酸常用如下方法：

(1)用含有氨基酸混合物代替蛋白质的饲料饲养鱼、虾类，观察其生长的方法　试验饲料中氨基酸混合物的配制，一般参考鸡卵蛋白或试验鱼、虾类肌肉的氨基酸的组成。试验时从氨基酸混合物中逐一除去一种氨基酸，饲养鱼、虾，观察鱼、虾的生长状况。如果除去某种氨基酸后，鱼、虾的生长受阻，说明除去的氨基酸为必需氨基酸。若除去某种氨基酸，鱼、虾仍能正常生长，说明除去的氨基酸为非必需氨基酸。

(2)投喂氨基酸饲料测定体氮平衡的方法　同上法。以测定鱼体氮平衡为指标，来确定必需氨基酸。

(3)用示踪原子 ^{14}C 的方法　鱼、虾体内各种氨基酸都是以碳元素为骨架构成的。Cowey

(1970)用 ^{14}C 葡萄糖注射到鱼体腔内，经 6 d 后，取体蛋白质用盐酸水解，测定各种氨基酸的放射强度。放射强度小或无的，表示在体内不能合成，即为必需氨基酸；放射强度大，即表示在体内能够合成，为非必需氨基酸。何海琪(1988)用此方法确定中国对虾的必需氨基酸为 10 种。

2. 非必需氨基酸 非必需氨基酸是指可不由饲粮提供，动物体内的合成完全可以满足需要的氨基酸，并不是指动物在生长和维持生命的过程中不需要这些氨基酸。实际情况下，动物饲粮(纯合氨基酸饲粮除外)在提供必需氨基酸的同时，也提供了大量的非必需氨基酸，不足的部分才由体内合成，但一般都能满足需要。在鱼类的日粮中，必需氨基酸和非必需氨基酸之间的比例大致是 40%：60%。

3. 半必需氨基酸 半必需氨基酸是指在一定条件下能代替或节省部分必需氨基酸的氨基酸。半胱氨酸或胱氨酸、酪氨酸以及丝氨酸，在体内可分别由蛋氨酸、苯丙氨酸和甘氨酸转化而来，其需要可完全由蛋氨酸、苯丙氨酸及甘氨酸满足，但动物对蛋氨酸和苯丙氨酸的特定需要却不能由半胱氨酸或胱氨酸及酪氨酸满足，营养学上把这几种氨基酸称作半必需氨基酸。目前已证明，非反刍动物总含硫氨基酸(Met＋Cys)需要量的 50%可由胱氨酸(或半胱氨酸)替代。芳香族氨基酸(Phe＋Tyr)至少 50%的需要量可由酪氨酸满足。

二、限制性氨基酸

限制性氨基酸是指一定饲料或饲粮所含必需氨基酸的量与动物所需的蛋白质必需氨基酸的量相比，比值偏低的氨基酸。由于这些氨基酸的不足，限制了动物对其他必需和非必需氨基酸的利用。其中比值最低的称第一限制性氨基酸，以后依次为第二、第三、第四……限制性氨基酸。非反刍动物饲料或饲粮限制性氨基酸的顺序容易确定。反刍动物由于瘤胃微生物的作用，只有讨论过瘤胃饲料蛋白和微生物蛋白混合物的限制性氨基酸才有意义。不同的饲料，对不同的动物，限制性氨基酸的顺序也不完全相同，以饲粮所含可消化(可利用)氨基酸的量与动物可消化(可利用)的氨基酸的需要量相比，确定的限制性氨基酸的顺序更准确，与生长实验的结果也更接近，在生产实践中，饲料或饲粮限制性氨基酸的顺序可指导饲粮氨基酸的平衡和合成氨基酸的添加。常用禾谷类及其他植物性饲料，对于猪，赖氨酸常为第一限制性氨基酸；对于家禽，蛋氨酸一般为第一限制性氨基酸。村井和王道尊(1989)在鲤鱼大豆粕饲料中添加蛋氨酸，用幼鲤经 6 周的饲养试验，以确定用游离蛋氨酸可否补充大豆粕饲料中蛋氨酸的不足，以及增加饲料中蛋氨酸含量是否能促进鲤鱼的生长。在含 10.5%北洋鱼粉、13.6%酵母和 41.2%大豆粕的饲料中加入不含蛋氨酸的必需氨基酸后，对鱼的生长、蛋白质积蓄未有任何影响，而在这一饲料中加入 0.25%蛋氨酸，无论添加或不添加其他必需氨基酸，均显著地提高鲤鱼生长率和饲料效率，然而当把蛋氨酸的添加量提高 1 倍，加到 0.5%时，其有益效果几乎全部消失。可见对鲤鱼来说，大豆粕中蛋氨酸是第一限制性氨基酸，在含有 41.2%大豆粕、10.5%北洋鱼粉和 13.6%酵母的饲料中添加 0.25%的蛋氨酸，可以补充蛋氨酸的不足，使饲料氨基酸达到平衡，保证鲤鱼生长的需要。

三、饲料氨基酸平衡

(一)饲粮氨基酸含量的表示法

1. 氨基酸占饲粮的百分比 是指整个饲粮中各种氨基酸占饲粮风干物质或干物质的百分比。

在营养需要和饲养标准中多采用此表示方法，便于配合饲粮。

2. 氨基酸占粗蛋白质的百分比　是指饲粮中各种氨基酸含量占饲粮粗蛋白质的百分比。此种表示法常用于比较蛋白质的品质，以便于了解饲粮各种氨基酸与理想蛋白质的差距。

（二）氨基酸平衡与木桶理论

所谓氨基酸平衡是指配合饲料中各种必需氨基酸的含量及其比例等于鱼、虾类对必需氨基酸的需要量，这就是理想的氨基酸平衡的饲料。鱼、虾摄取这样的饲料，吸收到体内的氨基酸才能有效地进行生物化学反应，合成新的蛋白质。事实上，任何一种饲料蛋白质的必需氨基酸达到这种理想的氨基酸平衡是不可能的，总是某种必需氨基酸或多或少。生产实践证明，饲料无论缺乏哪一种必需氨基酸，都会影响饲料的营养价值，假如配合饲料中某一种必需氨基酸只能满足鱼、虾需要量的一半，那么其他必需氨基酸的含量再高，也要按这个必需氨基酸的半量为基准，按比例的合成新的蛋白质。这一机理如同木桶盛水一样，其中一块桶板短缺，就不能使木桶装满水。我们把每一种必需氨基酸比作一块桶板，多余的必需氨基酸就像组成的木桶的桶板长短不一，盛不住水一样，长的桶板白白浪费（图 2-2）。多余的氨基酸经脱氨基作用，含氮的部分以氨、尿素和三甲胺形式等排出体外，不含氮的部分分解成 H_2O 和 CO_2，释放出能量，或形成脂肪积蓄。

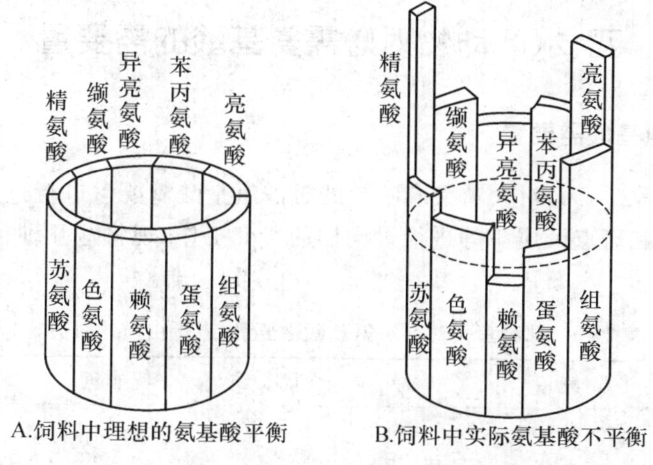

图 2-2　氨基酸平衡

氨基酸的不平衡主要指饲粮氨基酸的比例与动物所需氨基酸的比例不一致。一般不会出现饲粮中氨基酸的比例都超过需要的情况，往往是大部分氨基酸符合需要的比例，而个别氨基酸偏低。不平衡主要是比例问题，缺乏主要是量不足。在实际生产中，饲粮氨基酸不平衡一般都同时存在氨基酸的缺乏。

（三）氨基酸的缺乏

一般在低蛋白质饲粮情况下，可能有一种或几种必需氨基酸含量不能满足动物的需要。氨基酸缺乏不完全等于蛋白质缺乏。某些情况下，如我国南方常使用机榨菜籽饼作为猪的主要蛋白质饲料，有可能饲粮蛋白质水平超过标准，而个别氨基酸（如赖氨酸）含量仍不能满足需要；或者蛋白质不足，但个别氨基酸并不缺乏。

(四)氨基酸的互补

氨基酸的互补是指在饲粮配合中,利用各种饲料氨基酸含量和比例的不同,通过两种或两种以上饲料蛋白质配合,相互取长补短,弥补氨基酸的缺陷,使饲粮氨基酸比例达到较理想状态。在生产实践中,这是提高饲粮蛋白质品质和利用率的经济有效的方法。在养鱼生产上如用单一菜饼(粗蛋白质含量35%)饲养草鱼,其饲料系数为4,每生产1 kg鱼消耗蛋白质1 400 g;上海市淀山湖联营养殖场用菜饼35%,豆饼30%,鱼粉2%,麸皮15%,混合粉14%,无机盐等添加剂4%的配合饲料(粗蛋白质含量28%),饲养以草鱼为主的池塘养鱼,饲料系数约为2,生产1 kg鱼约消耗蛋白质560 g,节约饲料蛋白质约60%。这一实例说明配合饲料能发挥蛋白质的互补作用。

(五)氨基酸中毒

在自然条件下几乎不存在氨基酸中毒,只有在使用合成氨基酸大大过量时才有可能发生。例如,在含酪蛋白的正常饲粮中加入5%的赖氨酸或蛋氨酸、色氨酸、亮氨酸、谷氨酸,都可导致动物采食量下降和严重的生长障碍。就过量氨基酸的不良影响而言,蛋氨酸的毒性大于其他氨基酸。

四、水产动物对必需氨基酸的需要量

(一)鱼类对必需氨基酸需要量

美国学者Halver等(1958)对大鳞大麻哈鱼的必需氨基酸需要量进行过系统研究,以后许多学者也分别对鲤鱼、鳗鱼和斑点叉尾鮰等进行过同样的研究工作,现将这几种鱼类对必需氨基酸需要量列于表2-10。

表2-10 几种鱼类对必需氨基酸需要量(占蛋白质的百分比) %

必需氨基酸	草鱼	鲤鱼	青鱼	团头鲂	罗非鱼	鳗鱼	大麻哈鱼
苏氨酸	2.80	3.9	3.35	3.97	3.19	4.0	2.2
缬氨酸	3.50	3.6	5.25	5.03	2.92	4.0	3.2
亮氨酸	5.40	3.4	6.0	6.98	5.28	5.3	3.9
异亮氨酸	2.80	2.3	2.0	4.75	2.5	4.0	2.2
蛋氨酸	2.60	3.1	2.8	2.07	1.94	5.0	4.0
赖氨酸	5.64	5.7	6.0	6.4	6.25	5.3	5.0
苯丙氨酸	5.64	6.5	2.0	4.5	2.92	5.8	5.1
组氨酸	1.78	2.1	2.5	2.03	1.94	2.1	1.8
精氨酸	5.0	4.2	6.8	6.878	4.72	4.5	6.0
色氨酸	0.32	0.8	2.5	0.67	0.97	1.1	0.5
蛋白质含量	28	38.5	40	30	30	37.7	40
资料来源	中山大学,1990	NRC,1981,1983	上海水产研究所	淡水渔业研究所	长江水产研究所	NRC,1981,1983	NRC,1981,1983

(二)对虾对必需氨基酸需要量

金泽等(1981)研究报道,日本对虾的必需氨基酸为 10 种:苏氨酸、缬氨酸、亮氨酸、异亮氨酸、蛋氨酸、苯丙氨酸、赖氨酸、组氨酸、精氨酸和色氨酸。中国对虾的必需氨基酸同样是这 10 种(何海琪,1988)。Akiyama 等(1989)认为,当对虾饲料中必需氨基酸的数量与对虾肌肉所含的氨基酸近似时,以该配合饲料喂虾,对虾生长良好,且成活率高。Akiyama 等(1989)根据实际饲养结果,推荐对虾商品饲料中必需氨基酸的含量,见表 2-11。

表 2-11 对虾商品饲料中必需氨基酸推荐水平

(Akiyama 等,1989) %

氨基酸	占蛋白质的百分比	占饲料的百分比			
		36	38	40	45
精氨酸	5.8	2.09	2.20	2.32	2.61
组氨酸	2.1	0.76	0.80	0.84	0.95
异亮氨酸	3.5	1.26	1.33	1.40	1.58
亮氨酸	5.4	1.94	2.05	2.16	2.43
赖氨酸	5.3	1.91	2.01	2.12	2.39
蛋氨酸	2.4	0.86	0.91	0.96	1.08
蛋氨酸+光氨酸	3.6	1.30	1.37	1.44	1.62
苯丙氨酸	4.0	1.44	1.52	1.60	1.80
苯丙氨酸+酪氨酸	7.1	2.57	2.70	2.84	3.20
苏氨酸	3.6	1.30	1.37	1.44	2.62
色氨酸	0.8	0.26	0.30	0.32	0.36
缬氨酸	4.0	1.44	1.52	1.60	1.80

第五节 蛋白质营养价值的评定

蛋白质的营养价值(质量)是指饲料蛋白质被消化吸收后,满足动物营养需要的程度。饲料蛋白质愈能满足动物的需要,其质量就愈高。其实质是指氨基酸的组成比例(模式)和数量,特别是必需氨基酸的比例和数量,愈与动物所需一致,其质量愈高。因此,准确评定、了解饲料蛋白质的质量具有重要的意义,长期以来一直是动物营养研究的热点。

蛋白质质量的评定已经历了 100 多年的历史,方法较多。现首先简要介绍几种有代表性的或目前还有一定意义的评定方法。

一、可消化粗蛋白质

饲料可消化粗蛋白质可由其粗蛋白质含量乘以粗蛋白消化率而得。同一种动物对同一饲料蛋白质的消化率不同,不同的动物对同一饲料蛋白质的消化率也不完全相同,饲料可消化蛋白质可粗略地反映饲料蛋白质的质量。

二、蛋白质的生物学价值

生物学价值指动物利用的氮占吸收氮的百分比，即

$$BV=\frac{\text{食入氮}-(\text{粪氮}+\text{尿氮})}{\text{食入氮}-\text{粪氮}}\times 100\%$$

式中 BV 称表观生物学价值。从粪氮中扣除来自内源的代谢粪氮(MFN)，从尿氮中扣除非饲料来源的内源尿氮(EUN)，则可计算出真生物学价值(TBV)：

$$TBV=\frac{\text{食入氮}-(\text{粪氮}\text{-}MFN)-(\text{尿氮}\text{-}EUN)}{\text{食入氮}-(\text{粪氮}-MFN)}\times 100\%$$

蛋白质的 BV 值愈高，说明其质量愈好。饲料蛋白质的 BV 值一般在 50%～80%范围内。

三、净蛋白利用率

净蛋白利用率是指动物体内沉积的蛋白质或氮占食入的蛋白质或氮的百分比，即

$$NPU=\frac{\text{沉积氮}(CP)}{\text{食入氮}(CP)}\times 100\%$$

或

$$NPU=BV\times \text{氮}(CP)\text{的消化率}$$

最初，NPU 是用食入含氮饲粮(或饲料)时机体的含氮量减去食入无氮饲粮(或饲料)时机体含氮量的差，再除以食入氮而得。NPU 以某种饲料或饲粮蛋白质被利用的程度来表示其质量的好坏，同时它也可用于研究动物对蛋白质的需要量。

四、蛋白效率

PER 是动物食入单位蛋白质或氮的体增重，可用下式表示：

$$PER=\frac{\text{体增重}}{\text{蛋白质的食入量}}$$

显然，PER 愈大，其蛋白质品质愈好。

五、化学比分

待测蛋白质的必需氨基酸含量与某种标准蛋白质(常用鸡蛋蛋白质)的必需氨基酸含量相比，其比值最低的那种必需氨基酸的比值，则为该待测蛋白质相对于标准蛋白质的化学比分。显然，化学比分没有考虑其他必需氨基酸的缺乏，只能说明与标准蛋白质相比较，各种蛋白质第一限制氨基酸缺乏的程度。例如，小麦与鸡蛋蛋白质相比，赖氨酸的比值最低，小麦蛋白质赖氨酸含量为 2.1%，鸡蛋蛋白质的赖氨酸为 7.0%，小麦相对于鸡蛋蛋白质的化学比分为：

$$(2.1/7.0)\times 100=30$$

六、必需氨基酸指数

必需氨基酸指数定义为饲料蛋白质中的必需氨基酸含量与标准蛋白质(常用鸡蛋蛋白)中相应必需氨基酸含量之比的几何平均数(EAAI)。可表示为

$$EAAI=\sqrt[n]{\left(\frac{a}{A}\times100\right)\left(\frac{b}{B}\times100\right)\times\cdots\times\left(\frac{j}{J}\times100\right)}$$

式中 a、b…j 为被考查蛋白质中各种必需氨基酸的含量(g/kg);A、B…J 为标准蛋白质中相应必需氨基酸的含量(g/kg);n 为参与计算的必需氨基酸的个数。

EAAI只能说明必需氨基酸总量与标准蛋白质相比接近的程度,没有考虑限制性氨基酸这一因素。它可粗略预测几种饲料配合饲用时氨基酸互补的总效果,但几种饲料氨基酸组成差异很大时可能会有相同或接近的EAAI。

上述几种评定的方法虽然能不同程度地说明某种蛋白质质量的好坏,但这些评定的指标缺乏可加性。由于氨基酸的互补作用,当几种饲料混在一起后,用上述任何一种评定指标评定该混合蛋白质的结果,不等于单个饲料评定结果之和。因此,上述评定指标很难与动物的需要量挂钩,以形成需要与供给之间能统一的一种体系。

第六节　肽的营养

近几十年的研究实践表明,不同来源的饲料在氨基酸利用率上存在差异。不仅以旧的蛋白质氨基酸理论为基础配制日粮不能获得最佳生产性能,而且动物对饲料中各种氨基酸的利用程度并不完全受单一限制性氨基酸水平的影响,也并不完全遵循营养学经典理论——“水桶法则”。另外,动物喂以按理想氨基酸模式配制的纯合日粮或低蛋白质氨基酸平衡日粮时,也不能获得最佳的生产状态。因此,传统的蛋白质代谢模型——蛋白质必须水解成游离氨基酸后才能被吸收利用的观点面临挑战,一些学者提出了动物对完整蛋白质本身或有关肽有特殊吸收利用的观点。

1. 肽吸收的特点　大量吸收试验表明,小肽的吸收具有速度快、耗能低、不易饱和,且各种肽之间运转无竞争性与抑制性等特点。因此哺乳动物对肽中氨基酸的吸收比对游离氨基酸的吸收更迅速更有效。有报道,在猪十二指肠灌注肽的试验中发现除蛋氨酸外,其他出现在肝门静脉的氨基酸都比灌注相应游离氨基酸混合物的时间更早,吸收峰更高。

2. 肽的转运系统　小肽的吸收完全不同于肠细胞对游离氨基酸的主动转运。通过对刷状缘膜囊的研究表明:它是一个依 H^+ 或 Ca^{2+} 浓度电导而进行的耗能的独立过程。

比较小肽和游离氨基酸二者吸收的不同特点,可以得到以下的结论:①二者的吸收是完全不同的相互独立的机制。②小肽中氨基酸残基的吸收速度大于相应游离氨基酸的吸收速度。③肽的吸收可以避免氨基酸之间的吸收竞争。小肽的吸收特点可能使底物对动物不同生理状态及日粮变化具有更大的适应性,同时也说明小肽对动物的潜在营养作用很大。

3. 肽对动物的营养生理作用

(1)促进机体组织蛋白质的合成　影响机体组织中蛋白质代谢的因素很多,其中最重要的是氨基酸的种类和数量。近年的研究表明,日粮氨基酸供给形式影响动物对蛋白质的代谢。小肽在动

物体蛋白质周转代谢中的作用，不仅表现在吸收上的优势，饲料蛋白质肽的释放量与其完整吸收进入循环的程度，可能促进组织的蛋白质的合成，合成率显著高于游离氨基酸混合物日粮和完整蛋白质日粮。可能的解释是，一方面肠道对小肽氨基酸的迅速和完整吸收有关；另一方面，直接吸收进入血液循环中的某些肽影响着组织蛋白质的合成速度。

(2)提高动物生产性能 饲料中添加小肽制品能提高动物的生产性能，这可能与肽链的结构及氨基酸序列有关。蛋白质在消化酶作用下降解产生某些具有特殊生理活性的小肽，能够直接被动物吸收，参与机体生理活动和代谢调节，从而提高其生产性能。试验证明，在生长猪日粮中添加少量肽后，显著地提高了猪日增重、蛋白质利用率和饲料转化率。用小肽代替部分海鲈鱼苗日粮中的蛋白质后，鱼苗的生长速度和存活率提高，胰凝乳酶和γ-谷氨酰转肽酶的活性提高，氨肽酶的活性降低，小肠消化功能发育提前。在蛋鸡基础日粮中添加小肽后，生长速度加快，蛋白质利用率和饲料利用率提高。

(3)促进矿物元素的吸收利用 许多研究都证实，小肽可以提高动物对钙、铁、锌等离子的吸收。如在蛋鸡日粮中添加小肽后，血浆中Fe^{2+}、Zn^{2+}的含量显著高于对照组，蛋壳强度提高。在母猪日粮中添加小肽后，母猪奶和仔猪血液中有较高的铁含量，而饲喂有机铁则无此效果，这表明小肽对铁的吸收转运具有十分重要的作用。这是因为铁能够以小肽铁的形式到达特定的靶组织，能自由地通过成熟的胎盘，而硫酸亚铁的铁进入血液是经主动转运途径被结合于运铁蛋白而吸收的，由于其分子质量相当大(86 ku)而被胎盘滤出。在鲈鱼苗日粮中添加小肽后能极大地减少骨骼的畸形现象。这可能是由于有些小肽具有与金属结合的特性，从而促进钙、铁和锌的被动转运过程及在体内的贮存。而且研究表明，肉类水解产物中的肽类对提高亚铁离子的吸收率效果更好。

4. 小肽的来源和利用 饲粮蛋白质水解产生的小肽和游离氨基酸的种类、数量和比例与蛋白质的品质、氨基酸利用率密切相关，品质好且氨基酸利用率高的蛋白质水解释放出的肽较多。

对大量动物性、植物性蛋白质进行体外消化试验，在胃蛋白酶-胰蛋白酶作用下，动物性蛋白质释出的肽与游离氨基酸的比例高，豆科蛋白次之，而谷物蛋白质的释放量最低。寡肽的释放量由大到小依次为酪蛋白、鱼粉、蚕蛹、豆粕、豆饼、草籽饼、玉米蛋白粉。必需氨基酸含量高且平衡的优质蛋白质在消化过程中容易水解生成分子量小而数量多的寡肽，而必需氨基酸缺乏、不平衡的饲料蛋白质，则产生数量少、分子量大的肽。饲料蛋白质的寡肽释放量与有效赖氨酸呈正相关。这可能是由于碱性赖氨酸、精氨酸等带正电荷，一般位于蛋白质分子的表面，且这些氨基酸残基暴露在外，易受酶的作用而降解。

目前国内市场的饲料肽制品多为进口产品，常见的是由动物的小肠和肠黏膜加工而成的肽蛋白。其大致的生产工艺是将猪的小肠及肠黏膜经系列蛋白酶水解并用特殊的酵素处理，再以黄豆皮为赋形剂，最后经高温灭菌、干燥等过程处理。这种产品因富含寡肽(85%含有30以内的氨基酸残基)，生物利用率高，在缓解幼小动物的断奶应激、降低腹泻和促进生长等方面都具有很好的效果。

5. 肽营养研究的意义与展望 综上所述，通过对寡肽代谢过程和生理活性所做的大量的基础性研究，已经取得了许多有关肽营养的有意义的进展。首先，寡肽的营养作用不同于游离氨基酸这一观点已被越来越多的学者所接受。其次，以肽的形式或肽的混合物来满足动物氨基酸需要，有可能提高动物生产力。再次，已有的试验结果对于目前蛋白质氨基酸吸收位点的研究是有益的。

总之，有关肽的营养是一个很有前景的研究方向，但尚需做很多深入细致的工作。比如，哪些因素参与调节肽的吸收利用，如何利用寡肽的研究成果改善现有的营养体系等。

思考题

1.蛋白质在动物体内的代谢过程是怎样的?
2.什么是必需氨基酸?什么是非必需氨基酸?什么是半必需氨基酸?
3.什么是限制性氨基酸?
4.蛋白质的生理功能有哪些?
5.如何评价蛋白质的质量?影响蛋白质质量的主要因素是什么?
6.影响水产动物对蛋白质需要量的因素有哪些?

第三章
水产动物的脂类营养

内容提要

本章主要介绍脂类的化学结构、分类、主要性质和生理功能，脂类在水产动物体内的消化吸收、代谢过程以及水产动物对其需求特点和需求量。

第一节　脂类的分类、结构和作用

一、脂类的分类与结构

脂类是一类不溶或微溶于水，但溶于乙醚、氯仿、丙酮、苯等非极性有机溶剂的物质。目前，尚没有统一的分类方法，根据构成脂类分子组成和化学结构的特点，可分单纯脂类(脂肪、蜡)、复合脂类(甘油磷脂、鞘脂类、糖脂类)和衍生脂类(固醇类、类胡萝卜素、脂溶性维生素、脂蛋白)。根据脂类分子是否仅含甘油和脂肪酸，将脂类分为脂肪和类脂两大类，类脂是一些物理性质与脂肪相似的物质，主要包括磷脂、糖脂、固醇、固醇酯。下面介绍几种重要脂类的结构。

1. 甘油三酯(triglyceride)　是由1分子的甘油与3分子脂肪酸构成的酯类化合物。也称脂肪、中性脂肪、油脂或真脂。其化学结构式如右：

$$\begin{array}{l} CH_2-O-\overset{\overset{\large O}{\|}}{C}-R_1 \\ | \\ CH-O-\overset{\overset{\large O}{\|}}{C}-R_2 \\ | \\ CH_2-O-\overset{\overset{\large O}{\|}}{C}-R_3 \end{array}$$

右式中R_1、R_2、R_3代表脂肪酸中的烃基，可以相同，也可以不同。天然存在的脂肪，其分子中的3个脂肪酰基常各不相同，称混合甘油。其中R_1、R_2多为饱和脂肪酰基，R_3多为不饱和脂肪酰基。中性脂肪主要存在于植物的籽实和动物的脂肪组织中，即所谓的植物油和动物油。植物油含不饱和脂肪酸较多，熔点低，在常温下为液体。而动物油含饱和脂肪酸较多，其熔点较高，在常温下为固体。

2. 蜡(wax)　是由高级脂肪酸和高级一元醇所生成的酯，也称酯蜡。其化学结构式如下：

$$R_1-CH_2-\overset{\overset{\large O}{\|}}{C}-O-CH_2-CH_2-R_2$$

蜡主要分布于植物的表面和动物的羽毛中，起保护和防水作用。海洋浮游生物和一些鱼类的体组织及卵中含有相当数量的蜡，是贮存能量的主要物质。生活在高纬度海域的海洋浮游生物，其蜡中富含20:1n-9和20:1n-11，鱼类摄食这些浮游生物后，可将食物中的蜡转化为甘油三酯。因此，一些生活在北半球的鱼类如鲱鱼、玉筋鱼、香鱼的鱼油中含有大量的20:1n-9和20:1n-11，而生活在南半球的鱼类的鱼油中则只含微量的20:1n-9和20:1n-11，却富含n-3系列多不饱和脂肪酸，特别是二十碳五烯酸(20:5n-3)。

3. 甘油磷脂(phosphoglycerides)　是构成生物膜的主要成分,其分子中含有甘油与磷酸,主要包括磷脂酰胆碱(卵磷脂)、磷脂酰乙醇胺(脑磷脂)、磷脂酰丝氨酸。甘油磷脂的结构是甘油分子中C-1与C-2上的羟基与高级脂肪酸相结合,另一个羟基(C-3)则通过酯键与磷酸结合,磷酸再通过酯键与其他各种小分子化合物结合而生成各种各样的甘油磷脂,几种主要的甘油磷脂如表3-1所示,其结构通式为

$$
\begin{array}{l}
\qquad\qquad\quad\ \ \mathrm{CH_2{-}O{-}CO{-}R_1} \\
\qquad\qquad\qquad\ | \\
\mathrm{R_2{-}\overset{\displaystyle O}{\overset{\|}{C}}{-}O{-}CH} \\
\qquad\qquad\qquad\ | \\
\qquad\qquad\quad\ \ \mathrm{CH_2{-}O{-}\overset{\displaystyle O}{\overset{\|}{P}}{-}O{-}X} \\
\qquad\qquad\qquad\qquad\quad\ \ \mathrm{\underset{\displaystyle OH}{|}}
\end{array}
$$

式中R_1多为饱和脂肪酸(软脂酸,$C_{15}H_{31}COOH$;硬脂酸,$C_{17}H_{35}COOH$),R_2多为不饱和脂肪酸(亚麻酸,$C_{17}H_{29}COOH$;花生烯酸,$C_{19}H_{31}COOH$)。

表3-1　几种主要的甘油磷脂

X—OH	X—取代基	名　称
水	—H	磷脂酸
胆碱	$-CH_2CH_2N^+(CH_3)_3$	磷脂酰胆碱(卵磷脂)
乙醇胺	$-CH_2CH_2NH_3^+$	磷脂酰乙醇胺(脑磷脂)
丝氨酸	$-CH_2CHOHCH_2OH$	磷脂酰甘油
磷脂酰甘油	$\begin{array}{c}\mathrm{CH_2OCOR_1}\\ \mid \\ \mathrm{HCOCOR_2}\\ \mid \\ \mathrm{-CH_2CHOHCH_2OH{-}P{-}OCH_2}\end{array}$	二磷脂酰甘油(心磷脂)
肌醇	(肌醇环状结构:HO—,H,OH,OH,H,H,OH,OH,OH,H,H,H)	磷脂酰肌醇

甘油磷脂具有亲水和亲脂两性结构,C-3位的磷酸与X基团构成亲水的极性头部,与C-1和C-2位连接的长链脂酰基形成疏水的尾部,在水溶液中,极性头部趋于水相,疏水的尾部相互聚集避免与水接触,形成稳定的微团或双分子层。

4. 鞘磷脂(sphingomyelin)　是由鞘氨醇、脂肪酸、磷酸和胆碱或乙醇胺构成。主要分布于脑及周围神经组织中,肝、脾等组织中也有少量存在。其结构式如下:

$$
\mathrm{CH_3(CH_2)_{12}CH{=}CH{-}\underset{\displaystyle OH}{\underset{|}{CH}}{-}\overset{\displaystyle \overset{\displaystyle R}{|}\atop \overset{\displaystyle CO}{|}\atop NH}{\overset{|}{CH}}{-}CH_2{-}O{-}\overset{\displaystyle O}{\overset{\|}{P}}\underset{\displaystyle OH}{\underset{|}{}}{-}O{-}CH_2CH_2N(CH_3)_3OH}
$$

鞘氨醇　　　　胆碱

5. 糖脂(glycolipid)　糖脂是一类含糖的复合脂类,为植物脂肪主要组成部分,其中主要是半乳糖脂,其结构式如下:

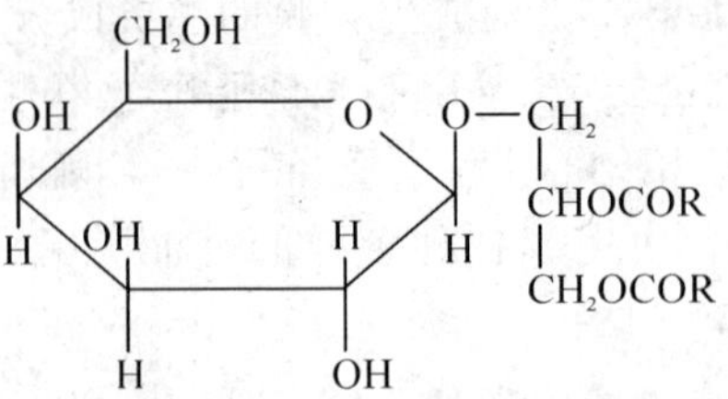

6. 固醇类(sterol) 固醇类的基础结构是环戊烷多氢菲，是 4 个环组成的一元醇。其 C-3 位与一个—OH 连接，在 C-10、C-13、C-17 位上各连接一个侧链。根据环上双键的数目和位置的不同及 C-17位上侧链的结构差异，可分为若干种固醇。若 C-3 位上的—OH 与脂肪酸结合，则为固醇酯。动物体内最重要的固醇和固醇酯为胆固醇和胆固醇酯，胆固醇仅存在于动物组织中，大部分动物体内可以合成胆固醇，并以胆固醇为原料合成许多重要的固醇。昆虫类及海洋甲壳类和部分软体动物体内不能合成胆固醇，需要在饲料中加以补给以维持其正常生长发育。胆固醇分子中的 C-7 位通过脱氢可生成 7-脱氢胆固醇，再经紫外线照射则转变为维生素 D_3，植物组织中则不含胆固醇。

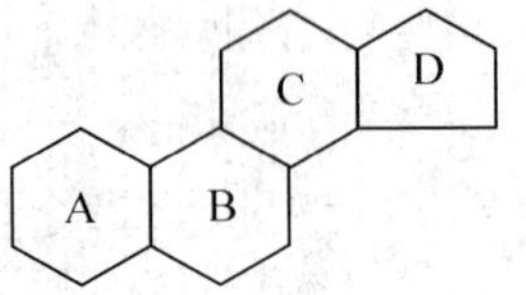

环戊烷多氢菲

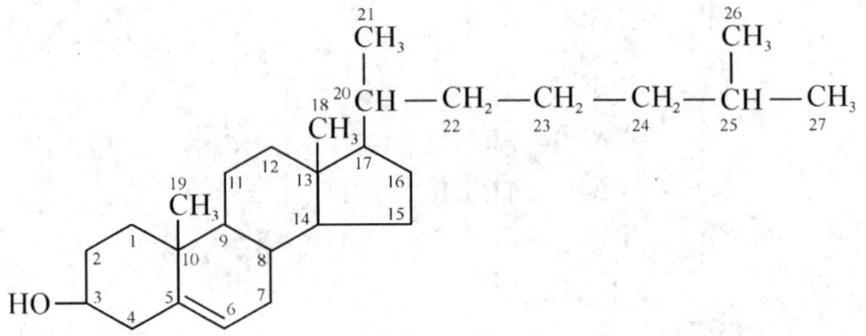

胆固醇的化学结构

二、脂类的主要性质

1. 水解特性 脂肪在强碱或稀酸的作用下能水解成甘油和脂肪酸，动植物体内脂肪的水解是在脂肪酶的作用下进行的。饲料保管不当时所产生的细菌、霉菌等微生物也会对饲料中的脂肪进行水解而使饲料的品质下降。自然条件下脂肪的水解产物一般为一甘油酯、二甘油酯及游离脂肪酸。饲料中脂肪的水解产物游离脂肪酸如果是短链脂肪酸，则具有强烈的异味，会影响饲料的适口性。

2. 酸败作用 脂肪发生酸败主要有两个原因：①暴露于空气中的脂肪其分子结构中的不饱和脂肪酸的双键可被空气中的氧所氧化，先形成脂过氧化物，此中间产物再与脂肪分子进一步发生反应形成氢过氧化物，当此产物积累到一定的浓度时则分解成分子量较小的醛与酸混合物，光和热加速该氧化过程。②在高温、湿度大及通风不良的条件下，饲料中的脂氧化酶或微生物产生的脂氧化酶容易将脂肪氧化水解产生甘油和脂肪酸，脂肪酸经微生物的进一步作用发生氧化生成 β-酮酸，然后再经脱羧生成酮。

以上酸败产生的醛、酮、酸等终产物具有强烈的刺激性异味，同时氧化过程中所生成的过氧化物还会破坏一些脂溶性维生素，从而影响饲料的适口性和降低其营养价值。

3. 氢化作用 脂肪中的不饱和脂肪酸在催化剂或酶的作用下，其双键可与氢发生反应而变成饱和脂肪酸，使脂肪硬度增加，如油酸经加氢后转变为硬脂酸。饲料中的脂肪在反刍动物的瘤胃内可发生某种程度的氢化使得其体脂肪的饱和脂肪酸含量较高。

4. 抗氧化作用 天然脂肪本身也存在一些抗氧化物质，但其抗氧化作用仅能维持一定时间，长时间贮存仍然会被氧化。因此，为了防止饲料在贮存及使用过程中脂肪被氧化，可在饲料中加入微量的抗氧化剂。

三、脂类的生理作用

(1)贮存能量　水产动物从外界摄取的能量超过其需要量时，多余的能量主要以脂肪的形式贮存在体内。高脂肪的饲料虽然在一定程度上起到节约蛋白质的效果而促进鱼类的快速生长，但也会引起鱼类肌肉组织中脂肪的过量沉积，从而影响产品的外观和品质。其影响程度因不同群体或同一群体的不同个体而有所差异。

(2)提供能量　在三大能量营养素中脂类所含能量最高，在体内彻底氧化产生的能量约为蛋白质和碳水化合物的2倍多，是水产动物重要的能量来源，特别是肉食性鱼类对碳水化合物的利用率较低，脂肪作为能量物质显得尤其重要。贮存在体内的脂肪通过脂肪酶的水解生成甘油与脂肪酸后，甘油经糖代谢途径，脂肪酸则进入线粒体内进行β-氧化释放能量，为水产动物的生长与繁殖提供能量来源。鱼油作为水产动物饲料主要的脂质源，其含有的饱和脂肪酸和单不饱和脂肪酸如16:0、18:1n-9、20:1n-9、22:1n-11容易在体内通过β-氧化而释放出能量，是水产动物生长繁殖的重要能量来源。某些快速游泳的海产鱼类(一些金枪鱼及鲨鱼)，能通过特殊的产热肌肉群的收缩放热，以及复杂的血液循环通路(使血液中所含有的高代谢热量，不致因血液流经鳃血管而散失于水中)，从而获得高于水温的体温。这些鱼类选择性地利用20:5n-3进行氧化提供能量，使得肌肉中保留相对较高含量的20:6n-3，所以，其中性脂质中的20:6n-3/20:5n-3比值比饲料用鱼油中20:6n-3/20:5n-3的比值要高。

(3)保护与绝热作用　脂肪是一种较好的绝热物质，皮下脂肪可以减少体内热量的散发，内脏周围的脂肪可以减少脏器间的摩擦，起着固定脏器和缓冲外界机械冲击对内脏器官的损伤作用。

(4)作为脂溶性营养素的溶剂　促进脂溶性维生素及胡萝卜素的消化吸收。这些物质在体内以脂肪为载体，常随同脂肪在肠道被吸收、转运和贮存，如果动物摄入的脂肪过少，将会影响动物对脂溶性营养素的吸收。

(5)作为生物膜的重要组成成分　类脂的主要生理功能是作为细胞膜结构的基本原料，约占细胞膜重量的50%。细胞的各种膜主要是由类脂(磷脂、胆固醇)与蛋白质结合而成的脂蛋白构成的。

(6)促进营养物质在体内的运输与转运　磷脂是脂蛋白的必需组成成分，它具有乳化剂的特性，参与饵料中脂肪、胆固醇的乳化，对血液中脂质的运输和营养物质的跨膜转运起着重要作用。

(7)为动物提供必需脂肪酸　水产动物体内大部分饱和脂肪酸和单不饱和脂肪酸可以自身合成，而某些多不饱和脂肪酸在体内不能合成，必须从饵料中摄取，为动物体内必需的营养成分，称必需脂肪酸。主要包括亚油酸(18:2n-6)、亚麻酸(18:3n-3)、花生四烯酸(20:4n-6)、二十碳五烯酸(20:5n-3)、二十二碳六烯酸(22:6n-3)等。

第二节　水产动物对脂类的利用

一、脂类的消化吸收及转运

水产动物饵料中的脂类主要为脂肪，此外还含有少量磷脂、蜡、胆固醇或胆固醇酯等。由于脂类不溶于水，必须与胆汁充分混合，经胆汁酸盐的乳化并分散成细小的乳糜微粒(micelles)后，才能被消化酶消化。有些鱼类胃中的胃脂肪酶对脂类也起一定消化作用，但脂类的消化主要是在幽门垂和肠的前、中段进行的。主要包括物理消化和化学消化两个过程，物理消化是指肠的蠕动有助于消化酶与脂质的充分接触，而化学消化是经乳化的脂类在肝胰脏分泌的胰脂酶、磷脂酶、胆固醇酯酶及辅脂酶的作用下，进行水解消化。胰脂酶特异地催化甘油三酯的 1 位及 3 位的酯键水解，生成 2-甘油一酯和两分子的脂肪酸，辅脂酶是胰脂酶消化脂肪不可缺少的蛋白质辅因子，它与胰脂酶和脂肪同时结合，可防止胰脂酶在水油界面变性，增强胰脂酶的活性。磷脂由磷脂酶 A_2 催化其分子中的第 2 位酯键水解，生成脂肪酸及溶血磷脂。胆固醇酯在胆固醇酶的作用下水解成游离胆固醇和脂肪酸。因此，脂类的主要消化产物包括甘油一酯、脂肪酸、胆固醇及溶血卵磷脂。这些消化产物可与胆汁酸盐乳化成更小的混合乳糜微粒(mixed micelles)，其直径小(约为 20nm)，极性大，易穿过小肠黏膜细胞表面的水屏障而被肠黏膜细胞所吸收。同时混合乳糜微粒内部的非极性脂质部分携带的非极性化合物如固醇、脂溶性维生素、类胡萝卜素等也被一起吸收。在肠黏膜细胞内，中、短链脂肪酸(2～10 C)通过门静脉进入血循环。而被吸收的长链脂肪酸(12～26 C)与甘油一酯重新合成甘油三酯。磷脂与胆固醇酯的水解产物溶血磷脂和胆固醇则被酯酰辅酶 A 重酯化生成磷脂与胆固醇酯。这些再合成的物质可与特定的载脂蛋白(apolipoprotein)结合，形成直径 0.5～1.5 μm 的乳糜微粒(chylomicron)和极低密度脂蛋白(very low density lipoprotein)，并通过淋巴系统进入血液循环，一部分脂类可以脂滴的形式贮存于肠表皮细胞。水产动物脂类的消化模式见图 3-1。

$$\begin{array}{l} CH_2O-OCR\\ |\\ CHO-OCR\\ |\\ CH_2O-OCR \end{array} \xrightarrow{\text{脂肪酶}} \left(\begin{array}{l} CH_2O-OCR\\ |\\ CHO-OCR\\ |\\ CH_2OH\\ \\ CH_2OH\\ |\\ CHO-OCR\\ |\\ CH_2O-OCR \end{array}\right) \xrightarrow{\text{脂肪酶}} \begin{array}{l} CH_2OH\\ |\\ CHO-OCR+2R-COOH\\ |\\ CH_2OH \end{array}$$

甘油三酯的水解过程

$$\underset{\text{卵磷脂}}{\begin{array}{l} \qquad\qquad\quad CH_2OCOR_1\\ \qquad\qquad\quad |\\ R_2OC-O-CH \qquad\quad O\\ \qquad\qquad\quad | \qquad\qquad\quad \|\\ \qquad\qquad\quad CH_2-O-P-O-CH_2-CH_2-\overset{+}{N}-(CH_3)_3\\ \qquad\qquad\qquad\qquad\qquad |\\ \qquad\qquad\qquad\qquad\quad OH \end{array}} \xrightarrow{\text{磷脂酶A}}$$

$$\underset{\text{溶血卵磷脂}}{\begin{array}{l} \quad CH_2OCOR_1\\ \quad |\\ HOCH \qquad\quad O\\ \quad | \qquad\qquad \|\\ \quad CH_2-O-P-O-CH_2-CH_2-\overset{+}{H}-(CH_3)_3\\ \qquad\qquad\quad |\\ \qquad\qquad\quad OH \end{array}}$$

磷脂的水解过程

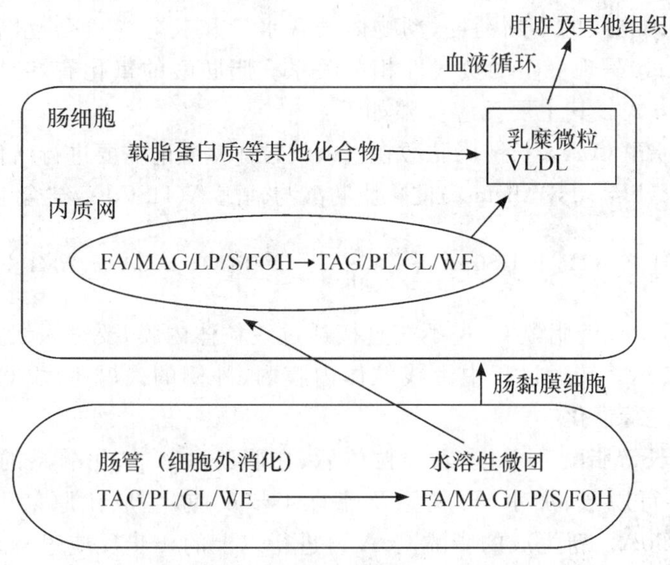

图 3-1　水产动物脂类的消化模式图

TAG:甘油三酯　PL:磷脂　CL:胆固醇酯　WE:蜡　FA:脂肪酸　MAG:甘油一酯
LP:溶血磷脂　S:固醇　FOH:脂肪醇　VLDL:极低密度脂蛋白

血液中的脂类主要以脂蛋白的形式进行转运，各种脂蛋白根据其颗粒大小、表面所带电荷的多少、电泳迁移速率和密度可分为四类：乳糜微粒（chylomicron，CM）、极低密度脂蛋白（very low density lipoprotein，VLDL）、低密度脂蛋白（low density lipoprotein，LDL）、高密度脂蛋白（high density lipoprotein，HDL）。乳糜颗粒在小肠黏膜细胞中合成，VLDL、LDL 和 HDL 既可在小肠黏膜细胞中合成也可在肝脏合成，水产动物在小肠黏膜细胞中合成的脂类主要是以 CM 和 VLDL 形式进入血液循环被转运到肝脏及其他组织。乳糜微粒含 80%～95%的甘油三酯及磷脂和胆固醇酯，经淋巴进入血液循环后，很快到达肝脏和其他组织，在心肌、骨骼肌、脂肪组织毛细血管内皮细胞表面的脂蛋白脂肪酶（lipoprotein lipase，LPL）的催化下，CM 中的甘油三酯及磷脂水解成甘油、脂肪酸和溶血磷脂，被组织细胞摄取利用，最后含有胆固醇酯及其他载脂蛋白的 CM 残粒与肝细胞膜上的受体结合后进入肝细胞被降解。而 VLDL 在肝外组织毛细血管内皮细胞表面的 LPL 作用下，其中的甘油三酯被逐步水解，而表面的载脂蛋白、磷脂和胆固醇向 HDL 转移并接受 HDL 的胆固醇酯，转化为中间密度脂蛋白（intermediate density lipoprotein，IDL），部分 IDL 可被肝细胞摄取代谢，未被摄取的 IDL 中的甘油三酯被 LPL 及肝脂肪酶（hepatic lipase，HL）进一步水解，最后转化为富含胆固醇酯的 LDL。

二、脂类的代谢

（一）脂肪的代谢

1. 脂肪的分解　当水产动物处于饥饿状态及越冬或生殖洄游期间需要能量时，贮存于体内的脂肪被水解成甘油和游离脂肪酸，释放入血液，被运送全身各组织氧化利用。因甘油溶于水，可直接由血液运送至肝、肾、小肠等组织。主要在肝脏甘油激酶（glycerokinase）的作用下消耗 ATP 转化为 α-磷酸甘油，参与脂肪的合成代谢，或者经脱氢转变为磷酸二羟丙酮，进入糖代谢途径被分解或转化为糖。脂肪细胞和骨骼肌等组织因缺乏甘油激酶，不能直接利用甘油。脂肪酸是机体的主要供能物质，在有氧条件下彻底氧化为 H_2O 和 CO_2 并释放出大量的能量以 ATP 的形式供机体利用。因此，随着动物能源物质的不断消耗，动物体的含水量和灰分含量会逐渐上升，水分与机体比能值（单位体重的含能量）呈现一定的负线性相关关系。脂肪酸的氧化有多种途径，但脂肪酸在线粒中的β-氧化是主要方式。其主要反应步骤如下：

（1）脂肪酸活化成脂酰CoA　长链脂肪酸在进入线粒体基质前需要进行活化，在ATP、Mg^{2+}参与下，脂酰CoA合成酶（acyl-CoA synthetase）催化脂肪酸与辅酶A（HSCoA）结合生成脂酰CoA。

$$RCOOH + ATP + HSCoA \xrightarrow[Mg^{2+}]{\text{脂酰 CoA 合成酶}} RCO \sim SCoA + AMP + PPi$$

（2）脂酰CoA转运　长链脂酰CoA不能直接透过线粒体内膜，要进入线粒体进行氧化必须依靠内膜上肉碱分子的转运。转运过程中由线粒体内膜内、外侧的肉碱-脂酰CoA转移酶（carnitine acyltransferase）Ⅰ、Ⅱ进行催化。

（3）β-氧化过程　长链脂酰CoA进入线粒体后，在脂肪酸β-氧化酶系的催化下，从脂酰基的β-碳原子开始，逐步进行脱氢、加水、再脱氢及硫解4步反应，生成比原来少2个碳原子的脂酰CoA和1分子的乙酰CoA。新生成的脂酰CoA再进行以上的4步反应过程，如此反复进行，直至最后完全氧化生成乙酰CoA为止。乙酰CoA进入三羧酸循环彻底氧化，产生ATP、H_2O、CO_2。脂肪酸的β-氧化过程如图3-2所示。

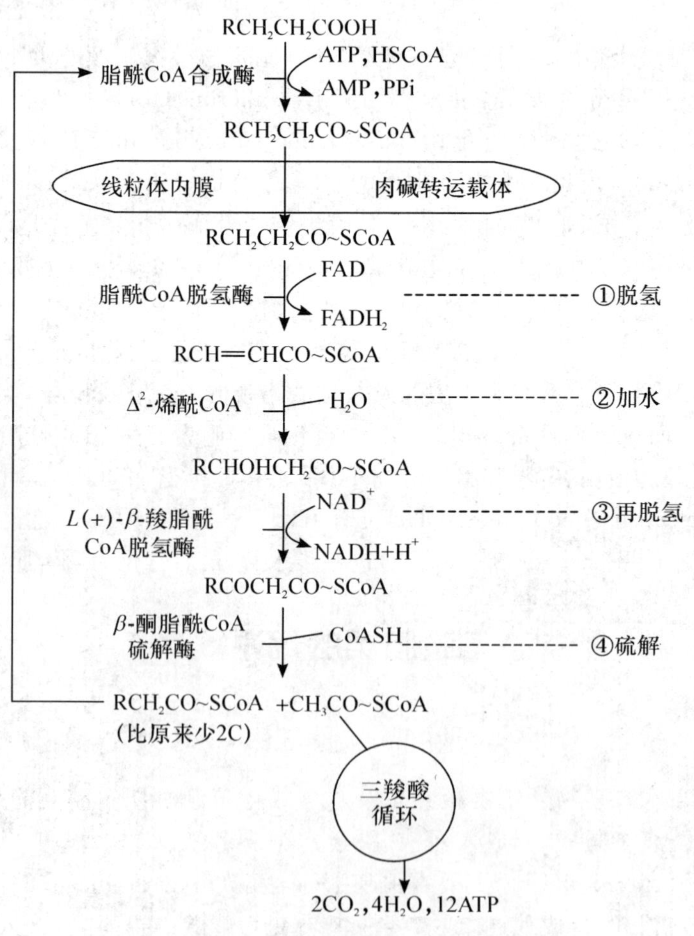

图3-2　脂肪酸的β-氧化

脂肪酸β-氧化产物乙酰CoA一部分在线粒体中可缩合生成酮体。极长链脂肪酸（20C、22C）可在过氧化酶体中氧化成短链脂肪酸后，进入线粒体内分解氧化。此外，脂肪酸还可以发生 α-氧化和 ω-氧化。

2. 脂肪的合成 动物体内沉积的脂肪，有的直接来自血液脂肪，也有的通过肝、脂肪组织及小肠等体组织利用脂肪酸和甘油进行合成。其中肝的合成脂肪能力最强，除了少数水产动物如鳕鱼、鲨鱼等肝脏可以贮存脂肪外，大多数水产动物肝脏不能贮存脂肪，如鱼类在肝内质网合成的脂肪必须与载脂蛋白、磷脂及胆固醇结合生成 VLDL，通过高尔基体分泌到细胞质中，随血液循环运输至肝外组织。当鱼类因营养不良、必需脂肪酸缺乏或磷脂、胆碱、甜菜碱和蛋氨酸等缺乏造成脂蛋白的合成量不足时，肝细胞中的脂肪不能及时运出，就会造成脂肪在肝脏中的累积，导致血浆脂肪含量降低，肝脏脂肪含量升高，即形成所谓的脂肪肝。脂肪组织是机体合成脂肪的另一重要组织，它可利用 CM 或 VLDL 中的脂肪酸合成脂肪，更主要是以葡萄糖为原料合成脂肪，脂肪细胞是贮存脂肪的重要场所。小肠黏膜细胞脂肪消化产物如甘油一酯及脂肪酸再合成脂肪，以 CM 形式进入血液循环。

脂肪的合成包括甘油和脂肪酸的合成，这两者不能作为直接的底物参加反应，必须转变为脂酰 CoA 和磷酸甘油。

(1)甘油的合成 由体内脂肪代谢分解所产生的甘油在磷酸甘油激酶及 ATP 的作用下，可生成 α-磷酸甘油，其反应式如下：

$$\begin{array}{l} H_2C-OH \\ \quad\;| \\ HO-CH \\ \quad\;| \\ H_2C-OH \end{array} \xrightarrow[\text{ATP}]{\text{磷脂甘油激酶}} \begin{array}{l} H_2C-OH \\ \quad\;| \\ HO-CH \\ \quad\;| \\ H_2C-OPO_3^{2-} \end{array}$$

甘油合成的另一条途径是糖代谢过程中葡萄糖经一系列反应变化生成磷酸二羟丙酮，然后在磷酸甘油脱氢酶和 NADH 的作用下还原成 α-磷酸甘油，反应式如下：

$$\begin{array}{l} H_2C-OH \\ \quad\;| \\ O=C \\ \quad\;| \\ H_2C-OPO_3^{2-} \end{array} \xrightarrow[\text{NADH}]{\text{磷酸甘油脱氢酶}} \begin{array}{l} H_2C-OH \\ \quad\;| \\ HO-CH \\ \quad\;| \\ H_2C-OPO_3^{2-} \end{array}$$

(2)脂肪酸的合成 脂肪酸的合成包括饱和脂肪酸的从头合成、碳链的延长及不饱和脂肪酸的合成。首先在胞液将乙酰 CoA 合成软脂酸，然后在内质网或线粒体将软脂酸碳链延长或去饱和化生成其他的脂肪酸。

①软脂酸的合成 合成软脂酸的原料乙酰 CoA 主要是线粒体内由脂肪酸 β-氧化、丙酮酸脱羧或氨基酸氧化所产生，它必须通过柠檬酸-丙酮酸循环才能穿过线粒体膜进入胞液用于合成脂肪酸，即乙酰 CoA 与草酰乙酸结合形成柠檬酸，通过线粒体膜上的三羧酸载体(tricarboxylate transportsystem)转运进入胞液，在胞液中柠檬酸裂解酶的作用下，释放出乙酰 CoA 与草酰乙酸。草酰乙酸又被 NADH 还原成苹果酸，经过线粒体内膜载体转运直接进入线粒体内，或者由胞液苹果酸酶的催化作用，分解成丙酮酸，再转运入线粒体内经羧化生成草酰乙酸，继续参与乙酰 CoA 的转运。

软脂酸的合成需要 1 分子乙酰 CoA 和 7 分子丙二酸单酰 CoA。后者由乙酰 CoA 在 ATP 供能、乙酰 CoA 羧化酶(生物素为辅酶，Mn^{2+}、Mg^{2+} 为激活剂)催化下，加上 CO_2 而生成，其中的乙酰 CoA 羧化酶是脂酸合成的限速酶。反应式如下：

$$\text{乙酰 CoA} + CO_2 + \text{ATP} + H_2O \xrightarrow[Mn^{2+}、Mg^{2+}]{\text{乙酰 CoA 羧化酶、生物素}} \text{丙二酸单酰 CoA}$$

$$\text{乙酰 CoA} + 7\,\text{丙二酸单酰 CoA} + 14\text{NAPDH} + 14H^+ \longrightarrow \text{软脂酸} + 7CO_2 + 14\text{NADP}^+ + 8\text{CoA} + 6H_2O$$

从乙酰 CoA 和丙二酸单酰 CoA 合成 16C 的软脂酸，是在脂肪酸合成酶系统(fatty acid synthase system,FAS)的作用下,经过连续7次的酰基转移、缩合、还原、脱水、再还原等步骤循环反应,每次反应延长2个碳原子,最后形成软脂酰ACP(acyl carrier protein,脂酰基载体蛋白)经硫酯酶(thioesterase)催化生成游离的软脂酸。

②脂肪酸碳链的延长 以上合成的软脂酸,在肝细胞的内质网或线粒体中进行碳链的延长。内质网存在脂肪酸碳链延长酶体系,软脂酸碳链延长主要是通过此酶系催化进行。以丙二酸单酰CoA为二碳单位供给体,由NADPH＋H^+供氢,与软脂酸的合成过程相似,每次延长2个碳原子,可产生18C至24C的脂肪酸,但以18C的硬脂酸为最多。线粒体脂肪酸碳链延长酶体系的作用较小,以乙酰CoA作为二碳单位供给体,由NADPH供氢,其合成过程类似脂肪酸β-氧化逆过程,可产生18C、24C或26C的脂肪酸。

③不饱和脂肪酸的合成 动物体内脂肪酸去饱和酶是结合在内质网膜上,n-9去饱和酶向软脂酸中引入第一个双键,在延长酶和n-4、n-5、n-6等去饱和酶(destaturase)的先后作用下在第一个双键和羧基间引入其他双键,形成同族多不饱和脂肪酸。但动物缺乏n-9以上的去饱和酶,一般动物体内只能合成n-7、n-9系列不饱和脂肪酸,而不能合成n-3、n-6系列不饱和脂肪酸。因此,n-3、n-6系列不饱和脂肪酸被认为是动物的必需脂肪酸,必须从食物摄取,然后在体内再通过去饱和化和碳链延长等过程将它们转变为多不饱和脂肪酸。有关鱼类脂肪酸合成途径如图3-3所示。

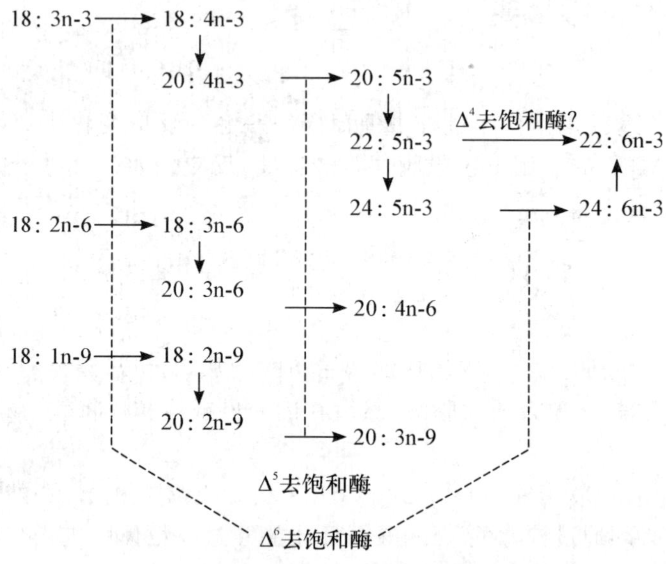

图3-3 鱼类不饱和脂肪酸合成途径

3. 脂肪的合成途径

(1)甘油一酯途径 食物长链脂肪酸甘油三酯在消化道被分解成2-甘油一酯和长链脂肪酸后被小肠黏膜细胞所吸收,在小肠黏膜细胞内质网转酰酶(acyl CoA transferase)的催化下,2分子的脂酰CoA转移到2-甘油一酯上生成甘油三酯。

(2)甘油二酯途径 肝细胞及脂肪细胞按此途径合成甘油三酯,α-磷酸甘油在磷酸甘油酯酰转移酶的作用下,先与2分子的脂酰CoA缩合成磷脂酸(phosphatidic acid),然后在磷酸酶的作用下,磷脂酸水解脱去磷酸生成1,2-甘油二酯,在转酰酶的催化下,1,2-甘油二酯再与1分子的脂酰CoA缩合成甘油三酯。

$$\begin{matrix}H_2C-OH\\ HO-CH\\ H_2C-OPO_3^{2-}\end{matrix} + 2RCOSCoA \xrightarrow{\text{磷酸甘油酯酰转移酶}} \begin{matrix}H_2C-O-CO-R_1\\ R_2-CO-O-CH\\ H_2C-OPO_3^{2-}\end{matrix} + 2HSCoA$$

$$\begin{matrix}H_2C-O-CO-R_1\\ R_2-CO-O-CH\\ H_2C-OPO_3^{2-}\end{matrix} \xrightarrow{\text{磷酸酶}} \begin{matrix}H_2C-O-CO-R_1\\ R_2-CO-O-CH\\ H_2C-OH\end{matrix}$$

$$\begin{matrix}H_2C-O-CO-R_1\\ R_2-CO-O-CH\\ H_2C-OH\end{matrix} + RCOSCoA \xrightarrow{\text{转酰酶}} \begin{matrix}H_2C-O-CO-R_1\\ R_2-CO-O-CH\\ H_2C-O-CO-R_3\end{matrix}$$

(二)类脂的代谢

1. 甘油磷脂的代谢

(1)甘油磷脂的分解代谢　甘油磷脂首先在多种磷脂酶类(phospholipase)的作用下水解成甘油、脂肪酸、磷酸及氨基醇,然后,水解产物再各自进行分解或转化。磷脂中不同酯键由不同的磷脂酶进行降解,分别是作用于1,2位酯键的磷脂酶A_1和A_2,作用于溶血磷脂1位或2位酯键的磷脂酶B,作用于3位磷酸酯键的磷脂酶C,作用于磷酸取代基酯键的磷脂酶D(图3-4)。水产动物的磷脂酶主要有磷脂酶A_2、磷脂酶B和磷脂酶C,在以上磷脂酶的催化下,磷脂水解生成磷酸甘油、甘油二酯及含氮碱。然后在磷酸酯酶、脂肪酶等作用下进一步水解,生成甘油、脂肪酸、磷酸、胆碱或胆胺。

$$\begin{matrix}CH_2-O\overset{A_1\downarrow}{-}CO-R_1\\ R_2-CO\underset{\uparrow A_2}{-}O-CH\\ CH_2\underset{\uparrow C}{-}O-PO(OH)\overset{D\downarrow}{-}O-X\end{matrix}\qquad\qquad \begin{matrix}CH_2-O\overset{B\downarrow}{-}CO-R_1\\ HOCH\\ CH_2-O-PO(OH)-O-X\end{matrix}$$

图3-4　各种磷脂酶催化不同位置的酯键

(2)甘油磷脂的合成代谢　甘油磷脂是在细胞的内质网膜外侧面进行合成,然后通过磷脂交换蛋白转移至不同细胞器膜上,以更新膜组分磷脂。动物体内磷脂的合成以肝、肾及肠等组织最活跃。磷脂合成原料的甘油、脂肪酸主要是从葡萄糖代谢转化而来,但其2位的多不饱和脂肪酸多为必需脂肪酸,必须从食物中摄取。其他还需要磷酸盐、胆碱、丝氨酸、肌醇等,可以由食物供给或由其他物质在体内合成获得。磷脂合成有两条途径:

①甘油二酯合成途径　卵磷脂和脑磷脂主要是通过此途径合成。甘油二酯是合成的重要中间物,是由甘油在转酰酶作用下生成磷脂酸,然后再被磷酸酶水解而生成。而胆碱和乙醇胺必须转变为活化的CDP-胆碱和CDP-乙醇胺,然后再与甘油二酯反应生成磷脂。其主要合成过程如下:

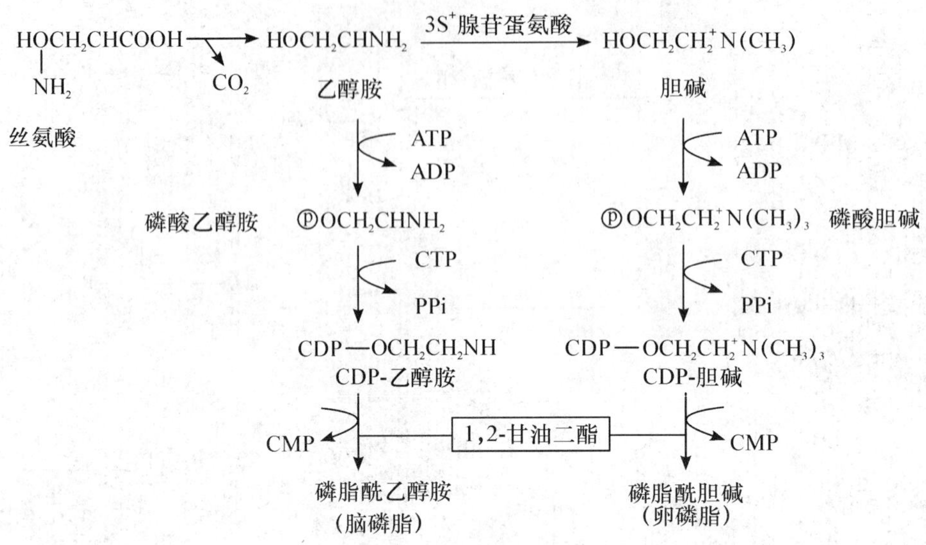

②CDP-甘油二酯合成途径　经该途径合成的有磷脂酰肌醇、磷脂酰丝氨酸、二磷脂酰甘油(心磷脂)。此途径由葡萄糖代谢生成磷脂酸与上述途径相同。不同的是磷酸不被磷酸酶水解,而是在磷脂酰胞苷转移酶的催化下,由CTP提供能量生成活化的CDP-甘油二酯,然后再与肌醇、丝氨酸或磷脂酰甘油缩合生成相应的甘油磷脂。

2. 胆固醇的代谢

(1)胆固醇的合成　高等动物包括海洋脊椎动物都可以自身合成胆固醇,但甲壳类和部分软体动物却不能有效合成胆固醇,需要靠食物提供以满足其代谢的需要。胆固醇主要在肝脏合成,脑合成胆固醇能力很低。胆固醇的合成是在胞液和滑面内质网中进行,葡萄糖、氨基酸及脂肪酸在线粒体内的分解代谢产物乙酰CoA是合成胆固醇的原料,合成过程中还需要NADPH＋H^+、ATP等参与。乙酰CoA需要通过柠檬酸-丙酮酸循环才能进入胞液为胆固醇合成所利用。胆固醇的合成过程较复杂。大致可分为三个阶段:

①甲羟戊酸的合成　在胞液中乙酰CoA先后在硫解酶和β-羟基-β-甲基戊二酰CoA合酶(3-hydroxy-3 methylglutaryl CoA synthase,HMG CoA synthase)的催化下,最终缩合成β-羟基-β-甲基戊二酰CoA(HMG CoA)。然后在内质网HMG CoA还原酶的催化下,由NADPH＋H^+供氢,还原成甲羟戊酸(mevalonic acid,MVA),HMG CoA还原酶是胆固醇合成的限速酶。

$$2CH_3COCoA \xrightarrow[HSCoA]{\text{硫解酶}} CH_3COCH_2COCoA \xrightarrow[CH_3COCoA]{\text{HMGCoA合酶}}$$

$$HOOC-CH_2-C(OH)(CH_3)-CH_2-COCoA \xrightarrow[2NADPH+H^+ \quad 2NADP \quad CoA]{\text{HMGCoA还原酶}} HOOC-CH_2-C(OH)(CH_3)-CH_2-CH_2OH$$

β-羧基-β-甲基戊二酰CoA(HMG CoA)　　甲羟戊酸(HVA, 6C)

②鲨烯的合成　甲羟戊酸在胞液内有关激酶的催化下，经 3 次磷酸化生成 3-磷酸-5-焦磷酸MVA，在脱羧酶的作用下脱羧生成异戊烯醇焦磷酸酯（isopentenyl pyrophosphate，IPP，5C）和二甲基丙烯焦磷酸（3，3-dimethylallyl pyrophosphate，DPP，5C），然后 1 分子的 DPP 与 2 分子的 IPP 缩合成焦磷酸法尼酯（farnesyl pyrophosphate，FPP，15C）。2 分子的 FPP 在内质网鲨烯合酶作用下，再缩合、还原成 30C 的多烯烃——鲨烯（squalene）。

③胆固醇的形成　鲨烯结合在固醇载体蛋白（sterol carrier protein，SCP）上进入内质网，经单加氧酶、环化酶的催化，环化成羊毛固醇，再经一系列的氧化、脱羧及还原反应，脱去 3 分子 CO_2 生成 27C 的胆固醇。

（2）胆固醇的转化　胆固醇在动物体内不能彻底氧化为 CO_2 和 H_2O，不是能源物质。它可以在体内转化成胆固醇酯，还可以在有关酶的作用下，转化成一系列重要的类固醇化合物。

①转化成胆酸及其衍生物　胆固醇在肝脏羟化酶及脱氢酶的催化下转化为胆酸，胆酸与甘氨酸或牛磺酸结合成胆汁酸，随胆汁排入肠道对脂类的消化和脂溶性维生素的吸收具有重要作用。

②转化为类固醇激素　胆固醇在一系列酶的催化下，可以转化为各种类固醇激素，如肾上腺皮质激素、孕酮、蜕皮激素、雄激素和雌激素。

③转化为维生素 D_3　在肝和肠黏膜细胞中，胆固醇转变为 7-脱氢胆固醇，并贮存于皮下，经紫外光作用可转变为维生素 D_3，促进钙鳞的吸收和骨骼的钙化。

第三节　水产动物对脂类的营养需求

一、水产动物对脂肪的需求

（一）鱼类对脂肪的需求

饲料中的脂质是鱼类能量的主要来源，鱼类对脂肪的需求量受鱼的种类、食性、生长阶段、饲料中的蛋白质和糖类及环境条件的影响。一般淡水鱼类比海水鱼类对脂肪的需求量要低，在淡水鱼类中冷水性鱼类比温水性鱼类对脂肪的需求量要高。肉食性鱼类包括大部分的海水鱼类由于对碳水化合物的利用率较低，因此，它们所需要的能量主要由饲料中的脂质和蛋白质提供，而碳水化合物一般只占配合饲料的 10％左右。由于饲料蛋白质价格昂贵，人们在配方设计时主要考虑的问题是如何用最适量的蛋白质来使鱼类获得最快的生长，以尽量降低饲料成本。即确定蛋白质与其他营养素的最佳平衡关系，其中最主要是确定饲料中最适的能量（kcal）/蛋白质（％）比（DE/DP）。当DE/DP 过低时，饲料蛋白质就会被利用作为能源物质。反之，饲料中的能量过高则会降低鱼的摄食量，使蛋白质和其他营养物质的摄入减少，从而影响鱼类的正常生长。因此，鱼类对脂肪的需求量受种类、食性、生长阶段、水温及饲料中蛋白质和碳水化合物水平的影响。一般鱼类饲料中粗脂肪水平在 10％～20％可以保证蛋白质有效地用于鱼类生长，并不会产生过量的脂肪沉积于机体组织中。在一些商品鱼类的养殖生产上为了使养殖对象获得快速生长，缩短养殖周期，即充分发挥脂肪对蛋白质的节约效果，人们更多地采用高脂肪饲料，如虹鳟的饲料中粗脂肪含量达 21％，试验证明，当饲料中蛋白质含量从 48％降到 35％，而脂肪含量从 10％提高至 15％～20％时，虹鳟的生长、饲料转化率、蛋白质利用率没有变化，即当饲料中蛋白质降至 35％时，其最适的能量（kcal）/蛋白质

(%)比值为130。大西洋鲑饲料中脂肪含量也高达38%或47%,但高脂质饲料的促生长效果与鱼类的生长阶段有关,如饲料中脂质含量由9%上升至15%时能加快狼鲈(*Dicentrarchus labrax*)幼鱼的生长并可以降低其对蛋白质的需求量,但提高饲料中脂质的含量却不能促进狼鲈仔鱼的生长。虽然脂质能起到节约蛋白质的效果,但是投喂高脂肪饲料也会使鱼产生一些生理病变(如脂肪肝)及带来一些产品质量问题,如鱼类肌肉组织中脂肪的过量沉积会影响产品的外观色泽以及由于脂肪氧化而容易发生变质。鱼类对脂类的需求主要表现在对必需脂肪酸的需求,必需脂肪酸的需求量除了与鱼种和发育阶段有关外,还与饲料中的脂质含量高低有关。鱼类对必需脂肪酸的需求量随着饲料中脂质含量升高而增加,但需求量与饲料中脂质含量的比值则保持不变。表3-2列举一些鱼类饲料中蛋白质、脂肪、碳水化合物的适宜添加量。

表3-2 一些鱼类饲料中蛋白质、脂肪、碳水化合物的适宜添加量

(引自竹内俊郎,2002)

鱼 种	蛋白质含量/%	α-淀粉含量/%	脂肪含量(CL)/%或可消化能量(DE)/(kcal/100 g)
淡水鱼			
虹鳟 *Oncorhynchus mykiss*	35~40	20~30	CL,18; DE,430~470
日本鳗鲡 *Anguilla japonica*	45	10~20	CL,8
鲤鱼 *Cyprinus carpio*	32~38	30~60	DE,310~360
尼罗罗非鱼 *Oreochromis nilotica*	29	30~40	DE,400
海水鱼(幼鱼以上)			
五条鰤 *Seriola quinqueradiata*	45~55	<5	CL,15~30
真鲷 *Pagrus major*	45~55	<20	CL,10~15
牙鲆 *Paralichthys olivaceus*	50~60	<19	CL,10~15; DE,360

(二)虾蟹类对脂肪的需求

脂肪同样是虾蟹类生长发育过程中所必需的能量物质,它可提供虾蟹类生长所需的必需脂肪酸,还可作为脂溶性维生素的载体以及诱食剂。但饲料中脂肪添加量不但受蛋白质的质量和含量、其他能量饲料的质量和供给量以及供给的脂肪源的质量的影响,还受种类、食性、生长阶段及环境因子等因素的影响。虾蟹类对脂肪没有一个确定的需求量,一般商业虾饲料所推荐的粗脂肪水平为6%~7.5%,且建议的最高水平不超过10%。罗氏沼虾(*Macrobrachium rosenbergii*)饲料中脂肪含量为3.12%~11.11%时,其生长并没有显著差异。饲料中脂肪的推荐量为5.11%~9.10%,中国对虾饲料中粗脂肪的适宜含量为6%~8%。蟹类的脂肪需求量总体范围为3%~10%,最适的添加量一般为5%~9%。

我国几种常见水产养殖动物饲料中脂肪的适宜含量见表3-3。

表3-3 水产动物饲料中脂肪(类脂)的适宜含量

(引自郝彦周《水生动物营养与饲料学》,2000)

水生动物种类	水生动物规格/g	实验水温/℃	脂肪源	适宜含量/%	每100 g体重日需要量/g	评定指标	资料来源
草鱼	—	—	—	8.9	0.4	—	毛永庆等,1985
	—	—	菜籽油	3.6	—	增重率、饲料效率、蛋白质效率	雍文岳等,1985

续表 3-3

水生动物种类	水生动物规格/g	实验水温/℃	脂肪源	适宜含量/%	每100 g体重日需要量/g	评定指标	资料来源
团头鲂	—	—	—	3.6	—	增重率、饲料效率、蛋白质效率	刘梅珍等,1998
鲮鱼	—	—	—	4～5	0.1	—	毛永庆等,1985
鲤鱼	—	—	—	5	—	—	Watanab等,1975
	—	—	—	5	—	—	刘伟等,1990
尼罗罗非	—	—	—	7.63	—	—	徐捷等,1983
鱼	—	—	豆油为主	10	—	—	庞思成等,1994
	—	—	—	10	—	—	佐藤等,1981
青鱼	—	—	马面鲀鱼油	6.5	—	生长	王道尊等,1987
鲈鱼	32	22～25	鱼油	16	—	增重率	仲维仁等,1998
日本对虾	—	—	鱼油＋豆油	3＋3	—	—	弟子丸修,1974
中国对虾	—	—	豆油	8	—	增重	徐明启,1985
	—	—	—	6	—	—	
	2.8～3.4	21～23	花生油等	4	0.236	生长、蛋白效率、饵料系数	徐新章等,1988
	—	—	—	3	—	—	仲维仁等,1985
	—	—	大豆磷脂	4	—	增长、饵料系数	福建水产研究所,1995
	—	—	胆固醇	0.5～1	—	—	刘发义,1993

二、水产动物对必需脂肪酸的需求

(一)必需脂肪酸的概念及种类

脂肪酸(fatty acid)是由一条长的烃链和一个末端羧基组成的羧酸。在生物体内,只有少数的脂肪酸以游离形式存在,大部分与甘油三酯、磷脂、糖脂等脂类结合,作为脂类的基本组成成分。脂肪酸按烃链中是否含有双键分为饱和脂肪酸(saturated fatty acids)和不饱和脂肪酸(unsaturated fatty acids)。不饱和脂肪酸又根据双键的数目分为单不饱和脂肪酸(monounsaturated fatty acid)和多不饱和脂肪酸(polyunsaturated fatty acids,PUFA)。脂肪酸的系统命名标示的碳原子排列顺序可以从甲基端或羧基端进行编码,为了应用上的方便,本文采用从甲基端进行编码。其书写方法是先写出脂肪酸的碳原子数(其后紧连冒号),再写出双键数目(其后紧连 n-),最后写出甲基端和第一个双键间的碳原子数(紧连于 n-后)。如十八碳二烯酸(亚油酸)简写为 18:2n-6。对水产动物而言,多不饱和脂肪酸一般是指 18:2n-6、18:3n-3、20:4n-6、20:5n-3 及 22:6n-3。通常还将碳原子数目≥20 具有 3 个或 3 个以上不饱和键的多不饱和脂肪酸称为高度不饱和脂肪酸(highly unsaturated fatty acids,HUFA),如 20:4n-6、20:5n-3 及 22:6n-3 等。水产动物能自身合成饱和脂肪酸及单不饱和脂肪酸,但一些多不饱和脂肪酸却不能在体内合成,必须由饲料中提供或仅能通过特定的前体物形成,是动物维持正常组织细胞结构和生理机能所必需的物质,这些脂肪酸称为必需脂肪酸(essential fatty acids,EFA)。

(二)必需脂肪酸的作用

(1)作为磷脂成分,参与磷脂的合成。EFA 在磷脂内的浓度最高,是细胞膜、线粒体膜和核膜等生物膜结构脂质的主要成分,对于维持生物膜的正常结构和功能,维持体液输送以及体内某些酶的活性都具有重要的作用。磷脂中脂肪酸的浓度、链长以及不饱和程度对生物膜的流动性、柔韧性起决定性作用。鱼类不同于陆生哺乳动物,构成细胞膜的磷脂中主要的高度不饱和脂肪酸是 DHA、EPA,而 AA 含量相对较少。

(2)作为前列腺素类、前列环素、凝血恶烷、白三烯等类二十烷酸的前体物,对动物的胚胎发育、骨骼生长、繁殖机能、抗凝血及免疫反应等具有重要的作用。由 EPA 产生的类二十烷酸的生理活性比由 AA 产生的弱,会竞争性抑制由 AA 产生的类二十烷酸活性。这样,体内类二十烷酸作用的发挥就取决于 AA 与 EPA 的比例。AA/EPA 值高可增加类二十烷酸的活性,反之,则抑制类二十烷酸的作用。

(3)维持皮肤和其他组织对水分的不通透性。由于细胞膜中 n-6 系列必需脂肪酸的存在,保证了皮肤对水分和其他许多物质的不通透性 目前必需脂肪酸调节其他组织膜通透性的作用机制还不是很清楚,但目前已经证明血脑屏障、胃肠道屏障等过程均与必需脂肪酸有关。

(4)参与类脂胆固醇的代谢。EFA 有利于胆固醇的溶解以及在机体内以酯的形式运输,含 EFA 的胆固醇比含饱和脂肪酸和单不饱和脂肪酸的胆固醇溶解性更好,更容易运输。因此,胆固醇必须与 EFA 结合后才能在机体内转运并进行正常的代谢。对于虾蟹类 EFA 显得尤其重要,因为虾蟹体内的蜕皮激素、性激素、胆汁酸和维生素 D 等都由胆固醇合成,如果胆固醇的代谢受阻碍,则不能进行正常的生长发育。

(5)对鱼虾蟹类的生长繁殖、脑和神经活动具有重要作用。在鱼虾繁殖生育期间,亲体需要大量的 n-3 系列 EFA,以保证幼体孵化后的快速生长,因为幼体阶段体组织细胞快速分裂增长,需要丰富的磷脂用于构成各种生物膜。EFA 会影响亲体的产卵数和卵的孵化率及幼体的畸形率。如果亲鱼饲料中 n-3PUFA 含量不足会导致香鱼和真鲷幼鱼出现高死亡率和畸形率,如鳔发育不完全和脊椎前突或侧突等。对虾饵料中如果缺乏 EPA 和 DHA,亲虾就发生不产卵现象。此外,鱼虾神经组织中 DHA 的含量很高,若 DHA 缺乏,就会导致脑脂中 DHA 含量减少,进而影响神经系统的功能。

(三)水产动物对必需脂肪酸的需求量

水产动物只能合成 n-7、n-9、n-11 系列不饱和脂肪酸,而不能合成或仅能少量合成 n-3、n-6 系列多不饱和脂肪酸,因此,n-3、n-6 系列多不饱和脂肪酸被认为是鱼类的必需脂肪酸。目前,一般认为,亚油酸(LA,18:2n-6)、花生四烯酸(AA,20:4n-6)等 n-6 系列的 PUFA,亚麻酸(LNA,18:3n-3)、二十碳五烯酸(EPA,20:5n-3)和二十二碳六烯酸(DHA,22:6n-3)等 n-3 系列的 PUFA 是水产动物的 EFA。水产动物是变温动物,生活在不同环境条件中其所需要的必需脂肪酸因种类而异。如温水性鱼类对必需脂肪酸需求与冷水性鱼类差别很大,冷水性鱼类需要的 n-3 系列数量大于 n-6 系列的数量。一般来说,对 n-3 系列 PUFA 的需求次序为:海水鱼类>淡水鱼类,冷水性鱼类>温水性鱼类。

1. 鱼类对必需脂肪酸的需求 根据鱼类对 EFA 的不同需求,可把鱼分为淡水鱼型(虹鳟型和鲤鱼型)、海水鱼型和罗非鱼型三种类型。淡水鱼型中的香鱼、虹鳟、银大麻哈鱼、斑点叉尾鮰等,具有把 LNA 转变成为较长碳链的脂肪酸 EPA 和 DHA 的能力,饲料中只要提供 LNA 就能满足它们对 n-3EFA 的需求,而 n-6 系列似乎没有显示 EFA 的作用。如冷水性鱼类虹鳟饲料中约需 1%

LNA才能维持其正常生长，当饲料中的EFA含量不足时，加入LA虽能改善其生长和饲料转化率，但仍然发生其他EFA缺乏症。当用不同比例的LNA和LA构成总浓度达1%的各种混合物投喂时，其促生长效果均低于单独添加1%的LNA。并且显示n-3 HUFA如DHA和EPA比LNA促生长效果更好。温水性淡水鱼类如鲤鱼、日本鳗鲡需要适当比例的LA和LNA，单独使用任何一种效果都不如两者混合使用好。鲤鱼的正常生长发育既需要适当比例的n-3系列和n-6系列PUFA，添加1%LA及1%LNA混合物的生长最好，且饲料转化率最高，而添加0.5%的EPA+DHA时，其促生长及饲料转化效果和LNA相同。日本鳗鲡同样需要LNA和LA两种必需脂肪酸，但LNA更为有效。含0.5%LNA+0.5%LA的混合饲料促生长效果更佳。另一种温水性鱼类罗非鱼具有与陆生动物相似的EFA要求，主要需要n-6系列PUFA，罗非鱼摄取0.5%～1.0% LA其生长及饲料转化效果最佳，但饲料中添加LNA促生长效果没有那么明显，且LNA添加量高于1%时，会导致罗非鱼生长下降。

由于大多数海水鱼类不能将LA和LNA等短链脂肪酸延长和去饱和生成长链多不饱和脂肪酸AA、EPA和DHA。因此，海水鱼所要求的必需脂肪酸是AA、EPA和DHA等n-3 HUFA，而不是LA和LNA。EFA对海水鱼类尤其是仔、稚、幼鱼的生长发育、存活及抗应激等方面具有重要作用。HUFA中又以EPA和DHA尤为重要，EPA与DHA的比例是一个重要因素。大多数海水养殖鱼类仔、稚鱼对n-3 HUFA的需要量为饲料干重的1%～3%。当饲料中n-3 HUFA低于饲料干重3%时，鱼的增重率与饲料中n-3 HUFA具有良好的线性关系。由于仔稚鱼比幼鱼成长快，因此其对n-3 HUFA的需求量比幼鱼多，而且需要更多的DHA。说明不同鱼种、不同发育阶段对n-3 HUFA需求量存在差异，并且饲料中EPA与DHA比例也会影响幼鱼对EFA的需求。一些鱼类不同生长阶段对必需脂肪酸需求量分别见表3-4和表3-5。

表3-4　几种鱼类仔稚鱼对必需脂肪酸的需求量

（引自 Halver and Hardy，2002）　%

鱼　种	EFA	需求量
淡水鱼		
鲤鱼 *Cyprinus carpio*	n-6 PUFA	1(0.25%LA)
	n-3 PUFA	0.05
条纹狼鲈 *Morone saxatilis*	n-3 HUFA	＞0.5
海水鱼		
鳕鱼 *Gadus morhua*	DHA	1
五条鰤 *Seriola quinqueradiata*	n-3 HUFA	3.9
	DHA	1.4～2.6
	EPA	3.7
真鲷 *Pagrus major*	n-3 HUFA	2.1
	DHA	1.0～1.6
	EPA	2.3
牙鲆 *Paralichthys olivaceus*	n-3 HUFA	3.0
	DHA	1.6
	EPA	1.0
长缟鲹 *Peseudocaranx dentex*	DHA	1.6～2.2
	EPA	＜3.1
鲯鳅鱼 *Coryphaena hippurus*	n-3 HUFA	0.6～1.0

续表 3-4

鱼　种	EFA	需求量
金头鲷 *Sparus aurata*	n-3 HUFA	1.5（DHA：EPA=2）
大菱鲆 *Scophthalmus maximus*	n-3 HUFA	1.2～3.2
欧洲鳎 *Solea solea*	n-3 HUFA	0.9
鲽 *Pleuronectes platessa*	n-3 HUFA	0.3
条石鲷 *Oplegnathus fasciatus*	n-3 HUFA	3.0

表 3-5　几种鱼类幼鱼对必需脂肪酸的需求量

（引自 Halver and Hardy, 2002）　　%

鱼　种	EFA	需求量
淡水鱼		
虹鳟 *Oncorhynchus mykiss*	18:3n-3	0.7～1.0
	n-3 HUFA	0.4～0.5
大麻哈鱼 *Oncorhynchus keta*	18:2n-6 + 18:3n-3	1.0 + 1.0
银鲑 *Oncorhynchus kisutch*	18:2n-6 + 18:3n-3	1.0 + 1.0
红点鲑 *Salvelinus alpinus*	18:3n-3	1.0～2.0
鲤鱼 *Cyprinus carpio*	18:2n-6	1.0
	18:3n-3	0.5～1.0
草鱼 *Ctenopharyngodon idella*	18:2n-6 + 18:3n-3	1.0 + 0.5
尼罗罗非鱼 *Oreochromis nilotica*	18:2n-6	0.5
日本鳗鲡 *Anguilla japonica*	18:2n-6 + 18:3n-3	0.5 + 0.5
香鱼 *Plecoglossus altivelis*	18:3n-3 (20:5n-3)	1.0
遮目鱼 *Chanos chanos*	18:2n-6 + 18:3n-3	0.5 + 0.5
斑点叉尾鮰 *Ictalurus punctatus*	18:3n-3	1.0～2.0
	n-3 HUFA	0.5～0.75
欧洲巨鲇 *Silurus glanis*	18:3n-3	1.0
海水鱼类		
大菱鲆 *Scophthalmus maximus*	n-3 HUFA	0.8
	20:4n-6	0.3
	20:5n-3	1.0
真鲷 *Pagrus major*	22:6n-3	0.5
金头鲷 *Sparus aurata*	n-3 HUFA	1.7
长缟鲹 *Peseudocaranx dentex*	n-3 HUFA	1.0
狼鲈 *Dicentrarchus labrax*	n-3 HUFA	1.3
平鲷 *Rhabdosargus sarba*	n-3 HUFA	0.9
许氏平鲉 *Sebastes schlegeli*	20:5n-3(22:6n-3)	1.0
		0.5～1.0
眼斑拟石首鱼 *Sciaenops ocellatus*	n-3 HUFA	(0.3～0.6 EPA+DHA)

2. 虾蟹类对必需脂肪酸的需求　甲壳类在体内不能合成 LA 和 LNA，并缺乏将 LA、LNA 转化成高度不饱和脂肪酸 EPA 和 DHA 的能力。因此，以上这 4 种 PUFA 都是甲壳类的必需脂肪酸，但 EPA、DHA 的营养价值高于短链的 LA 与 LNA。特别是在甲壳类幼体发育阶段 LA 和 LNA 必需脂肪酸效果不明显，EPA 和 DHA 是甲壳类幼体的必需脂肪酸。对于冷水性虾类的日本对虾（*Penaeus japonicus*）和中国对虾（*Penaeus chinesis*），必须脂肪酸的营养效果 n-3 HUFA>LNA>LA，而对于温水性虾类的斑节对虾（*Penaeus monodon*）和印度对虾（*Penaeus indius*），LA

的促生长效果优于LNA。平均体长7.1 cm的中国对虾对LA、LNA、EPA、DHA的需求量分别为1.95%、1.09%、0.20%、0.37%，并且EPA、DHA是影响中国对虾生长的第一限制因子。中国对虾亲虾的性腺发育及卵质与饲料中的脂肪酸种类密切相关，如果在饲料中只添加LA和LNA，亲虾则不能维持正常的卵巢发育和产卵量，也不能保证卵、胚胎的正常发育和正常的孵化率，必须在亲虾配合饲料中添加EPA和DHA以保证亲虾性腺的正常发育及卵的质量，最低添加量为15 g/kg饲料。对于淡水的罗氏沼虾，其生长受20C以上的n-3和n-6系列的高度不饱和脂肪酸影响显著，LA与LNA的促生长效果则不明显。而当饲料中LA与n-3 HUFA含量分别占饲料干重的1.3%和1.5%时，罗氏沼虾的生殖力、卵的孵化率和幼体的抗应激能力比其他低剂量组明显提高。

表3-6列出一些虾蟹类对必需脂肪酸的需求量。

表3-6　几种甲壳类对必需脂肪酸的需求量

（引自李超春等，2005；艾春香等，2007）　　%

种　类	EFA	需求量
中国对虾 *Penaeus chinesis*	18:3n-3	0.7～1.0
	22:6n-3	1.0
斑节对虾 *Penaeus monodon*	18:3n-3	2.5
	22:6n-3	1.44
	n-3 HUFA	1.2～2.2
斑节对虾后期幼体	n-3 HUFA	0.5～1.0
凡纳滨对虾 *Penaeus vannamei*	n-3 HUFA	0.5
日本对虾 *Penaeus japonicus*	n-3 HUFA	1.0
褐对虾 *Penaeus brasiliensis*	18:3n-3	1.0
印度对虾 *Penaeus indius*	18:3n-3	2.0
中华绒螯蟹 *Eriocheir sinensis*	18:2n-6	2.79
	18:3n-3	0.95
	20:5n-3	0.28
	22:6n-3	0.53
锯缘青蟹 *Scylla serrata*（Z_1～Z_3）	n-3 HUFA	0.8
	20:5n-3	0.33
	22:6n-3	0.13
锯缘青蟹 *Scylla serrata*（Z_3～FC）	20:5n-3	0.71～0.87
	22:6n-3	0.49～0.72
拟穴青蟹 *Scylla paramamosain*（Z_3～M）	20:5n-3	1.3～2.5
	22:6n-3	0.46

注：Z，溞状幼体；M，大眼幼体；FC，第一期幼蟹。

（四）水产动物必需脂肪酸的缺乏症

1. 鱼类必需脂肪酸的缺乏症　鱼类由于从饵料中摄取的必需脂肪酸不足而表现出各种生长、生理异常，称为必需脂肪酸缺乏症。对于淡水鱼类，其体内18:1n-9、18:2n-6、18:3n-3之间相互竞争n-6去饱和酶，它们与n-6去饱和酶之间的亲和力的强弱排列顺序是18:3n-3＞18:2n-6＞18:1n-9，当鱼类缺乏必需脂肪酸18:2n-6、18:3n-3时，18:1n-9转化为20:3n-9量增加，n-3、n-6系列高度不饱和脂肪酸(20:4n-6 和 22:6n-3)含量显著下降。20:3n-9 与 20:4n-6 或 22:6n-3 的比值增加。因此,对于要求 n-3 系列作为必需脂肪酸的淡水鱼类,人们建议以肝脏组织极性脂肪中 20:3n-9/20:4n-6值,而要求 n-6 系列作为必需脂肪酸的淡水鱼类则以 20:3n-9/22:6n-3 的比值作为判定必需脂肪酸是否缺乏的指标,如果 20:3n-9/20:4n-6<0.6,20:3n-9/22:6n-3<0.4,一般被认为 EFA 可以满足鱼类的需求。但海水鱼类由于其体内缺乏 n-4、n-5、n-6 去饱和酶或者这些酶的活性极弱,不能由 18:2n-6、18:3n-3 转化为二十碳或二十碳以上的 n-3 或 n-6 系列多不饱和脂肪酸或转化合成能力很弱,不能满足其正常生长的需要,所以海水鱼类的必需脂肪酸是花生四烯酸(20:4n-6)、二十碳五烯酸(20:5n-3)和二十二碳六烯酸(22:6n-3)。肝脏组织极性脂肪中的18:1n-9与二十碳以上 n-3 系列脂肪酸总和的比值则被用来衡量海水鱼类必需脂肪酸是否缺乏的指标,如果这个比值小于 1 则认为 n-3HUFA 能够满足海水鱼类对 EFA 的需求。鱼类缺乏必需脂肪酸将导致一系列营养缺乏症,表现为生长缓慢,饲料转化率降低及其他一些症状,鱼类不同 EFA 缺乏症如表 3-7 所示。

表 3-7 鱼类不同 EFA 缺乏症

鱼种	EFA 种类	缺 乏 症
淡水鱼	LA	体表白化,脊椎弯曲,受精卵孵化率低下等
	LNA	皮肤、鳍条腐烂,休克症,肝体指数增加及脂肪肝,肝细胞线粒体肿胀及膜脆性加大,肌体水分增加,血红蛋白含量下降。受精卵孵化率低下等
	n-3 HUFA	皮肤、鳍条腐烂,受精卵孵化率低下等
海水鱼类	DHA	仔稚鱼活力差,游泳异常,浮于水面打转,腹水症,抗应激能力差,神经和视觉发育不良,比目鱼出现非正常色素沉着,皮肤白化等
	n-3 HUFA	亲鱼产卵量减少,卵的受精率及孵化率降低,仔鱼脊椎弯曲或侧凸,鳔发育不正常,死亡率高,皮肤、鳍条腐烂,休克症等

2. 甲壳类必需脂肪酸的缺乏症 甲壳类需脂肪酸的缺乏症主要表现为生长缓慢,脱壳周期长或脱壳不完全,饲料转化率低。如果缺乏 n-3 HUFA,则影响性腺正常发育,产卵量少甚至不能产卵。如南美白对虾的饵料中如果缺乏 EPA 和 DHA,亲虾则不能产卵。同样,中国对虾饲料中含过多的饱和脂肪酸而缺乏长链 n-3 PUFA 时,产卵量很低,当饲料中含有一定数量 n-3 和 n-6 系列脂肪酸时,部分满足了亲虾正常性成熟和卵巢发育的需要,产卵量有明显提高,但孵化率没有显著改善。当投喂含长链 n-3 和 n-6 PUFA,特别是含有一定量 DHA 的饲料时,产卵量和孵化率都大大地提高。n-3 HUFA 对虾蟹幼体的发育也具有重要的营养价值,且 n-3 HUFA 较 n-6 PUFA 对幼体发育更为有效,其中的 AA 和 DHA 作为磷脂的主要成分和一些激素的前提,对于虾蟹的存活和蜕壳起着十分关键的作用,当饵料中 EFA 缺乏时,中国对虾幼体死亡率达到 100%。具缘青蟹溞状幼体期如果投喂低含量 EPA 的卤虫幼体,幼体则游泳能力变弱,溞状幼体变态成仔蟹的成活率低,若卤虫中缺乏 DHA,青蟹幼体生长缓慢,脱壳周期变长,变态的第Ⅰ期仔蟹甲壳宽狭窄。

三、水产动物对类脂的需求

(一)磷脂(phospholipid)

1. 磷脂对水产动物的作用机理

(1)为细胞的形成和更新提供磷脂 磷脂是细胞膜的主要脂类成分,是构成细胞膜双磷脂层的基本骨架。磷脂的含量和种类决定了细胞膜的功能特性、物理形态和膜的流动性。其中磷脂酰胆碱(PC)是细胞膜极性脂肪及脂蛋白的主要组成成分,被认为是磷脂中活性最高的物质。对于鱼类和甲壳类在孵化后处于迅速生长、发育的阶段,需要丰富的磷脂用来形成和更新细胞,可是幼体自身生物合成的磷脂远远不能满足这种需要。因此,必须在饲料中添加适量的磷脂以补充幼体内源性磷脂的不足,满足幼体对磷脂的需求。

(2)提供能量　必需脂肪酸、胆碱、肌醇、磷脂的极性强,容易被乳化,也更容易与胆盐作用而被吸收,特别对于消化能力尚不完善的鱼类和甲壳类幼体,磷脂作为能量和必需脂肪酸(EFA)的来源比中性脂更好,如鳕鱼稚鱼对中性脂的消化十分有限,几乎完全由极性脂提供能量和 EFA。磷脂是鱼类幼体代谢能量的主要来源,在许多鱼类的胚胎期、卵黄囊期和仔鱼阶段都观察到磷脂酰胆碱(PC)首先分解的现象。磷脂也是仔稚鱼在胚胎发育和摄取卵黄内源营养阶段无机磷酸盐、胆碱、肌醇和 DHA 的直接来源。磷脂所含的胆碱或肌醇比直接添加的胆碱或肌醇对水产动物更有效,鲤鱼的开口仔鱼饲料中添加磷脂酰胆碱(PC)和磷脂酰肌醇(PI)能明显促进仔鱼的生长和提高仔鱼的成活率,但直接添加胆碱和肌醇并未产生明显效果。同样饲料中添加胆碱对减少龙虾幼体脱壳死亡综合征方面的效果不如添加大豆卵磷脂。

(3)促进脂类的吸收　磷脂分子具有双亲性,可以作为表面活性剂,具有乳化作用。对于消化能力较弱的鱼类和甲壳类幼体,磷脂在其对脂肪的消化过程中可以起到有效的乳化作用。用添加磷脂的饲料投喂 22 日龄的金鲷仔鱼,发现其体内的油酸是对照组的 7 倍多,说明磷脂能够通过其乳化性质改进仔鱼对脂类的吸收,弥补其胆汁分泌的不足。

(4)影响脂类的转运　内源性和外源性的脂类在体内是以乳糜颗粒(CM)和脂蛋白(VLDL,LDL,HDL)的形式进行运输,而磷脂是脂蛋白的主要成分,因此,磷脂对脂类的转运起着重要的作用。对于甲壳类,磷脂能加速甘油三酯和胆固醇由中肠腺或肠道向血淋巴和各组织、器官转移,提高饲料脂肪和胆固醇的利用率。仔稚鱼合成磷脂能力弱,饲料中缺乏磷脂会影响仔鱼体内脂类的运输,如锦鲤仔鱼磷脂摄入不足会使肠细胞中脂肪小滴的积聚增加,黏膜上皮厚度增加,总肝及肝细胞体积均变小。与此相反,饲料中添加磷脂能提高眼斑拟石首鱼稚鱼肝脂含量,而饲料中添加胆固醇则有将脂肪由肝脏转移到肌肉和腹膜内的作用。

(5)影响机体脂类及脂肪酸组成　由于磷脂在脂类运输中具有不可缺少的功能,饲料中添加磷脂会使动物体内脂肪积存的水平提高。在对虾饲料中添加磷脂能使仔虾体内极性脂的含量增加,而添加胆固醇则会使中性脂含量增加。用含 3%大豆卵磷脂的饲料喂养日本对虾幼体,发现其体内磷脂尤其是 PC 和胆固醇水平以及肝胰腺和血淋巴中的总脂含量也有提高。但长毛对虾幼体饲料中添加高纯度 PC 至 5%时,在其肌肉总脂中的 PC 含量并未增加。添加磷脂可以使饲料中 EFA 能够更有效地被利用,日本对虾幼体体内 n-3 HUFA 含量因添加磷脂种类的不同而有所不同,添加大豆 PC 时,其体内的 n-3 HUFA 含量最高,而添加大豆 PI 时则 n -3 HUFA 含量最低。用添加大豆卵磷脂的饲料投喂草鱼(*Ctenopharyngodon idellus*),可使其肝胰脏中 18:2n-6 和n-3 HUFA水平显著提高,而 18:3n-3 的含量下降,导致 20:4n-6/18:2n-6 比值降低和 n-3 HUFA/18:3n-3比值升高。有关饲料中 EFA 的有效利用与磷脂添加成分之间的相互关系还需要作更深入的研究。

(6)提高饲料中水溶性营养成分的利用率　磷脂可以防止饲料中水溶性的营养成分的流失,提高饲料的营养价值。饲料中添加卵磷脂可以减少 B 族维生素和锰离子在水中的丢失,可以缓解美洲龙虾(*Homarus americanus*)幼体蜕皮不完全的症状(蜕皮死亡综合征)。在仔稚鱼及甲壳类幼体用的微粒子饲料中添加卵磷脂不仅起着直接的营养作用,还可以提高微粒饲料在水中的稳定性。

另外，磷脂还具有抗氧化性和诱食性，提供未知生长因子，从而促进幼体的生长发育。

(7)影响 ATP 酶的活性　中华绒螯蟹鳃中磷脂酰丝胺酸(PS)的含量对鳃中 Na^+，K^+-ATP 酶的活性具有重要调节作用，而细胞的渗透压调节是靠 Na^+，K^+-ATP 酶来完成的，渗透压调节能力对于大眼幼蟹发育到Ⅲ期仔蟹起着关键作用。饲料中添加适量的大豆卵磷脂可以使花尾胡椒鲷(*Plectorhynchus cinctus*)幼鱼体内对渗透压起调节作用的 Na^+，K^+-ATP 酶和对骨骼正常生长起重要作用的 Ca^{2+}-ATP 酶的活性得到显著提高。可以防止幼体骨骼畸形如脊柱侧凸，提高幼体的成活率。

2. 水产动物对磷脂的需求　水产动物对磷脂的需求因种类、发育阶段及磷脂源的不同而有明显差异。在早期快速生长阶段，水生动物合成磷脂的能力有限，体内合成的磷脂远不能满足其快速生长期新细胞形成的需要。随着孵化后日龄和体质量的增加，水生动物合成磷脂的能力增强，磷脂的促生长效应不明显。如条石鲷(*Oplegnathus fasciatus*)仔稚鱼饲料中大豆卵磷脂的最佳添加量由 22 d 龄的 7.4%降为 60 d 龄的 3%。饲料中添加 4%大豆卵磷脂可促进大西洋鲑(*Salmo salar*)鱼苗(0.18 g)的生长，而对于 7.5 g 的大西洋鲑鱼苗，则观察不到卵磷脂促生长效果。另外，不同种类对磷脂的需求量也有很显著的差异，同样用添加大豆卵磷脂的饲料(均以酪蛋白为基础)投喂稚鱼，以生长率作为评价指标，对于牙鲆卵磷脂的最适添加量为 7%，而香鱼和条石鲷只需 3%，而卵磷脂对于高首鲟(*Acipenser transmoutartus*)和淡水罗氏沼虾(*Macrobrachium rosenbergii*)的生长和成活率的改善并没有明显效果。对虾幼虾期对饲料磷脂缺乏非常敏感，日本对虾溞状幼体期如果饲料中磷脂缺乏，则无法变态至糠虾期而全部死亡，大多数幼虾饲料中活性磷脂(PC+ PI)的需求量在 1.2%～1.5%。但过量的添加反而阻碍幼体的生长，日本对虾幼体饲料中大豆卵磷脂含量超过 3%时，其生长和成活率出现下降趋势，凡纳滨对虾幼虾饲料中添加 3%纯 PC 时，其生长效果反而比添加 1.5%纯 PC 组的差。此外，水产动物对磷脂的需求量还受磷脂中的脂肪酸组成与饲料中其他组分如蛋白质、胆固醇等的来源和含量的影响。一些鱼类及甲壳类幼体对大豆卵磷脂的需求量如表 3-8 所示。

表 3-8　鱼类及甲壳类幼体对大豆卵磷脂的需求量

(引自 Coutteau et al.，1997)　%

动物种类	发育阶段或个体大小	试验天数	蛋白源	需求量
鱼类				
真鲷 *Chrysophrys major*	4.8 mm(TL)	20	酪蛋白	5
条石鲷 *Oplegnathus fasciatus*	6.0 mm(TL)	22	蛋白混合物	7.4
	26 mg(WW)	28	蛋白混合物	5
牙鲆 *Paralichthys olivaceus*	4.6 mm(TL)	30	酪蛋白	7
香鱼 *Plecoglossus altivelis*	2.4 mg(WW)	20	酪蛋白	3
	9.6 mm(TL)	50	酪蛋白	3
狼鲈 *Dicentrarchus labrax*	3.54 mg(DW)	40	蛋白混合物	3
虹鳟 *Oncorhynchus mykiss*	100～120 mg(WW)	140	大豆蛋白	4
大西洋鲑 *Salmo salar*	180 mg(WW)	98	大豆蛋白	6
	0.18 g(WW)	112	大豆蛋白	4
	7.5 g(WW)	84	大豆蛋白	0

续表 3-8

动物种类	发育阶段或个体大小	试验天数	蛋白源	需求量
甲壳类				
长毛对虾 *Penaeus penicillatus*	1 g(WW)	28	酪蛋白	1.25
日本对虾 *Penaeus japonicus*	$Z_1 \sim Z_2$	6	酪蛋白	3.5～6
	1 g(WW)	30	酪蛋白	3
中国对虾 *Penaeus chinesis*	710 mg(WW)	40	酪蛋白	2
斑节对虾 *Penaeus monodon*	90 mg(WW)	56	蛋白混合物	2
凡纳滨对虾 *Penaeus vannamei*	2 mg(WW)	41	酪蛋白	6.5

注：TL，全长；WW，湿重；DW，干重；Z，溞状幼体。

3. 水产动物磷脂缺乏症　大多数鱼类和甲壳类幼体如果饵料中不添加磷脂或添加量不足时，就容易出现一系列明显的缺乏症。如鱼类仔稚鱼表现食欲下降，生长不良，成活率降低。有些鱼苗出现脊柱侧凸、卷曲，鳍、鳃盖扭曲和残缺，下颌畸形，还有脂肪肝综合征等症状。甲壳类幼体磷脂缺乏则生长发育受阻，对渗透压的调节能力差，容易发生不完全脱壳和脱壳死亡综合征，导致幼体高死亡率。

(二)固醇(sterol)

固醇主要包括胆固醇（cholesterol）、羊毛固醇（lanosterol）、谷固醇（β-sitsterol）、豆固醇（stigmasterol）、麦角固醇（ergosterol）。其中胆固醇仅存于动物组织中，植物组织不含胆固醇。一般脊椎动物（鱼类）具有由醋酸盐经甲羟戊酸、鲨烯合成胆固醇的能力，因而不需要在饲料中添加胆固醇。而海洋无脊椎动物如大多数甲壳类体内虽含有高浓度胆固醇，但因其体内胆固醇合成的关键酶β-羟基-β-甲基戊二酰辅酶A还原酶活性很低，所以其自身不能有效合成胆固醇，必须由饲料补充供给。

1. 胆固醇的生理功能

(1)胆固醇是生物膜的重要成分，与磷脂及糖脂共同组成生物膜的类脂层，对控制生物膜的流动性具有重要作用。它可阻止膜磷脂在相变温度以下转变为结晶状态，以保证生物膜在较低温度下的流动性和发挥各种生理功能。

(2)胆固醇对动物正常的生长发育、内分泌和生殖具有非常重要作用。它是性激素、蜕皮激素、肾上腺皮质类固醇激素以及维生素D等生物活性物质合成的前体，在机体的性别分化、营养代谢、性腺发育，以及卵、胚胎发育和幼体发育过程中发挥着重要的生理功能。脊椎动物如鱼类体内胆固醇在肝转化为胆汁酸盐随胆汁排入消化道参与脂类的消化吸收，但甲壳类不像一般脊椎动物具有合成胆汁酸盐的能力，而是在胃肠道由脂肪 cisdodec-5-enoic acid 与 sarcosyltaurine 形成螯合清洁剂，这种清洁剂在其胃肠道中具有乳化剂的功效，可以帮助脂肪的消化吸收。

2. 甲壳类对胆固醇的需求　胆固醇是甲壳类的必需营养素，不同种类对胆固醇的需求量不一样，同一种类的需求量还与生长阶段及饲料种类和组成、饲料在水中的稳定性等因素有关。在对日本对虾（0.5～1.5 g）胆固醇需求量的研究中，由于不同研究者实验所使用的饲料成分，特别是磷脂与脂肪添加水平不同而使结果产生一定的差异，从而得出添加量为0.2%、0.5%、2.1%均可使日本对虾获得较好的生长。日本对虾在幼体阶段需要1%的胆固醇，如饲料中不含胆固醇，溞状幼体则不能发育至糠虾Ⅰ期。同样锯缘青蟹微粒子饲料中若缺乏胆固醇，大眼幼体则无法变态为第Ⅰ期仔蟹，饲料中含0.41%胆固醇就可以使大眼幼体顺利变态为第Ⅰ期仔蟹，但变态时间比其他组（胆固醇含量

0.2%～0.8%)要长,胆固醇0.8%添加组幼体变态的成活率最高。而青蟹幼蟹((84.4± 30.9)mg)期胆固醇的最适需求量为0.51%,超过1.12%则对幼蟹的生长起阻碍作用。

虾蟹对胆固醇的需求量与饲料中磷脂含量有关,因为磷脂能促进胆固醇的消化吸收和转运,提高胆固醇的利用率。因此,虾蟹对胆固醇的需求量一般随着饲料中磷脂水平的升高而减少。斑节对虾和长毛对虾的饲料中添加1%的胆固醇和1.5%的卵磷脂时,对虾获得最佳生长。凡纳滨对虾饲料中如果不添加磷脂时,胆固醇的需求量为0.35%,当饲料中添加的磷脂量分别为1.5%、3%和5%时,胆固醇的需求量依次降为0.14%、0.13%和0.05%。锯缘青蟹大眼幼体的饲料中磷脂含量达3.97%～4.14%时,胆固醇需求量仅为0.06%。对虾能够利用饲料中植物和真菌固醇如麦角固醇、豆固醇及谷固醇等28C和29C的固醇类转化为胆固醇。但不同对虾种类由28C和29C固醇类转化为胆固醇的能力有所差别,用这些固醇类所饲育出的日本对虾比摄食胆固醇的增重率稍差,而成活率几乎相同。而淡水罗氏沼虾(*Macrobrachium rosenbergii*)却能很好地利用植物固醇,饲料中混合一定比例的植物固醇具有与胆固醇同等的效果。一些甲壳类对胆固醇的需求量如表3-9所示。

表3-9 几种甲壳类对胆固醇的需求量

(引自 Coutteau et al.,1997) %

种 类	需求量
日本对虾 *Penaeus japonicus*	0.2～2.0
长毛对虾 *Penaeus penicillatus*	0.5～1.0
中国对虾 *Penaeus chinesis*	1.0
斑节对虾 *Penaeus monodon*	0.5
墨吉对虾 *Penaeus merguiensis*	0.6
长角剑对虾 *Artemesia longinaris*	0.5
罗氏沼虾 *Macrobrachium rosenbergii*	0.12～0.6
缅因龙虾 *Homarus americanus*	0.12～0.5
宽大太平螯虾 *Pacifastacus leniusculus*	0.4
欧洲滨蟹 *Carcinus maenas*	1.4～2.1
锯缘青蟹 *Scylla serrat*	0.51

思考题

1. 简述脂类的主要性质及其营养生理功能。
2. 请叙述脂类在鱼类体内的消化吸收和转运过程。
3. 请叙述海水鱼类和淡水鱼类对脂肪酸各有何需求特点,为什么?
4. 请叙述虾蟹类对脂肪酸需求特点。
5. 请叙述鱼类缺乏不同必需脂肪酸的症状表现。
6. 请叙述磷脂对水产动物有哪些重要生理作用。

第四章
水产动物的糖类营养

内容提要

本章主要介绍糖类的概念和生理作用，水产动物对糖类的消化和代谢，糖类过多带来的害处，水产动物对糖类的需要量和影响因素，其中包括鱼虾对可溶性糖类的需要量和对粗纤维的需要量。

糖类种类繁多，化学组成复杂，来源广泛，一般占植物性饲料干物质总量的70%左右。虽然鱼类对糖类利用率较低，但它仍然是鱼类不可缺少的一类营养物质，可发挥其氧化供能的生物学作用，使用得当，可以降低饲料成本，提高饲料蛋白利用率。本章主要讨论糖类的种类、在水产动物体内的作用以及水产动物对其消化、吸收和利用过程。

第一节　饲料中的糖类及其生理作用

一、糖类的概念

糖类物质主要是绿色植物通过光合作用形成的，是自然界中最丰富的一类有机物质，也是饲料的重要成分。

(一)组成

糖类物质主要由碳、氢、氧3种元素组成，其分子式通常用 $C_x(H_2O)_y$ 表示，因其糖分子中H∶O比一般为2∶1，与水分子中氢、氧原子数比相同，故称为碳水化合物。实际上并非科学，如乳酸($C_3H_6O_3$)、甲醛(CH_2O)不是糖，但氢、氧原子数比为2∶1，而脱养核糖($C_5H_{10}O_4$)、鼠李糖($C_6H_{12}O_5$)等糖分子中氢、氧原子数比不是2∶1。故称为糖类较好。

糖类的确切定义应是：多羟基醛或多羟基酮以及水解后能产生多羟基醛或多羟基酮的一类有机化合物。

(二)分类

根据化学结构组成，一般将糖类分为单糖、低聚糖(寡糖)、多糖以及相关的其他化合物。

1. 单糖　是多羟基醛或多羟基酮，是一类本身不被水解的简单化合物。它是组成低聚糖和多糖的基本单位，根据碳原子数目，可将单糖分为三碳糖、四碳糖、五碳糖(戊糖，如木糖和核糖)、六碳糖(己糖，如葡萄糖、果糖和半乳糖)、七碳糖(庚糖)、衍生糖等。

2. 低聚糖 2～6个单糖结合而成的糖类，均溶于水，多有甜味。其中双糖最为普遍，意义较大。双糖中以蔗糖、麦芽糖、纤维二糖、乳糖最为重要。

（1）蔗糖（sucrose） 1分子葡萄糖和1分子果糖结合而成，广泛存在于许多植物中，尤其以甘蔗、甜菜中含量丰富。蔗糖是植物体内糖类运输的主要形式。其光学活性为右旋，而水解后的葡萄糖和果糖光学活性为左旋，所以称这种单糖混合物为转化糖。

（2）麦芽糖（maltose） 多以大麦芽为原料生产商品而得名。2分子葡萄糖以 α-1,4 糖苷键连接而成。植物中含游离麦芽糖很少，它主要是淀粉在水产动物体内消化的中间产物。

（3）纤维二糖 2分子葡萄糖以 β-1,4 糖苷键连接而成，是纤维素降解的中间产物。纤维素只有在酸性条件下或有纤维素酶存在的条件下，方可被分解为纤维二糖。动物体内无相应的分解酶。

（4）乳糖（lactose） 由1分子葡萄糖与1分子半乳糖以 β-1,4 糖苷键连接而成。乳糖可在乳糖酶或酸的作用下发生水解。只有哺乳动物乳腺中可合成此类物质。

（5）三糖、四糖、五糖 在植物体内分布最广的三糖是棉籽糖，棉籽、甜菜、豆科籽实中含量较多。四糖为水苏糖，和棉籽糖一样普遍存在于高等植物中。五糖是毛蕊花糖。他们均已半乳糖苷键连接，因鱼、虾类等水产动物缺乏半乳糖苷酶，所以对这些低聚糖不能利用。

3. 多糖 多糖是由10个以上单糖分子聚合而成的高分子化合物，多不溶于水，无甜味，只有经过水解或发酵后方能被吸收和利用。多糖经酶解或酸解后可生成许多中间产物，直至最后生成单糖。多糖在动植物体内分布甚广，按其生理功能一般可将其分为两类：一类作为储备物质，如植物中的淀粉和动物体内的糖原；另一类作为植物体的结构物质，如纤维素、半纤维素和果胶等，现将几种主要多糖简要介绍如下：

（1）淀粉（starch） 是一种自然常见的多糖 $(C_6H_{10}O_5)_n$，是植物贮存的营养物质。它存在于植物的各个部位，在谷类、土豆、小麦和大米中尤为丰富。按其结构分为直链淀粉（amylase）和支链淀粉（amylopectin），前者可溶于热水，后者不溶于热水。

植物淀粉多以极小的淀粉粒形式存在。由于淀粉粒以及淀粉粒表面众多氢键的作用，使其具有一定的抗裂解性，若不进行高温蒸煮，很难消化。这种利用高温或其他途径使淀粉粒结构破坏，从而产生透明的、黏性糊状溶液的过程称为淀粉的糊化。糊化后的淀粉消化率提高。制粒前的调质过程即利用此原理。经过糊化的淀粉缓慢冷却或室温下长期放置会变得不透明，甚至产生沉淀，这一过程称淀粉的老化。

（2）糊精（dextrin） 是淀粉水解成单糖的中间产物，分子量界于低聚糖和多糖之间，易吸收利用。糊精还是嗜酸性细菌良好的培养基，因此在消化道内利于B族维生素的合成。

（3）糖原（glycogen） 是唯一动物来源的糖类，存在于肝脏和肌肉，有动物淀粉之称，也是水产动物体内贮存能量的物质，也可作为营养储备，并参与调节血糖含量。糖原在动物体内含量随营养状况而变化。动物营养状况好则含量较高，反之含量较低。

糖原每一支链约含有12个葡萄糖单位，相对分子质量在1 000 000～10 000 000之间。可溶于水，遇碘呈红色。在酵母中含量高，占干物质的3%～20%。

（4）纤维素（cellulose） 含量极其丰富，是植物细胞壁的主要构成成分。化学性质较稳定，不溶于水，仅能吸水而膨胀。亦不溶于稀酸、稀碱，仅在强酸作用下水解而成葡萄糖。虽有报道认为贝类及草食性鱼类肠道可检出纤维素酶，但其活性较低，对纤维素的分解能力也极有限，且此酶来自于肠道的微生物，所以水产动物对于纤维素的分解能力有限。

（5）半纤维素（hemicellulose） 是由戊聚糖和己聚糖组成的杂聚多糖。它也是植物细胞壁的重要组成成分之一。半纤维素对化学物质的抗性较差，可溶于稀碱，在稀酸作用下可水解而成为戊糖和已糖，但半纤维素本身也不能被水产动物消化吸收。

(6)果胶(pectins)　植物细胞壁成分之一，有黏着细胞和运输水分的功能，可作黏合剂使用。存在于植物中的果胶物质，一般有原果胶、果胶、果胶酸3种形态。植物中不溶性的原果胶形态，经原果胶酶或酸处理，可转化为可溶性的果胶，在果胶酶或稀碱的作用下进而形成游离的果胶酸。为解决果胶不能被动物所消化的问题，研究者利用微生物研究含有果胶酶的饲料添加剂。果胶可广泛用在食品、医药保健和化妆品上。

(7)甲壳素(chitin)　又名几丁质、壳多糖，是自然界中唯一带正电荷的一种天然高分子聚合物，其分子化学结构与植物中纤维素非常相似。有甲壳素是动物性纤维的说法。

甲壳素有α,β,γ 3种晶型。α-甲壳素的存在最丰富，化学性质非常稳定，但应用有限。甲壳素若脱去分子中的乙酰氨基就可以转化为可溶性甲壳素，或称壳聚糖(壳聚胺、几丁聚糖)。此时它的溶解性大大提高，因而其在工业、农业、医药、化妆品、环境保护、水处理等领域用途极其广泛。

在水产养殖中，甲壳素是许多低等动物尤其是节肢动物外壳的重要组成部分，虾蟹类是在不断地蜕壳和再生壳中生长的，而甲壳素的分解产物2-氨基葡萄糖对于虾、蟹壳的形成起到很重要的作用。因此在饲料中添加虾头粉或虾糠以补充甲壳素，达到促进甲壳动物生长的目的。

(8)β-葡聚糖　是一种免疫增强剂，是一类能增强白细胞活力，并能增强动物体对病毒、细菌、真菌和寄生虫引起的疾病的抵抗力的化合物。饲料中持续添加适量β-葡聚糖，对降低虾类幼体的死亡率、降低饵料系数、提高存活率有一定的作用。

二、糖类的生理作用

糖类按其营养生理作用可分为可消化糖类(俗称无氮浸出物，NFE)和粗纤维(CF)两大类。

(一)可消化糖类的生理作用

(1)糖类的氧化供能　糖类是热能的主要来源，每克糖类在鱼体内可提供17 kJ热能。糖产能虽低于等量脂肪产生的能量(38 kJ/g)，但前者在植物性饲料中含量丰富且价格较低，故糖是鱼体主要的能源物质。

(2)糖类也是构成机体组织的重要物质　如核糖和脱氧核糖是细胞核酸的组成成分；黏多糖是由糖类与蛋白质或脂肪合成的糖蛋白或糖脂。糖蛋白是某些具有重要生理功能的物质如抗体、酶、激素的组成成分，如各种免疫球蛋白、谷胱甘肽过氧化物酶(GSH-P_X)、乳酸脱氢酶(LDH)、细胞膜的组分；糖脂是组成神经细胞与细胞膜的重要成分。

(3)作为营养储备　饲料中糖类除提供鱼体活动所需热能外，多余部分可用于合成糖原(肝糖原和肌糖原)，其量可达体重的2%，以备不时之需。若还多余则可转化为体脂，以体脂的形式贮存能量。

(4)节约蛋白质用于供能　蛋白质在体内合成体蛋白时，需要消耗大量的能量，所以摄入蛋白质的同时，也提供糖类物质，即可增加三磷酸腺苷的形成，从而减少蛋白质作为能量的消耗，使更多的蛋白质参与组织构成等重要的生理功能。因此糖类起到了节约蛋白质的作用。

(5)抗生酮作用　脂肪在体内的代谢也需要糖类的参与，脂肪在体内代谢所产生的乙酰基必须与草酰乙酸结合进入三羧酸循环中才能彻底氧化，而草酰乙酸是由糖代谢产生的，因此如果糖类摄食不足或糖代谢受阻时，草酰乙酸供应相应减少，导致脂肪氧化不全而产生过多的酮体积累。因此糖类的供应使酮体减少，从而防止了机体酮体的积累，因此，糖类具有抗生酮作用。

(6)解毒作用　经糖醛酸途径生成葡萄糖醛酸，是体内一种重要的结合解毒剂，在肝中能与许多有害物质如细菌毒素、砷等结合，以减轻或消除这些物质的毒性或生物活性，从而起到解毒作用。机体肝糖原丰富时对有害物质的解毒作用增强，肝糖原不足时，机体对有害物质的解毒作用显著下降。

(二)粗纤维的生理作用

粗纤维包括纤维素、半纤维素、木质素等，它是植物细胞壁的主要成分。粗纤维一般不被水产动物所消化、吸收和利用，但它是维持其健康的必要物质。饲料中添加适量的粗纤维具有以下几个功能：

(1)促进肠道蠕动和消化酶的分泌，促进营养物质的消化吸收。

(2)调节饲料中营养物质浓度，作为填充料，可以吸水膨胀填充消化道给动物以饱感。

(3)粗纤维可调节颗粒饲料密度，吸水后，重量可增加到原重量的30倍，并能形成溶胶和凝胶，改变消化物的物理特性，增强消化道内容物的黏度，延缓食糜的排空时间。

(4)谷物中可溶性的半纤维素被称为戊聚糖，可形成黏稠的水溶液并具有降低血清胆固醇的作用。

(5)粗纤维表面带有很多活性基团，可吸附螯合胆汁酸、胆固醇等有机分子，其中木质素对胆汁酸的吸附能力最强，纤维素弱些。同时粗纤维还可以吸附肠道内的有毒物质，并促使它们排泄。

因此，粗纤维本身营养价值虽很低，但只要控制在一定含量以内，对鱼类的生长和健康没有负面影响，甚至还是有益的。

第二节　水产动物对糖类的利用

一、水产动物的糖代谢

摄入的糖类在水产动物的消化道中被胰脏、肠道分泌的淀粉酶、糖酶分解为单糖，然后被肠道吸收。吸收后的单糖在肝脏及其他组织进一步氧化分解、释放能量，或被用于合成糖原、体脂、氨基酸，或参与合成其他生理活性物质。糖类在体内的代谢包括分解、合成、转化和输送等过程。糖原是糖类在鱼体的贮存形式，葡萄糖氧化分解是供给能量的重要途径，血糖则是糖类在体内的主要运输形式。

二、水产动物对糖类的利用特点

维系人体健康所需要的能量中55%～65%由糖类提供，在畜禽饲料中糖类含量一般也在50%以上，而水产动物对糖类的利用能力较其他动物差别极大。一般来说，水产动物对糖类的利用能力低，且随着种类、食性的不同呈现出很大差异。

(一)水产动物糖代谢水平低

(1)胰岛素水平低。胰岛素支配着糖代谢酶的分泌。胰岛素的作用是降低血糖浓度，而胰岛素水平过低及影响糖代谢的酶决定了水产动物具有低耐糖力(尤其是肉食性鱼类称为糖尿病体质)。

Furuichi 和 Yone(1981)对真鲷、鰤、鲤投喂 10%糊精饲料 30 d 后，由口腔投与葡萄糖(167 mg/kg 体重)以进行血糖耐糖量试验。结果表明与正常人相比，3 种鱼血糖高峰值均较高，其中鰤>鲷>鲤；鲷和鰤的血糖高峰值出现时间分别比鲤迟 1 h 和 2 h，鲤血糖高峰值出现时间与正常人相同(图 4-1)。

同时发现胰岛素达到高峰的时间均为投喂葡萄糖后 2 h，但肉食性鱼胰岛素绝对含量低于杂食性鱼，时间均比正常人迟 1 h，且胰岛素水平也远低于正常人(图 4-2)。

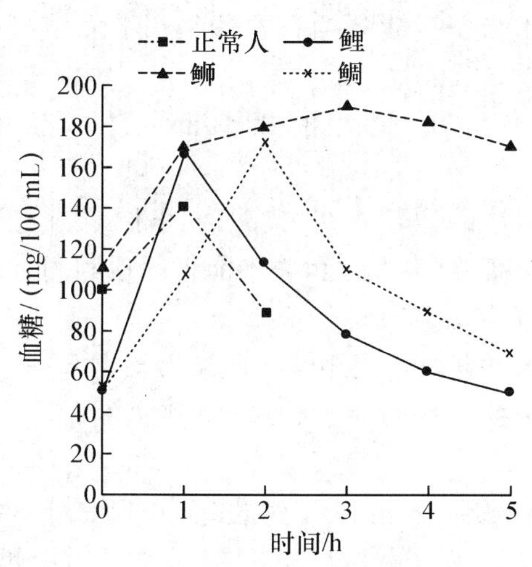

图 4-1 葡萄糖负荷后的血糖值

(Furuichi 和 Yone,1981)

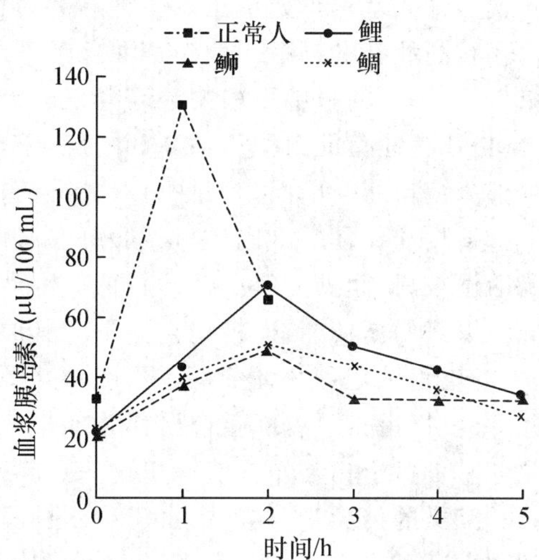

图 4-2 葡萄糖负荷后血浆胰岛素量

(Furuichi 和 Yone,1981)

这说明，无论是从葡萄糖的吸收速度还是从葡萄糖的利用来看，鲤鱼均高于肉食性鱼。

这进一步说明，上述 3 种鱼在投喂葡萄糖之后，血糖耐糖量和胰岛素变化曲线均与糖尿病人极为相似，而鱼类胰岛素水平低被公认为是导致鱼类低耐糖力的主要原因。

由此可以看出，鱼类利用糖的能力因鱼种类不同而出现较大差异。鲤葡萄糖负荷后 1 h 血糖值达最大值(170 mg/100 mL)，随后迅速下降，5 h 后恢复至空腹状态(50 mg/100 mL)；鰤葡萄糖负荷后 3 h 血糖值达到最高(195 mg/100 mL)，与鲤不同的是 5 h 后(170 mg/100 mL)仍高于空腹状态(110 mg/100 mL)。真鲷的情况则介于二者中间。

(2)糖类不能有效地刺激胰岛素的分泌。通过向鲤鱼、黄尾鰤、真鲷 3 种鱼投喂不同糖类，结果发现：α-淀粉组、糊精组和葡萄糖组同样被消化吸收，但发现 α-淀粉组鱼体的血糖不变，且无尿糖；糊精组的鱼体血糖升高，且有尿糖；葡萄糖组的鱼体血糖升高，有尿糖。提高投饵次数，低分子量糖类利用性好。

(3)鱼体肌肉中胰岛素受体数量少，致使控制血糖代谢机能差。

(4)鱼体肌肉中胰岛素受体对胰岛素的敏感性低，也就是亲和力差。

(5)糖原分解酶(解糖酶)活性低，而糖原合成酶(生糖酶)活性高。

鱼类的低耐糖力，除了与胰岛素分泌有关外，也与较低的糖代谢机能有关，而与糖代谢机能直接相关的不是胰岛素而是糖代谢酶。患有糖尿病的动物，其肝脏的糖分解酶活性较低，注入胰岛素后可提高解糖酶活性，抑制生糖酶活性。可见胰岛素对于解糖酶是诱发物质，而抑制生糖酶活性。

因为鱼类有完善方便的氨气排泄系统，鱼类能通过分解蛋白质获取能量，所以，鱼类能量主要来自于蛋白质分解，而不是糖原分解。

(二)糖类的消化率及其影响因素

一般认为,鱼类对糖类消化率较低。但也不是所有的鱼类对糖类都不能很好地利用,而是因鱼的种类、食性不同呈现出很大的差异。下面重点讨论影响糖类利用率的因素。

1.鱼的种类、食性 草食性鱼(如草鱼、鲂)、杂食性鱼(如鲤鱼、罗非鱼)利用糖类的能力较强,而肉食性鱼利用糖类的能力较差。这是长期生存适应所致。从糖类的消化代谢来看,不同食性的鱼表现出很大差别。如草鱼以多种草类为食,并能维持其正常代谢和生长,它们能较好地适应低蛋白、高糖、高纤维的饲料。而肉食性鱼类利用糖类的能力相当差。鳗鲡饲料中糖类几乎无用,只起黏结作用;鲕鱼饲料中淀粉的最高量仅为5%。

(1)草食性鱼淀粉酶活性高,并分布于整个消化道;而肉食性鱼糖代谢酶活性低,且仅仅是胰脏分泌部分淀粉酶。因而肉食性鱼对糖类消化率低。

(2)对10种食性不同的鱼类肝脏及肌肉中糖代谢酶活性的比较表明,典型肉食性鱼类的糖合成酶活性较高,而糖分解酶活性较低。因此,对于已吸收的糖类,肉食性鱼类不能很好地利用,形成类似糖尿病的糖代谢,血糖居高不下。其原因之一是胰岛素分泌较少。

(3)肉食性鱼利用葡萄糖作为能量来源的效率很低,但可有效地利用蛋白质作为能量来源。杂食性、草食性鱼类可以以蛋白质作为能量物质,也可以利用糖类作为能量物质,但利用蛋白质作为能源似乎更优于糖类作为能源。这一点异于哺乳动物。

2.糖类的种类 一般认为:①冷水性鱼,单糖利用率>淀粉、糊精利用率,鲑鳟鱼对低分子糖类的利用率高于高分子糖类。鳟鱼对各种糖类的消化率分别为:葡萄糖99%,麦芽糖93%,蔗糖73%,生淀粉38%,熟淀粉47%。②温水性鱼,不同糖类利用率与投饵次数有关,对鲤鱼的研究表明,鲤鱼对不同分子量的无氮浸出物利用率相似,或者对淀粉、糊精的利用率略低于单糖、双糖类。对此,日本学者作了如下的解释:投饵次数少,多糖利用率>单糖利用率。葡萄糖等低分子糖类容易吸收,而相应的糖类分解酶活性在采食后需要一段时间才能达到最大活性。这一时间差会导致吸收的葡萄糖在尚未利用的情况下就排泄出去了,而消化吸收较慢的高分子糖类,由于其吸收与酶活性同步,因此其利用率较为充分。相反,投饵次数多,多糖利用率<单糖利用率。

鱼类肠道无纤维素分解酶,因此不能消化粗纤维。

鱼类由于无半乳糖苷酶,因此对由半乳糖苷键连接的低聚糖(如棉籽糖、水苏糖、毛蕊花糖)不能利用。

Deshimaru Yone 等(1978)研究不同糖类对日本对虾生长及饲料效果的影响,用淀粉、糊精、糖原为多糖,蔗糖、麦芽糖、海藻糖为二糖,葡萄糖、半乳糖、果糖为单糖,结果表明,二糖对日本对虾生长及饲料效果最好,多糖次之,单糖最次。

3.饲料加工 含淀粉较多的饲料(如谷实类),经热加工后,α-淀粉熟化,从而提高了其利用率。值得注意的是,熟化的淀粉易老化为类似纤维素结构的β-淀粉,这种老化现象的发生是在水分30%~50%、温度0℃时发展较快。

4.饲料中营养素含量 一般来讲,饲料中淀粉含量愈多,其消化率愈低,但单糖类含量与其消化率关系不大。饲料中蛋白质、脂肪含量愈高,糖类利用率愈低。这是因为鱼类利用蛋白质、脂肪的能力较强,而利用糖类的能力较差,因而当饲料中蛋白质、脂肪供应充足时,鱼类优先使用脂肪、蛋白质作能源。

尽管如此,在养殖试验中,由于糖类来源广泛,价格低廉,而蛋白质饲料数量有限,价格较高,因此我们应尽可能减少蛋白质作为能量的来源,充分利用糖类提供能源,使蛋白质最大限度地合成体蛋白。对于肉食性鱼类，因其利用糖类的能力较低，可通过增加饲料中脂类的含量，减少蛋白质的分解供能作用。

饲料中的维生素（尤其是 B 族维生素）和某些微量元素如 Zn、Mn、Mg 等参与糖代谢酶的构成，可提高虹鳟对糖类的利用率。这些维生素或矿物质不足无疑会影响糖类的利用率。

5. 环境因素　水温、溶氧是影响糖类消化吸收的主要环境因素。

第三节　水产动物对糖类的需要量及影响因素

水产动物对糖类的需要量，除与饲料的蛋白质含量、脂肪含量有关外，还与种类有关。一般来说，草食性鱼类对糖类的需要量较高，肉食性鱼类较低，而杂食性介于二者中间。这是不同鱼类对糖类的利用能力不同所致。

一、水产动物对可溶性糖类的需要量及影响因素

（一）水产动物对可溶性糖类的需要量

可溶性糖类是水产动物生长所必需的一类营养物质，也是最经济的一种供能物质。但要注意合理投喂。饲料中含量不足，将造成蛋白质利用率下降，长期不足会导致水产动物生长缓慢、消瘦、代谢紊乱。反之，摄入过多，除合成大量脂肪外，还会导致高糖肝、脂肪肝等营养性疾病，出现肝脏糖原、脂肪积累增加，肝脏肿大，颜色变浅，生长率下降，死亡率增加。在饲料中添加适量氯化胆碱或随时补充一定数量的天然饵料以防止肝脏的脂肪浸润。

鱼虾饲料中糖类适宜含量依动物的种类差别很大：草食性鱼类饲料中含糖量在 50%左右；杂食性鱼类饲料中含糖量在 40%左右，而肉食性鱼类饲料中含糖量 5%～10%，不超过 12.5%。

研究者虽对鲑鳟类饲料糖类的适宜含量进行了研究，但目前为止还无定论（表 4-1）。目前认为鲑鳟鱼类饲料中适宜糖含量为 20%～30%。对肉食性鱼来讲，在饲料中添加糖类的量 10%为宜（蛋白质、脂肪含量均等时）。几种水产动物饲料中可溶性糖的适宜含量见表 4-2。

表 4-1　饲料中糖类含量对鲑鳟鱼类的影响

试验动物	实验方法	效　果	作　者
鳟	20%糊精	饲料效率没有下降，鱼体脂肪和血糖稍高	Buhler(1961)
鳟	投喂高糖饲料	高血糖症，死亡率提高，提出糖类不超过 12%	Phillips(1969)
虹鳟	38%小麦粉	对生长无害	Edward(1977)

表 4-2　水产动物饲料中可溶性糖的适宜含量

（引自郝彦周《水生动物营养与饲料学》，2000）

水生动物种类	水生动物规格/g	试验水温/℃	糖源	糖的适宜含量/%	评定指标	资料来源
草鱼	5.3	25～28	淀粉	48	—	黄忠志等，1983
	5.8～7.2	23～29	—	35～36	体重增加率、体蛋白增加率、饲料系数	毛永庆等，1985
	250	27	—	46.3	生长速度	杨小林等，1993

续表 4-2

水生动物种类	水生动物规格/g	试验水温/℃	糖源	糖的适宜含量/%	评定指标	资料来源
团头鲂	夏花	—	糊精	25～30	生长、饲料系数、蛋白质效率	杨国华等,1985
鲮鱼	—	—	—	24～26	—	毛永庆等,1985
	—	—	—	28	—	廖翔华等,1985
鲤鱼	—	—	淀粉	40	生长	早山等,1972
	22.8	—	糊精	≤30	生长速度、饲料系数	Furuichi 等,1980
	7	19.5～24.0	糊精	25	生长速度	刘汉华等,1991
异育银鲫	3	3.1～28.8	—	36(CP 为 39.3)	—	贺锡勤等,1988
大口鲇	34～80	24～28.2	糊精	25.1～30	生长比速、蛋白质效率、饲料系数	张泽芸等,1995
长吻鮠	—	—	—	34～36	—	四川省水产研究所,1990
胡子鲇	当年鱼种	—	糊精	30	生长比速、蛋白质效率	陈铁梆等,1992
青鱼	48.32	27～34	糊精	20	生长	王道尊等,1984
			糊精	9.5～18.6 (CP 37～43.3)	蛋白质和糖类含量之间是否有交互作用	王道尊等,1981
	—	—	—	20～30	—	周文玉等,1988
鲈鱼	32	22～25	糊精	15	增重率	仲维仁等,1998
中华鳖	140.6～195.6	22～27	α-淀粉	22.7	增重率(抛物线回归)	徐旭阳等,1989
	140.6～195.6	22～27	α-淀粉	25.3	增重率(直线回归)	徐旭阳等,1989
	140.6～195.6	22～27	α-淀粉	25.3	蛋白质效率	徐旭阳等,1989
	15.6～16.3	—	α-淀粉	20	增重率	川崎,1986
	15.6～16.3	—	α-淀粉	30	饲料系数、蛋白质效率	川崎,1986
	98.42～105.34	24～29	α-淀粉	18.24	增重率、成活率	王凤雷等,1996
	248.9～260.3	28.9	糊精	21.6	饲料系数	涂涝等,1995
	15～30	26～30	糊精	21～28	增重率、饲料系数、蛋白质效率	包吉野等,1992
中国对虾	1	—	糊精	20	增重率	梁亚金等,1994
	—	—	—	20～30	—	仲维仁等,1985
	2.87～3.44	21～23	淀粉	26	蛋白质效率,饵料系数	徐新章等,1988
	—	—	—	6～15	—	宋盛宪等,2004
斑点叉尾鮰	—	—	—	25	糖类占饵料的 25%可同作为能源的脂类一样被利用	Garling,Wilson (1977)
	—	—	高糖饲料	—	脂肪生成酶	Likimani,Wilson(1982)
银大麻哈鱼	—	—	高糖饲料	—	对该鱼的刺激作用	Lin(1977)

(二)影响可溶性糖类需要量的因素

影响水产动物对可溶性糖的适宜需要量的因素主要有：

(1)动物种类和食性　草食性和杂食性鱼类对糖的利用率高于肉食性鱼类，这是由不同种类的糖代谢机能决定的。

(2)水温和季节　一般来讲，水温高时对可溶性糖类的需求低于水温低时。

(3)动物生长阶段　幼龄阶段对糖的需求低于成熟期。

(4)饲料中其他营养物质的含量　当饲料中蛋白质、脂类含量较高，可以提供足够能量时，饲料中可溶性糖类的需要量便可以降低。饲料中维生素 B 含量较高时，可以促进糖类代谢，可溶性糖类的添加量可以酌情增加。

(5)动物的健康状态　在良好的健康状态下，水产动物的生理生化指标正常，保持有良好的食欲，对可溶性糖类的需求也要高于疾病状态。

二、水产动物对粗纤维的需要量及影响因素

前已述及，虽然鱼类消化道缺乏粗纤维分解酶，粗纤维本身对鱼类也没有营养价值，但适宜的粗纤维可促进肠道蠕动和消化酶的分泌，吸附有毒物质，利于排便，降低血清胆固醇，给动物饱感，调节颗粒饲料密度。但添加过高，会对水产动物生长和健康带来不利影响：降低饲料中营养物质的浓度，降低营养物质的消化率，妨碍植物细胞内含物的消化，降低微量元素的利用率。

(一)水产动物对粗纤维的需要量

1. 肉食性鱼类　1983 年 Hilton 在硬头鳟饲料中添加 0、10%、20%的 α-纤维素，12 周后发现，虽纤维素添加量增加，饲料干物质消化率明显下降。其中粗纤维含量低于 10%时，对生长有利；增加到 20%时严重影响生长。

长吻鮠饲料中适宜粗纤维含量为 4%～8%(四川省水产研究所，1990)。青鱼饲料中粗纤维含量为 8%和 16%时，生长效果良好，但以蛋白质效率和饵料系数为指标时，粗纤维为 8%时效果好于 16%。粗纤维含量超过 24%时，其生长效果不理想(上海水产研究所，1985)。因此，建议青鱼饲料中粗纤维含量低于 8%为宜。

2. 杂食性鱼类　罗非鱼在使用酪蛋白为蛋白源时，糖类含量在 30%～40%，饲料中粗纤维适宜含量为 14%～15%(唐绍孟等，2002)。

结合现有资料，一般认为罗非鱼饲料中粗纤维适宜含量随生长阶段不同而不同，鱼苗<3%，鱼种<8%，亲鱼、食用鱼<10%。

对属于鲤科的丁鲹(鱼体平均体重为 8.2 g)饲料中适宜的粗纤维含量 4%～8%，其中 4%粗纤维的生长效果最好，此时饲料中粗蛋白水平为 32%，脂肪含量为 6%(白东清等，2007)。贺锡勤等(1990)得出异育银鲫鱼种饲料中适宜粗纤维含量为 12%。

3. 草食性鱼类　1983 年黄忠志等对平均体重为 53 g 的草鱼饲料中粗纤维适宜含量进行研究，酪蛋白作为蛋白源，水温在 25～28 ℃，饲养 21 d，粗纤维范围设为 0～40%，结果表明 10%粗纤维组生长最快，与不添加组差异不显著，粗纤维在 0～20%范围内，蛋白质消化率也随之增加，最后根据回归方程得出草鱼饲料中适宜的粗纤维含量为 12%。上海水产研究所(1990)得出团头鲂适宜粗纤维含量为 12%，若进一步提高粗纤维含量，发现生长下降，饵料系数增加。一般认为，草鱼、团

头鲂鱼种饲料中粗纤维含量应限制在10%以下,而成鱼饲料中应不超过15%。

肉食性鱼、杂食性鱼、草食性鱼饲料中粗纤维适宜含量分别为4%～8%、3%～12%、8%～15%。鱼类粗纤维适宜含量在3%～15%之间,依种类和生长阶段不同而不同。我国植物性饲料来源广泛,产量较高,成本较低,在以植物蛋白作为主要蛋白源的配合饲料中很少出现粗纤维不足的情况,所以鱼用配合饲料标准中一般都规定粗纤维的上限。

目前研究虾的粗纤维含量报道不多。很多地区虾养殖前期,不需要投喂人工配合饵料,靠水中丰富的浮游生物就可长到5 cm。养成期饲料中粗纤维含量一般低于5%。徐新章(1989)认为4.5%粗纤维含量较适宜。宋盛宪等(2004)认为日本对虾饲料中粗纤维的添加量在2%～4%之间可促进肠道蠕动和蛋白质的吸收利用。2006年,白东清通过研究饲料中不同比例粗纤维、蛋白质、脂肪对南美白对虾生长和蛋白质利用率的影响时发现,南美白对虾饲料中添加粗纤维低于6%为宜。

几种鱼类饲料中粗纤维的适宜含量见表4-3。

表4-3 鱼类饲料中粗纤维的适宜含量

(引自郝彦周,2007)

鱼的种类	鱼的规格/g	试验水温/℃	适宜含量/%	纤维素源	评定指标	试验方法	资料来源
草鱼	5.25～5.40	25～28	20	薄层分析用纤维素	蛋白质消化率	对比法	黄忠志等,1983
			12		增重率	直线回归	
			17.1		饲料系数	抛物线回归	
			10～20		综合考虑		
	5.87±0.15	29.0±1.0	20	纤维素粉和羧甲基纤维素钠	生长率、蛋白质效率、增重率、饲料系数	正交设计法	毛永庆等,1985
	7.15±0.17	23.6±0.6	15		生长率、蛋白质效率	正交设计法	
	鱼种		15～20		综合考虑		
	250	27	13.3	纤维素	生长率	优化组合	杨小林等,1993
	鱼种		≤8	纤维素	综合指标		廖朝兴等,1997
	成鱼		≤12	纤维素	综合指标		
团头鲂	夏花		12	纤维素	增重率		杨国华等,1989
			0	纤维素	生长率、饲料系数和蛋白质效率等		
	鱼种		≤11	纤维素	综合指标		石文雷等,1990
	成鱼		≤14	纤维素	综合指标		
鲮鱼			17	纤维素	增重率		毛永庆等,1985
湘鲫			13.3～18.9	纤维素	增重率		曾训江等,1991
鲤鱼	鱼苗		≤3	纤维素	综合指标		吴遵霖等,1992
	鱼种		≤8	纤维素	综合指标		
	成鱼、亲鱼		≤10	纤维素	综合指标		
	7	19.5～24.0	11	晶体纤维素粉	增重率	正交设计法	刘汉华等,1991

续表 4-3

鱼的种类	鱼的规格/g	试验水温/℃	适宜含量/%	纤维素源	评定指标	试验方法	资料来源
尼罗罗非鱼	5 左右	24～27	14.14	薄层分析用纤维素	生长率	抛物线回归	廖朝兴等，1985
			5～20		蛋白质利用率	对比法	
	2		＜10	α-纤维素	生长率、饲料转化率、净蛋白积累、体脂肪、肥满度		Anderson，1984
莫桑比克罗非鱼	2.55±0.02	28～29	2.5～5	α-纤维素	成活率、特定生长率、饲料转化率、蛋白质效率	梯度法	Dioundick 等，1994
奥尼鱼			2	羧甲基纤维素	生长率、饲料转化率	对比法	Shiau 等，1988
淡水白鲳	31.10±0.56	30±2	2.2	微晶纤维素	生长率、蛋白质效率、饲料系数	正交设计法	陈建明等，1996
胡子鲇	当年鱼种		4	纤维素粉	生长率、蛋白质效率	正交设计法	陈铁郎等，1992
长吻鮠	60.0±4.9	25.3±1.3	8	微晶纤维素粉	生长率、蛋白质效率、饲料系数	正交设计法	张泽芸等，1993
大口鲇	34～80	24～28	4～8	微晶纤维素粉	生长率、蛋白质效率、饲料系数	正交设计法	张泽芸等，1995
中华鲟			4.08	微晶纤维素	生长率、蛋白质效率、饲料系数	正交设计法	肖慧等，1999
史氏鲟	5 左右		＜2	纤维素	增重率、饲料系数		温小波等，2003
大口黑鲈	23～29	23～28	＜3.5	结晶纤维素粉	生长率、饲料系数、蛋白质效率	正交设计法	钱国英，1998
真鲷	幼鱼		2.1	纤维素	增重率		郑微云，1994

(二)影响粗纤维需要量的因素

水产动物对粗纤维需要量的影响因素可归结为以下几点：

(1)动物的食性与种类　一般来说,草食性＞杂食型＞肉食性,这乃是水产动物长期生存适应所致。

(2)动物的生长阶段　一般随着年龄的增长,对粗纤维的需求稍高,但不可超出最高限。

(3)动物的健康状态　当水产动物出现肠炎时,营养物质的消化吸收受阻,此时饲料中粗纤维含量就以少为宜。

(4)水环境　当水体中含有丰富的水生生物,足以满足其对粗纤维的需求时,此时饲料中就应该酌情少添或不添粗纤维,以取得最佳的生长效果。

思考题

1. 淀粉糊化的定义和实质是什么？在饲料加工上有何用处？
2. 简述糖类的节约蛋白质作用和抗生酮作用。
3. 甲壳素的用途有哪些？虾蟹饲料中添加虾糠的理论依据是什么？
4. 饲料中糖类不适宜,水产动物会出现怎样的营养性疾病？
5. 投喂不同种类的糖,同种动物对糖类的利用率是否有别？
6. 不同食性的鱼类和对虾对粗纤维的适宜需要量为多少？

第五章
水产动物的维生素营养

内容提要

本章主要介绍维生素的概念、命名和分类，脂溶性维生素和水溶性维生素的结构、生理功能和缺乏症，以及水产动物对维生素的需要量和影响需要量的因素。

第一节 概 述

一、维生素的概念

维生素(vitamin,V)是维持动物机体正常生长(生命活动的维持、生长、发育和生产性能)所必需的微量小分子有机化合物。维生素既不供能，也不参与构成组织的原料，但却是机体不可缺少的一类物质。

动物体对维生素需要量很少，每日所需量仅以 mg 或 μg 计算；维生素营养作用非常大，是必需的微量营养素，其主要作用不同于蛋白质、脂肪和碳水化合物，主要是作为辅酶和辅基形式参与对物质代谢和能量代谢的调节与控制，作为生理活性物质直接参与对生理代谢的调控作用，作为细胞内和体内的抗氧化剂保护细胞和器官组织的正常结构和生理活动，还有部分维生素作为细胞和组织的结构物质起作用；对于多数种类的维生素，动物体自身没有从头开始合成的能力，或合成量不足以满足营养需要，主要依赖于食物的供给。仅少数可在动物体内合成或由肠道细菌产生，如生物素、维生素 B_{12} 和维生素 K_3。

维生素的发现是 20 世纪的伟大发明之一。18 世纪中叶，英国医生 Lind 发现许多船员牙龈出血、牙齿脱落、皮肤苍白、身体虚弱，甚至死亡，后来被称为坏血病(scurvy)，而橘子和柠檬汁能够治疗此种疾病，其中含有丰富物质后经证实为维生素 C。

1897 年，荷兰医生 Eijkman 在爪哇发现只吃精磨的白米即可患脚气病，未经碾磨的糙米能治疗这种病，并发现可治脚气病的物质能用水或酒精提取，当时称这种物质为“水溶性 B”。1906 年英国生物学家 Hopkins 证明食物中含有除蛋白质、脂类、碳水化合物、无机盐和水以外的“辅助因素”，其量很小，但为动物生长所必需。1912 年，波兰科学家 Funk 鉴定出在糙米中能对抗脚气病的物质是胺类(一类含氮的化合物)，它是维持生命所必需的，所以建议命名为“vitamine”。即 vital(生命的)amine(胺)，中文意思为“生命胺”。

以后陆续发现许多维生素，它们的化学性质不同，生理功能不同；也发现许多维生素根本不含胺，不含氮，但 Funk 的命名延续使用下来了，只是将最后字母“e”去掉。最初发现的维生素 B 后来证实为维生素 B 复合体，经提纯分离发现含有几种物质，只是性质和在食品中的分布类似，且多数为辅酶。有的供给需彼此平衡，如维生素 B_1、维生素 B_2 和维生素 PP，否则可影响生理作用。维生素 B 复合体包括泛酸、烟酸、生物素、叶酸、维生素 B_1（硫胺素）、维生素 B_2（核黄素）、吡哆醇（维生素 B_6）和氰钴胺（维生素 B_{12}）。有人也将胆碱、肌醇、对氨基苯酸（对氨基苯甲酸）、肉毒碱、硫辛酸包括在 B 复合体内。

二、维生素的命名和分类

维生素的命名，一般是在“维生素”后加上 A、B、C、D 等拉丁文字母来命名，而在各种维生素族中，则在拉丁字母后加上阿拉伯数字加以区别。此种排列，一般按发现先后为序，但亦非尽然，明显的例子是维生素 B 和维生素 C 就比维生素 A 发现得早，这是因为有些维生素是以其功能的外文词汇之字首而定的。

除此之外，也可以根据其化学组成特点、主要营养功能或食物中的分布加以命名，如维生素 B_1，因其是由含硫的噻唑环和含氨基的嘧啶环所组成，故又称为硫胺素；维生素 B_5，因能治愈人的癞皮病，故称为抗癞皮病维生素；叶酸，因其广泛存在于绿叶植物中而得名。还有些维生素最初发现时误认为是一种维生素，但后来证实为几种维生素混合而成，所以又在其字母右下角以阿拉伯数字（1，2，3…）加以区别，如 B_1、B_2、B_3。此外，有些物质起初发现时误认为是维生素（如有人将赖氨酸、甘氨酸等的混合物叫做 B_4），但后来证实并非维生素，所以在现有的维生素命名顺序上出现编号的空缺。

维生素种类很多，但化学结构无共同性，一般按其溶解性分为脂溶性维生素和水溶性维生素两大类（表 5-1 和表 5-2）。脂溶性维生素包括 A、D、E、K，水溶性维生素包括 B 族和维生素 C 等。

脂溶性维生素是可以溶于脂肪或脂肪溶剂（如乙醚、氯仿、四氯化碳等）而不溶于水的维生素。水溶性维生素是能够溶解于水的维生素，对酸稳定，易被碱破坏。

表 5-1 脂溶性维生素的名称和来源

（引自李复兴《配合饲料大全》，1996）

维生素名	先体化合物名称	活性化合物名称	主要来源
维生素 A	视黄醇	视黄醇	
		维生素 A_1 醇	畜产品
		维生素 A_1 醛	鱼肝油
		维生素 A_2 酸	全乳
		维生素 A_2	淡水鱼
		维生素 A 原	
		α-胡萝卜素	红色棕榈油、绿色植物
		β-胡萝卜素	绿色植物、胡萝卜
		γ-胡萝卜素	少见
		叶黄素	草、黄玉米
维生素 D	胆钙化醇	胆钙化醇（D_3）	光照后的皮肤内
		麦角钙化醇（D_2）	光照后的植物（干草）
		1,25-二羟胆钙化醇	以活性形式存在于机体内
		1,25-二羟麦角钙化醇	
维生素 E	α-生育酚	α、β、γ、δ-生育酚	绿色饲料、谷物、油籽
维生素 K	甲萘醌	维生素 K_1	绿色植物
		维生素 K_2	发酵产品
		维生素 K_3	人工合成

表 5-2　水溶性维生素的名称和来源

（引自李复兴《配合饲料大全》，1996）

维生素名	先体化合物名称	别名	主要来源
硫胺素	硫胺素	维生素 B_1 抗脚气病因子	谷物、麸皮、油粕类、乳制品、干酵母
核黄素	核黄素	维生素 B_2 乳黄素	奶、干酵母、畜产品
泛酸	泛酸	维生素 B_3 鸡抗皮炎因子	乳制品、鱼膏、干酵母、麸皮、干草粉
烟酸	烟酸 烟酰胺	维生素 PP(B_5) 抗糙皮病因子	干酵母、青绿饲料
维生素 B_6	吡哆醇	吡哆醇	谷物、麸皮、油粕类、干酵母
生物素	生物素	维生素 H 促生素 I	酵母、谷物
叶酸	叶酸	维生素 B_{11}	干酵母、绿色植物、谷物、大豆饼、鱼粉
维生素 B_{12}	氰钴素	抗恶性白血病因子	鱼粉、肉粉、脱脂乳粉、畜产品
维生素 C	抗坏血酸	抗坏血病因子	马铃薯、甜菜、脱脂乳粉、青饲料
胆碱	胆碱	维生素 B_4	干酵母、油粕类

第二节　脂溶性维生素

脂溶性维生素不溶于水，而易溶于脂肪及脂溶性溶剂如乙醚、氯仿等，在饲料中常与脂类共存，一般存在于动物性饲料原料中，其吸收和运输必须借助于脂肪的存在。脂溶性维生素可在动物肝（胰）脏中大量贮存，待机体需要时再释放出来供机体利用。脂溶性维生素主要作为生理活性物质起作用，但长时间供给过量的维生素 A、维生素 D，也有可能使机体产生中毒反应。

一、维生素 A

维生素 A 是含有 β-白芷酮环的不饱和一元醇，通常以视黄醇酯的形式存在。实际上维生素 A 是一组具有维生素 A 生物活性的物质，常见有维生素 A_1 和维生素 A_2 两种。维生素 A_1 即视黄醇，维生素 A_2 比 A_1 在 β-白芷酮环 C_3 上多了一个双键，故又称 3-脱氢视黄醇。维生素 A_1 和维生素 A_2 在鱼体内可相互转化（Braekkan 等，1969），维生素 A_1 和维生素 A_2 的生理功能相同。维生素 A_1 和维生素 A_2 的结构式如下。

CH_2OH　　CH_2OH

维生素A_1　　维生素A_2

从结构式可以看出，维生素 A 中有几个双键，相连接的双键内结构共振导致视黄醇分子有很淡的黄色，当紫外线照射时显示特有的荧光，紫外线也可使双键断裂而破坏维生素 A。

维生素 A 易被氧化破坏，尤其是在湿热及与微量元素、酸败脂肪接触的情况下，也较易在紫外线照射时被破坏。视黄醇可以被氧化生成相应的视黄醛、视黄酸。维生素 A 在黑暗无氧时稳定，因此维生素 A 应密封避光贮存。

1. 天然来源和生物活性 在自然界中，维生素 A 含量最高的是某些鱼(鳕鱼、鲨鱼)肝油、动物肝脏及蛋黄，肉及奶中含量亦较多。维生素 A_1 主要存在于哺乳动物和海水鱼肝脏中，维生素 A_2 则主要存在于淡水鱼肝脏中。在脊椎动物中，维生素 A_2 仅相当于维生素 A_1 30%～40%的生物活性。

植物中不含有维生素 A，但含有维生素 A 的前体物——胡萝卜素。胡萝卜素亦存在许多结构类似物，如 α-胡萝卜素、β-胡萝卜素、γ-胡萝卜素等，其中以 β-胡萝卜素生物活性最强。胡萝卜素在动物肠黏膜和肝脏中经 β-胡萝卜素-15，15′-加氧酶从其碳氢链中间断开生成两分子的维生素 A，因此，又将 β-胡萝卜素称为维生素 A 原。尼罗河罗非鱼能够将 β-胡萝卜素转化为维生素 A (Katsuyama 和 Matsuno，1988)。不同种类动物，体内 β-胡萝卜素转化为维生素 A 的效率不同。斑点叉尾鮰具有按 1∶1 比例转化 β-胡萝卜素为维生素 A_1 和维生素 A_2 的能力。淡水鱼能利用 β-胡萝卜素作为维生素 A 的前体，罗非鱼肝脏可将角黄素转变为维生素 A_1。

维生素 A 的衡量单位一般用国际单位(IU)表示，换算关系如下：

1 IU ＝0.30 μg 维生素 A 醇
＝0.344 μg 维生素 A 醋酸酯
＝0.566 μg 维生素 A 棕榈酸酯
＝0.358 μg 维生素 A 丙酸酯
＝1 美国药典(USP)单位

2. 生理功能 维生素 A 通过调节机体内蛋白质、脂类和碳水化合物的代谢来维持水产动物正常生长和繁殖。荣长宽等(1996)研究了中国对虾的维生素营养需要，认为维生素 A 是对虾脂溶性维生素营养的第一限制因素。

此外，维生素 A 参与构成视网膜感光物质——视紫红质的合成。视紫红质是视网膜杆状细胞内的感光物质，与暗视觉有关。视紫红质对弱光非常敏感，在有弱光的条件下，即可分解成视蛋白和全反视黄醛，同时产生神经冲动，传导至大脑视觉中枢引起视觉。

维生素 A 是维持体内上皮组织正常生长所必需的物质，对于维持表皮和黏液层的完整性以及黏液的分泌很重要，可降低鱼体对一些传染性疾病的易感性，强化巨噬细胞的功能。这与它促进糖蛋白的合成有密切关系，糖蛋白是细胞膜系统的组成成分，与细胞的结构和分泌功能有关。

此外，维生素 A 能够促进水产动物免疫功能。维生素 A 通过影响巨噬细胞和血红细胞的数量和功能以及体液中的溶菌酶活力等途径提高水产动物的免疫力和抗病力(Hernaddeaz 等，2007；Thompson 等，1994)。

3. 缺乏症 鱼类缺乏维生素 A 时，主要损害鱼类的眼和骨骼发育，生长缓慢、视力差、上皮组织角化、夜盲、鳍基部出血和骨骼形成不正常等。具体表现为：

鲤鱼稚鱼，食欲不振，生长缓慢，体色变淡，鳃、皮肤出血，体色苍白，鳃盖边缘皮膜卷曲、肥厚，进而鳃盖弯曲和眼球凸出，严重时鳃丝末端的鳃小片愈合，肿胀成棍棒状。病理组织学观察发现鳃丝上皮细胞萎缩，鳃盖边缘部软骨组织显著增厚。

虹鳟，贫血，鳃盖扭曲，眼和鳍基部充血。

斑点叉尾鮰，眼球凸出，体腔水肿，肾脏出血等。

美洲红点鲑，生长缓慢，死亡率增加，出现腹内水肿，表皮色素减退，角膜水肿、眼球膨胀、畸形。

维生素 A 缺乏可导致中国对虾视觉器官病变，视觉功能降低，易发生烂眼病。

二、维生素 D

维生素 D 又称抗佝偻病维生素，是一类固醇类的衍生物，有多种形式，共同的特征为所有的维生素 D 分子中均含有胆固醇结构作为其母体结构，其分子结构很相似，仅侧链结构不同。其中最为常见的是维生素 D_2（麦角钙化醇）和维生素 D_3（胆钙化醇）。

维生素 D_2 和维生素 D_3 的结构式如下。

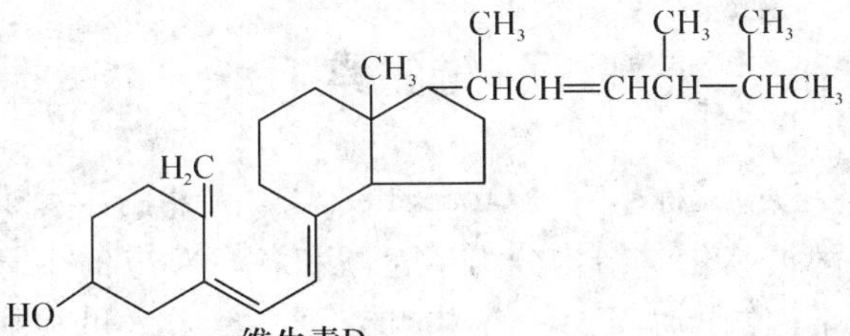

维生素D_2

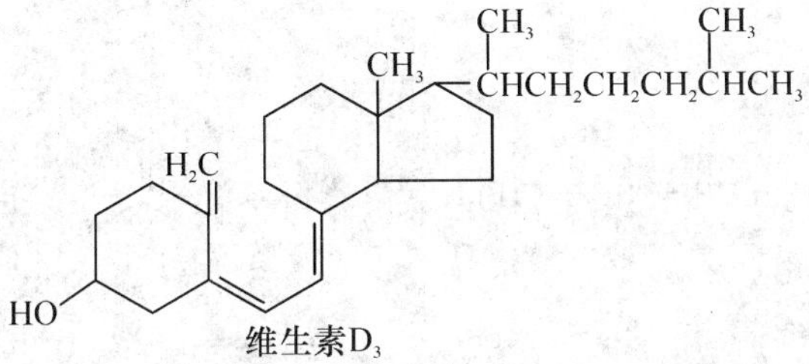

维生素D_3

维生素 D 为白色或带黄色的结晶粉末，不溶于水，易溶于脂肪和有机溶剂，除对光敏感外，化学性质一般较稳定，不易被酸、碱、氧化剂及加热所破坏。

1. 天然来源和生物活性　天然维生素 D 只存在于少数饲料中，如鱼肝油、鱼油、全脂奶粉和晒干的青饲料。但植物中的麦角固醇和动物的 7-脱氢胆固醇经紫外线照射分别转化为维生素 D_2 和维生素 D_3。

不论维生素 D_2 和维生素 D_3，本身都没有明显的生理活性，其活性形式为 1，25-二羟胆钙化醇。维生素 D 由小肠吸收，经肝脏里的 25-羟化酶催化形成 25-羟基维生素 D_3，再在肾脏的 1α-羟化酶的作用下转化为 1，25-二羟胆钙化醇，即活性维生素 D_3。生成的 1，25-二羟胆钙化醇被运输到肝脏和其他富含脂肪的组织贮存备用，同时运到相应组织器官中发挥作用。

维生素 D_3 的活性要高于维生素 D_2。在虹鳟中，维生素 D_3 的活性比维生素 D_2 至少高 3 倍。斑点叉尾鮰对维生素 D_3 的利用亦较维生素 D_2 有效。

维生素 D 以国际单位（IU）计量，1 IU 相当于 0.025 μg 结晶维生素 D_3 的活力。

2. 生理功能　维生素 D 的主要生理功能是以 1，25-二羟胆钙化醇的活性形式，促进肠道钙和磷的吸收，提高血浆中钙和磷的水平，促进骨骼的钙化。

1，25-二羟胆钙化醇通过细胞的特异受体作用于靶器官。①促进小肠吸收钙、磷。1，25-二羟胆钙化醇与肠黏膜细胞的胞浆受体结合后，运入胞核，促进基因表达合成钙结合蛋白（CaBP），使钙离子（Ca^{2+}）自小肠黏膜乳头上皮细胞的刷毛缘吸收。②调节骨钙、磷到血液中，使骨钙与 CaBP 结合进入血液。③使骨无机盐化，刺激破骨细胞活性和加速破骨细胞的生成，促使钙、磷沉着于骨。④通过远端肾小管细胞受体，与甲状旁腺素（PTH）共同调节血浆中钙、磷水平。⑤通过特异受体，增加皮肤生发层的7-脱氢胆固醇含量，使胰岛细胞分泌胰岛素的量增多等。

在免疫方面，维生素D可以调节淋巴细胞、单核细胞的增殖与分化，以及这些细胞由免疫器官向血液转移。1,25-二羟胆钙化醇还对免疫反应和免疫球蛋白修饰作用进行调节。

3. 缺乏症 鱼缺乏维生素D生长缓慢，影响钙代谢，使鱼骨骼软化。具体表现为：

虹鳟，生长不良，肝脏脂质增加，钙摄入量减少，并伴有肌肉抽搐。

斑点叉尾鮰，体内钙、磷和总灰分减少，生长受阻。

杂交罗非鱼，生长受阻，饲料转化率下降，血红蛋白减少，血浆碱性磷酸酶活性降低。

维生素D缺乏后，中国对虾虾壳及肌肉对钙、磷的吸收和沉积发生障碍，形成软壳病。

三、维生素E

维生素E与动物生育有关，又称生育酚(tocopherol)。天然的生育酚有8种，其化学结构均为苯骈二氢吡喃的衍生物。根据其化学结构分为生育酚和各自对应的生育三烯酚两类，生育三烯酚在生育酚的长的类异戊二烯侧链增加了3个不饱和双键。每类又可根据甲基的数目和位置不同，分为α、β、γ和δ几种。

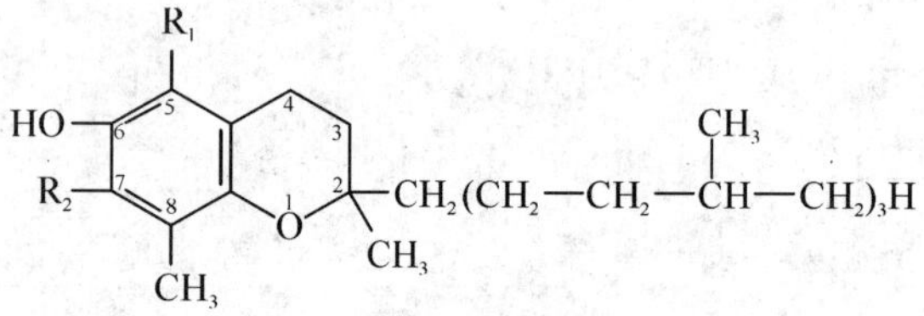

生育酚

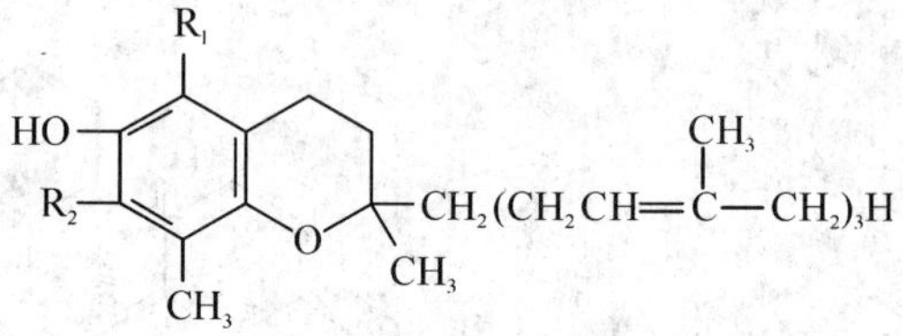

生育三烯酚

	R_1	R_2
α-生育酚(α-生育三烯酚)	$—CH_3$	$—CH_3$
β-生育酚(β-生育三烯酚)	$—CH_3$	—H
γ-生育酚(γ-生育三烯酚)	—H	$—CH_3$
δ-生育酚(δ-生育三烯酚)	—H	—H

维生素E为淡黄色黏稠油状物，不溶于水，易溶于乙醇、植物油、有机溶剂。具有特异的紫外吸收光谱(295 nm 波长处)，在无氧状况下能耐高热，并对酸和碱有一定抵抗力，但对氧却十分敏感，易被日粮中的矿物质和不饱和脂肪酸氧化破坏，是一种有效的抗氧化剂。酯化可以改善维生素E的稳定性，市售添加剂为d-α-生育酚醋酸酯或dl-α-生育酚醋酸酯等。

1. 天然来源和生物活性 维生素E在大多数动、植物饲料中含量都很丰富，以麦胚油、豆油和玉米油中含量最多，豆类和蔬菜中含量也比较丰富。

自然界存在的8种生育酚中，以α-生育酚的生理活性最强，若以它为基准，则β-生育酚及γ-生育酚和α-生育三烯酚的生理活性分别为40%、8%和20%，其余活性甚微。但就抗氧化作用论，δ-生育酚作用最强，α-生育酚作用最弱。

维生素E一般也可以国际单位衡量。

1 IU ＝1 mg dl-α-生育酚醋酸酯

＝0.909 mg dl-α-生育酚

＝0.735 mg d-α-生育酚醋酸酯

=0.671 mg d-α-生育酚
=0.826 mg d-α-生育酚琥珀酸酯
=1.12 mg dl-α-生育酚琥珀酸酯
=1 美国药典(USP)单位

2. 生理功能

(1)维生素 E 的主要功能是作为生物抗氧化剂,保护细胞膜磷脂中不饱和脂肪酸的过氧化反应,因而避免脂质中过氧化物产生,维持细胞膜完整的结构与功能。

由于维生素 E 的抗氧化作用,保护红细胞膜不饱和脂肪酸免于氧化破坏,避免过氧化溶血的发生。

在动物体内维生素 E 和硒是复合抗氧化防御系统的组成成分,通过谷胱甘肽过氧化酶发挥作用,此系统能够抵御体内代谢产生的过氧化物或自由基的损害,细胞膜脂质中高度不饱和脂肪酸的氧化会产生自由基及过氧化物。

同时维生素 E 作为抗氧化剂能够保护巯基不被氧化,因而保护许多酶的正常活性。

(2)维生素 E 与动物生殖腺发育关系密切,对鱼类的产卵生理及卵质等起着重要的促进作用。

(3)维生素 E 对提高免疫功能,特别对 T 淋巴细胞的功能有重要作用。维生素 E 可以影响花生四烯酸的代谢和前列腺素的功能;通过抑制前列腺素-2 和皮质酮的生物合成来促进体液、细胞免疫和细胞吞噬作用。

此外,维生素 E 还参与调节组织呼吸和氧化磷酸化过程;促进一些激素的合成,如促性腺激素、促肾上腺皮质激素。

3. 缺乏症　鱼类饲料脂肪含量较高,对维生素 E 的需要量相应较高。鱼类维生素 E 缺乏症的常见症状相似,包括白肌纤维萎缩和坏死症状的肌肉营养不良;引起渗出液(毛细血管渗透性增加)外流积累而出现的心脏、肌肉和其他组织水肿;贫血,红细胞生成受阻,褪色和肝脏细胞蜡样色素沉着。具体表现为:

斑点叉尾鮰,褪色,脂肪肝。

鲤鱼,瘦背病,肌肉营养不良,肌肉水分含量明显增高,蛋白质含量减少,肌纤维萎缩,排列紊乱,胰岛的 T 细胞及垂体激素分泌细胞的机能降低,血清蛋白量增加。

大鳞大麻哈鱼稚鱼,生长不良,眼球凸出,贫血,心脏内膜发炎。

对虾缺乏维生素 E 时,成活率降低,肝、胰脏变黑。陈四清和李爱杰(1993)也报道,当中国对虾缺乏维生素 E 时,成活率降低,对养分消化吸收率下降。

四、维生素 K

维生素 K 又称凝血维生素,是 2-甲基-1,4-萘醌的衍生物。天然存在的主要是维生素 K_1 和维生素 K_2 两种。人工合成的为维生素 K_3,即甲萘醌,是结构最简单的维生素 K。

维生素 K_1 和维生素 K_2 是在甲萘醌(K_3)的第 3 个碳原子位置上被置换产生的衍生物。维生素 K_1、维生素 K_2 和维生素 K_3 的结构式如下。

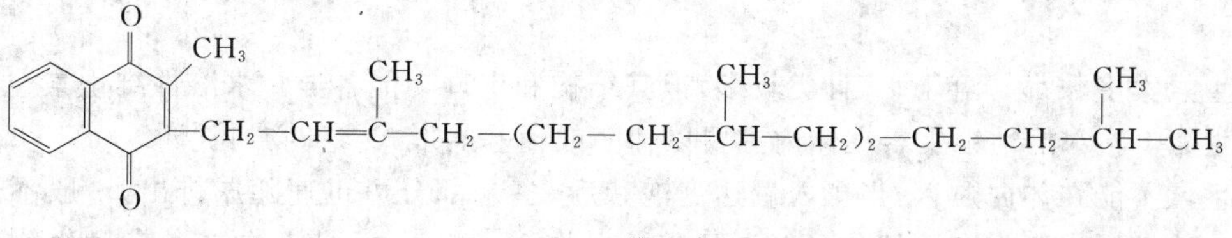

(萘醌环,2位 CH_3,1,4位 O)—CH_2—CH=C(CH_3)—CH_2—(CH_2—CH_2—CH(CH_3)—CH_2)$_2$—CH_2—CH_2—CH(CH_3)—CH_3

维生素 K_1

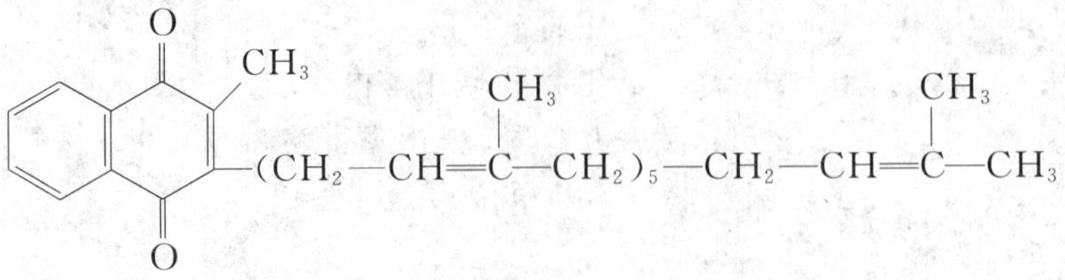

维生素 K_2 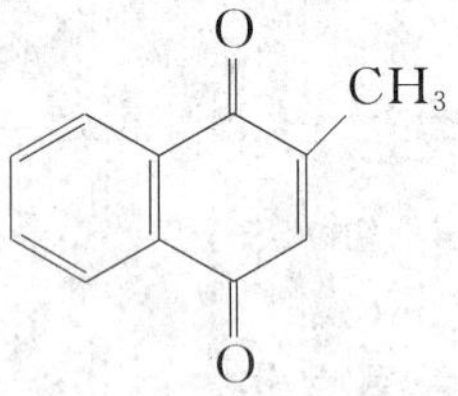　　　　维生素 K_3

维生素 K_3 为白色结晶粉末，脂溶性，对热稳定，但对氧化、碱、强酸、光和辐射不稳定。预混料中水、微量元素及酸都能破坏维生素 K。

1. 天然来源和生物活性　维生素 K 有两个主要天然来源。维生素 K_1（叶绿醌）存在于青绿饲料及牧草中，谷物及油粕中含量很少。维生素 K_2 在许多动物中由肠道微生物区系产生，肝、蛋和鱼粉中含有较丰富的维生素 K_2。鱼肠道尚未发现合成维生素 K 的微生物区系。维生素 K_3 是水溶性化合物，具有较高的吸收利用率，因而生物活性最高。在一些动物体内，三者生物活性的比值关系为 $K_3:K_1:K_2=4:2:1$，但这种关系并不固定。

实际应用中为提高维生素 K_3 的稳定性，以甲萘醌盐的形式添加亚硫酸氢钠甲萘醌（MSB，含 50%维生素 K_3）、亚硫酸氢钠甲萘醌复合物（MSBC，含 33%维生素 K_3）和甲萘醌二甲基嘧啶亚硫酸氢钠盐（MPB，含 45.3%维生素 K_3）。

几种维生素 K_3 制剂的生物效价换算关系如下：

1 mg 维生素 K_3 ＝2.0 mg MSB 纯品
＝2.2 mg MPB 纯品
＝3.0 mg MSBC 纯品

2. 生理功能　维生素 K 的主要作用是参与动物的凝血反应，它能够促进肝脏凝血酶原的合成和维持凝血因子Ⅶ、Ⅸ、Ⅹ的正常水平。这些凝血因子由无活性型向活性型的转变需要前体的多个谷氨酸残基经羧化变为 γ-羧基谷氨酸残基。后者具有很强的整合 Ca^{2+} 能力，从而可使无活性型的凝血因子转变为活性型。催化这一反应的酶为谷氨酸羧化酶，而维生素 K 是该酶的辅酶。

此外，维生素 K 还参与细胞内氧化磷酸化作用和蛋白质的合成等生理过程。

3. 缺乏症　鱼类的维生素 K 缺乏症状为凝血的时间增长 3～5 倍，鳃、眼、皮下及肌肉、胃常呈出血状。出血部位出现在易脆组织，如鳃。严重贫血或受伤的鱼易于死亡。具体表现为：

虹鳟，贫血和肝脏萎缩。

大鳞大麻哈鱼，贫血和轻度出血。

维生素 K_1 很安全，不会产生任何有害作用；维生素 K_2 毒性极小，但人工合成的维生素 K_3 的毒性较大。维生素 K_3 过量可能产生致死性贫血、高胆红素血症和严重的黄疸。

第三节　水溶性维生素

水溶性维生素大多数都易溶于水，种类较多，但其结构和生理功能各异。水溶性维生素包括 B 族维生素和维生素 C。水溶性维生素在体内主要以辅酶或辅基的形式参与物质代谢。

水溶性维生素不能在体内贮存，当摄入量达到饱和后，多余部分可迅速随尿排出，一般不会出现中毒现象。水溶性维生素中有一部分可以由肠道微生物合成提供，以满足要求。若微生物不能合成或合成数量不够时，必须从饲料中持续供给，以防止缺乏症。

一、维生素 B_1

维生素 B_1 由含硫的噻唑环和含氨基的嘧啶环组成，因含有硫和氨基，故又名硫胺素(thiamin)，是最早发现的维生素之一。在生物体内常以硫胺素焦磷酸(TPP)的辅酶形式存在。维生素 B_1 和焦磷酸硫胺素的结构式如下。

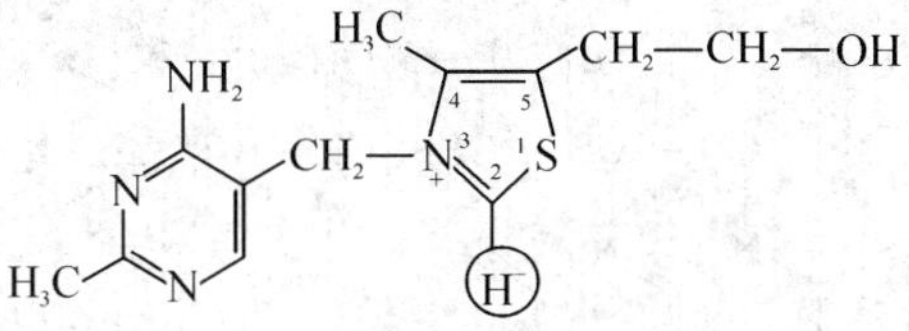

硫胺素(维生素B_1) 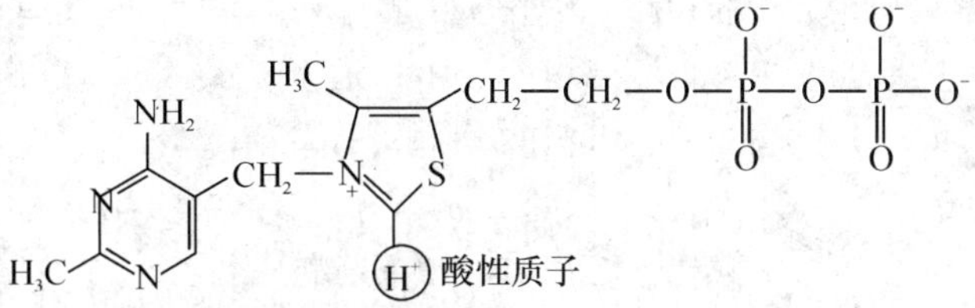　　硫胺素焦磷酸(TPP)

纯的维生素 B_1 为白色结晶粉末，极易溶于水，微溶于酒精。在黑暗、干燥的条件下，对热及氧气相当稳定。在酸性溶液中也很稳定，加热到 120 ℃也不分解，但在中性及碱性溶液中易分解。有硫酸亚铁或碘盐等还原剂存在时也会受到破坏，其硝酸盐稳定性好于盐酸盐。

1. 天然来源和生物活性　维生素 B_1 广泛存在于动物性和植物性饲料中。谷类籽实及其加工副产物、大豆饼(粕)、花生饼(粕)、棉籽饼(粕)和苜蓿粉中含量丰富，啤酒酵母中特别丰富。动物产品肝、肾、蛋、瘦肉和乳制品中维生素 B_1 含量丰富。在动物性饲料中，95%～98%的硫胺素是以硫胺素焦磷酸的形式存在的，植物性饲料中则以非磷酸化形式存在。

硫胺素盐酸盐相当于 79%的维生素 B_1 生物活性，硫胺素硝酸盐相当于 81%的维生素 B_1 生物活性。

2. 生理功能　维生素 B_1 在体内主要以硫胺素焦磷酸形式存在，而硫胺素焦磷酸在糖代谢中作为 α-酮酸脱羧酶的辅酶参与酮酸的氧化脱羧反应及磷酸戊糖途径中转酮酶的活性作用，从而影响糖的代谢。

维生素 B_1 能够抑制胆碱酯酶的活性，而胆碱酯酶能催化乙酰胆碱水解。乙酰胆碱是一种神经递质，能够促进消化液分泌，增加胃肠蠕动。因此，当维生素 B_1 缺乏时，胆碱酯酶活性增强，乙酰胆碱水解加速，使神经传导受到影响，导致消化液分泌减少，胃肠蠕动缓慢，引起食欲不振，消化不良等消化功能障碍。

硫胺素的非辅酶作用对于维持神经组织和心肌的正常生理功能等具有重要作用。硫胺素三磷酸在神经元细胞和肌肉组织，如骨骼肌、鱼类的电器官中富集，当受到刺激时快速分解并由此改变膜的阴离子通透性，对神经冲动的传导产生作用。因此，当硫胺素缺乏时，鱼类就会出现神经失调和身体失去平衡。

3. 缺乏症　鱼类缺乏维生素 B_1 一般表现为食欲不振、生长缓慢、运动失调、扭曲、痉挛、体表和鳍褪色、肝脏苍白和皮下充血等症状。具体表现为：

虹鳟和斑点叉尾鮰，痉挛、乱蹿、扭转身体，严重时导致死亡。

鳗鱼，生长不良、死亡率增高、鳍充血或淤血、躯干弯曲等。

鲤鱼，对缺乏维生素 B_1 具有很强的抵抗力，但若饲料中糖含量较高时，缺乏维生素 B_1，则表现出缺乏症。

水产动物经常采食鲜活饵料，某些鲜活饵料内含硫胺素酶可将硫胺素分解成 2 个没有活性的分子，从而使鱼类极易发生维生素 B_1 缺乏。

二、维生素 B_2

维生素 B_2 是核醇与 7,8-二甲基异咯嗪的缩合物，由于呈黄色，又名核黄素。维生素 B_2 的异咯嗪环上的第 1 及第 10 位氮原子上具有两个活泼的双键，易起氧化还原反应，维生素 B_2 故有氧化型和还原型两种形式，在生物体内氧化还原过程中起传递氢的作用，结构式如下。

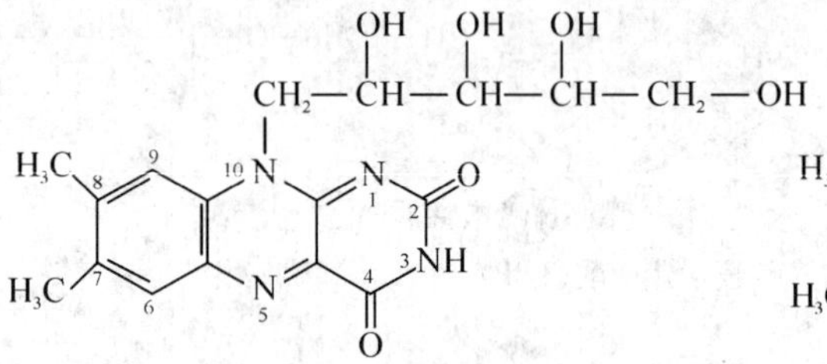

核黄素 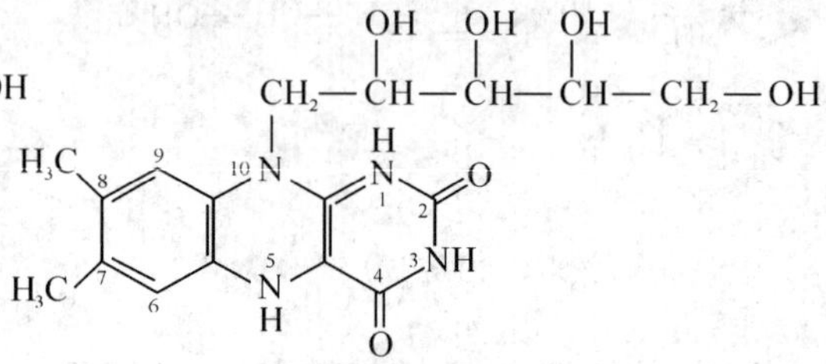　　　　还原型核黄素

维生素 B_2 为橙黄色结晶，微溶于水和酒精，在水溶液中发出强烈的绿黄色荧光。对热、氧气稳定，遇光(特别是紫外光)易分解而转变成荧光色素。核黄素在酸性溶液中较稳定，但对碱敏感。

1. 天然来源和生物活性　绿色植物、酵母和某些细菌可以合成维生素 B_2，任何动物都不能合成维生素 B_2，但肠道微生物的合成可能会满足动物的部分需要。动物性饲料特别是脱脂乳粉、乳清粉中维生素 B_2 含量丰富，动物肝脏中维生素 B_2 亦较丰富，谷物类及其副产品中含量很少。饲料中所含维生素 B_2 一般都能较好地为动物所利用，但其中的核黄素化合物需水解为游离核黄素才能被肠道吸收。

2. 生理功能　核黄素在体内以游离核黄素、黄素单苷酸(FMN)和黄素腺嘌呤二核苷酸(FAD) 3 种形式存在，后二者为其辅酶形式。

FMN 和 FAD 主要参与电子和氢的传递，是体内多种氧化还原酶，如 α-氨基酸氧化酶、丙酮酸脱氢酶、α-酮戊二酸脱氢酶系和黄嘌呤氧化酶等的辅酶因子，在糖、脂肪和蛋白质代谢中起重要作用。

FAD 是体内抗氧化酶谷胱甘肽过氧化物酶系统中谷胱甘肽还原酶的辅酶，因此核黄素参与到生物膜抗氧化作用，对生物膜起到保护作用。

此外，核黄素对维护皮肤、黏膜和视觉的正常机能均有重要的作用。

3. 缺乏症　缺乏维生素 B_2 时，动物患口炎、皮炎、胃肠机能紊乱、眼出血、视力模糊、供给失调、色素沉着、贫血、厌食、呕吐、水肿、生长阻滞。具体表现为：

罗非鱼，嗜眠、鳍损伤、体色异常、体小、白内障和贫血。

鲑鳟类，生长不良、厌食、白内障、眼球晶体和角膜黏连、黑色素沉着。

斑点叉尾鮰，厌食、生长不良和鱼体发育不良。

鲤鱼，厌食、消瘦、死亡率高、心肌出血和肾坏死。

真鲷，生长不良。

日本鳗鲡，生长不良、皮炎、畏光、鳍充血及腹部充血。

斑节对虾，体色变浅、刺激过敏及腹节连接处表皮凸起。

三、维生素 B_3

维生素 B_3 也叫泛酸、遍多酸，是由 β-丙氨酸借肽键与泛解酸（α,γ-二羟-β,β-二甲基丁酸）缩合而成的一种有机酸，因广泛存在于生物界而得名。泛酸的结构式如下图所示：

$$\underbrace{HO-CH_2-\overset{\overset{\displaystyle CH_3}{|}}{\underset{\underset{\displaystyle CH_3}{|}}{C}}-\overset{\overset{\displaystyle OH}{|}}{CH}-\overset{\overset{\displaystyle O}{\|}}{C}}_{\alpha,\gamma\text{-二羟-}\beta,\beta\text{-二甲基丁酸}}-\underbrace{\overset{H}{N}-CH_2-CH_2-COOH}_{\beta\text{-丙氨酸}}$$

维生素 B_3 有钙盐、钠盐及泛酸 3 种形式。盐为白色结晶粉末，泛酸为无色黏稠油状。钙盐易溶于水、甘油，难溶于乙醇、乙醚；钠盐易溶于水、微溶于乙醇；泛酸易溶于水、乙醇，难溶于乙醚，具有吸湿性，对空气、阳光较稳定，但在干热及酸性或碱性介质中加热时易被破坏。

1. 天然来源和生物活性 泛酸广泛存在于各种动植物饲料中。青草粉、磨粉副产物（米糠、麸皮）、酵母、花生饼、鱼精粉和乳制品中含量丰富。谷物类加工副产物（如米糠、麸皮）中的含量远高于相应的谷物（2～3 倍）。

天然来源的泛酸生物利用率高。商业用添加剂通常为 *D*-泛酸钙，其生物活性为泛酸的 91.6%。也可生产 *DL*-泛酸钙，但生物学效价仅为 *D*-泛酸钙的 1/2。

2. 生理功能 泛酸被吸收后，在机体内作为辅酶 A（CoA）和酰基载体蛋白（ACP）的组成成分。辅酶 A 在物质代谢和能量代谢中起着重要作用，糖、脂肪和蛋白质的代谢均有辅酶 A 的参与；体内许多合成反应是乙酰化作用，都需要辅酶 A 的参与，如形成乙酰辅酶 A，由胆碱合成乙酰胆碱，胆固醇、甾醇激素的生物合成；糖代谢过程中的氧化脱羧，脂肪酸的氧化合成等。酰基载体蛋白与脂肪酸的合成关系密切。

此外，泛酸对维持神经系统、皮肤及黏膜的正常功能起到主要作用。

3. 缺乏症 泛酸不足就会影响辅酶 A 的合成，从而使体内代谢过程发生紊乱。鱼类缺乏症的具体表现为：

鲤鱼，食欲不振，生长停滞，体重减轻，运动减少，轻度痉挛，眼球突出，出现血斑、贫血，鳞片苍白等。

鳗鱼，食欲不振，生长停滞，游泳反常，皮炎、表皮出血，坏死，死亡率高。

斑点叉尾鮰，厌食，组织软化，皮肤皱褶，鳃膜、皮肤、鳍、下颚及触须等糜烂，鳃丝硬化，棒状鳃，生长减缓，反应迟钝，贫血、死亡率高。

罗非鱼，出血、呆滞、死亡率高、贫血及严重的鳃瓣上皮细胞增生。

鳟鱼，厌食、营养不足、消瘦、鳃异常和高死亡率。

鲑鱼，厌食、生长抑制、营养不良性鳃病、消瘦和高死亡率。

四、胆　碱

胆碱是 β-羟乙基三甲胺的羟化物，其结构式如下页上图所示。

胆碱为无色、黏稠、强碱性液体，具有极强的吸湿性，易溶于水和乙醇，在碱性溶液中不稳定。

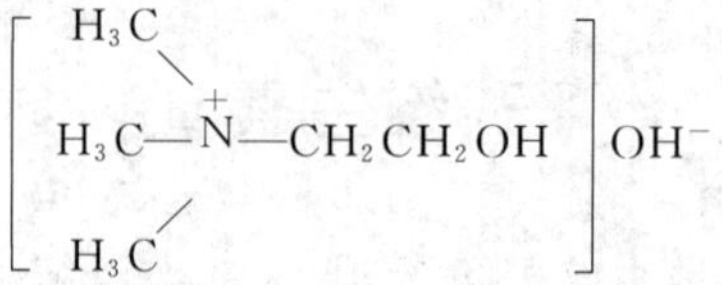

$$\left[\begin{array}{c} H_3C \\ \quad\diagdown \\ H_3C—\overset{+}{N}—CH_2CH_2OH \\ \quad\diagup \\ H_3C \end{array}\right] OH^-$$

胆碱

饲料工业上用的是化学合成的氯化胆碱。氯化胆碱为白色结晶，吸湿性极强，对预混料中其他维生素有破坏作用。实际应用的多为70%溶液或50%的吸附型粉末。

1. 天然来源和活性 几乎所有的饲料都含有胆碱，动物性蛋白饲料、酵母、油粕类含量丰富。玉米含胆碱很少，小麦、大麦、燕麦中的胆碱含量大约比玉米高1倍。天然来源的脂肪都含有胆碱，故含有脂肪的饲料原料都能提供一定数量的胆碱。天然饲料中的胆碱利用率不高，豆粕中仅为60%～70%，谷物中更低。

2. 生理功能 胆碱作为合成磷脂的原料，参与到生物膜的构建，是重要的细胞结构物质；胆碱以卵磷脂的形式促进肝脏中脂肪转移和利用，防止出现脂肪肝；胆碱作为神经递质乙酰胆碱合成的原料，与神经冲动的传导有关，维持神经系统的正常功能；胆碱作为不稳定甲基供体，与体内甜菜碱、蛋氨酸代谢有关。

3. 缺乏症 鱼类缺乏胆碱时，往往出现脂肪肝，具体表现为：

虹鳟稚鱼，眼球突出，腹部膨胀，肝脏颜色变黄，肝肥大，肾脏退行性病变，小肠出血，贫血及生长缓慢等。

鲤鱼，生长减慢，并出现脂肪肝。

鳗鱼，厌食，生长较差，肠管灰白色。严重缺乏时，肾、肠出血，肝、脾中脂肪累积，体积变大，食欲丧失。

鲇鱼，生长减慢，脂肪肝，肾出血。

斑点叉尾鮰，生长减慢，肾局部出血，肝脏肥大。

五、维生素B_5

维生素B_5又名维生素PP，包括烟酸（亦称尼克酸）和烟酰胺（尼克酰胺），是具有烟酰胺生物活性的吡啶-3-羧酸及其衍生物的总称，是所有维生素中结构最简单的一种。烟酸和烟酰胺的结构式如下图所示：

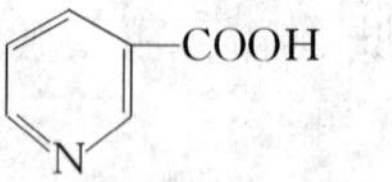

烟酸 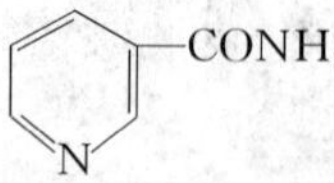　　烟酰胺

烟酸为白色结晶，易溶于水，稳定性好，不易被酸、碱、水、金属离子、热、光、氧化剂及加工贮藏因素所破坏。烟酰胺在强酸或强碱中加热易水解为酸，粉末状烟酰胺易吸湿结块。

1. 天然来源和生物活性 烟酸广泛存在于植物饲料中，动物组织中以烟酰胺存在。酵母、饼粕类和动物性蛋白饲料中含量丰富，谷物饲料中含量也较多。烟酸在谷物饲料中大部分以结合态存在，动物难以利用。结合态烟酸为大分子肽或大分子碳水化合物复合体。一些动物体内色氨酸可以转化为烟酸，其转化率为1/60，大多数鱼类缺乏这种转化能力。烟酸与烟酰胺的生物效价相同，在生产中可以以干粉直接使用。

2. 生理功能　烟酰胺主要作为烟酰胺腺嘌呤二核苷酸又称辅酶Ⅰ(NAD)和烟酰胺腺嘌呤二核苷酸磷酸又称辅酶Ⅱ(NADP)的组成成分参与体内的蛋白质、脂肪、糖代谢。辅酶Ⅰ和辅酶Ⅱ能够可逆地加氢和脱氢，参与到三羧循环中的脱氢作用，在代谢中起传递氢的作用。糖的酵解(由乳酸变为丙酮酸)、脂肪酸的氧化(由β-羟丁酸变成乙酰乙酸)、谷氨酸的氨基置换等都需要烟酸所构成的脱氢酶辅酶发挥作用。

烟酸还是维护神经系统、消化系统和皮肤的正常功能所必需的物质。

3. 缺乏症　缺乏烟酸时，鱼类表现为丧失食欲、生长缓慢、死亡率升高。具体表现为：

虹鳟，生长不良，鳃水肿，对光过敏，严重时导致死亡。有的表现为表皮和鳍损伤、贫血。

鲤鱼，食欲降低，生长减慢，皮肤及鳍损伤、出血，死亡率高。有的鱼尾鳍基部出血明显，体色变暗，鳃部异常。

斑点叉尾鮰，表皮及鳍损伤，表皮出血，眼球突出，贫血，颌骨变形，痉挛，怕光，受刺激易死亡。

鳗鱼，食欲不振，生长停滞，运动失调，体色变暗，皮肤出血及损伤、贫血。

杂交罗非鱼，口鼻部和鳃水肿。

六、维生素 B_6

维生素 B_6 是具有吡哆醇生物活性的吡啶衍生物的总称，包括吡哆醇、吡哆醛及吡哆胺。吡哆醇在体内可以转变成吡哆醛和吡哆胺，但后两者都不能转变为吡哆醇，而吡哆醛和吡哆胺可以互变。

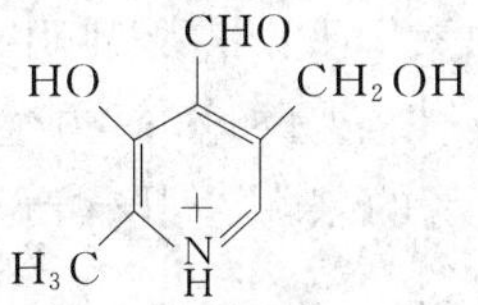

CHO, HO, CH_2OH, H_3C, $\overset{+}{N}H$

吡哆醛

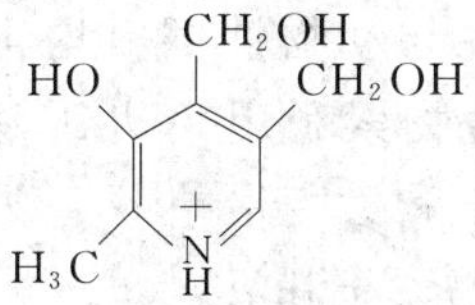

CH_2OH, HO, CH_2OH, H_3C, $\overset{+}{N}H$

吡哆醇

CH_2NH_2, HO, CH_2OH, H_3C, $\overset{+}{N}H$

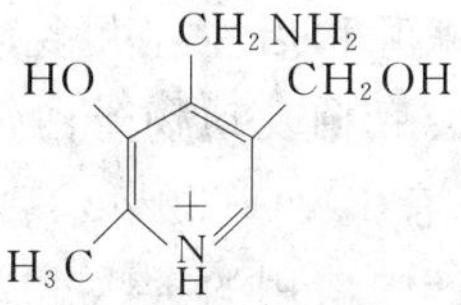

吡哆胺

这 3 种物质均为白色结晶，易溶于水和酒精，微溶于脂溶剂。在酸性溶液、空气中较稳定，对光敏感，在高温下迅速破坏。合成的维生素 B_6 是以盐酸盐形式存在。盐酸吡哆醇为白色晶体，对热和氧稳定，对酸、碱也较稳定，对光敏感。预混料中微量矿物质可使其分解。

1. 天然来源和生物活性　维生素 B_6 分布广泛，谷物及其加工副产品、油粕和酵母粉中含量丰富。动物性产品肌肉、肝、乳清中也含量丰富，其中维生素 B_6 的存在形式是磷酸吡哆醛和磷酸吡哆胺，植物性饲料中通常是吡哆醇。人工合成的盐酸吡哆醇，相当于82%的吡哆醇活性。

2. 生理功能　维生素 B_6 被吸收后，在肝脏中进行磷酸化，生成磷酸吡哆醛和磷酸吡哆胺。磷酸吡哆醛和磷酸吡哆胺是转氨酶和氨基酸脱羧酶的辅酶；磷酸吡哆醛还是能量产生、中枢神经系统活动、血红蛋白合成及糖原代谢中所必需酶的辅酶。因而维生素 B_6 与蛋白质、脂肪和糖代谢有密切关系。

维生素 B_6 作为转氨酶的辅酶，在转移氨基和尿素生成过程中起着重要作用；它作为氨基酸脱羧酶的辅酶，在氨基酸脱羧过程中起到至关重要的作用，如由谷氨酸脱羧形成的γ-氨基丁酸在中枢神经系统的抑制过程中起着重要作用。色氨酸形成 5-羟色胺(重要神经介质)和转变为尼克酸，都需要维生素 B_6 参加。参与辅酶 A 的生物合成，以及亚油酸转变为花生四烯酸的反应过程，并具有降低血清胆固醇的作用。

3. 缺乏症　缺乏维生素 B_6，鱼类缺乏症主要表现为贫血、厌食、体色变黑、失去平衡、生长缓慢和高死亡率。具体表现为：

鳟鱼，生长缓慢，神经功能异常，失去判断距离的能力，失去捕食水底饲料的准确性，严重时发生死亡。

鲤鱼，食欲不振，运动失调，神经机能异常，癫痫，痉挛，水肿，眼球突出，皮下出血，鳞竖立及皮肤发炎。

鲕鱼，痉挛，旋转，眼球突出，口吻部破裂，脊椎弯曲，活动减少，死亡率高。

斑点叉尾鮰，食欲不振，运动异常，痉挛，旋转，死亡率高。

鳗鱼，食欲不佳，生长减慢，神经机能异常，癫痫，痉挛。

香鱼，神经过敏、旋转运动、出血等。

大西洋鲑，死亡率升高，行为异常，肾、卵巢和肝的蜕变，甲状腺减少，肾造血组织增生。

虾，增重缓慢存活率降低、摄食减少。

七、生物素

生物素又称维生素 B_7 或维生素 H，是由噻吩环和尿素结合成的双环含硫化合物，带有戊酸侧链，分子结构中有 3 个不对称碳原子。自然界中存在并且具有活性的是 *D*-生物素。其结构式如右图所示。

生物素为无色长针状结晶，易溶于水而不溶于乙醇、乙醚及氯仿，在常规条件下很稳定，酸败脂肪和胆碱可使其破坏。紫外线照射可使其缓慢破坏。

1. 天然来源和活性 大多数植物性与动物性饲料均含有生物素，但含量及利用率差异很大。玉米、酵母、大豆粕及动物蛋白饲料中生物素利用率达到 100%，其他谷物和木薯中生物素含量较少，利用率只有 10%～30%，其中以小麦和大麦最差。生物素最丰富的来源是肝、酵母、糖蜜、花生和鸡蛋。生产中使用的生物素为 *D*-生物素干粉。

2. 生理功能 在体内，生物素作为多种羧化酶，如丙酮酸羧化酶、乙酰 CoA 羧化酶和丙酰 CoA 羧化酶等的成分，参与二氧化碳固定和转羧基等生化过程，如丙酮酸的羧化、氨基酸的脱氨基、嘌呤的合成等。因此生物素在蛋白质、脂肪、糖代谢过程中起重要作用。

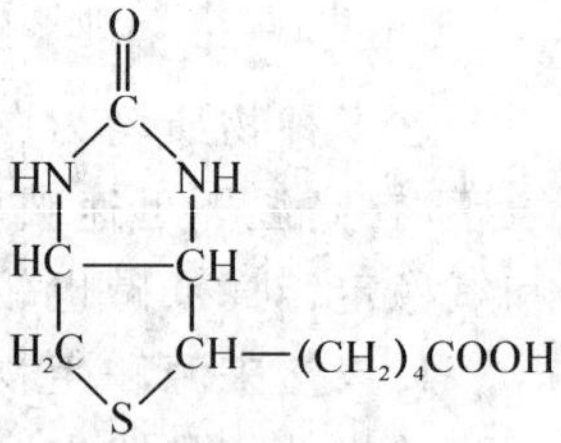

此外，生物素直接参与一些氨基酸和长链脂肪酸的生物合成，参与丙酮酸羧化后变为草酰乙酸和合成葡萄糖的过程。

O
C
HN NH
HC—CH
H_2C $CH—(CH_2)_4COOH$
S

生物素

3. 缺乏症 鱼类缺乏生物素时，活力下降，食欲减退，结肠破损，变色，肌肉萎缩，抽搐，红细胞破碎，皮层破损。

鲑鳟鱼类对缺乏生物素极为敏感，鳟鱼在短期缺乏生物素时就出现明显的“蓝黏斑”症状。

八、叶　酸

叶酸因在绿叶植物中含量十分丰富而得名，它是由 2-氨基-4-羟基-6-甲基蝶呤啶与对氨基苯甲酸及 *L*-谷氨酸结合而成，又称蝶酰谷氨酸，结构式如下页上图所示。

叶酸为黄色至橙黄色结晶，微溶于水，易溶于乙醇，对空气和热很稳定，受可见光和紫外线照射逐渐分解。酸、碱、氧化剂和还原剂可使其破坏，预混料中微量元素也会影响其稳定性。

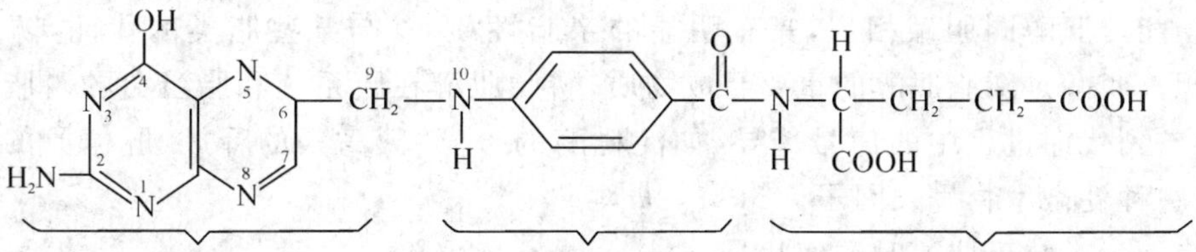

蝶呤啶 对氨基苯甲酸 谷氨酸

1. 天然来源和活性 叶酸广泛存在于动物性、植物性、微生物饲料中。酵母、绿叶饲料、大豆粕、鱼粉中含量丰富，谷物中含量较少。天然来源的饲料中游离的叶酸含量很少，多数叶酸以结合态存在，利用率较低。

2. 生理功能 叶酸在小肠上段被吸收进入体内。在小肠黏膜、肝及骨髓等组织中的叶酸还原酶及二氢叶酸还原酶的作用下，在 $NADPH+H^+$ 及维生素 C 的参与下，先后被还原为 5,6-二氢叶酸（FH_2）和 5,6,7,8-四氢叶酸（FH_4）。

FH_4 是叶酸在体内的活性形式，是一碳单位转移酶的辅酶，参与甲基、亚甲基和其他一碳基团的转运。其分子内的 N^5、N^{10} 两个氮原子能携带一碳单位，作为一碳单位的载体。一碳单位参与体内多种物质的合成，如嘌呤、嘧啶、胆碱等的合成，嘌呤、胸腺嘧啶核苷酸是合成核酸的原料，而核酸又与蛋白质的合成密切相关。因此当叶酸缺乏时，核苷酸的合成减少，DNA 的合成必然受到抑制，骨髓幼红细胞 DNA 合成减少，细胞分裂速度降低，细胞体积变大，造成以细胞增大、血红蛋白降低为特点的巨幼红细胞性贫血。

叶酸还通过参与白细胞分裂增殖，促进免疫球蛋白的合成，进而增进免疫反应。

维生素 B_{12} 与叶酸的中间反应密切相关，主要通过调节甲基和非甲基四氢叶酸的比例，以及促进甲基四氢叶酸通过细胞膜以及叶酸在组织中的残留两条途径与叶酸发生协同作用。

3. 缺乏症 缺乏叶酸时，鱼不活泼，尾鳍易破损，体色变暗，生长缓慢，鳃部苍白，红细胞减少，前肾出现未成熟的红细胞及巨异型红细胞。具体表现为：

斑点叉尾鮰，摄食减少，摄食迟钝，贫血及红细胞异形，死亡率增加。

鳗鱼，食欲不振，生长停滞，体色变暗。

鲮鱼，生长迟缓，饲料效率低，鱼体收缩，贫血，体色改变。

大鳞大麻哈鱼，生长减缓，贫血，迟钝，尾鳍脆弱，体色变暗。

鲑鱼，生长缓慢、红细胞异形和大小不均及巨细胞贫血。

九、肌　醇

肌醇为一种具有生物活性的环己六醇。肌醇有 9 种同分异构体，其中 2 种有旋光性，7 种无旋光性，只有无旋光性的内消旋肌醇一种形式具有生物活性，其六磷酸酯为植酸。

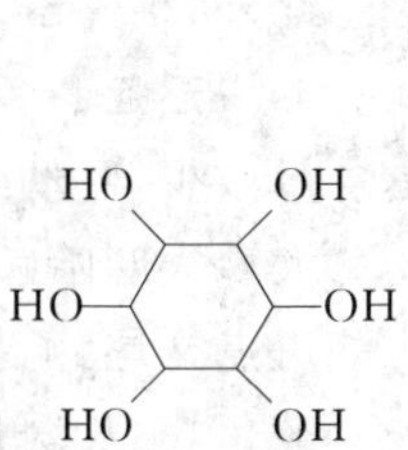

肌醇为白色结晶，能溶于水，不能溶于醇和酯。在常规条件下稳定性极好。

肌醇

1. 天然来源和活性 肌醇的天然来源广泛，植物性饲料，尤其是米糠、麸皮中含量很丰富，动物组织如肌肉、肝脏、肾脏中含量也很多。

在植物性饲料中，肌醇呈结合态，主要以肌醇六磷酸钙镁（植酸盐）的形式存在，利用率较低。

某些鱼类（如鲤鱼）肠道可以合成肌醇，但合成数量不足以满足需要。

2. 生理功能 肌醇同胆碱相似，具有明显的亲脂性质，参与某些脂类的代谢，防止脂肪在肝(胰)脏中沉积。肌醇是磷脂肌醇的重要组成物质，磷脂肌醇在膜系统和脂蛋白的磷脂组分中发挥作用，同时参与到代谢过程中的信号传导，如淀粉酶的分泌、胰岛素的释放、肝糖原的分解等。此外，肌醇还是一种促微生物生长因子。

3. 缺乏症 鱼类缺乏肌醇时的症状是：

虹鳟，生长减慢，血浆胆固醇与中性脂肪浓度升高，总磷脂及其他磷脂浓度下降。

其他鱼类，多表现为食欲不佳，生长慢，饲料转化率低，内脏灰白，精神不振，鳍、鳞易断和易落，患脂肪肝症、腹胀等。

十、维生素 B_{12}

维生素 B_{12} 是所有具有氰钴胺素生物活性的类咕啉的总称，其结构复杂，主要由咕啉环和金属钴组成，是体内唯一含金属元素的维生素，其中钴为三价，又称氰钴素。

维生素 B_{12} 为粉红色结晶，易溶于水和乙醇，在 pH 为 4.5～5.0 的弱酸性水溶液中相当稳定，遇强碱、强酸易分解，易受光及紫外线和还原剂破坏。有维生素 B_1 和烟酰胺共存时，稳定性受影响。有维生素 C 存在时，维生素 B_{12} 不耐热。

1. 天然来源和活性 只有异养性微生物能够合成天然维生素 B_{12}。一般认为植物不能合成维生素 B_{12}，动物自身亦不能合成维生素 B_{12}，但由于胃肠道微生物的合成作用及动物性饲料中维生素 B_{12} 的摄入，导致动物组织中含有维生素 B_{12}。天然维生素 B_{12} 主要存在于动物性饲料中，如鱼粉、鱼溶粉及其他水产加工副产物。肉粉、脱脂奶粉和蛋制品中维生素 B_{12} 含量丰富。天然来源的维生素 B_{12} 生物利用率较高。

2. 生理功能 维生素 B_{12} 以脱氧腺苷钴胺素和甲钴胺素两种辅酶的形式参与体内物质代谢，如一碳单位(甲基)的转移或合成；高半胱氨酸甲基化生成蛋氨酸；嘧啶及嘌呤的合成；四氢叶酸的正常循环；参与蛋白质、核酸的生物合成，促进红细胞的发育和成熟。

维生素 B_{12} 的甲基转移作用与叶酸具有密切联系。甲基钴胺是 N^5-甲基四氢叶酸甲基转移酶的辅酶，参与体内甲基转移反应和叶酸代谢，其作用是促进叶酸的周转利用，以利于胸腺嘧啶脱氧核苷酸和 DNA 的合成，如果缺乏维生素 B_{12}，N^5-甲基四氢叶酸上的甲基不能转移，影响四氢叶酸的再生，使体内一碳单位的转移受阻，最后导致核酸合成障碍，产生巨幼红细胞性贫血。

此外，维生素 B_{12} 还参与到铁、胆碱、维生素和泛酸的代谢功能。

3. 缺乏症 鱼类缺乏维生素 B_{12}，通常表现为生长缓慢，造血机能障碍，红细胞的数目和血红蛋白含量减少，巨幼红细胞数目增加等，具体表现为：

大鳞大麻哈鱼，食欲不振，红血球、血红素含量降低。

斑点叉尾鮰，摄饲率降低，造血机能受阻，增重率下降。

鲮鱼，生长缓慢，贫血，白血球过多，体色改变，体形收缩，饲料效率降低等。

鳗鱼，食欲不振，造血机能受阻，生长停滞。

在鲤和鳟的肠内发现有合成维生素 B_{12} 很强能力的细菌，即使在饲料缺乏维生素 B_{12} 的情况下，在鲤鱼肠道仍可由细菌合成大量的维生素 B_{12}。因此，鲤鱼一般不会出现维生素 B_{12} 缺乏症。

鲑鱼，破碎性红细胞数量高，并有小红细胞和低色素性贫血的征兆。

十一、维生素 C

维生素 C 又称抗坏血酸，是一种六碳多羟基的不饱和酸性化合物，结构式如下图所示。

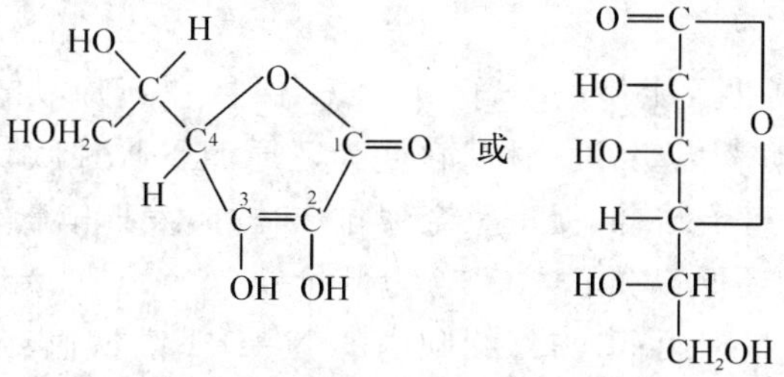

维生素 C 具有可解离出 H^+ 的烯醇式羟基，因而其水溶液有较强的酸性。维生素 C 可脱氢而被氧化，有很强的还原性，氧化型维生素 C（脱氢抗坏血酸）还可接受氢而被还原。因此，有还原型维生素 C 和氧化型维生素 C 两种形式，这两种形式可以相互转换。维生素 C 含有不对称碳原子，具有光学异构体，自然界存在的、有生理活性的是 *L*-型抗坏血酸。

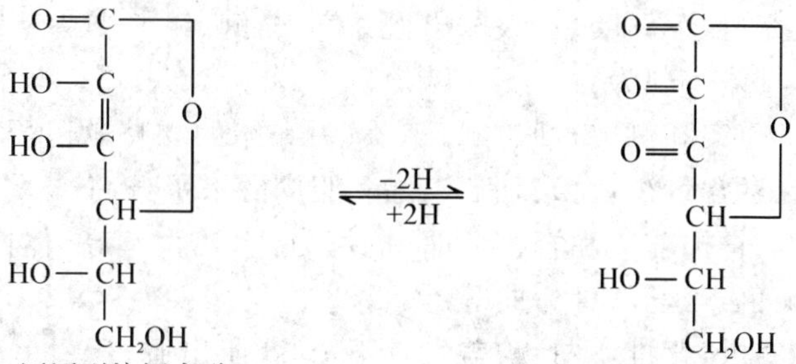

$$\text{还原型抗坏血酸} \underset{+2H}{\overset{-2H}{\rightleftharpoons}} \text{氧化型抗坏血酸}$$

维生素 C 为白色略带黄色结晶粉末，易溶于水，具有酸性和强还原性。结晶抗坏血酸在干燥的空气中非常稳定，在酸性溶液中加热也很稳定。由于具有强还原性，极易氧化破坏，在有碱及铜离子等微量金属离子时可加速其破坏。

1. 天然来源和活性　维生素 C 的主要来源是蔬菜和水果，青饲料中含量亦较高，动物性食品如奶粉中也含有。动物能很好地利用天然来源的维生素 C，但在贮存和加工过程中维生素 C 会有较大损失，特别是在高水分和微量元素的条件下。

维生素 C 在饲料的加工、贮存过程中极易被破坏，在考虑供给量及供给途径时均应注意。

多数动物可由 *D*-葡萄糖合成维生素 C，但水产动物多无此合成能力。但在鲤鱼和鲫鱼体内均可合成维生素 C，鲤鱼体内合成维生素 C 的能力较低，仅为老鼠的 1/7。

2. 生理功能　维生素 C 生理功能十分广泛，主要有以下几个方面：

（1）参与体内羟化反应　胶原蛋白是结缔组织、上皮组织、骨组织的重要组成成分，富含羟脯氨酸和羟赖氨酸（为胶原蛋白特有），维生素 C 作为脯氨酸羟化酶和赖氨酸羟化酶的辅酶催化羟脯氨酸、羟赖氨酸的形成，因此维生素 C 结缔组织、骨骼、牙齿、血管细胞间质的形成，以及维持这些组织正常机能均起着重要作用。

维生素 C 为维持体内许多羟化酶活性所必需，参与到苯丙氨酸羟化为酪氨酸的反应，酪氨酸转变为儿茶酚胺的反应，色氨酸转化为 5-色胺的反应，而上述反应的产物儿茶酚胺、5-色胺是重要的神经递质。

在正常情况下，体内胆固醇中的大部分以胆酸(盐)的形式排出，胆固醇转变为胆酸的过程中需要经过有维生素C参与的羟化反应。

(2)参与体内氧化还原反应　维生素C作为细胞内外化学反应的电子供体，为一种抗氧化维生素，能与维生素E、硒等养分协同作用，保护DNA、蛋白质和细胞的生物膜结构，减轻机体体脂的过氧化作用。

维生素C具有强的还原性，能使酶分子中—SH保持在还原状态，从而起到保护酶的活性—SH的作用。维生素C能使氧化型谷胱甘肽转变为还原型谷胱甘肽，使—SH得以再生。而还原型的谷胱甘肽能够与重金属离子结合，促进重金属排出体外，发挥解毒作用。

维生素C在消化道内能还原高价铁(Fe^{3+})为低价铁(Fe^{2+})，维持其还原状态，并促进肠道对铁的吸收和铁在体内的转运和利用；参与红细胞内的NADH-高铁血红蛋白还原酶系统，使高铁血红蛋白还原为血红蛋白，恢复其运输氧的能力；促进叶酸转变为具有生理活性的四氢叶酸等。

此外，维生素C不仅能促进抗体的合成，它还能增强白细胞对病毒的反应性以及促进H_2O_2在粒细胞中的杀菌作用等，起到增强机体的免疫机能，提高水产动物抗病力的作用。

维生素C还能提高水产动物的抗应激能力，如提高机体对缺氧和低温的适应能力。

3. 缺乏症　鱼类缺乏维生素C时，一般表现为厌食，生长缓慢，脊椎前突或侧突，头部、鳍、皮肤、肝、肾、肠、肌肉出血或充血，下颌糜烂，眼球出血并突出，鳃、鳍的支持组织异常，严重贫血，色素沉着，外伤愈合能力差等，具体表现为：

鲑鱼、鳟鱼，脊椎畸形(前突和侧突)，眼、鳃、鳃盖、头和鳍的支持软骨异常，内脏出血，腹水，出血性眼球突出，血清甲状腺素含量少，血浆甘油三酯和胆固醇水平升高。

斑点叉尾鮰，生长缓慢，脊椎前突和脊椎弯曲，抗病力低，死亡率高，体内外出血，鳍腐烂，肉色发黑，体侧中部的竖条纹褪色，鳃丝软骨弯曲等。

鰤鱼，生长停止，体色变黑，背椎弯曲，鳃盖发育不全，背肌出血，死亡率高等。

鲇鱼，增重和成活率下降，饲料系数和畸形率提高。

鲤鱼，食欲减弱，生长停止，鳍、头部与口颚部出血等。

大麻哈鱼，骨骼弯曲，眼受损和组织出血等。

对虾缺乏维生素C时，生长缓慢，软壳，蜕壳频率降低，蜕壳周期延长，产生红体病、黑白斑病，鳃混浊，严重者死亡。

第四节　水产动物对维生素的需要量及影响因素

一、水产动物对维生素的需要量

研究水产动物对维生素需要量的一般方法是在完全没有或基本上没有维生素的精制试验中，加入除要试验的维生素之外的混合维生素作为基础饲料，在此饲料中，再添加各种不同梯度要试验的维生素，通过饲养试验，然后根据其生长、缺乏症、饲料效率等来确定需要量。另外，大部分维生素B在鱼肝脏中的贮存是有一定限度的，多余的会被迅速排泄。所以，也可从肝脏中贮存量最多的食物中的维生素含量，来推测需要量。还有一种方法，就是把同某种维生素缺乏有直接关系的酶的效价作为标准来测定某种维生素的需要量。

确定维生素的需要量很复杂，所涉及的因素很多，而这些因素对维生素的定量影响并没有最后评定，所以维生素的需要量难以得到一致的结论。纯粹以学术研究为目的的学者提出的维生素需要量低于供应商及各大公司提出的维生素需要量，因为前者研究最佳条件下动物正常生长的维生素需要量，尽量控制和排除损害维生素效价的不利因素以及动物处于非正常状态下对维生素的额外需要。所以他们所提出的维生素需要量多为维生素临界需要量及维生素需要量的下限。供应商和各大公司推荐的维生素需要量主要从生产角度出发，研究动物能充分发挥其生产性能及潜力时维生素的需要量。同时为了减免使用单位检测原料中各种维生素含量的烦琐，有的推荐者其推荐量以原料中维生素含量为零计。所以他们提出的维生素的需要量较高，属于维生素推荐量范畴。

常见的鱼、虾维生素需要量和推荐量的研究结果见表 5-3 和表 5-4。

表 5-3 NRC 鱼类的营养需要量

(1993) mg/kg

维生素	斑点叉尾鮰	虹鳟	大西洋鲑	鲤鱼	罗非鱼
维生素 A(IU)	1 000～2 000	2 500	2 500	4 000	NT
维生素 D(IU)	500	2 400	NT	NT	NT
维生素 E(IU)	50	50	50	100	50
维生素 K(IU)	R	R	R	NT	NT
维生素 B_1	1	1	R	0.5	NT
维生素 B_2	9	4	7	7	6
泛酸	15	20	20	30	10
烟酸	14	10	R	28	NT
维生素 B_6	3	3	6	6	NT
生物素	R	0.15	R	1	NT
叶酸	1.5	1.0	2	NR	NT
维生素 B_{12}	R	0.01E	R	NR	NR
维生素 C	25～50	50	50	R	50
胆碱	400	1 000	800	500	NT
肌醇	NR	300	300	440	NT

注：此需要量是用消化率很高的纯化原料测定的，代表了生物利用率近 100%时的数值。R 为饲料中需要但数量未测定；NR 为测试条件下未证明饲料中需要；NT 为未测；E 为估计值。

表 5-4 饲料中维生素含量的推荐值① mg/kg

维生素	尼罗罗非鱼	草鱼	青鱼②	团头鲂	鲤	鳗鲡③	大菱鲆④
维生素 A(IU)		5 500	5 000		2 000	15 000	15 000
维生素 D(IU)		1 000	1 000		1 000	3 000	1 667
维生素 E	200	62	10		50～100	150	83.3
维生素 K	20	10	3			10	16.6
维生素 B_1	25	20		5	5	18	12.5
维生素 B_2	100	20	10	7～10		40	12.5
泛酸	250	50	20	50	30	50	33.3
烟酸	375	100	50	20	29	100	116.7
维生素 B_6	25	11	20	5～10		12	8.3
生物素				0.5～1		0.5	0.5
叶酸	7.5	5	1			3	4.2
维生素 B_{12}	0.05	0.01	0.01			0.15	0.04
维生素 C	500	600	50	50	50～100	300	83.3
胆碱	2 500	550	500	100	500～700		
肌醇	1 000	100		100	440	400	250
对氨基苯甲酸	200						

注：①主要水产动物饲料标准检测技术鉴定材料，1990；②上海水产研究所，1982；③日本养鳗联合会；④Aires 等，1999。

二、影响水产动物对维生素需要的因素

对于水产动物而言，机体本身或消化道微生物可以合成部分维生素，大部分维生素必须由饲料提供。维生素的需要量难以准确定义，这是由于实际研究中所采用的评价指标多种多样，如有缺乏症表现、生长率、饲料效率及生化指标等。影响水产动物维生素实际需要量的因素很多，主要包括以下几个方面。

(一)水产动物种类、生长阶段

水产动物的种类和生长阶段都会影响它们对维生素的需要量。因为大多维生素主要通过相应的酶对动物生理活动和生长性能发挥影响，而不同种类的水产动物具有不同的食性和生活习性，对营养物质的利用能力、代谢途径都存在一定差异，因而对维生素的需要量也略有不同，温水性鱼类大约需要 15 种维生素；而冷水性鱼类除 15 种维生素外，还需要对氨基苯甲酸。

鱼虾的不同阶段，对维生素的需要量也不同。鱼虾幼龄期由于生长强度大、速度快，因此对维生素的需要量高于成鱼虾。

(二)应激、疾病或不良环境因素

随着集约化养殖模式的推广，水产养殖业得到了迅猛发展。然而，由于高密度养殖、投喂频率增加、消毒剂和药物的滥用以及不适当的管理方法等，养殖水体的污染程度不断加剧，养殖环境日益恶化，致使养殖动物处于各种环境因子的胁迫之下，导致养殖动物病害滋生、养殖效益下降，严重阻碍了水产养殖业的健康发展。水产动物长期或经常处于应激状态环境条件时机体对维生素的需要量显著增加，在日粮中增加维生素供给总量或与应激直接相关的维生素(如维生素 C、维生素 E、维生素 A、核黄素等)供给量，可以有效消除或减弱由于应激造成的对水产动物的不良影响，增强抗应激的能力，有利于水产动物正常生理状态的维持，有利于生长和发育。Merchie 等对斑节对虾和凡纳滨对虾(*Penaeus vannamei*)的研究发现，维持最佳生长时，2 种对虾幼体对维生素 C 的需要量为 20～130 mg/kg；而饲料中添加 2 000 mg/kg 的维生素 C 能够提高对虾抗应激能力。

不良的养殖环境，如水质恶化、溶氧量低，也会造成鱼虾应激，甚至发病。疾病的发生，将导致鱼虾体内酶系统活力改变。这就需要维生素的补给量随之发生变化，同时肠道内的寄生虫和细菌往往破坏其正常吸收功能，并竞争维生素的利用，以及体内病毒与细菌产生毒素的排除与降解均可导致对维生素需求的改变。而维生素的超常量添加，特别是维生素 C 和维生素 E 可降低应激反应，提高水产动物的免疫力和疾病抵抗力，同时能够缩短疾病治疗时间。

(三)饲料中维生素的利用率

在维生素营养需要量研究中，一般是在饲料中不含有其他来源的维生素或使用化学成分确定的日粮和高利用率的合成维生素，实际生产中，所使用的饲料原料的维生素含量虽然很高，但由于某些原因，其维生素利用率存在很大差异。如谷物糠麸中的泛酸、烟酸含量虽很高，但由于它们以某种结合态存在，因而利用率较低；谷物中所含有的生物素利用率也较低。其他一些因素也可影响维生素的利用，如抗维生素的存在、缺乏助消化成分及加工、贮存方法的影响等。

(四)维生素之间的相互影响

维生素之间的关系会影响到动物对维生素的需要量,维生素之间的关系详见第八章第三节。

(五)饲料中其他成分的影响

饲料中的营养成分如蛋白质、氨基酸、脂肪、碳水化合物的含量影响水产动物对维生素的需要,主要是因为多数维生素与这些营养物质的代谢有关。高蛋白质水平的饲料对维生素 B_6 的需求量增加,而高糖饲料对维生素 B_1 的需要量增加。在鲤鱼和虹鳟的试验中发现,鱼类对维生素 E 的需要量有随亚麻酸含量增高而增加的趋势。一些维生素的部分功能可被其他成分替代,如胆碱的甲基供体的生理功能可由甜菜碱、蛋氨酸替代;维生素 E 的抗氧化作用可以部分由微量元素硒替代等。由于后者的部分替代作用,可以节省前面这些维生素的需要。

(六)消化道内微生物合成的维生素

鱼类消化道微生物可合成部分维生素以满足需要。如在一些鱼类的消化道中,微生物可以合成生物素、维生素 B_{12}、维生素 C、烟酸、泛酸、叶酸等,但由于鱼类消化道微生物的总数量远远低于畜禽,且消化道短,食糜通过速度快,使得鱼类肠道微生物在提供维生素方面的作用有限(少数维生素例外,如维生素 B_{12}),绝大部分的维生素需要由饲料提供。

总之,由于影响维生素需要量的因素很多,试验条件往往难以控制一致,各研究者得出的结果难以一致。实际工作中认识了这些影响因素,在合理供给维生素时作适当调整。动物维生素的适宜补充量与需要量之间存在着很大的差异。通常所说的需要量是指在实验条件下水产动物达到最佳生长时所需要的最低量,不包括任何安全裕量。供给量或适宜的补充量是为保证动物有最佳的生长率、饲料利用效率、健康状况良好、抗病力良好及在体内形成足够量的储备等日粮中所应提供的维生素水平,是在需要量的基础上增加了安全裕量。供给量或适宜添补量通常比最低需要量高好几倍。在生产当中是否需要添加维生素,添加什么,添加多少,应根据具体情况,具体分析。在有关理论问题尚未进一步阐明的情况下,一般是采用适当提高添加量的方法,以确保饲料中各种维生素均能满足需要。

思考题

1. 维生素如何分类?每类包括哪些维生素?
2. 常见的维生素包括哪些?各有何别名?
3. 脂溶性维生素和水溶性维生素各有哪些特征?
4. 脂溶性维生素有何生理功能?缺乏脂溶性维生素有何症状?
5. 水溶性维生素有何生理功能?缺乏水溶性维生素有何症状?
6. 影响维生素需要量的因素有哪些?

第六章
水产动物的矿物质营养

内容提要

本章主要介绍矿物元素的分类，必需元素的先决条件，矿物质在体内的主要功能，常量元素（钙、磷、镁、钾、钠、氯、硫等）及微量元素（铁、铜、锰、锌、硒、碘、钴等）在体内的分布、代谢、缺乏症、过多症及来源，矿物质的营养需要量以及矿物质之间的关系。

第一节 概 述

一、矿物元素的分类

业已发现的百种元素中，有60种以上可在动物组织器官中找到，并确认其中45种参与动物体组成。除C、H、O、N为动物生长所必需的大量元素外，目前已知有27种为动物生长所必需，依含量可分为常量元素和微量元素。常量元素，指在动物体内含量大于或等于0.01%的元素，此类包括Ca、P、K、Na、Cl、Mg、S，它们占体内无机盐的60%～80%；微量元素，指在动物体内含量小于0.01%的元素，如Fe、Zn、Mn、Cu、Co、I、Se、Mo、F、Si、Cr、As、Ni、V、Cd、Tn、Pb、Li、B、Br等。这两类元素就是通常所说的矿物元素，其中在微量元素中含量极微的又称为痕量元素。

二、必需元素的先决条件

一种元素欲成为动物的必需元素需满足以下6个条件：①存在于所有生命物质中的全部健康组织中；②其浓度在同类动物中相当恒定；③如机体缺乏该种元素，可重复出现同样的生理上和结构上的异常，不论研究的种类如何；④补以缺乏的元素，可以预防和治疗这种异常现象；⑤元素缺乏所引起的异常情况，总伴有特异的生化改变；⑥当缺乏症状得到预防和治愈时，这些生化改变亦同时得到预防和治愈。

三、矿物质在体内的生理作用

（1）构成机体成分，参与骨骼、牙齿、甲壳及其他体组织的构成成分。如钙、磷、镁是构成骨骼和牙齿的主要成分，铜、磷是构成体蛋白的重要成分。

(2)维持细胞内、外液的渗透压，维持体液稳定，控制水分分布，如 K^+、Na^+、Cl^-、PO_4^{3-}、HCO_3^- 等。

(3)维持神经、肌肉的兴奋性，细胞膜以及细胞的正常生理功能，如适宜浓度和比例的钙、镁、钾、钠等元素。

(4)作为酶的辅基成分和酶的激活剂，如磷酸化酶需要镁，碳酸酐酶需要锌，细胞色素氧化酶需要铁、铜，谷胱甘肽过氧化物酶需要硒。

(5)为体内某些特殊功能化合物的成分，如铁参与构成血红蛋白，碘为合成甲状腺素的重要原料，钴是维生素 B_{12} 的核心成分。

鱼类无机盐在动物营养上很重要，但过多使用同样会对鱼类造成危害，尤其是氟、铜、钼、铬等，过多会引起动物慢性中毒，甚至可以通过富集作用和食物对人体健康产生危害。

在实施鱼类健康养殖和鱼类平衡营养的要求下，对于养殖鱼类应该在满足快速生长、提高对饲料的利用率的条件下，鱼体能够保持正常的生理状态，具有正常的抗病和抗应激能力，鱼体各部位协调生长发育而保持正常的体型。因此，对不同矿物质元素的营养需要主要应该包括对矿物质元素种类的满足、每种矿物质元素量的满足和各种矿物质元素之间比例的平衡 3 个方面，即种类、量和平衡比例的需要。

第二节　常量元素

一、钙(Ca)与磷(P)

1. 含量与分布　鱼类对钙和磷的需要量最大，它们是组成骨骼和牙齿的重要成分，鱼体内总钙量的 99%、总磷的 80%存在于骨骼、牙齿和鳞片上。其中以骨骼中含量最高。在鲤鱼和虹鳟体内，钙占鱼体重的 2%～3%(占湿重的 0.5%～0.6%)，其中 80%存在骨骼中，10%存在皮肤(包括鳞片)中。磷占鱼体重的 1%以上(占湿重的 0.4%～0.5%)，其中 50%～60%存在于骨骼中。

成年动物的骨中含有 45%的水分、25%的灰分、20%的蛋白质和 10%的脂肪。骨中水分和脂肪的含量可因动物的年龄和营养状况稍有变动。鱼体骨骼钙磷比为 2∶1，且变化很小。骨灰中含钙为 36%，含磷 17%，含镁 0.8%，钙磷比例近乎 2∶1。当饲料中长期缺钙、缺磷，骨灰量减少，但灰分组成变化不大，约为 2∶1。因此，灰分含量常以去水、去脂为基础估计。钙、磷在骨骼中主要由一种无定形态和非结晶态的化合物($Ca_3(PO_4)_2$、$CaCO_3$、$Mg_3(PO_4)_2$)和一种结晶态类似羟基磷灰石($Ca_{10}(PO_4)_6(OH)_2$)的化合物形式存在。幼体骨中非结晶态的含量较高，成年则相反。结晶态化合物很硬，不易溶解。当然骨中还有相当数量的碳酸盐以及少量的 K、F 等元素。据同位素研究，骨中的钙、磷和体内的蛋白质、脂肪处于一种动态平衡状态。骨中不但为钙、磷沉积之处，也是钙、磷的贮藏库，当饲料中的钙、磷供应不足时，则从骨中移用，长此下去，鱼体可能发生软骨病。牙齿与骨骼不同，牙齿中的钙、磷很少处于代谢状态，故牙齿一旦形成，很少受饲料的影响。

血液中钙主要存在血浆(9～12 mg/100 mL)中，以游离钙、结合钙和螯合钙形式存在。血液中磷含量较多，一般情况下为 35～45 mg/100 mL。磷在血液中主要以离子态($H_2PO_4^-$)形式存在，少量与蛋白质、糖类、脂类结合存在。

2. 吸收与代谢　水中钙的含量远大于磷，而鱼类不仅可从饲料中获得钙与磷，而且还能通过鳃和皮肤吸收水中溶解的钙盐和含磷盐，所以鱼类饲料中如果磷含量充足，钙少一点影响不大，鱼可以通过吸收水中的钙而得到补充。鱼类对磷的吸收主要依赖于饲料，因为天然水体中磷的含量较低，而且鱼类对天然水体中磷的吸收率较低。不同来源的磷对鱼类的有效性差异很大。一般来说，磷酸盐的溶解性越好，其有效性越高；无机磷的利用率高于有机磷。植酸磷、骨骼磷、$CaHPO_4$ 等溶解性较差，利用率也很低。植物性饲料中磷以植酸磷和非植酸磷两种形式存在。鱼类消化系统中缺乏分解植酸磷的内源性植酸酶，几乎不能利用饲料中的植酸磷（Sehafer 等，1995）。植物性原料中可利用磷含量与植酸含量呈负相关关系（Nakamura，1982；Riehe 和 Brown，1961），植酸含量越高，可利用磷越低。给鱼补磷时要选用溶解性很强的无机磷。

3. 营养作用

（1）钙的营养作用

①作为结构物质，参与构成骨骼、牙齿和鳞片，对鱼起到支持和保护作用。

②参与神经传导和体液调节，改变细胞膜通透性，使钙进入细胞内触发肌肉收缩。

③维持血中钙磷的平衡。

④调节神经细胞的兴奋性。

⑤激活多种酶的活性。钙是血凝过程中一系列反应的激活剂。

⑥促进胰岛素、肾上腺皮质醇的分泌。

（2）磷的营养作用

①作为结构物质，是构成骨骼、牙齿和鳞片必需的矿物元素之一。

②是体液的重要成分。

③在脂类吸收和转运过程中，磷是构成磷酸酯的重要物质。

④构成三磷酸腺苷（ATP）和磷酸肌酸（AP），与能量代谢密切相关，也是底物磷酸化的重要参加者。

⑤作为脑磷脂、卵磷脂、神经磷脂的重要组分，参与构成细胞膜。

⑥作为缓冲液，参与维持体液和细胞内液的酸碱平衡。

⑦参与构成核糖核酸、脱氧核糖核酸等遗传物质及一些酶的组成成分。

4. 缺乏与过量 由于鱼类能有效地从水体中吸收相当数量的钙，所以一般不表现出缺乏症。当水体中无钙时，就要保证饲料中有足够的钙含量或维生素 D 含量，河鲶对钙的需要量为 0.45%，鲤鱼饲料中的钙含量应保持在 0.7%左右。与之相比，鱼类长期投喂缺磷的饲料，骨骼就会不正常地钙化而造成背部（脊柱前弯症）和头部畸形，部分骨骼生长受阻。最近发现鲤鱼等由于饲料中的磷含量不足，造成头骨和鳃盖骨部分的骨骼生长缓慢，肝脏和肌肉脂肪浸润，鱼体则表现日趋消瘦。一般来讲，无胃鱼如鲤鱼比有胃鱼如虹鳟对磷的利用率差，鲤鱼对有效磷的需要量在 0.6%～0.7%，虹鳟 0.7%～0.8%。此外，当鲤鱼饲料中钙含量保持在 0.7%左右时，磷的含量在0.35%～3.14%范围内无论如何变动，鲤鱼对磷的吸收率均为 90%，即钙、磷之间关系很密切。

鱼类的磷缺乏症见表 6-1。

表 6-1 鱼类的磷缺乏症

鱼 类	缺乏症
鲤鱼（*Cyprinus Carpio*）	增重率、饵料和血液中无机磷减少；体脂肪增加；肝脏内糖原异生酶增加，骨骼灰分减少；额骨和脊柱变形，肋骨和胸鳍软条钙化异常

续表 6-1

鱼　类	缺乏症
斑点叉尾鮰 (*Ictalurus Punctatus*)	生长、增重量、饵料和骨骼灰分减少；鱼体钙磷等无机物减少
真鲷 (*Chrysophrys Major*)	生长、增重率、饵料、血清中无机磷和骨骼灰分含量都减少；肌肉、肝脏和脊椎中脂质增加；脊椎弯曲、增大呈海绵状；血清中磷酸酶和脊椎羟脯氨酸增加；肝脏糖原减少

一般饲料中钙磷含量很丰富，钙磷比例一般为 2∶1，另外，植物饲料往往缺钙，尽管含磷量很高，但磷主要为肌醇六磷酸钙、镁或肌醇六磷酸形式，鱼类不易利用。动物饲料的钙、磷一般易吸收，但无胃鱼不能利用鱼粉中的骨磷。据测定磷的有效率，谷物为 33%，动物副产品 50%，豆饼 40%。

长期食入过多钙会出现以下副作用：

(1)影响其他无机元素的吸收。在钙、磷比例的适宜范围内，钙过多可影响 Mg、I、Fe、Mn、Zn 和 Cu 的利用。当饲料中这些元素的含量处于临界需要量时，可出现这些元素的缺乏症。

(2)降低饲料有机物消化率。

(3)引起骨的畸形。长期采食高钙饲料，可使降钙素分泌过多，引起骨的畸形如骨硬化症。

5. 来源　当水体钙含量为 14～20 mg/L 时，鲤鱼、虹鳟、美洲鲇几乎不需要由饲料供给钙。但鱼类磷主要从饲料中获取。

(1)含钙的原料　①石粉(石灰石粉)。②蛋壳及贝壳粉。③木灰(炉灶中烧过的木柴灰)。草灰中含钾过多，不宜用作补充钙质。

(2)含磷的原料　①骨粉，一般多用于补磷。②磷酸盐，磷酸二氢钙 $Ca(H_2PO_4)_2$；磷酸氢钙 $CaHPO_4 \cdot 2H_2O$；磷酸钙 $Ca_3(PO_4)_2$，使用前必须先脱氟。

由于在海水中和实用饲料配方中的钙、钾、镁含量已相当丰富，海水鱼类一般不需要另外补充。

6. 饲料中钙和磷的利用率　鱼类对饲料中钙的利用率受水体和饲料中钙离子的形式和含量，特别是鱼体内消化道类型的影响。Nakamure 和 Yamada(1980)应用铬氧化物指示剂法和含有足够磷(0.68%)的饵料测定了鲤鱼吸收钙的百分比，并指出来自乳酸钙、磷酸三钙和碳酸钙的吸收率分别为 58%、37%和 27%。钙的吸收率随钙源溶解度的增加而增加，特别是鲤鱼，缺乏消化和溶解包括钙、磷在内的各种化合物所必需的分泌酸的胃。很可能鱼粉中许多数量的钙(和磷)主要来源于骨骼，不能被鲤鱼和其他无胃鱼类有效地吸收。当饵料中含钙量(随着恒量磷)由 0.09%增至 1.24%时，钙的吸收率由 22%增至 83%。饵料磷增加时，钙吸收率由 20%减至 34%。

和钙相似，饵料中磷的利用率和吸收率均受磷的形式和鱼的种类影响。酪蛋白和酵母中的磷对鱼类是利用率很高的磷源(Yone 和 Toshima，1979)。如鲤鱼、虹鳟对酪蛋白和酵母中磷的利用率分别为 90%、97%和 91%、93%(Ogino 等，1979；Lovell，1978)。而鱼类尤其是无胃鱼对动、植物饲料原料中磷的利用率都较低，而其对磷的需要量又高于畜禽。因此，通常向饲料中添加无机磷酸盐来满足鱼体对磷的营养需求。鱼类饵料中常用无机磷源主要包括磷酸氢钙、磷酸二氢钙、磷酸钙、磷酸二氢钠和磷酸二氢钾。鱼类对磷酸二氢钠、磷酸二氢钾和磷酸二氢钙的利用率高。而磷酸氢钙和磷酸钙的利用率变异大。表 6-2 显示出 4 种鱼类对不同形式和来源的磷的相对利用率或吸收率。斑点叉尾鮰、鲤鱼、真鲷和虹鳟等能高度利用磷酸二氢钠和磷酸二氢钾。此外，Sakamoto 和 Yone(1979b)指出，真鲷对磷酸二氢钙和磷酸三钙的利用率高。磷酸二氢钙的利用率高，使用范围极广，尤其是鲤鱼。磷酸钠、磷酸钾形式的利用率极高，磷酸氢钙形式的利用率中等，磷酸三钙形式最低。鲤鱼所利用的磷酸三钙只有13%，而鲑鱼是64%。鱼粉中磷的利用率变化很大，这取决于鱼粉的类型和鱼的种类。鲤鱼和黑鲷对日本鱼粉(白鱼粉和褐鱼粉)中磷的利用率不高，但虹鳟对其利用中等。斑点叉尾鮰对鳀鱼和油鲱鱼粉中磷的利用率约为40%(Lovell,1978)。斑点叉尾鮰、鲤鱼和鲑鱼对酪蛋白和酵母中磷的利用率极高。肌醇六磷酸是大多数植物体内贮存磷的主要形式，但其营养利用率对大多数鱼类接近于零。因而，大多数植物产品中磷的利用率往往很低。例如，大豆粉磷的利用率在29%～45%之间(Lovell,1978;Wilson等,1982)。

表6-2 斑点叉尾鮰、鲤鱼、真鲷和虹鳟对不同饵料磷源的利用率和消化率

磷源	斑点叉尾鮰	鲤鱼	真鲷	虹鳟	美洲河鲇
磷酸					
磷酸钠	90①	94④	高③	98④	
磷酸钾		94④	高③	98④	
磷酸二氢钙	94④	94④	高③	94④	94①
磷酸氢钙	65①	46④	高③	71④	65①
磷酸三钙		13④	高③	64④	
鱼粉					40①
白鱼粉		0～18④	29③	66②④	
褐鱼粉		24④		74	
鳀鱼粉	40①				
油鲱鱼粉	39①				
蛋白来源					
卵白蛋白	71④				
酪蛋白	90④	97④		90④	
啤酒酵母(日本)		93④		91④	
植物产品					
稻糠		25④		19④	
小麦胚芽		57④		58④	
麦麸	28①				
玉米面	25①				25①
全大豆粉	50①				54①
去皮大豆粉	29②～54①				
肌醇六磷酸	0①	8④～38②	0③	0～19④	

注：①Lovell,1978;②Wilson等,1982;③Sakamoto和Yone,1979;④ogino等,1979。

二、镁(Mg)

1.含量与分布 鱼类60%～70%的镁贮存于骨骼、鳞片和牙齿中，其余30%～40%的镁分布于各种器官、肌肉组织和胞外液。镁在脑组织中含量较高，如鳜鱼、黄颡鱼，即使在中华倒刺鲃、鲇也列第2位。一般认为，镁在鱼体内的含量较高，鲤鱼为0.14%，虹鳟为0.12%。但最近的研究表明不同的鱼类差别也较大。就肌肉中镁含量而言，罗非鱼为0.19%，鳙鱼为0.14%，而澳洲宝石鲈、澳洲银鲈含镁均为0.02%，丁鲹肌肉中镁含量为0.03%。

2.吸收和代谢 鱼类能从水体中吸收Mg，但鲤鱼通过鳃从水中吸收Mg的量有限，同时由于淡水中Mg的浓度较低，故非海洋鱼类的Mg来源主要依赖于饲料。溶解性的镁盐在小肠比较容易吸收。

3. 营养作用

(1)镁作为多种酶的激活剂或直接参与酶的组成，如磷酸酶、氧化酶、激酶、肽酶、精氨酸酶等，在许多重要的酶促反应中，镁起着决定性作用。

(2)镁是酶的辅助因素和细胞膜的重要组成成分。镁广泛分布在鱼类各组织中。

(3)对骨骼的作用。鱼体中镁的分布和代谢与钙、磷密切相关，骨骼中的镁含量较高。镁是维持骨细胞结构和功能所必需的元素，镁也影响骨的吸收。

(4)镁离子调节神经、肌肉(心肌、骨骼肌)的兴奋性。镁与钙协同维持神经肌肉的兴奋，血中镁或钙过低，均会引起神经肌肉兴奋性增高，反之则为镇静作用。镁是胆碱酯酶等的活化因子，它具有使 ATP 转化成 ADP，抑制神经兴奋等作用。

(5)镁离子为蛋白质分子修饰所必需，还以离子桥形式与各种 RNA 结合，从而维持其结构稳定。

4. 缺乏与过量　在通常的饲料条件下，至今尚未观察到缺乏症症状。当长期投喂缺镁饲料时，鱼患镁缺乏症表现为食欲减退，生长缓慢，不愿活动，随后肌肉强直发生惊厥，死亡率很高。以含镁量低的饲料喂鲤鱼和鳗鱼，可观察到骨中镁含量下降，钙含量增加而磷的含量变化不大。过高的镁均可导致血浆镁含量上升，缺镁高蛋白饲料对鱼生长的阻碍，在一定程度上可以从水中吸收镁得以补充；鲤鱼和硬头鳟缺镁症状表现为食欲减退，生长缓慢，不思活动，游泳状态异常，肌肉强直发生惊厥，死亡率很高。虹鳟还发现脊椎弯曲，肾脏结石。发现食缺镁饲料的虹鳟的肌肉、幽门垂盲囊和鳃丝发生组织学变化。以含镁低的饲料喂鲤鱼和鳟鱼，可观察到骨中镁的含量下降，钙含量增加，而磷的含量变化不大，因此骨骼的 Ca/Mg 比值可作为判断饲料中是否缺镁。

斑点叉尾鮰饵料中缺镁时导致生长不好、食欲不振、滞缓、肌肉松弛、死亡率高，全鱼体、血清及骨骼含镁量减少。用含有 1.6 mg/kg 镁的水饲养斑点叉尾鮰时，其饵料中镁的最低需要量为 0.04%(Gatlin 等，1982)。鲤鱼饲料中缺镁会引起生长不好、滞缓、抽搐、死亡率高和骨骼含镁量下降。用含有 3.5 mg/kg 镁的水饲养鲤鱼时，仔鱼对饵料中的镁的最低需要量约为 0.04%(Ogino 和 Chiou，1976)。摄食含有 0.012%镁或以上的饵料(Sakamoto 和 Yone，1979a)并用一般含有 1 350 mg/kg 镁的海水饲育(Spotte，1970)的真鲷没有出现缺镁症状。摄食含有过量钙磷饵料的虹鳟，其饵料中缺镁会产生生长差、滞缓、血清含镁量低、骨骼肌钠含量高和肾结石(Cowey 等，1977)。Ogino 等(1978)还报道了虹鳟缺镁症状：死亡，脊椎弯曲，肌纤维退化，幽门盲囊和鳃丝上皮细胞退化。

5. 来源　天然水虽是溶解镁的良好来源，但淡水中镁浓度较低，造成鱼体不能从水体中摄取足够的量以满足生长需要。天然饲料及动物来源的大多数配合饲料都是非海洋鱼类镁的充足来源。镁含存于各种饲料中，其中糠麸、饼粕、青饲料中镁含量较多，为 0.2%～1.0%。

三、钾(K)、钠(Na)和氯(Cl)

1. 含量与分布　与钙磷不同，这 3 种元素主要分布在鱼体液和软组织中。

2. 吸收与代谢　众所周知，海水和淡水各自含有丰富的适量钠、钾和氯离子。淡水鱼主要通过鳃和肾脏调节渗透压。淡水鱼的鳃可以能动地从水体中吸收钠离子和氯离子，但钾离子不能吸收，对氯离子的吸收，不同的鱼也有区别，既有像金鱼那样，可以从氯浓度 0.05 mmol/L 以下的水中吸收氯离子的，也有像鳗鱼那样几乎不吸收氯离子的。在海水中，鱼对钠离子和氯离子的排泄是通过鳃的盐细胞进行的，而 Na^{+}-K^{+} 腺苷三磷酸酶(ATP)为排泄的原动力。为保持平衡，除由鳃能动地从外界吸收外，还可一部分从食物中补充。

3. 营养作用

(1)钠离子的营养作用 ①钠离子占血浆阳离子总量的90%以上,对维持细胞间液渗透压起主要作用。②维持体内酸碱平衡。③对维持神经、肌肉的兴奋性很重要。④参与糖和氨基酸等的主动运输过程;还可促进脂肪消化吸收(作为胆汁酸盐的成分)。

(2)氯离子的营养作用 ①作为体液的重要的阴离子,维持渗透压和酸碱平衡。②作为胃酸组分,激活胃蛋白酶并维持其活性,参与蛋白质代谢。③作为某些酶的激活剂,如胰液中的α-淀粉酶。④能穿过红细胞膜,刺激血浆和红细胞之间离子的迁移。

(3)钾离子的营养作用 ①钾作为一种碱,为磷酸参与的许多反应所必需。维持机体渗透压和酸碱平衡。②钾离子是一些酶的辅助因子(如钾作为丙酸磷酸酶激活剂),参与磷酸基团转移,可能活化细胞内许多代谢酶。③钾离子除了调节渗透压的作用外,还对维持神经、肌肉的兴奋性很重要。④参与细胞内代谢,尤其是通过活化ATP酶而参与糖代谢。

4. 缺乏与过量 鱼类不同于陆生动物,大量水的存在能使鱼体有充分的能力调节钠、钾、氯的进出,不足时,可以通过减少排出量,增加吸收和贮存量来满足机体的需要;过多时,又可以借助于水媒介排出至周围水环境。因此,在正常环境下,鱼体几乎不会发生钠、钾、氯的缺乏与过量。但是当这些离子的供给量持续地大大超过鱼体的处理能力时,鱼类可呈现出水肿等食盐中毒的症状。鱼体严重缺钠(只见于试验饲料),可出现生长停滞、蛋白质和能量利用率下降等代谢紊乱的现象。目前还没有发现鱼的氯缺乏症。鱼缺钾时,表现出肌肉痉挛、精神不振、食欲减退等症状。

Sakamoto和Yone(1978d)发现,真鲷对低量钠或钾没有反应。Murray和Andrews(1979)给含10 mg/L各种无机物的水中饲养的斑点叉尾鮰投喂含0.06%钠和0.17%氯的常规饵料,结果表明摄食添加盐饵料的鱼的生长速度比摄食基础饵料快6%~8%,添加NaCl最高达2%。但添加盐后对其生长、饵料转化和鱼体含水量方面的影响并不显著。

鱼类对饵料盐过量有不同程度的耐受力。Zaugg和MucLain(1969)指出,银大麻哈鱼幼鱼由于饵料中添加1.5%~12%过量盐,其生长和饵料效率均下降。Murray和Andrews(1979)指出,斑点叉尾鮰能耐受高达2%的常规饵料盐,并无明显影响。而另一方面,Shaw等(1975)指出,摄食含高达12%盐饵料并用淡水或咸水饲养的鲑,其生长没有明显减少。Tunison(1938)给商品鲑鱼用13%盐的饵料,而MacLeod(1978)给商品鲑鱼用的饵料添加8.5%盐,两种情况没有一种能看到任何显著影响。Phillips等(1945)也指出,美洲红点鲑能很快排出由消化道吸收的许多过量盐,由此可以说明某些鱼类对饵料中过量盐具有显著的耐受力。

5. 来源

(1)钠、氯来源 钠在地壳中含量居于第6位,但土壤中可溶性钠容易流失造成含量很少。氯在地壳中含量为0.2%。在植物性饲料中氯的含量远远高于钠。

(2)钾的来源 糖蜜、牧草、饼粕、酵母和糠麸等饲料中含量很高(1.2%~4.5%),谷实饲料中含钾量在0.3%~0.5%;糟渣饲料中含钾很低,在0.1%~0.2%范围内。

四、硫(S)

1. 含量与分布 动物体内的硫元素分布在全身的各个细胞中,主要存在于含硫氨基酸中,动物体内约含0.15%的硫,少量以硫酸盐的形式存在于血中,大部分以有机硫形式存在于肌肉组织、骨骼和牙齿中。此外还存在维生素、黏多糖以及辅酶A、肝素和谷胱苷肽中。

2. 吸收和代谢 未见水产动物对硫的吸收代谢相关报道。陆上动物体内硫的吸收比较有效。

无机形式的硫主要在回肠以扩散方式吸收;有机硫在小肠按含硫氨基酸吸收机制转运吸收。陆上动物利用微生物将无机硫合成体蛋白质,也可利用无机硫合成黏多糖。

硫主要经粪和尿两种途径排泄。尿中硫∶氮比较稳定。

3.营养作用　在鱼体内,硫多以含硫化合物形式存在。参与含硫氨基酸(如胱氨酸、半胱氨酸、甲硫氨酸)、维生素(维生素 B_1、维生素 B_6、生物素)、胰岛素、谷胱甘肽、肝素、牛磺酸等物质的生物合成,同时参与脂类代谢、糖类代谢和能量代谢。

4.缺乏与过量　水产动物未见硫缺乏症或过多症的报道。陆上动物缺硫表现消瘦,毛、羽、爪、角、蹄生长缓慢。饲料中的硫一般以含硫氨基酸来补充。自然条件下较少出现硫过量。用无机硫作添加剂,用量超过0.3%～0.5%时,可能使动物产生厌食、失重、便秘、腹泻、抑郁等毒性反应,甚至导致死亡。

5.来源　硫主要存在于蛋白质饲料中,多以有机硫形式存在。鱼粉、肉粉、血粉含硫丰富(0.45%～0.50%);豆类及饼粕等饲料中含硫次之,大致在0.2%～0.4%范围内;谷实及糠麸类较少,含硫量在0.1%～0.2%;块根、块茎及瓜果类含硫量不足0.1%。

第三节　微量元素

一、铁(Fe)

1.含量与分布　铁含量随动物种类、年龄、营养状态不同变化很大。鱼体内含铁量一般为40～160 mg/kg。铁主要分布血红素中,其次是与蛋白质结合形成铁蛋白存在体内。还有报道表明,鳜、岩原鲤、中华倒刺鲃、黄颡鱼和鲇肾脏中铁的含量在所测定的器官组织中最高。

2.吸收和代谢　血红蛋白是红细胞中的载氧体,它主要是由鱼脾脏的淋巴髓质组织形成的,而陆上动物主要是骨髓。红细胞可周期性地再生,大部分的铁也随之循环。不能再循环的铁则通过胆汁排到肠中。

饲料中铁分为血红素铁和非血红素铁。血红素铁主要存在于动物性饲料中,是存在于血红蛋白及肌红蛋白中与原卟啉结合的铁。以原卟啉铁的形式被肠黏膜上皮细胞吸收,而后在肠黏膜细胞内分离出铁,与脱铁蛋白结合。吸收率高于非血红素铁。非血红素铁主要存在于植物性饲料中,吸收率低。

饲料中的铁多为三价铁,必须在胃酸的作用下使之游离,并还原成二价铁方可吸收。饲料中有些成分,如维生素 C、胱氨酸、半胱氨酸、赖氨酸、组氨酸、葡萄糖、果糖、柠檬酸、琥珀酸、脂肪酸、肌苷、山梨酸等能与铁螯合成可溶性的单体,阻止铁的沉淀,利于铁的吸收。维生素 C 除与铁螯合以促进铁的吸收外,在肠道可将三价铁还原为二价铁而促进铁的吸收。维生素 C 应与铁同时摄入,方可促进饲料中铁的吸收。饲料中氧化剂、磷酸盐、碳酸盐及某些金属制剂(铜、镁)均可延缓铁的吸收。植物纤维可抑制铁的吸收。

3.营养作用

(1)铁的功用主要是构成血红素和肌红蛋白的主要成分,在体内参与氧气的运输。

(2)铁在细胞氧化中是细胞色素氧化酶以及某些呼吸酶和黄素蛋白的组成成分,在氧化还原反应中起到传送氧的作用。

(3)铁与红细胞的形成及成熟有关。铁还能促进 β-胡萝卜素转化为维生素 A、嘌呤与胶原的合成、抗体的产生、脂类在血液中的转运以及药物在肝脏中的解毒等。

(4)铁还与免疫有关。有研究表明,铁可以提高机体的免疫力,增加中性粒细胞和吞噬细胞的吞噬能力,同时还可以增强机体的抗感染能力。

4. 缺乏与过量 饲料中缺铁时,鱼会产生贫血症,表现为血细胞比容、血浆铁、转铁蛋白饱和度下降。鳃呈浅红色(正常为深红色),肝呈白至黄白色(正常为黄、褐至暗红色)。但饲料中铁不足并不影响鱼的生长。铁过量会产生铁中毒,导致生长停滞、厌食、腹泻,死亡率增高。鱼饲料中对铁的需要量为 150~170 mg/kg,缺铁会导致贫血。

缺铁能引起鲤鱼(Sakamoto 等,1978b)、真鲷(Sakamoto 等,1978c)和美洲红点鲑(Kawatsu,1972)的低血色素,小红细胞贫血,对生长似乎没有影响。Spotte(1970)发现在一般有 0.01 mg/L 铁的海水中饲养真鲷时,它们对饵料中铁的需要量大约是 150 mg/L。真鲷对饵料中铁利用情况表明,氯化铁用于预防贫血的利用率高于柠檬酸铁(Sakamoto 等,1978c ,1979c)。Roeder 和 Roer(1966)对剑尾鱼和新月鱼及其杂种鱼的生长进行了研究,发现在 pH7~8 含小于 1 mg/L 有效铁的水中饲养鱼,当添加 1.4~2.7 mg/L 铁时,其生长能显著改善。此外,新月鱼和杂种鱼的红细胞数在添加铁以后显著增多。这些反应表明了来自溶解于水中的铁的营养价值;甚至化学分析也表明,添加的铁在 4 h 内消失,似乎以氢氧化铁的形式全部沉淀。

5. 来源 饼粕类、鱼粉和血粉等动物性饲料、幼嫩青绿饲料(尤其是叶部)和糟渣类饲料中含铁丰富;谷实和糠麸类饲料中含铁也丰富;块根、块茎、瓜果类和动物乳汁中含铁较少。

二、铜(Cu)

1. 含量与分布 鱼体内所有组织均有铜分布,不同器官中含量不同。鱼体内铜含量在 2~7 mg/kg。按照含量的不同分为 3 类:①高铜器官,肝脏、脑、骨髓等。其中肝脏铜含量最高,是体内铜的主要贮藏库。②中铜器官,肌肉、心脏、肾脏、胰脏等。③低铜器官,生殖器官、内分泌腺等。

铜的分布有很大的种类差异,鳜鱼、岩原鲤和鲇主要分布在肝胰脏,而黄颡鱼、长吻鮠、大鳍鳠则主要分布在脑,分别是肝胰脏中铜含量的 4.26 倍、3.13 倍、3.37 倍。这 3 种鱼同为鮠科,此种情况是否显示出该科鱼的特异性还有待研究。脑中的含量明显较鳜鱼、中华倒刺鲃脑中含量高。

2. 吸收和代谢 饲料中的铜主要在胃及肠道中被吸收,铜吸收后运送到肝脏、骨髓等处,合成血浆铜蓝蛋白,参与血红素及细胞色素的合成。饲料中的硫及维生素 C 能降低铜的吸收利用率。一般认为,铜是一种贮存的金属,很容易吸收,也很容易排出。通过排泄作用来维持内环境的稳定性,即铜缺乏时吸收多,铜足够时吸收少。

3. 营养作用 铜具有多种生物功能。与许多生化过程(如氧的运送、超氧阴离子自由基的歧化、细胞色素 C 等有机物的彻底氧化以及电子传递等)密切相关,对血红蛋白合成、细胞呼吸和生物防御等具有重要作用。

(1)与造血有关,虽然铜不是血红蛋白的成分,但为血红蛋白的合成和红细胞的成熟所必需。红细胞的产生和维持在循环系统中的活性必须有铜。

(2)铜是细胞色素 C 氧化酶、尿酶、过氧化物歧化酶、氨基酸氧化酶、赖氨酸氧化酶、卞胺氧化酶、酪氨酸酶和抗坏血酸氧化酶等金属酶的成分,直接参与体内的代谢。

(3)影响体表色素的形成、生殖系统和神经系统的功能。

(4)与血管健康有关,缺铜会损伤血管,使血管破裂,缺铜严重时发生溶血(如人的溶血症)。

(5)参与骨骼的发育。铜是骨细胞、胶原蛋白和弹性蛋白形成所不可缺少的。

4. 缺乏与过量　鱼类对铜的需要量虽少，但作用甚大。鱼饲料中对铜的需要量约为 3 mg/kg，缺铜会导致生长缓慢、体内铜含量减少，鲤鱼还会患白内障。饲料中铜缺乏时，河鲇鱼心脏中细胞色素氧化酶、超氧化物歧化酶及血浆铜蓝蛋白的活性皆降低。铜在饲料中含量过高(773 mg/kg 以上)时，鱼生长下降，饲料效率低。

5. 来源　饲料中铜的分布广泛。动物性饲料中含量较高，植物性饲料(如饼粕类和糠麸类饲料)中铜含量丰富，豆科植物中含铜量也较高，禾本科和谷实类含铜量较低，秸秆类含铜贫乏。补充时可用硫酸铜。

三、锰(Mn)

1. 含量与分布　锰在鱼体内含量较少，一般为 1～3 mg/kg。它分布于鱼体所有组织中，主要是鱼体骨骼，其次是肝脏、肾脏、胰脏和脾脏中，肌肉中含量较低，皮肤含量最低。大致含量如下：骨骼 55%～57%，肝脏 17%～18%，肌肉 10%～11%，皮肤 5%～6%。

2. 吸收和代谢　锰主要在肠道吸收，且吸收率很低。饲料中钙磷浓度高时，锰的吸收率降低。锰相当一部分从肠道排出，从尿中排出很少。

3. 营养作用

(1)锰为骨骼正常发育所必需。锰是碱性磷酸酶、半乳糖酶、多糖聚合酶等的激活剂，参与骨基质和软骨中酸性黏多糖的合成。

(2)主要集中在线粒体，与镁的主要功能相似，为多种酶的特异性和非特异性激活剂，作为精氨酸酶、糖转移酶等特异性激活剂，作为激酶、水解酶类的非特异性激活剂，这些酶既能被锰激活又可被镁所激活。

(3)能激活许多超氧化物歧化酶、丙酮酸脱羧酶，在三羧酶循环中起重要作用。

(4)锰还参与核酸和蛋白质的合成，维持糖和脂肪的正常代谢，促进动物正常发育。

(5)锰参与胆固醇的合成，还能增强内分泌功能，促进生殖激素的合成，调节神经的应激能力。锰是肠肽酶等的激活剂，有辅助消化和促进骨骼代谢的作用。

4. 缺乏与过量　饲料中锰含量不足，会出现生长不良，表现软骨症，同时组织中锰的含量显著下降。Ogino 和 Yang(1980)对鲤鱼和虹鳟缺锰进行了研究，鲤鱼、虹鳟缺锰(4 mg/kg)不仅生长受阻、头部和脊椎骨变形，在虹鳟则出现畸形尾和鱼体短小，在体形上还会出现尾柄短缩的异常现象，心肌和肝脏中 Cu/Zn-SOD 和 Mn-SOD 的活力降低。给饵料添加 12～13 mg/kg 锰能改善这两种鱼的生长，并能预防虹鳟畸形发育，但对锰的最低需要量没有测定。缺锰导致草鱼的比肝重、肝脏脂肪含量明显升高。以低锰含量的饲料投喂河鳟亲鱼，发现孵化率下降，卵中锰含量降低。但一般鱼常用饲料均含锰，很少会发生缺乏症。缺锰导致鳗鲡出现脊椎变形。Ishac 和 Dollar(1968)发现，在含 2.5 mg/L 锰水中饲育和摄食含 2.8 mg/kg 锰的莫桑比克罗非鱼鱼种，其生长不好、食欲不振、丧失平衡和死亡。饵料中添加 35.5 mg/kg 锰时无效。此外，在水中加锰时能迅速避免某些生长减退和死亡。饵料和水中同时添加锰可获得良好结果。

魏万权等做的牙鲆幼鱼饲料中锰、钴添加量的初步研究实验表明：饲料中不添加锰，肌肉中锰含量最低，随着锰的添加量从 0 增加到 50 mg/kg，肌肉中的锰含量一直上升，从 2.01 mg/kg 逐渐上升到最大值 3.96 mg/kg，增加了 1 倍。在肌肉中，锰参与氧化磷酸化过程，在锰化合物的作用下，氧化过程增强，耗氧量增加，可供给肌肉收缩等活动所需的能量。因此，在一定范围内，肌肉中锰含量的增加，可供给肌肉活动更多的能量，对生长是有利的；而过多的锰则有可能使肌肉的耗氧量过大，导致组织供氧状况恶化，影响生长。

5. 来源 植物性饲料含锰较高，如青饲料、粗饲料、糠麸含锰丰富；饼粕类含量较多；谷实、块根和块茎类含量较少。动物性饲料含锰较少。硫酸锰可作为饲料中锰的添加剂。

四、锌(Zn)

1. 含量与分布 锌在鱼体内的含量与铁几乎相等，Zn 和 Fe 是鱼体组织中最多量存在的微量矿物元素，一般为 40～160 mg/kg。鲤鱼的内脏可积累较高比例的锌造成其含锌特别高。锌分布于鱼体各种器官组织中，肌肉、骨骼、皮肤、内脏和生殖腺中均含有锌。其中肌肉中含锌量占体内总锌量的 50%～60%，骨中占 30%左右，脑、肾和肝胰脏的含量较高，可能是锌分布的主要器官组织。

2. 吸收和代谢 鱼对锌吸收的主要器官是胃、肠、鳃。大多数在肠吸收，胃的吸收能力较低。锌进入肠黏膜细胞后和低分子量的金属硫蛋白(metallothionein，MT)结合。MT 既是锌的一种临时贮存蛋白，也是维持锌在体内稳定的调节器。血液中白蛋白将锌输送到体内各个器官。鳞的锌含量可以反映水体中锌的浓度。

饲料的外源性锌是肠吸收锌的主要来源，此外也有内源性锌，如来自唾液、肠液、胰液、胆汁分泌的。肠有“锌库”之称，通过内源性锌的排泄对体内锌起到调节作用，以维持体内锌的平衡。此外锌的吸收还受含磷化合物、过量的纤维素、某些微量元素的影响。

体内锌可通过粪尿和鳃正常排出，以维持体内锌的平衡。粪便中的锌主要来自于肠道未吸收的锌，少量来自内源性分泌的锌。

3. 营养作用

(1)锌是碳酸脱氢酶、胰肽酶、金属酶、碱性磷酸酶、乳糖脱氢酶、DNA 聚合酶、RNA 聚合酶等多种酶的组分，参与机体内的新陈代谢等过程。

(2)参与构成核蛋白，与前列腺素代谢有关。

(3)锌还参与构成胰岛素，并作为维持其功能所必需的成分。

(4)锌与味觉有关。锌参与味蕾细胞转化；直接影响消化酶活性，使消化功能发生变化；与味觉和消化功能有关的味觉素是含锌的多肽，磷酸酶活性、唾液分泌等与锌有关。

(5)参与维生素还原酶(一种含锌的醇脱氢酶)的构成，与维生素 A 代谢有关。

(6)锌与免疫和维持膜的稳定有关。

4. 缺乏与过量 缺锌时，鱼生长缓慢或停滞，食欲减退，死亡率增高，血清锌和碱性磷酸酶含量下降，骨骼中锌和钙的含量下降，皮肤及鳍糜烂，出现体躯短肥症。蛋白质消化率降低，高钙饲料会加重该病的发生。在相同饲养条件下虹鳟出现白内障，而鲤鱼没有发生白内障(Ogino 和 Yang，1979，1980)。在鱼的孵化期，饲料中缺锌，则可降低卵的产量及卵的孵化率。过多会引起厌食和腹泻。

饵料中锌含量在 3 mg/kg 时生长迟缓，但能从环境水体中自己摄取锌；饵料中锌含量在 10～100 mg/kg 时，养殖在同水体的鱼类中鲤鱼摄取锌较多。Gatlin 和 Wilson(1983)证明，斑点叉尾鮰缺锌，其表现为生长和食欲减退，血清锌及碱性磷酸酶含量减少，骨骼中锌、钙含量也减少。他们还指出，在含锌 25 μg/kg 水中饲养的斑点叉尾鮰，从最适生物化学参数来分析，20 mg/kg 是最低饵料需要量，但对最佳生长来说这个值是很低的。鲤鱼缺锌会导致生长缓慢、食欲衰减、死亡率高、皮肤和鳍糜烂、肠和肝胰腺的铁和铜浓度升高(Ogino 和 Yang，1979)。在含锌 10 μg/kg 水中饲育的鲤鱼，其达到最大生长时对饵料锌的需要量是 5 mg/kg；许多学者指出，对所有规格的鱼类锌需要量是 15～30 mg/kg。摄食含锌 60 mg/kg 的白鱼粉饵料的虹鳟，出现生长减退、两眼白内障，这两种病可以通过以硫酸锌形式按 150 mg/kg 向饵料添加锌的方法来预防(Ketola，1978，1979)。白鱼粉是一种副产品废弃物粉，由大头鳕、黑线鳕、岬无须鳕、青鳕和灰鳐加工鱼片时剩余部分制成。Ogino 和 Yang(1978)用虹鳟做深入研究，在含锌 11 μg/kg 水中投喂含卵蛋白和含锌量低的精制饵料，结果引起严重的缺锌症状，缺锌症状有生长差、死亡率增加、鳍糜烂和白内障发病率高。给饵料添加锌 5 mg/ kg 能防止死亡、鳍糜烂和白内障，但不能促进生长。饵料含锌量增至 15 mg/kg 时，其生长很正常。

5. 来源　酵母、米糠、饼粕及动物性饲料中均含有大量的锌。青饲料含锌较多；谷实类含锌较少；块根、块茎类含锌量很少；海产品如牡蛎、海带等含锌丰富。

五、硒(Se)

1. 含量与分布　硒广泛分布于除脂肪外的所有组织中，以肝脏、肾脏、胰脏、心脏等含量为多。各种组织器官中的硒含量与饲料中摄入量和所处的地理环境有关，高硒地区含量高。

2. 吸收和代谢　硒吸收的主要部位是肠道。有机硒较无机硒更容易吸收，溶解度大的含硒化合物吸收利用率高于溶解度小的。维生素 A、维生素 E、维生素 C 可促进硒的吸收，铜、铁、锌、汞、砷、镉等金属和产生超氧离子的药物均可抑制硒的吸收。

血液中硒与血浆蛋白结合通过血浆运输。当机体摄入较多硒时，血红蛋白和白蛋白中硒含量增加，这暗示着血红蛋白和白蛋白起着硒库的作用，也可作为硒需要量和中毒症的重要指标。硒主要通过肾脏排出。

3. 营养作用　硒在动物营养中的重要性过去是由于它的毒性，1957 年发现极少量的硒可以防治鼠的肝坏死。并且还证明能防治雏禽的渗出性素质，从而确定动物所必需。

硒是鱼类的必需微量元素之一，硒的主要作用是抗氧化，作为甲状腺素代谢相关酶的组成部分，协同维持细胞的正常功能和细胞膜的完整，参与碘的代谢，并在降低某些金属毒性、增强繁殖能力、抗肿瘤作用、增强机体免疫力等方面有重要作用。

(1)抗氧化作用，与维生素 E 协同。硒的最主要功能是抗氧化作用，主要通过一些含硒酶类起抗氧化作用。含硒酶类主要有含硒谷胱甘肽过氧化物酶(GSH-Px)和磷脂过氧化氢谷胱甘肽过氧化物酶(PHGSH-Px)。体内代谢过程中会产生许多氧化活性很强的代谢产物，如过氧化氢(H_2O_2)等，这些代谢产物在体内可氧化脂肪酸和蛋白质，损害生物膜和细胞功能。谷胱甘肽过氧化物酶可以清除这些物质，从而保护生物膜免受过氧化物引起的损伤。磷脂过氧化氢谷胱甘肽过氧化物酶与谷胱甘肽过氧化物酶一样，也是通过抑制膜磷脂过氧化而发挥保护作用。然而，磷脂过氧化氢谷胱甘肽过氧化物酶与谷胱甘肽过氧化物酶区别在于对底物的选择性。在生物体系中，磷脂过氧化氢谷胱甘肽过氧化物酶作用于像磷脂这样的双亲性物质的过氧化物；而谷胱甘肽过氧化物酶则主要作用于亲水性过氧化物。这两种酶同时存在于生物组织中，它们和其他过氧化物酶组成一个还原各种过氧化物的多级酶系统。

(2)增强机体免疫力。硒对免疫系统的作用涉及体液免疫和细胞免疫两方面(Shefy，1979)，缺硒能使淋巴器官变得结构疏松，吞噬细胞和淋巴细胞数目减少，网状细胞增生，导致不同程度的免疫抑制或衰退，且缺硒时，白细胞谷胱甘肽过氧化物酶活性降低，杀死微生物能力降低，从而降低人和动物对传染病的抵抗力。硒能增强 T 细胞介导的肿瘤特异性免疫，有利于细胞毒性 T 淋巴细胞

(CTL)的诱导并加强T淋巴细胞的细胞毒性,硒还能显著提高吞噬过程中吞噬细胞的存活率和吞噬率(Oh,1982)。硒在免疫反应中的机制目前还不明确,Pinochet等(2002)认为,含硒的谷胱甘肽过氧化物酶活性增加可减少免疫细胞过氧化脂质堆积从而增强免疫功能;另外,其他一些硒结合蛋白和硒半胱氨酸tRNA可能对免疫起调节作用。

(3)通过调节甲状腺激素影响机体的代谢。甲状腺的功能是提高基础代谢率,增加组织细胞的耗氧量。甲状腺分泌的甲状腺激素以四碘甲腺氨酸(T_4)为主,三碘甲腺氨酸(T_3)极少,T_3是甲状腺素中生物活性最强的,其生物活性是T_4的5~8倍。硒是T_4向T_3活性形式转化中5-脱碘酶的活性成分(Arthur,1990)。硒缺乏降低5-脱碘酶的活性,从而改变甲状腺激素代谢,表现为T_4向T_3转化受阻,从而影响代谢。

(4)硒能拮抗和降低某些有毒元素及物质的毒性。如硒能降低镉、铅、汞的毒性作用,硒与砷、铜、银之间存在着拮抗作用。Levander(1989)报道,硒和维生素E均能防止铅中毒引起的脾脏肿大、贫血和红细胞脆性增高等病症。惠天朝等(2000)认为,硒对罗非鱼慢性镉中毒所致的肝脏细胞损伤有明显的保护作用。

4.缺乏与过量 硒缺乏会造成鱼的谷胱甘肽过氧化物酶(GSH-Px)活性降低,机体抗氧化能力减弱,致使机体自由基堆积,防病抗病能力下降。硒能显著提高鱼类的生长,增强鱼类的抵抗力,并且有机硒的效果要优于无机硒。

饲料中硒缺乏会抑制鱼血浆中的谷胱苷肽过氧化酶的活性,引起死亡率增加。硒和维生素E同时缺乏导致肌肉营养不良和退化。

关于硒缺乏对水产动物影响研究较少。Poston等(1976)证明鲑缺硒能导致死亡率增加和抑制血浆谷胱甘肽过氧化物酶活性。他们还指出,缺乏硒和维生素E能引起肌肉营养不良,并指出饲料添加0.1 mg/kg硒和500 IU/kg维生素E可预防营养不良,但最低需要量没有确定。饵料中维生素E的含量是400 IU/kg。Bell等(1986)以含硒饲料(1.022 mg/kg)和缺硒饲料(0.025 mg/kg)喂食平均体重为27 g的虹鳟30 d,结果发现,缺硒饲料组虹鳟鱼的细胞体积、肝脏中维生素E浓度及血浆中硒浓度均显著减少,并且有10%的鱼发生失调症,在病理上表现为神经节因轴鞘被过氧化物损伤而产生传导神经讯号异常,同样由于自由基的攻击,使得肝细胞内的周边线粒体和内质网产生不完整性。Bell等(1987)研究了缺硒对大西洋鲑幼鱼活性和组织过氧化作用的影响,用缺硒(0.017 mg/kg)和补硒(0.944 mg/kg)的饵料饲喂平均体重为6 g的大西洋鲑28周,结果表明,补硒组鱼的增重率大于缺硒组,电镜下观察,缺硒组鱼胰脏组织有较多的膨胀内质网,出现大量空泡区,说明硒不仅对哺乳动物维持胰脏结构的完整性和功能很重要,对鱼也很重要,并且缺硒组鱼的血浆和肝脏中谷胱甘肽过氧化物酶的活性大大降低,而肝脏中谷胱甘肽S-转移酶活性却显著增加。

对鱼类硒中毒的研究,家畜摄入过量的硒均会造成中毒,马、牛、猪等家畜表现为精神抑郁、消瘦、皮肤粗糙、脱毛、蹄损伤及腐肉脱落、关节损伤、心脏萎缩、肝硬化和贫血等症状。鱼类摄入过量的硒,也会引起中毒。Hilton(1980)曾给在含0.04 μg/L硒水中饲养的虹鳟投喂含0.07 mg/kg硒和等级含量高达13 mg/kg的基础饵料,也没发现死亡或明显硒中毒。发现虹鳟对硒的需要量为0.15~0.38 mg/kg干物质,血浆谷胱甘肽过氧化物酶活性才增加。如果长期喂食含硒超过13 mg/kg干物质的饵料,则能抑制生长和增加死亡率,对虹鳟产生毒性。Richarddson等(1984)将硒作为饲料添加剂,结果表明,加硒剂量为11.4 mg/kg连续喂饲16周,虹鳟体重减轻,死亡率增加,90%的虹鳟发生钙质沉积,肾脏钙含量及肝脏、肾脏镁含量显著增加,用显微观察发现有肾损伤现象。Seko等(1988)认为,硒中毒的机制可能是过量的硒攻击特定的脱氢酶系统,尤其是琥珀酸脱氢酶;高浓度的硒化合物可产生活性氧自由基进而损伤生物组织。由此可见,似乎饵料中安全、足够的含硒量应在0.15～0.40 mg/kg。推荐鲇鱼科饲料中，硒含量应为0.1 mg/kg干饲料。

硒为剧毒物质，应注意用量及饲料均匀度，饲料中用量超过3～5 mg/kg可能中毒。无机微量元素主要在鱼中肠吸收，由于中肠环境呈碱性影响无机微量元素的吸收。近年来研究成功氨基酸微量元素螯合物，多糖微量元素复合物，可以大大提高鱼体内的微量元素的吸收率。

5. 来源 酵母、饼粕、糟渣和动物性饲料中含硒较多。豆科植物含硒量高于禾本科植物。禾本科籽实中含硒量变化很大。

六、碘(I)

1. 含量与分布 碘广泛分布于鱼的各种组织和分泌液中，但体内一半以上的碘集中于甲状腺内。按干物质进行计算，甲状腺含碘量为0.2%～5.0%。

2. 吸收和代谢 碘随饲料饮水进入动物体内。饲料中无机碘在消化道内可直接吸收，且消化吸收率特别高。有机碘吸收率也特别高，但其吸收速率较慢。碘经消化道(小肠、胃(单胃动物)；瘤胃(反刍动物))吸收进入血液后以I^-形式存在，有60%～70%被甲状腺所摄取。当机体需要时，通过转化、释放，碘重新被甲状腺利用。碘主要随尿排出，少部分通过唾液、胃液、胆汁和粪排出，也可通过肺脏和皮肤排出，生产动物也经动物产品(如乳和蛋)排出，因此可通过饲喂高碘饲料生产高碘动物产品。

3. 营养作用 碘是甲状腺激素生物合成的主要原料，通过甲状腺素体现其生理作用。甲状腺素具有促进鱼类能量代谢和生长发育等多种作用。

(1)促进蛋白质合成、调节蛋白质合成和分解。

(2)促进生物氧化，调节氧化磷酸化过程及能量转化。

(3)促进脂肪和糖类代谢。

(4)调节水、盐代谢。

(5)促进维生素的吸收和利用。

(6)活化许多重要酶，促进物质代谢。

(7)促进生长发育。

4. 缺乏与过量 饲料中碘含量不足，甲状腺的合成量下降。甲状腺代偿性肿大是缺碘的主要症状。在饲养水中加入碘溶液可以治愈。

缺碘能引起美洲红点鲑、湖产狗鱼和怀卵鲑的甲状腺增生(甲状腺肿)(Manine和Lenhart，1910a，b，c，1911a，b；LaRoche和Leblond，1952)，这些报告指出，碘能从水中直接吸收，并能用来解决甲状腺肿的问题。对湖产狗鱼中地方性甲状腺肿的观察表明，肉食性鱼类例如狗鱼、狼鲈和鲑鱼比草食性鱼类和杂食性鱼类较易患甲状腺肿(Marine和Lenhant，1910c)。所以，甲状腺增生的发展可能影响密执安湖和苏必利亚湖中的虹鳟产卵(Robertson和Chaney，1953)。Gaylord和Marsh(1912)指出，饵料中添加碘能预防美洲红点鲑甲状腺肿。Chavin和Bouwman(1965)证明，鲫鱼能把注入的放射性碘掺入甲状腺素。Ikeda等(1972)在含低浓度碘化物水的水族箱里饲养鲫鱼时发现其生长速率减小，但把碘化物(如KI)的浓度增至18 μg/L时则获得最大生长。Woodall和LaRoche(1964)发现，在含0.2 μg/L碘水中饲养的大鳞大麻哈鱼，其需要饵料中碘在0.6～1.1 mg/kg之间时可达到最大碘贮存量。摄食含0.1 mg/kg碘的大麻哈鱼，其生长减少不明显或微见甲状腺肿，但发现碘在甲状腺区的贮存量减少。特别是连续摄饵时，甲状腺增生的组织学所见和死亡率增加都是缺碘的辅助指征。在水质改变的某些孵化场，用酪蛋白明胶精制的基础饵料喂养鲑

(处于由1龄降海幼鲑向2龄鲑转化期)时,发现棒状杆菌性肾脏病发病率相当高(24%～65%)。按4.5 mg/kg在饵料里添加碘和氟时,这种病显著减少,发病率为4%以下(Lall等,1982)。大麻哈鱼对饵料中碘的最低需要量还没有确定,然而好像1～5 mg/kg饵料可能是安全的和足够量的。

5.来源 植物性饲料中含碘量很少。以干物质计,牧草中含量为200～400 μg/kg,谷实中含量50～300 μg/kg,块茎类饲料含碘量为200～500 μg/kg。动物性饲料中以鱼粉和海产品中含碘量较多。海藻中含碘量高达0.6%。可采用碘酸钙作为碘源。碘化钾易潮解,稳定性差,尽可能少用。

七、钴(Co)

1.含量与分布 分布于鱼体所有组织器官中,在肝脏、肾脏、脾脏、胰脏中含量最多。

2.吸收与代谢 在钴的吸收和代谢上陆上动物研究较多。一般认为钴的吸收率不高,采食的钴约80%随粪排出。反刍动物对可溶性钴的吸收比非反刍动物更差。钴正常水平时,瘤胃微生物仅把3%左右的钴转变成维生素B_{12},其中仅能吸收20%左右。在缺钴条件下,微生物合成维生素B_{12}可提高到13%,但吸收率则下降到3%左右。体内钴主要经尿排泄,胆汁排泄部分钴。

3.营养作用 钴是维生素B_{12}和一些酶(如核糖核酸酶等)的组成成分,主要以维生素B_{12}的形式发挥其生物功能。维生素B_{12}是造血性维生素,能促进铁的吸收,加速红细胞的再生和合成血红蛋白。还参与核酸、胆碱、蛋氨酸的合成以及脂肪与糖的代谢,对肝脏和神经系统维持正常功能也具有一定作用。

4.缺乏与过量 钴是维生素B_{12}的组分,鱼类肠道中的微生物群落能够利用钴合成维生素B_{12},饲料中缺钴,肠道中维生素B_{12}的合成就会严重降低。在水产动物上李爱杰(1994)认为,钴在鱼体内存积的能力很小,过量的钴会被迅速排出;而且钴的营养需要量与有害量之间距离颇大,在实际饲养条件下极不可能发生钴中毒。杨再福等的研究结果表明:当Co^+的浓度为0.10～0.26 mg/L时,孵化率随Co^+的浓度上升而降低,达0.26 mg/L时,孵化率为0。

饲料中的氯化钴和硝酸钴以及水中的氯化钴都可以促进鲤鱼的生长,提高其血红蛋白的含量。Anadu等报道,饲料中添加氯化钴也促进了罗非鱼生长并使蛋白质效率增加。由此看来,鱼类对氯化钴的利用性是比较高的。

5.来源 饼粕类、甘蔗渣、甜菜中植物性饲料中含钴丰富。谷实类饲料、牧草中含钴较少。动物性饲料(如肉骨粉)中含钴丰富,糖蜜、酵母中含钴较多。

鱼类肠道中的微生物群落能够利用钴合成维生素B_{12},因此,贮存于消化道中的钴对维生素B_{12}的合成具有重要意义。有研究表明,溪红点鲑从饲料中吸收的钴有很大一部分开始贮存于消化道中。鱼类饲料中钴的含量一般在1～6 mg/kg。

八、铬(Cr)

1.铬的营养作用

(1)铬是GTF的重要组成部分。Lertz(1974)分离出具有生物活性的葡萄糖耐糖因子(glucose tolerance factor,GTF),并且推测出GTF是含有铬、尼克酸和谷氨酸、甘氨酸、半胱氨酸的络合物。Mooradian等(1987)通过试验证明,GTF的作用机制是促进胰岛素与靶细胞的特异性受体结合,铬在其中发挥重要作用。传统上认定GTF是具有显著增强胰岛素活性的铬的生物活性形式。

(2)参与脂类的代谢。铬对脂类代谢的主要作用是维持血液的正常胆固醇水平,影响脂肪和胆固醇在动物肝中的清除。刘明等(1991)认为铬可能通过两个机制调节脂类代谢:①机体缺铬,胰岛素活性降低,并通过糖代谢诱发脂类代谢紊乱。而补铬后可以增加胰岛素活性,调节脂类代谢,从而改善血脂状况。②铬增强血浆卵磷脂胆固醇酰基转移酶(LACT)、肝内皮细胞酶(HEL)活性,铬也加强心脏脂肪组织和骨骼肌等脂蛋白酶(LPL)的作用,从而促进 HDL 的生成。

(3)参与蛋白质和核酸的代谢。铬是维持核酸结构必需的营养物质。RNA 对热变性的稳定表明,铬在维持蛋白质三级结构中起着重要作用;铬在细胞核中的积累似乎表明三价铬可改变基因的功能。另据试验发现,大鼠饲喂缺铬和缺蛋白的饲料,使几种氨基酸掺入心肌的速度和数量减少,单独给以胰岛素,可使掺入能力得到轻度改变,如果同时补铬 2 mg/kg,则可使掺入明显增加。Kim 等(1995)报道,蛋鸡饲料中补充一定量的铬,可减少氯的排泄量。

(4)提高动物的免疫能力。铬是某些特殊免疫反应的潜在调节因子。

(5)提高胴体和鸡蛋品质。

(6)改善繁殖性能。

(7)提高动物的抗应激性。补铬可以降低因应激而造成的某些微量元素如铁、铜、锰、锌等的排泄,提高微量元素的利用率。

2. 铬的毒性　铬是重金属元素,当铬使用不当时,也会产生一定的毒害作用。铬的毒害作用主要体现在两个方面:化学形态和使用剂量。在化学形态方面,六价铬的毒性远远高于二价铬和三价铬,因此,补铬时,应注意其化学形态。在使用剂量方面,RC(1980)指出,家畜对饲料铬的最高耐受水平为 300 mg/kg(以氧化铬形式提供)和 1 000 mg/kg(以氯化铬形式提供)。因此,Lindemann(1996)指出,实际上铬的毒性比铜、锌、锰,特别是硒的毒性低。

3. 铬的吸收率　大量的试验证明,畜禽对铬的吸收率不高,对无机铬的吸收率仅有 0.3%～0.4%,对有机铬的吸收率只有 10%～25%,且有机铬成本较高。因此,研制成本低、吸收率高的有机铬是未来工作的重点。

4. 来源　植物性饲料中,铬主要存在于禾谷类籽实、糠麸、块根、块茎类以及啤酒酵母中,其含量受植物种类、土壤类型等条件的限制而略有差异(0.90～0.96 mg/kg)。动物体内铬含量为 1～10 mg/kg。家禽羽毛中铬的含量丰富,为 0.23～0.44 mg/kg。

第四节　影响矿物质利用率的因素

1. 鱼体　鱼种类、年龄、体重、发育阶段、健康状态、是否应激状态、身体内已有的矿物质的贮存量等均会影响鱼体对矿物质的利用率。鱼类有调节矿物质进出的能力,体内多利用率则低。

2. 水环境　水中温度、溶解氧、pH 值、浮游生物的种类与群落结构、放养密度、水体受周围陆上环境污染的可能程度,均是在确定鱼类矿物质营养时所需要考虑的因素。

3. 饲料　主要包括饲料中该元素的含量以及与其他矿物元素间的配比。维生素的拥有量及饲料的能量、蛋白水平也显著影响饲料中矿物质的利用率,一般来讲,矿物质的利用率随着矿物质含量的增加而降低,矿物质的协同与拮抗说明了矿物质元素在动物营养中的生理作用不是孤立的而是相互联系的,如铁与铜在促进红细胞形成方面具有协同作用,缺铁而不缺铜,仍然会使铜的生物学效价降低到零,结果产生贫血。反之亦然。另外,饲料中大量的钙会阻碍锌的吸收和降低它的生物学效价。饲料中过量的钼会影响机体内铜的代谢(包括铜的吸收、存积和排泄),因而降低了铜的生物学效价。

维生素D有促进钙吸收的作用；维生素E与硒之间有协同作用。

饲料中的能量、蛋白质水平决定了体内的代谢水平，这就要求一定的矿物质水平与之相适应。

第五节　矿物质的需要量

鱼类生活的水环境中溶有各种形式的多种无机盐类，鱼可以通过鳃、皮肤等部位吸收一部分存在于水中的矿物质元素，然而仅靠这种形式的吸收远不能满足鱼类的需要。因此多数的矿物质元素的主要来源还必须由饲料提供。

1. 钙、磷　鱼类对钙和磷的需要量最大，它们是组成骨骼的重要成分，鱼体内总钙量的99%、总磷量的80%存在于骨骼中。当饲料中这两种物质不足时，会影响到鱼类骨骼的发育，出现畸形，生长迟缓。由于水中钙的含量远大于磷，而鱼类不仅可从饲料中获得钙与磷，而且还能通过鳃和皮肤吸收水中溶解的钙盐和含磷盐，所以鱼类饲料中如果磷含量充足，钙少一点影响不大，鱼可以通过吸收水中的钙而得到补充。鱼类对磷的吸收主要依赖于饲料，因为天然水体中磷的含量较低，而且鱼类对天然水体中磷的吸收率较低。鱼类对饲料中磷的需要量范围是0.29%～0.9%。用钙、磷比例为1.5：1的饲料饲养斑点叉尾鮰，生长和饲料转换最佳；真鲷用钙、磷比为1：2的饲料最好。鲤鱼生长最快时，饲料含磷量为0.6%～0.7%，钙磷比例为1：1。饲料中的绝对添加量，钙盐和磷盐都稍大于1%为准，考虑到鲤鱼的消化特点，用磷酸氢钙作为鲤鱼的矿物质添加剂。一般养殖鱼类的钙、磷比例为1：1或1：2。对饲料中磷的需要量为0.7%左右(表6-3)。

表6-3　鱼类对饵料钙、磷的试验最低需要量　%

鱼　类	需要量(占饵料的百分比)		文　献
	钙	磷	
斑点叉尾鮰(*Lctalurus punctatus*)			
2～5 g	≤0.05(14)	0.45	Lovell,1978
24～80 g		0.8(0.5)	Andrew 等,1973
6～45 g		0.42	Wilson 等,1982
鲤鱼(*Cyprinus cbrpio*)			
4～12 g	≤0.028(20)	0.6～0.7	Ogino 和 Takada,1976
尼罗罗非鱼(*Tilapia nilotica*)			
5～30 g		≤0.9	Watanabe 等,1980b
真鲷(*Chrysophrys major*)			
40～90 g	0.34(400)	0.68	Sakamoto 和 Yone,1973
日本鳗鲡(*Anguilla japonica*)			
1.7～3.4 g	0.27(19)	0.29	Arai 等,1975b

2. 镁　多数植物性饲料中含有一定数量的镁，鱼体也能从水体中吸收一部分镁。所以一般情况下不缺乏，镁与鱼体内钙的代谢具有相互作用，比如饲料中钙含量较高(4%)，要求镁的含量应为0.06%，方可满足钙代谢正常，防止钙沉积症的发生。骨骼的Ca/Mg比值对于判断饲料的镁含量是否满足则较有效。虹鳟对饲料中镁的需要量为0.06%～0.07%，鲤鱼0.04%～0.05%，河鲇的最低镁需要量0.04%，以维持正常的生长及血浆、骨骼中镁的正常含量。罗非鱼饲料中含镁以0.59～0.77 g/kg为宜。在每100 g干饲料中加60～70 mg镁，能明显地促进鲤鱼的生长，提高饲

料转换率。一般养殖鱼类对饲料中镁的需要量为0.05%左右。许多研究表明，在含有1.2 mg/L和3.1 mg/L镁的水中饲育的虹鳟，其对饵料中镁的需要量似乎在0.025%～0.07%（Ogino等，1978；Knox等，1981）。

3. 铁　铁是血红素和肌红蛋白的组分，作为氧的载体保证组织内氧的正常输送。铁也是细胞色素酶类和多种氧化酶的成分，与鱼类细胞生物氧化过程有密切关系。鱼饲料中对铁的需要量为150～170 mg/kg。如真鲷的最低铁需要量为150 mg/kg干饲料，鲤鱼为199 mg/kg。缺铁会导致贫血。

鱼类对二价铁的利用率要高于三价铁。因此，补铁要补二价铁，如硫酸亚铁等。

4. 锌　一般养殖鱼类对饲料锌的需要量为30～100 mg/kg。很多研究表明，不同鱼类生长时对锌的需要量不一样，如斑点叉尾鮰饲料中须添加30 mg/kg的锌，牙鲆饲料中须添加80 mg/kg的锌，尼罗罗非鱼可以从天然食物和水体中摄取锌，因而饲料中不需要添加。

虹鳟投含锌15～30 mg/kg的干饲料后生长良好。鲤鱼和河鲇对锌的需求分别为15～30 mg/kg、20 mg/kg饲料。大多数植物性饲料中含有肌醇六磷酸，会使锌的生物效价降低，故饲料中必须加入过量锌。如对河鲇的研究表明，以豆饼粉、谷糠为蛋白源配制粗蛋白含量为35%的饲料中同时也含有1.1%的肌醇六磷酸，而在该饲料中添加150 mg/kg饲料，方可维持河鲇对锌的需要量。

张薇等(2004)所做的锌对鲫鱼免疫功能的影响实验，通过对鲫鱼免疫组织生物发光、抗体的凝集效价、腹腔巨噬细胞吞噬活性等免疫指标的研究发现，在精养体系中，鲫鱼的免疫功能达到最佳时对锌的需要量在80 mg/kg左右，在天然水体及放养状态下，因水体及食物中含有一定的锌，故少于80 mg/kg即可达到最佳免疫状态。

5. 铜　鱼类对铜的需要量虽少，但作用甚大，它是尿酶、酪氨酸酶、赖氨酸氧化酶的辅酶，并与造血机能、骨骼的正常发育关系密切。鱼饲料中对铜的需要量约为3 mg/kg，缺铜会导致生长缓慢和白内障。以花生饼、鱼粉、玉米面、白薯面、麦皮等为基础原料的饲料中添加硫酸铜，饵料中的铜含量以53 mg/kg左右为宜。肝胰脏中细胞色素氧化酶的活性随饵料中铜含量的变化而变化，饲料中铜含量为53 mg/kg时，该酶的活性最高，此时对虾生长也最好。含0.33 mg/kg适合于生长和血液形成。鲤鱼稚鱼摄食0.7 mg/kg铜的饲料生长减慢；饲料铜添加到3 mg/kg可加速其生长。虹鳟对铜的需要量比鲤鱼低，当虹鳟鱼苗摄食含0.7 mg/kg或3.0 mg/kg铜的饵料时，未发现对生长有影响。这表明虹鳟需要的铜比鲤鱼的少，后者似乎需要量在0.7 mg/kg以上（Ogino和Yang，1980）。含1.5 mg/kg铜的饵料，对饲养在含0.33 μg/kg铜水中的斑点叉尾鮰鱼种足以满足其生长和血液生成的需要，而过量铜（16～32 mg/kg饵料）会导致生长减退和轻微贫血（Murai等，1981）。摄食含0.7 mg/kg铜饵料的鲤鱼鱼苗，其生长减少，但在饵料中添加3 mg/kg铜时可以恢复。鲤鱼的血细胞计数尚无报道（Ogino和Yang，1980）。此外，罗非鱼对饲料铜的需要量为3～4 mg/kg，鳗鲡为5 mg/kg。

6. 锰　饲料的适宜含锰量在12～13 mg/kg。在鲤鱼饲料中添加13 mg/kg的锰，可提高生长率，防止骨骼形成受阻。草鱼对锰的最适需要量以15 mg/kg饲料为宜。配合饲料中锰和钴的添加量分别为12.9 mg/kg和23.4 mg/kg。

7. 钴　Lovell(1977)认为鱼类对饲料中钴的需求量为0.05 mg/kg。杨再福、印蕙君的实验结果表明，牙鲆对饲料中钴的需求量可能高于这个水平，因为基础饲料中钴的含量为1.43 mg/kg。添加钴（以氯化钴）0～0.8 mg/kg，虽然鱼的增重率没有显著提高，但也有所增加。饲料中钴的含量相对较小，并且很可能受到很多因素的影响。

8. 硒 关于硒缺乏对水产动物影响研究较少。Bell 等(1986)以含硒饲料(1.022 mg/kg)和硒缺饲料(0.025 mg/kg)喂食平均体重为 27 g 的虹鳟 30 d,结果发现,缺硒饲料组虹鳟鱼的细胞体积、肝脏中维生素 E 浓度及血浆中硒浓度均显著减少,并且有 10%的鱼发生失调症,在病理上表现为神经节因轴鞘被过氧化物损伤而产生传导神经讯号异常,同样由于自由基的攻击,使得肝细胞内的周边线粒体和内质网产生不完整性。

思考题

1. 试述矿物质的分类及其生理作用。

2. 简述钙、磷的生理作用,鱼体如何维持钙、磷平衡? 水产动物对钙、磷的需要量是多少,如何补充?

3. 简述镁的生理作用,鱼虾缺镁会出现何症状?

4. 钾、钠、氯有何生理功用? 水产动物如何调节钾、钠、氯在体内的平衡?

5. 与血红蛋白形成相关的微量元素有哪些?

6. 如何提高矿物元素的利用率?

第七章
能量营养

内容提要

本章主要讲述饲料能量在鱼虾体内的转化过程，有关能值及其概念、测定方法及影响因素，水产动物的能量收支和能量需要量。

水产动物摄食饲料以后，伴随着物质代谢的同时，还进行着能量代谢，即食物所含的能量随着消化吸收的养分进入机体后的代谢过程。水产动物因有物质代谢及能量转换，才能生存、生长、繁殖和生产。

动物体的所有功能和生化过程的完成都需要能量，能量又都来自饲料中的蛋白质、脂肪和糖类。这3种物质在体内进行能量代谢过程中，经过一系列生物氧化最终产生二氧化碳、水和含氮物质，同时放出能量。糖类、脂肪和蛋白质产生的热能不同，每克物质产生的能量分别为17.15 kJ、39.539 kJ和23.64 kJ，即脂肪的产热量是糖的2.3倍、是蛋白质的1.7倍。所以饲料从水产动物食入到排出，经历了复杂的转变过程。

动物摄取的营养物质，在新陈代谢过程中消耗了一部分能量，多余的能量贮存于动物体内。当动物摄入的能量物质多于能量消耗时，体重便增加；当摄取的能量物质少于能量消耗时，体重则下降或消瘦。

饲料中所含有的能量和动物体代谢所涉及的能量虽然主要是化学能，但是根据热力学第一定律，各种形态的能量都可转化为等量的热能，所以，在营养和饲料学等领域中，习惯上以热量单位衡量能量。过去热量的基本单位用卡(cal)，在应用上常用千卡(kcal)或兆卡(Mcal)为单位，近来趋于采用焦耳(J)作为能量单位。1 cal＝4.184 J，1 J＝0.239 cal。

研究水产动物对饲料能量的利用、对有效能的需要量及其影响因素是水产动物营养学的重要研究内容。本章着重介绍能值的有关概念和影响因素。

第一节　饲料能量在动物体内的转化

能量在机体内的转化过程完全遵循热力学定律。饲料总能(GE)经过水产动物消化、吸收、代谢和利用过程可剖分为粪能、尿能、鳃排泄能、热增耗(也叫体增热)和净能(表7-1)。饲料的能值和水产动物对能量的需要可用总能(GE)、消化能(DE)、代谢能(ME)以及净能(NE)来作为衡量指标。

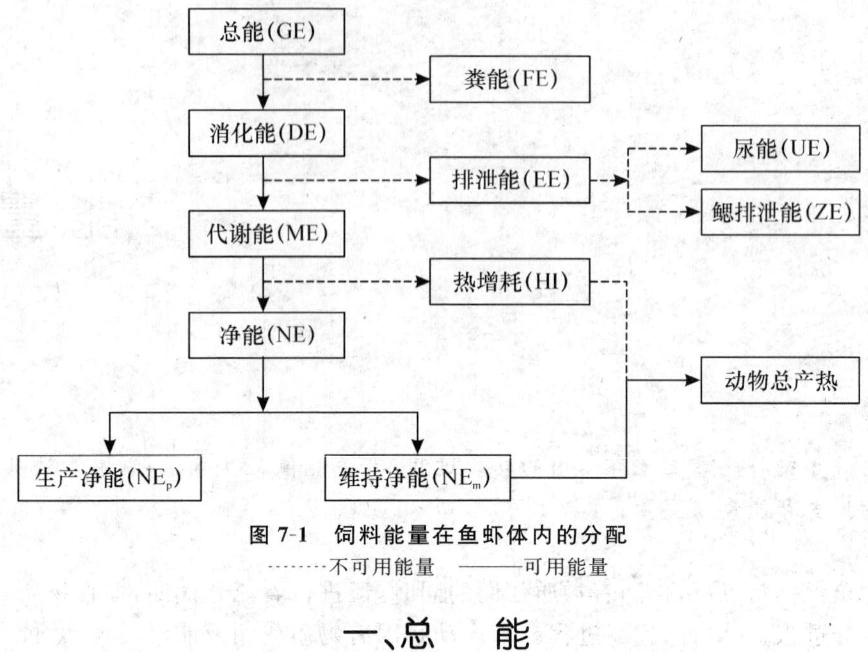

图 7-1 饲料能量在鱼虾体内的分配

--------不可用能量 ———可用能量

一、总 能

(一)饲料总能的概念

总能(gross energy,GE)是指饲料中有机物质完全氧化燃烧生成二氧化碳、水和其他氧化物时释放的全部能量,主要为碳水化合物、粗蛋白质和粗脂肪能量的总和。

(二)饲料总能的测定

总能的测定有两种测定方法:直接测定法和间接推算法。

1. 直接测定法 总能一般用弹式热量计(bomb calorimeter)直接测定。所测之值被称为燃烧热(heat of combustion)。氧弹式热量计主要由氧弹、金属内外筒三部分组成,此外还有温度计、搅拌器、引燃装置、压样器、氧气表等附件(图 7-2)。

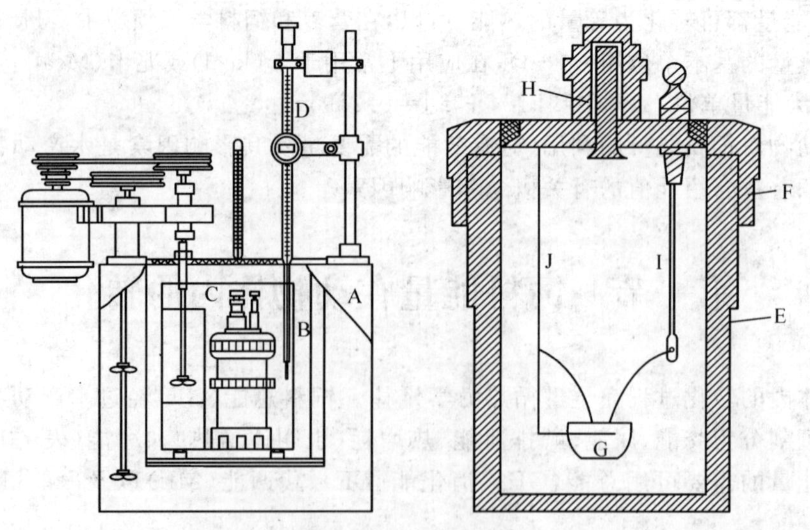

图 7-2 氧弹式热量计

A. 外桶 B. 辐射板 C. 内桶 D. 贝克曼温度计 E. 弹体 F. 弹盖 G. 坩埚 H. 充气阀 I,J. 电极

热量测定的基本原理是样品完全燃烧使其所含化学潜能转化成热能，使氧弹及其周围的介质（水）温度升高，测量了介质在燃烧前后温度的变化，就可以计算出所测样品的燃烧热。

2. 间接推算法 用弹式热量计直接测定总能，其方法简便，数据可靠，但由于需要较为昂贵的专门设备，一般难以办到。为了在一般实验室条件下能够进行饲料总能含量的测定工作，通常采用根据饲料化学成分乘以营养素平均产热量的近似计算法，即为间接推算法。其计算公式如下：

$$GE = 23\,640CP + 395\,391EE + 17\,154CARB$$

式中 CP、EE、$CARB$ 分别代表所测饲料（或饲料原料）中蛋白质、脂肪、糖类的含量，式中的数字分别是各种营养素的平均产热量。间接推算法的准确性受到以下因素的影响：①分析数据，应尽量避免产生分析误差；②饲料原料，不同的饲料原料其营养素的平均产热量可能不同，用同样的平均产热量难免会产生误差。

饲料总能是用了一个概括性的指标，而不是用粗蛋白质、粗纤维、粗脂肪等分散的指标，易于对照衡量。但是，植物性饲料干物质能值基本接近，例如，玉米、大麦、苜蓿干草的总能值分别为18.5 MJ/kg、18.9 MJ/kg、18.0 MJ/kg。尽管有些饲料对动物的营养价值很低，但是它们的总能值与对动物营养价值较高的谷实类饲料相比并不低。再者，总能值没有与动物联系起来。很明显，饲料总能不能准确反映饲料能量对动物的营养价值。但是在测定饲料有效能的过程中，饲料总能则是不可少的基础数据。

二、消化能

（一）表观消化能（ADE）与真消化能（TDE）的概念

消化能是饲料可消化养分所含的能量，即动物摄入饲料的总能与粪能之差。即

$$DE = GE - FE$$

按上式计算的消化能称为表观消化能（apparent digestible energy，ADE）。FE（energy in feces）为粪中养分所含的总能，称为粪能。

正常情况下，粪能是饲料能量中损失最大的部分，粪能占总能的比例因水产动物种类和饲料类型不同而异。水产动物粪便主要包括以下能够产生能量的物质：①未被消化吸收的饲料养分；②消化道微生物及其代谢产物；③消化道分泌物和经消化道排泄的代谢产物；④消化道黏膜脱落细胞。后三者称为粪代谢物，所含能量为代谢粪能（fecal energy from metabolic origin products，FmE，m代表代谢来源 ）。FE 中扣除 FmE 后计算的消化能称为真消化能（true digestible energy，TDE），即

$$TDE = GE - (FE - FmE)$$

用 TDE 反映饲料的能值比 ADE 准确，但测定较难，故现行动物营养需要和饲料营养价值表一般都用 ADE。

（二）消化能的测定

1. 直接测定法 根据水产动物摄入的饲料总能、排出的粪能，即可计算出每千克待测饲料所含的消化能。计算表达式为

$$DE = (GE - FE)/R$$

式中 DE 为饲料消化能含量(MJ/kg),GE 为试验期摄入的饲料总能(MJ),FE 为试验期排出的粪能(MJ),R 为试验期摄入的饲料量(kg)。

2. 间接推算法 此法是利用消化试验测得的饲料中可消化营养物质量,结合各营养素的平均产热量,按照下式计算即可求得:

$$DE=CP\times D_P\times 23\,640+EE\times D_F\times 39\,539+CARB\times D_C\times 17\,154$$

式中 CP、EE、$CARB$ 分别代表饲料中粗蛋白质、粗脂肪、糖类的含量(%);D_P、D_F、D_C 分别表示这三种营养素的消化率,各项的数字分别表示各营养素的平均产热量(kJ/kg)。

用饲料的消化能评定饲料的营养价值比用饲料的总能更为准确(表 7-1)。用总能法所不能区别饲料的在营养价值上的差异,用消化能可以区别。

表 7-1 不同饲料的总能值与几种鱼类和猪对其消化能值的比较 MJ/kg

饲 料	总能值	消化能(DE)				
		斑点叉尾鮰	罗非鱼	虹鳟	大马哈鱼	猪
苜蓿(17%CP)	17.78	2.68	4.23	2.13	—	7.66
生玉米	17.70	4.60	10.29	—	—	14.77
熟玉米	18.07	10.56	12.63	—	—	—
棉粕(浸提,41%CP)	19.04	10.67	—	10.33	10.33	10.79
豆粕(浸提)	19.12	10.79	13.97	12.23	13.60	14.60
豆粕(浸提,去壳)	20.75	—	—	—	—	15.44
小麦	17.70	10.67	12.09	18.16	—	16.57
鲱鱼粉	19.50	16.32	16.90	13.35	—	15.77
肉骨粉	18.03	14.52	20.67	—	—	10.21
黄豆油	39.33	37.36	—	—	—	36.61

注:摘引自 Stickney 等,1977;Paperna,1982;NRC,1993;NRC,1998;"—"表示数据未获得。

三、代谢能

(一)代谢能(ME)的概念

代谢能(ME)指饲料消化能减去尿能(energy in urine,UE)及鳃排泄能(energy in gills excretions,ZE)后剩余的能量。即

$$ME=DE-(UE+ZE)=GE-FE-UE-ZE$$

尿能和鳃排泄能(统称为排泄能,EE)是尿中和鳃排泄物中有机物所含的总能,主要来自于蛋白质的代谢产物,如尿素、氨等。尿氮和鳃排泄氮在鱼虾类中主要来源于尿素和氨。海水鱼排泄的主要是尿素,淡水鱼排泄的主要是氨。

(二)表观代谢能(AME)和真代谢能(TME)

尿中能量除来自饲料养分吸收后在体内代谢分解的产物外,还有部分来自于体内蛋白质动员分解的产物,后者称为内源氮,所含能量称为内源尿能(urinary energy from endogenous origin products,UeE)。饲料代谢能可分为 AME 和 TME,计算公式如下:

$$AME = ADE-(UE+ZE)$$
$$TME = TDE-[(UE-UeE)+ZE]$$

TME反映饲料的营养价值比AME准确，但其测定更麻烦，故实践中常用AME。通常所说的代谢能，即是指表观代谢能而言。

(三)代谢能的测定

1. 直接测定法 此法可用弹式热量计直接测定鱼虾类每日摄食饲料的总能(GE)和每日排出粪便的能量(FE)，还要测定每日排出尿液的能量(UE)和鳃排出的能量(ZE)，然后根据代谢能公式计算代谢能。由于鱼类生活在水中，故其排泄物的采集相当不便，且粪便、肾脏排泄物与鳃的排泄物不易分开，须采用特殊的装置进行收集排泄物。荻野珍吉等人设计出如图7-3所示的装置来收集粪便和尿液以供分析蛋白质代谢过程中粪便、尿液与鳃排泄物中所含的氮量(桥本芳郎等，1973)。但这种装置仅适用于淡水鱼，因其肾脏和鳃排泄物主要是氨。

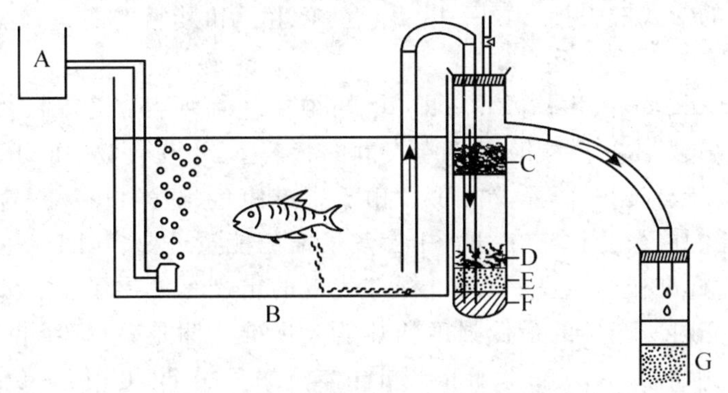

图7-3 鱼类排泄物的采集装置

A. 气泵 B. 排泄槽 C. 玻璃棉 D. 粪便 E. 氢氧化铜 F. 氯仿 G. 离子交换树脂(5.5 cm×60 cm)

2. 间接推算法 此法假定鱼粪排泄的氮化物都是氨，根据摄入饲料总能(GE)、粗蛋白质含量及其消化率，按下式计算即可得代谢能：

$$ME=GE\times D_S-3\,975D_P\times CP$$

式中D_S、D_P分别为所测饲料及饲料中蛋白质的消化率，CP为从饲料中摄入的粗蛋白量，3 975为每克蛋白质进行分解代谢时以氨的形式所损失的能量(J)。

需要说明的是，ME无加成性，一般不将其作为饲料能量的实用指标。

饲料代谢能的测定与消化能相比，不仅考虑了粪能的损失，而且还考虑了物质吸收后在代谢过程中的损失。因此，用代谢能评定饲料的营养价值比用消化能能进一步明确饲料能量在鱼虾体内的转化与可利用程度。但是鱼虾排泄物的采集相当困难，故实际应用并不多。

四、净 能

(一)净能的概念

净能(NE)是饲料中用于动物维持生命和生产产品的能量，即饲料的代谢能扣去饲料在体内的体增热(heat increment，HI)后剩余的那部分能量。

$$NE=ME-HI$$

HI 又称为热增耗，是指绝食动物在摄食饲料后短时间内，体内产热高于绝食代谢产热的那部分热能。体增热以热的形式散失。

HI 的来源有：①消化过程产热，例如营养物质的主动吸收和将饲料残余部分排出体外时的产热。②营养物质代谢做功产热。体组织中氧化反应释放的能量不能全部转移到 ATP 上被动物利用，一部分以热的形式散失掉。③与营养物质代谢相关的器官肌肉活动所产生的热量。④肾脏排泄做功产热。⑤饲料在胃肠道发酵产热(heat of fermentation，HF)。

鱼类在摄食后，30 min 即开始产生体增热，并急速达到最大值(为饱食时的 1.5～3 倍)。HI 将持续数小时到数天，持续时间的长短与蛋白质吸收所需的时间有关。多数情况下，HI 值为摄入饲料总能的 10%～30%。

按照净能在体内的作用，NE 可以分为维持净能(net energy for maintenance，NE_m)和生产净能(net energy for production，NE_p)。NE_m 指用于维持生命活动的能量，如标准代谢、活动代谢等。这部分能量最终以热的形式散失掉。NE_p 指用于鱼虾生长和繁殖的能量，这部分能量最终沉积到产品中。

标准代谢(standard metabolism，M_s)：即鱼、虾维持生命所需的能量。它与人类的基础代谢(basal metabolism)——人体在清醒时又极端安静的状态下，不受食物、肌肉活动、环境温度及精神紧张等因素影响时的能量代谢——意义相似。由于很难使鱼、虾静止不动，若使鱼、虾固定，它即会挣扎企图摆脱，所消耗的能量会比它在静水中游动所需的能量还要多，因此基础代谢的定义显然不适用于鱼类。故提出“标准代谢”这一概念。标准代谢的定义是一尾不受惊动的鱼、虾于静水中在肠胃内食物刚被吸收完时所产生的最低强度的热能。标准代谢是鱼、虾维持基本生命活动所需的最低能量消耗，其值比哺乳类低 10～30 倍，比同样体重的鸟类低 100 倍。鱼类标准代谢的平均值是(1 213±460)J/(kg·h)(王义强等，1990)。标准代谢(M_s)与鱼虾类体重(W)有关，其关系可用下式表示：

$$M_s = aW^b$$

式中 a、b 为常数，a 被称为代谢水准(level of metabolism)，表示相当于单位体重的耗氧量，其值受鱼虾的活动状态、水温等因素影响时有所不同。b 又叫体重常数，其值多在 0.65～0.90 之间(Jobling，1982)，平均值为 0.86±0.04(Brett 和 Groves，1979)。

活动代谢(activity metabolism，M_a)：指鱼、虾以一定强度作位移运动(游泳)时所消耗的能量，即是鱼随意活动所消耗的能量。活动代谢是鱼、虾能量代谢中最难估计的代谢成分，研究方法尚不成熟，有关研究资料也极少。活动代谢与活跃代谢(active metabolism)不同，后者是指鱼在以最大持续速度游泳时的代谢能量，它实际上是指鱼类有氧呼吸的能力。

(二)净能的测定

饲料净能可通过测定代谢能和食后体增热来求得。代谢能的测定方法已如前述，这里仅介绍测定体增热和鱼虾产热量的方法。

体增热，可通过测定两种进食状态下动物的产热量之差求得。因为在动物绝食时也产生一定的热量，摄食量增加，总产热量也增加，绝食产热与摄食产热之差即为该摄食量下的体增热。鱼虾产热量可通过下列方法测得。

1. 直接测热法 直接测出动物在一定时间内散失热量的方法称为直接测热法。对于陆上动物是将其放入测热室或测热柜中测定。鱼虾是水产动物，测定装置也较特别。Davis(1966)曾在一种测试瓶中放入1～6尾体重6g左右的金鱼，用电热计测定其水温的上升。根据水的质量和温差，计算出鱼散发出的全部热量但该法的缺陷是明显的：首先量被放在密闭的狭小容器中，这不能代表其真正活动状态；其次，水温很难精确测定；再次，难以较长时间测定。后来Smith(1978)对Davis的方法进行了改进，设计了一个收容槽（待测鱼放入其中）和套在槽外的夹层箱。测定时，氧气经过埋在夹层箱中的水管（使氧的温度和水温一致）后，再通入收容槽。收容槽与夹层箱之间有虹吸管相通，不必取出鱼就可以直接更换收容槽中的水，使用灵敏的贝克曼温度计测定水温的变化。用这种装置可以对鱼进行较长时间的测定（达6～8 h），这种方法比Davis的优越，但要经过长时间调整夹层箱与收容槽的水温使其相等后，再精确测定温度的变化，是相当不容易的。

直接测热法在理论上简单，但实际上所需设备和操作都比较复杂，应用很不方便。现在一般多倾向于使用间接法来测定鱼、虾的产热量。

2. 间接测热法 间接测热法也叫气体交换法，这种方法是根据动物消耗 O_2 和产生 CO_2 的数量，然后结合呼吸商值推算在一定时间内鱼体利用三大能源营养物质氧化放能的比例，再根据三者的热价、氧热价及呼吸商（表7-2）等数据，间接计算动物在一定时间内的产热量。

氧热价(thermal equivalent of oxygen)一般是指营养物质氧化时消耗1 L氧所产生的热量。它可根据营养物质热价按氧化反应的定比关系推算出来。

食物在动物体内氧化生成的二氧化碳气体的体积 $V(CO_2)$ 与同时间内所消耗的氧气的体积 $V(O_2)$ 之比，称为呼吸商(respiratory quotient，RQ)。

$$RQ=V(CO_2)/V(O_2)$$

表7-2 几种营养物质的呼吸商(RQ)及氧热价

（摘引自李爱杰《水产动物营养与饲料学》，1994）

营养素	RQ	每克耗氧量/L	每克产生 CO_2 量/L	氧热价/(J/L)
糖	1.00	0.75	0.75	20 920
脂肪	0.707	2.02	1.43	19 456
蛋白质	0.950	1.11	1.06	18 828

计算RQ必须测定鱼虾的耗氧量和 CO_2 的生成量，一般须采用专门的测定装置。装置有静水式和流水式两种。前者装置简单，但由于测定时把鱼密封在一个小的容器中，很不自然而趋于淘汰。后者装置较为复杂，但因水可不断流动，且便于在各种条件下采水样分析，故为多数研究者所采用。测定时将鱼放入特定的装置中，用化学方法测定注入水和流出水中的溶氧量和 CO_2 含量，然后计算氧的消耗量和 CO_2 的增加量，测定装置如图7-4所示。

蛋白质的呼吸商比较难以测定和计算，因为蛋白质在体内并未彻底氧化成 CO_2 和 H_2O，一部分氧和碳与氮化合成为含氮废物排出。在人类已有许多试验证明其RQ为0.801，但鱼类由尿和经过鳃排泄的氮化物的情况和人的很不相同。淡水鱼的氮排泄物大部分是氨，因鱼种类不同差异很大，假如完全以氨计算，则呼吸商为0.95。

正因为蛋白质在鱼体内不能完全氧化，故必须根据尿氮和鳃排泄物中的氮来测知它在体内的代谢量。测定排泄氮的装置及方法见“代谢能的测定”部分。由此排泄氮的量可算出已分解的蛋白质的量，再乘以每克蛋白耗氧量和蛋白质的氧热价计算出蛋白质代谢产热量。

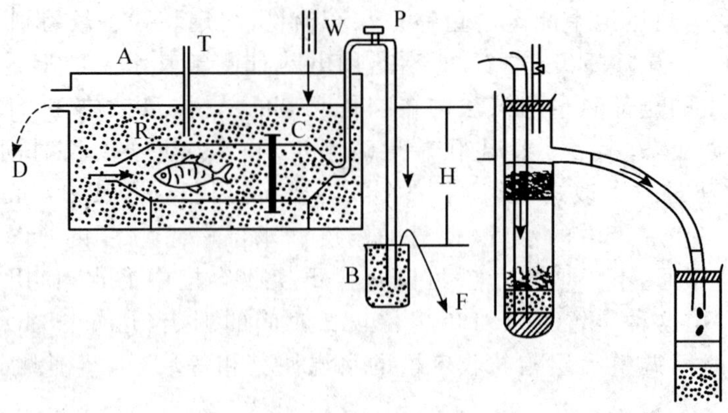

图 7-4 鱼类的呼吸量测定装置(流水式)

(引自桥本芳郎编,蔡完其译《养鱼饲料学》,1980)

A. 水槽 B. 烧杯 C. 固定螺旋 P. 排水调节螺丝 R. 呼吸室

T. 水温计 D. 溢出水 F. 排出水 W. 注入水 H. 水位差(调节水流量)

糖类和脂肪的代谢产热量需先求出非蛋白质呼吸商,然后在文献中查出或计算出在此非蛋白呼吸商时的氧热价,再乘以糖类和脂肪代谢的耗氧量(表 7-3),即可计算出糖类和脂肪的代谢产热量。将蛋白质、糖类和脂肪代谢产热量相加,即可得出水产动物的总产热量。

表 7-3 非蛋白质呼吸商和氧热价

(引自王义强《鱼类生理学》,1990)

非蛋白呼吸商	糖和脂肪的耗氧量的百分比		氧热价/(J/L)
	糖/%	脂肪/%	
0.71	0	100	19 606
0.75	14.7	85.3	19 828
0.80	31.7	68.3	20 087
0.85	48.8	51.2	20 432
0.90	65.9	34.1	20 602
0.95	82.9	17.1	20 857
1.00	100	0	21 117

间接法测定鲤 24 h 产热量,示例如表 7-4 所示。

表 7-4 间接法测定鲤 24 h 产热量

已知每 24 h:	
耗氧	4.0 L
产生 CO_2	3.4 L
尿氮及鳃排泄氮	0.12 g
计算鲤 24 h 总产热量	?
由蛋白质代谢产热:	
共氧化蛋白质	0.75 g(0.12 g×6.25)
共应耗 O_2	0.832 5 L(0.75 g×1.11 L/g)
共应产生 CO_2	0.795 0 L(0.75 g×1.06 L/g)
共产热	156 74.31 J(0.75 g×1.11[①] L/g×18 828[②] J/L)

续表 7-4

由糖类与脂肪代谢产热：	
共耗 O_2	3.167 5 L(4.0 L－0.832 5 L)
共应产生 CO_2	2.605 L(3.4 L－0.795 0 L)
非蛋白呼吸商(RQ)	0.822 4(2.605 L/3.167 5 L)
当 RQ＝0.822 4 时每升 O_2 的氧热价	202 11[③] J/L
产热	640 18.34J(3.167 5 L×20 211 J/L)
24 h 鲤鱼产热	796 92.65J(640 18.34 J＋157 74.31 J)

注：表中鲤 24 h 耗氧量和 CO_2 生成量数据来源于李爱杰主编的《水产动物营养与饲料》，1993；表中①代表每克蛋白质耗氧量；②代表氧热价为 188 28；③的数据系根据表 7-3 数据经回归计算得到，$y=518\ 3.6x+159\ 48$，$R^2=0.996$。

饲料被鱼虾摄食后，体现为消化能、代谢能，最后到净能。净能不但考虑了饲料的粪能、尿能和鳃排泄能的损失，而且还考虑了食后体增热的损失。特别是净能与产品能联系密切。尽管如此，但由于测定净能费时费工，所需装置比较复杂，因此并未在饲料能值评定中广泛应用。

五、水产动物的能量收支

水产动物摄食的能量除了用于生长外，大多数摄入的能量以粪能、排泄能和热增耗的形式散失掉了。不同的水产动物种类由于食性、饵料、环境因子等而对能量代谢产生不同的影响。

目前国际上广泛采用生物能量学模型来预测鱼类生长与摄食。生物能量学模型最早由美国 Wisconsin 大学的 Kitchell 等(1974，1977)提出。这类模型的基本方程为能量收支式：①$G=C-F-U-M_s-HI-M_a$，或②$G=C-E(F+U)-M(HI+M_s+M_a)$。在式①中，G 为沉积于鱼体的能量，即生长能；C 为从食物中获取的能量(食物能)；F 为从粪便中损失的能量(排粪能)；U 为从氮排泄物中损失的能量(排泄能)；M_s 为在饥饿、静止状态下的能量消耗(标准代谢)；HI 为与食物在体内转换、利用有关的能量消耗(体增热)；M_a 为与游泳等活动有关的能量消耗(活动代谢)(崔奕波，1989)。HI 与 M_a 由于在测定时难以区分，有时合称为摄食代谢(M_f)(Cui 和 Wootton，1988b)。在式②中，E 为总排泄能，M 为水产动物的代谢产热量(代谢热)。需要指出的是，在很多文献里，此处的 M 被称为代谢能，很容易与通常所称的代谢能($ME=DE-UE=NE_p(G)+NE_m(M_s+M_a)+HI$)相混淆。因为 M 的组分 HI、M_s、M_a 都是以热能的形式散发掉，在此称 M 为代谢热更为妥当。

(一)鱼类的能量收支

鱼类的能量收支情况与食性有关。肉食性和草食性的饲料能量在体内的分配差异较大(Elliott，1976；廖翔华等，1989)：

$$\text{肉食性鱼类}\quad C(100)=27E(20F+7U)+44M+29G$$
$$\text{草食性鱼类}\quad C(100)=43E(41F+2U)+37M+20G$$

由此可见，肉食性鱼类用于生长的能量高于草食性鱼类，而粪便与尿等排泄能量则低于草食性鱼类，是由于两种不同食性鱼类的饲料营养成分和代谢特点不同所致。

如果 C(摄入总能)减少，M 的比例会相对增加，G 则减少；另外，若饲料中的蛋白质质量低劣，E 就会增加，G 也会减少；动物体重越小，用于 G 的比例就越大。

水产动物种类、水温、溶氧及其他因素等都会对能量的分配产生影响。

(二)虾蟹类的能量收支

虾、蟹类的能量收支,依种类不同而差异很大(表 7-5)。

表 7-5 虾蟹类的能量收支

(引自张硕等,1998)

%

名称	食物	C	G	M	U	F	脱壳能
中国对虾	沙蚕	100	23.3	61.5	8.5	3.0	3.7
斑节对虾	单胞藻	100	9.0	83.2	5.6	2.2	—
日本沼虾	螺蛳	100	34.2	40.5	6.1	19.3	—
	摇蚊幼虫	100	37.0	55.4	1.4	6.2	—
澳大利亚对虾	配合饲料	100	58	26.7	8.3	7	—
泥蟹	卤虫	100	22.9	16.9	55.0	—	5.2

注:表中 C 代表摄食能,G 代表生长能,M 代表代谢产热量(代谢热),U 代表尿能,F 代表粪能;另外,甲壳类脱壳也损失能量。

从表 7-5 可知,澳大利亚螯虾的生长能 G 最高(58%),其次是日本沼虾(34.2%~37.0%),斑节对虾最低(9.0%);而上述种类代谢热 M 的高低顺序正好与生长能 G 相反。

第二节 水产动物的能量需要

水产动物不必维持体温恒定,加之其用于维持其在水中体态的能量比陆生动物维持姿势的能量低,所以水产动物维持热需求低于恒温动物。在适温条件下,鱼类维持热只相当于大小相近的哺乳动物的 1/20~1/10。鱼类的维持热需量较低意味其将更多的净能保留在体内组织中或者转化为更多的生产量。

水产动物的能量需要可剖分为维持能量需要和生长能量需要。但由于分别测定维持和生长的能量需要比较麻烦,故人们更多是直接测定水产动物的能量的总需要量。能量的总需要可用 3 种方法表示,即饲料中适宜的能量浓度、单位体重或单位代谢体重的能量需要,尤以前者使用较为广泛。

一、能量蛋白比

动物为了生存,就必须摄取一定的能量。而在能量营养素中,蛋白质是构成机体必不可少的物质,且在自然界的存量又很有限,所以,为了节约蛋白质,同时又能满足动物对能量的需求,人们提出了能量蛋白比的概念。

所谓能量蛋白比(E/P),是指单位重量饲料中所含的总能与饲料中粗蛋白含量的比值。有时人们亦称为蛋白能量比。能量蛋白比的一般计算公式为:

$$E/P=\frac{1\ \text{kg 饲料所含的总能(kJ)}}{\text{饲料中粗蛋白含量(\%)}}$$

近年来,有些研究者认为,以消化能蛋白比(DE/P)代替 E/P 更能反映实际情况。饲料的能量蛋白比是衡量饲料质量的一个重要指标,饲料中蛋白质和能量应保持平衡。因为不适宜的能量含量会使蛋白质成为一种能源，用于产生能量的蛋白质越多，鱼虾类排泄的氨就越多，体内保留的氮越少，蛋白质效率就越低，从而造成蛋白质的浪费。然而，当饲料中的蛋白质含量适宜而能量水平过高时，鱼体会过多地吸收热量，导致体内脂肪的累积；而且动物有“为能而食”的倾向，饲料中能量水平过高而蛋白质水平没有相应的提高，会造成动物摄食量降低（摄食能不降低），因而蛋白质会相对不足，影响生长。饲料中适宜的能量蛋白比既有利于能量的利用，又有利于蛋白质的利用，从而可提高饲料的效率。因此，研究饲料中适宜的能量蛋白比，对增加饲料利用效率和改善养殖效果是极为有益的。

二、饲料中适宜的能量浓度

确定水产动物适宜能量浓度用饲养实验，根据生长速度、饵料利用效率或蛋白质、能量沉积效率确定。目前已确定了鲤、虹鳟、斑点叉尾鮰、罗非鱼等的饲料适宜能量浓度。确定这些鱼类饵料能量浓度的标识主要是生长速度。

表7-6综合了几种鱼和虾蟹在最佳生长条件下的饲料的适宜能量浓度和蛋白能量比（mg/kJ），蛋能比幅度为20.15～30.16 mg/kJ，明显高于畜禽的蛋能比（9.57～14.35 mg/kJ）。此外虾类的蛋白能量比高于鱼类。

表7-6　水产养殖动物饲料的适宜能量浓度及蛋白能量比

名称	体重/g	蛋白质/%	总能/(kcal/g)	蛋能比/(mg/kcal)	资料来源
青鱼	3.5	35～40	13.31～15.22	26.29	戴祥庆等，1988
	100.2～130.7	40	16.35④	24.46①	王道尊等，1992
	100.2～130.7	30	14.89④	20.15①	王道尊等，1992
草鱼	1	41～45③		26.79②	林鼎等，1987
	5	29～37③		22.73～28.71②	林鼎等，1987
	15	29～37③		22.73～26.32②	林鼎等，1987
鲤	20	31.5③	12.12④	25.99②	Takeuch 等，1979
尼罗罗非鱼	50	30③	12.12④	24.75②	El-sayed，1987
斑点叉尾鮰	10	27.0	11.62	23.24	Mamgalik，1986
	266	27.0	13.13	20.56	Mamgalik，1986
中国对虾	0.368～0.699	40③	12.29④	34.74②	薛敏等，1998
	1.025～1.525	45③	13.13④	32.68②	薛敏等，1998
日本对虾	1.77±0.23	36.8～42.27	12.57～14.88	29.90	虞冰如等，1990
中华鳖		47	14.24～15.07	31.18～33.01	孙鹤田等，1998
河蟹	2	40		27.49～33.69	陈立侨等，1995

注：①P/DE；②DP/DE；③DP；④DE。

三、单位体重或单位代谢体重的能量需要

水产动物的能量需要还可用单位体重或单位代谢体重的能量需要来表示。表7-7和表7-8分别是依不同体重和不同代谢体重表示的能量需要。鱼的代谢体重一般是以自然体重的0.8次方表示（Brett等，1979）。从表7-7中可以看出，单位体重的能量需要依品种特别是体重的大小变化很大，鱼类体重越小，对能量的需要越高。但是与单位体重能量需要不一样，同种鱼单位代谢体重的能量需要差别很小，如斑点叉尾鮰体重从3 g增至266 g，单位体重的DE需要相差493 kJ/(kg·d)，而单位代谢

体重的 *DE* 需要仅相差 59.6 kJ/($kg^{0.8}$·d)，但是不同鱼种间差别很大(表 7-8)。

温度对单位代谢体重的能量需要影响很大，根据生长速度确定的非洲鲴在 24 ℃、29 ℃水温时 *ME* 需要分别为 160 kJ/($kg^{0.8}$·d)、210 kJ/($kg^{0.8}$·d)；同时不同判断标识结果有差异，非洲鲴根据生长速度和饲料利用率确定的 *ME* 需要分别为 160～210 kJ/($kg^{0.8}$·d)和 140～190 kJ/($kg^{0.8}$·d)。

表 7-7 不同体重的斑点叉尾鮰 的能量需要

(Magalik, 1986)

体重/g	3	10	56	198	266
DE/(kJ/(kg·d))	702.0	476.5	378.2	255.0	209.0
DE/(kJ/($kg^{0.8}$·d))	220.1	189.7	211.4	184.4	160.4

表 7-8 鱼单位代谢体重的能量需要

鱼种	体重/g	水温/℃	能量形式	需要量/(kJ/($kg^{0.8}$·d))	判断标识	资料来源
鲤	50～300		ME	230～260	生长速度	Eckhardt, 1981; Echardt 等, 1983
	100		ME	260		Kirchgessner, 1984
	100		ME	258		Kirchgessner, 1984
	1 000		ME	280		Kirchgessner, 1984
非洲鲴		24	ME	160	生长速度	Henken 等, 1986
		29	ME	210	生长速度	Henken 等, 1986
		24	ME	140	饲料利用率	Henken 等, 1986
		29	ME	190	饲料利用率	Henken 等, 1986
斑点叉尾鮰	3～266		DE	160.4～220.1		Mangalik, 1986
尼罗罗非鱼		24～25	DE	180～200		Wang, 1985

四、影响水产动物能量需要的因素

(1)水产生动物种类　一般温水性水产动物的代谢强度较冷水产动物的代谢强度高，所以，温水性水产动物对能量的需求也较冷水性动物高。

(2)水产动物规格　规格较小的动物新陈代谢旺盛，生长速率快，此时对能量的需求也大，随着规格的增大，对能量的需求也相对减少。

(3)水温　水温的升降可改变水产动物的体温，而其体温的改变却直接影响到体内的新陈代谢强度。因此，当水产动物在其最适水温时，代谢最旺盛，对能量的需求也最大。

(4)饲料组成　饲料中蛋白质的消化分解需要较多的能量，而蛋白质代谢后所产生的含氮废物排出体外也需要消耗能量。因此，当饲料中蛋白质含量较高时，对能量的需求量也越高。

(5)活动量　水产动物活动量越大，对能量的需求量也越大，如较大的水流、捕食、逃避敌害和环境刺激等均会增加对能量的需求。

另外，光照时间过长或各种生理变化也会增加水产动物对能量的需求。

思考题

1.什么是总能、消化能、代谢能和净能？它们是如何测定的？

2.什么是体增热？以蛋白质、脂肪、糖类喂鱼，所产生的体增热是否一样？为什么？

3.什么是标准代谢、活动代谢和活跃代谢？

4.什么是水产动物的能量收支式？研究水产动物的能量收支有何意义？

5.什么是能量蛋白比？能量和蛋白质之间存在什么关系？研究鱼类饲料中适宜能量蛋白比有何实际意义？

6.水产动物的能量需要有哪几种表达方式？

7.影响水产动物的能量需要有哪些因素？

第八章
各种营养素之间的关系

内容提要

本章主要介绍能量营养素之间(蛋白质、糖类和脂肪之间,粗纤维和其他能量营养素之间)的相互关系、能量营养素和非能量营养素之间(能量营养素和维生素之间,能量营养素和矿物质之间)的相互关系以及非能量营养素之间(维生素和矿物质之间)的相互关系。

水产动物摄食饲料后,饲料中各种营养物质在消化吸收和代谢过程中,相互间存在多种多样的复杂关系,它们或相互协同,或相互制约,或相互拮抗。任何一类营养物质的消化吸收以及代谢都与其他营养物质密切相关。各类营养物质共同存在于天然饲料中,而任何一种饲料中的营养物质均不可能满足水产动物的营养需要,所以深入研究配合饲料中各种营养物质的相互关系,对科学地制定饲料配方,保持各营养素间的平衡,最大限度地提高饲料的利用效率,减低生产成本,具有重要的现实意义。

饲料按在动物体内的作用来分,可概括为3类:能源物质、结构物质和活性物质。它们相互间既有区别又有联系。营养物质的相互关系虽极其多样化,但无外乎有以下几种类型:①营养物质相互间的转化;②营养物质相互间直接的物理或化学作用;③一些营养物质参与另一些营养物质的代谢;④相互对机体的吸收与代谢直接影响;⑤通过激素的作用间接影响其他营养物质的代谢。

第一节　能量营养素之间的关系

一、蛋白质、糖类和脂肪之间的关系

蛋白质、糖类和脂肪在机体内氧化成二氧化碳和水,并释放出能量的这一过程,称为生物氧化。而这三大营养素称为能量物质。在复杂的代谢反应中,各种能量物质的中间代谢产物通过三羧酸循环而相互影响、相互转化。三羧酸循环不仅是它们共同代谢的途径,也是相互联系的渠道。

(一)蛋白质、糖类和脂肪相互间的转变

1. 蛋白质与糖类　在动物体内蛋白质可以转变为糖类。组成蛋白质的各种氨基酸(亮氨酸除外)均可通过脱氨基作用生成α-酮酸,然后沿糖异生作用合成糖类。糖类也可以转变为蛋白质,主要是由糖转变为非必需氨基酸。因糖在代谢过程中可生成α-酮酸,然后通过氨基转换作用或氨基化作用转变为氨基酸。

2. 糖类与脂肪 糖类可转变成脂肪。糖类代谢的中间产物磷酸二羟丙酮可还原为磷酸甘油，而乙酰辅酶 A 则可缩合成脂肪酰辅酶 A，然后，磷酸甘油与脂肪酰辅酶 A 经酯化即可生成脂肪。脂肪亦可转变为糖类。脂肪组成中的甘油，可通过磷酸二羟丙酮而转变为糖类。同时脂肪需要糖类才能氧化完全。但脂肪酸不能合成糖类。

3. 蛋白质与脂肪 组成蛋白质的各种氨基酸，均可在动物体内转变为脂肪。生酮氨基酸可以转变为非必需氨基酸，就是生糖氨基酸亦可先转变为糖，然后转变为脂肪。脂肪也可转变为蛋白质。脂肪组成中的甘油可转变为丙酮酸和其他一些酮酸，而后进一步经氨基移换或氨基化而转变为非必需氨基酸。

总之，3 种营养物质在体内可以相互转化，然而，这种转化也是有一定条件和局限性的。在形成脂肪时，有些必需脂肪酸（如亚麻酸）是不能合成的；在形成蛋白质时，首先必须有非蛋白质含氮物，然后才有氨基化的可能；糖类和脂肪加氨基转变成蛋白质，也只不过是一些非必需氨基酸，而不能合成必需氨基酸。也就是说必需氨基酸和必需脂肪酸不能转变而来，需要由饲料来提供。因此鱼虾蟹饲料中必须含有一定量的蛋白质和脂肪，方能满足水产动物生长的需要。

（二）蛋白质、糖类和脂肪的相互影响

1. 蛋白质的节约作用 糖类、脂肪和蛋白质三者之间的关系，表现最为突出的就是脂肪或糖类对蛋白质的节约作用。在进行饲料配方时，充分利用脂肪或糖类提供给机体所需能量，因此可以减少蛋白质作为提供能量的分解代谢，而有利于改善机体的氮平衡，增加氮的储备量和降低饲料成本。而鱼体对糖类的利用率有限（尤其是肉食性鱼类），所以糖类对蛋白质的节约作用没有陆上动物明显。1978 年竹内通过多添加 5%～10%的脂肪，使虹鳟饲料蛋白质节约了 27%，而生长、蛋白质净利用率及饲料效率变化不大。在蛋白质含量为 28.3%、能量为 6 671 kJ/kg 美洲红点鲑饲料中，加入 7%玉米油，就能得到同蛋白质含量为 27%相当的产量。

2. 能量蛋白比 饲料中能量和蛋白质应保持适当的比例。适宜的能量蛋白比使鱼类机体所需能量主要由糖类、脂肪提供，从而保证蛋白质最大限度地用于生长和沉积，以提高蛋白质的利用效率。比例不当，不仅影响营养物质的利用效率，甚至会发生营养障碍。糖类、脂肪含量过低，鱼类势必利用价值昂贵的蛋白质作为能量来源，其结果是蛋白质利用率降低；但糖类比例过高，鱼类的利用能力有限，则极易导致代谢紊乱，最直接的后果是大量脂肪沉积于肝脏中，影响脂肪的代谢功能。

陈四清等（2004）得出大菱鲆幼鱼配合饲料适宜能量蛋白比为 92.7～102.5 kJ/g。实验中发现 36%蛋白组，随着能量蛋白比的增大，鱼体日增重起伏变化，无明显变化趋势，饲料系数表现为先升后降的现象，且饲料系数值大于日增重率百分值，说明饲料蛋白质含量过低，不利于大菱鲆幼鱼的增长和饲料转换，提高饲料能量作用不明显。39%蛋白组，随着能量蛋白比的增大，鱼体日增重率呈下降趋势，饲料系数表现为先升后降，日增重率接近或大于饲料系数值，此结果明显说明在此蛋白含量下，增加饲料能量含量对饲料效率影响不明显，但降低了鱼体的增长速度，说明提高饲料能量反而起副作用。42%蛋白组，随着能量蛋白比的增大，鱼体日增重率呈上升趋势，饲料系数继续表现下降趋势，日增重率大于饲料系数值，即在饲料蛋白质含量适宜时，增加饲料能量，有助于提高饲料效率，促进鱼体增长，饲料系数以 11 组最低（1.1），日增重率以 12 组最高（3.23%），比较 11 组、12 组饲料系数相差率为 5.45%，日增重率相差率为 3.19%，据此认为能量蛋白比以 11 组最好，即 102.5。45%蛋白组，随着能量蛋白比的增大，鱼体日增重率为先升后降，饲料系数先降后升的现象，日增重率大于饲料系数。14 组日增重率（3.76%）和饲料系数（1.11）都表现为最好。说明在此蛋白含量时，饲料的能量蛋白比 92.7 较为适宜。宋学宏等（2004）得出 2 g 左右丁鲹饲料的最

适能量蛋白比(E/P值)在35.69～36.94 kJ/g蛋白之间。

适宜的饲料能量蛋白质比已经成为配合饲料研究的一个重要内容，可是由于研究条件及饲料设计不同，研究结果多种多样，如我国在青鱼、草鱼饲料能量蛋白比的研究结果普遍认为能量蛋白比较高(140以上)，而日本学者竹田(1996)研究认为淡水鱼饲料的适宜能量蛋白比为110～120，而且认为海水鱼饲料的适宜能量蛋白比较淡水鱼低。

对几种鱼类饲料中的能量蛋白比进行比较可以看出，在淡水鱼(虹鳟、鲇、鲤)的研究方面，当饲料蛋白质含量高时，能量蛋白比低(最低为69)，当饲料蛋白质含量低时，能量蛋白比高(最高为125)，在海水鱼(鲕、石鲽、大菱鲆)方面也是这样，当饲料蛋白质含量高时，能量蛋白比低(最低为54)，当饲料蛋白质含量低时，能量蛋白比高(最高为102.5)，表明海水鱼饲料的适宜能量蛋白比低于淡水鱼。

为了节省饲料蛋白质消耗和保证能量的最大利用效率，要求饲料中能量和蛋白质含量保持一定的比例，即适宜的能量蛋白比。切不可盲目采用高能量低蛋白饲料或高蛋白低能量饲料。二者均会大大降低经济效益。

3. 蛋白质、脂肪和糖类的交互关系 蛋白质与糖类之间存在交互作用。饲料中适宜的蛋白质和糖类含量有利于水产动物的生长。1984年王道尊等发现青鱼饲料中蛋白质含量在37%～43.3%，糖类含量在9.5%～18.6%时，青鱼生长最快，增重率最高；保持蛋白水平不变，糖类含量增到26%～36%时，青鱼鱼种的生长率和饲料效率均降低。

脂肪代谢与肝脏含糖量有关，而肝脏含糖量与饲料中糖类含量有关。饲料中糖类充足，即有足够的肝糖可供利用，脂肪分解减少，酮体产生也就较少；若肝糖不能满足需要，脂肪分解增加，酮体随之增多，超过一定限度就会导致酮体症而影响水产动物的生长。如青鱼饲料中含有3%～8%脂肪时，肝糖含量正常，为11%～15.19%；而当饲料中脂肪含量超过9%时，肝糖降为2.12%～8.6%。这就说明脂肪与糖类亦存在交互作用。

此外脂肪对蛋白质的节约作用实际上是脂肪与蛋白质之间的交互作用。

(三)氨基酸之间的关系

1. 协同关系 必需氨基酸与非必需氨基酸之间有时可以相互取代，其中比较典型的例子有胱氨酸和蛋氨酸、酪氨酸和苯丙氨酸。饲料中胱氨酸和酪氨酸含量充足时，可以使蛋氨酸和苯丙氨酸两个必需氨基酸转化为胱氨酸和酪氨酸的量减少或不转化。通过对斑点叉尾鮰进行实验发现，酪氨酸可取代50%的苯丙氨酸；胱氨酸可以取代60%的蛋氨酸(只要胱氨酸置换率不超过60%：40%)，鱼的生长就不会受到影响，有节约必需氨基酸的效果。在合成体蛋白质的过程中，除必需氨基酸外，总氮量也必须充分，因为非必需氨基酸也是构成体蛋白质的一个很大组成部分，只不过是它们可以用其他氨基酸或尿素、氨氮来合成罢了，不一定由饲料供给。缺乏某些非必需氨基酸，即使能量供应充足，仍不能合成蛋白质。缺乏某一非必需氨基酸还容易引起代谢障碍，如胱氨酸不足引起胰岛素减少，血糖升高。所以，在饲料配方和养殖实践中，不能片面强调必需氨基酸的重要性，而忽视非必需氨基酸。

2. 拮抗关系 氨基酸也因化学性质和结构不同，在代谢过程中也存在着拮抗作用。某些氨基酸在过量的情况下，有可能在肠道和肾小管吸收时与另一种或几种氨基酸产生竞争，增加机体对这种(些)氨基酸的需要，这种现象称为氨基酸的拮抗。

加重饲料中蛋氨酸和赖氨酸的含量，能增加异亮氨酸、亮氨酸和精氨酸的消耗而产生新的不平衡，导致蛋白质合成障碍。亮氨酸过高，可降低异亮氨酸的利用率。赖氨酸过多，影响精氨酸的利用。

精氨酸、蛋氨酸、鸟氨酸配合可以阻碍赖氨酸的吸收；赖氨酸、精氨酸、鸟氨酸配合可以阻碍胱氨酸的吸收。

氨基酸的拮抗以精氨酸和赖氨酸间的拮抗较为典型。其原因是高赖氨酸饲料会提高肝脏中精氨酸酶的活性，增加了尿中精氨酸的排出量，高赖氨酸饲料增加了动物对精氨酸的需要量。

苯丙氨酸与缬氨酸、苏氨酸，亮氨酸与甘氨酸，苏氨酸与色氨酸之间也存在拮抗作用，存在拮抗作用的氨基酸之间，比例相差愈大，拮抗作用愈明显。拮抗往往伴随着氨基酸的不平衡。

二、粗纤维与其他能量营养素之间的关系

饲料中适宜的粗纤维含量对鱼体消化吸收的正常进行和鱼体健康是必要的。粗纤维可以促进肠道的蠕动，利于消化道内各种营养物质分布均匀，并促进消化吸收，而且还有填充肠道，稀释营养物质的作用。但由于鱼类本身对粗纤维利用能力很小，过多的粗纤维本身不会产生任何营养作用，会大大提高消化速度，缩短消化时间，降低营养物质的有效浓度，从而降低其他有机物的利用率。实验证明随着饲料中粗纤维含量的增加，营养物质的消化率降低。尼罗罗非鱼饲料中粗纤维含量分别为 0、5％、20％、30％，而饲料中蛋白质利用率分别为 16.59％、25.08％、27.33％、15.68％。对草鱼进行试验也得出相似的结论。草鱼饲料中粗纤维由 12.48％增加为 27.25％时，饲料总消化率由 60.40％降为 30.08％。因此饲料中粗纤维含量一定要适宜，过高或过低均对生长不利。

第二节　能量营养素与非能量营养素之间的关系

一、能量营养素与维生素之间的关系

饲料中有机物含量不同，配比不同，鱼类对维生素的需要量也不同。

(一)蛋白质与维生素之间

维生素 B_6 参与氨基酸代谢，可影响机体蛋白的合成效率。维生素 B_6 不足，则氨基酸转换酶活性降低，从而造成氨基酸合成蛋白质的效率降低，故高蛋白饲料，对维生素 B_6 的需要量增加。同时麦康森等(1987)试验发现饲料中添加维生素 B_6 不仅可以使对虾对蛋白质的消化吸收率由 91.9％提高到 93.6％，还可以显著提高亮氨酸、异亮氨酸、赖氨酸、组氨酸和精氨酸的消化吸收率。

维生素 B_2 与机体蛋白质的沉积关系也相当密切。作为黄素酶的成分，通过催化氨基酸的转化来参与蛋白质的代谢。维生素 B_2 与体内蛋白质沉积有关。且饲料中维生素 B_2 需要量与蛋白质含量有一定的相关性，所以高蛋白质饲料，应增加维生素 B_2 的添加量。

蛋白质与维生素 A 在水产动物营养中具有密切关系。水产动物对蛋白质的有效利用需要一定量的维生素 A，而对维生素 A 的利用和贮存也需要足够的蛋白质。动物实验表明，雏鸡血清中维生素 A 的浓度可随饲料中蛋白质含量降低而减少。是因为饲料中蛋白质含量不足，维生素 A 转载体蛋白的形成就会受到影响，从而机体对维生素 A 的利用就会降低。其次蛋白质的营养价值也可影响维生素 A 的利用和储备。投喂动物蛋白饲料时，动物肝脏中维生素 A 的储备显著高于投喂植物蛋白饲料。此外试验动物实验证明，维生素 A 可影响机体内标记 ^{35}S 的蛋氨酸在组织蛋白中

的沉积量。青江(1972)在鳟鱼的试验时指出,饲料中的维生素 A 和蛋氨酸的含量必须有适当的平衡。

(二)糖类、脂类与维生素之间

维生素 A 可影响糖类的正常代谢。维生素 A 不足时,醋酸盐、甘油合成糖原的速度将会显著降低。

糖类的正常代谢离不开维生素 B_1。维生素 B_1 不足将会使糖代谢中间产物——丙酮酸的脱羧作用受阻,不能正常生成醋酸而氧化供能或合成脂肪。水产动物对维生素 B_1 的需要量随饲料中糖类的增加而增加。青江等(1972)在研究鲤鱼的维生素 B_1 需要量时,使用 Halver 氏的试验饲料,经 16 周的饲养,没有发现维生素 B_1 缺乏症;但改用高碳水化合物的饲料饲养,第 7 周开始出现明显的缺乏症。

高脂肪饲料可大大提高维生素 B_2 的需要量。同时不饱和脂肪酸还能影响水产动物对维生素 E 的需要量。因为维生素 E 可阻止不饱和脂肪酸被氧化成水合过氧化物,所以体内的不饱和脂肪酸越多,则维生素的需要量也应相应增加。有试验表明,鲤鱼或鳟鱼饲料中亚麻酸含量增加时,维生素 E 的需要量增加。

另外,有机营养物质的含量也影响维生素的吸收和利用。例如,饲料中适当的脂肪含量为脂溶性维生素的吸收所必需,而某些水溶性维生素的吸收必须借助于某些蛋白载体的作用。换句话说,适当的蛋白水平乃是某些水溶性维生素吸收所必需。

二、能量营养素与矿物质之间的关系

(一)能量营养素与钙、磷之间

三大类营养物质均与钙、磷吸收密切相关。蛋白质对 Ca、P 吸收的影响又和蛋白质的氨基酸的组成有关。在各种氨基酸中,赖氨酸对 Ca、P 吸收起主要作用,其余氨基酸所起作用较小或不起作用,但必须指出,赖氨酸对 Ca、P 吸收有促进作用的前提是饲料中保证足够的易消化的糖类,否则,会降低赖氨酸的利用率。另外高蛋白饲料可提高钙、磷的吸收,而高脂饲料则不利于钙、磷的吸收。适宜的磷含量可以有效促进脂肪在体内的氧化,减少蛋白质作为能量的消耗,用于体重的增加。当饲料中磷含量较低,脂肪作为能源的利用受阻,造成脂肪在体内的积蓄,鱼体肥满度增加;同时蛋白质用于供能,导致增重率下降。所以鱼饲料中应特别注意磷的添加量。

(二)能量营养素与微量元素之间

精氨酸与锌有拮抗作用。含硫氨基酸与 Se 有关,含硫氨基酸不足会增加对 Se 的需要量。Zn 含量增加,血糖量增加,可提高糖原合成量;含 Zn 过多,会加速脂肪的氧化。

第三节 非能量营养素之间的关系

非能量营养素之间的关系是指维生素和矿物质之间的关系。维生素和矿物质之间既存在协同作用又存在拮抗作用。

一、维生素和矿物质之间的关系

1. 协同作用　维生素 E 和 Se 对机体的代谢及抗氧化能力有相似的作用。在一定的条件下，维生素 E 可以代替部分 Se 的作用，但 Se 不能代替维生素 E，可能 Se 能促进维生素 E 的吸收而减少维生素 E 的需要量并在一定程度上减轻因维生素 E 缺乏而出现的症状。饲料中维生素 E 不足时易出现缺 Se 症状。另外 Se 在肝脏以及其他组织中的含量和维生素 E 的代谢有关。饲料中添加 Se 时，肝脏、血液等器官组织中维生素 E 的含量增加。

维生素 D 能促进鱼类肠道中钙的吸收和钙、磷在骨中的沉积，维生素 D 还能促进鳃、皮肤、肌肉和骨骼等组织对周围水体中钙的吸收和利用。

此外，Mn 与烟酸，维生素 C 与 Fe、Cu，Co 与维生素 B_{12} 间在维持身体的正常功能方面均有协同作用。

2. 拮抗作用　饲料中维生素 A 易被多数矿物质所破坏，饲料中微量元素添加剂可以降低维生素 A、维生素 K_3、维生素 B_1、维生素 B_6、维生素 B_{11} 等的效价，所以建议在制作预混料时避免同时混用。

维生素 A、维生素 D、维生素 E 等脂溶性维生素均可因氧化而被破坏，有铁存在时这一过程会加速，所以脂溶性维生素不能与硫酸亚铁、氯化亚铁等同用。

维生素 D_3 易受饲料中的钙破坏，使用中应避免维生素 D_3 与石灰石、贝壳粉、硫酸钙等混用。

胆碱的强碱性环境使得钙、磷的吸收率降低，形成了钙、磷与胆碱之间的拮抗关系。

因为维生素 C 的水溶液对氧化剂敏感，在有碱和微量重金属离子存在时(尤其是铜)，分解加速。所以饲料中维生素 C 过多，会降低铜的吸收率。

有铜、锰、钼酸盐、碱、还原剂和氟化物存在时，维生素 C 会对维生素 B_{12} 起降解作用。

李爱杰等(1984)指出，氨基酸微量元素螯合物及多糖微量元素复合物对维生素 C 的破坏比无机微量元素大得多。

二、维生素之间的关系

1. 协同作用　维生素 B_1 和维生素 B_2 联合作用可以强化糖类代谢和脂类代谢。若缺少其中一种，会直接影响另外一种在体内的利用情况。缺乏维生素 B_1 时，尿中维生素 B_2 排出量增加。维生素 B_2 缺乏时，机体组织中维生素 B_1 含量下降。

维生素 B_2 和烟酸同时作为辅酶成分参与生物基质的氧化，二者具有协同作用。当体内缺乏维生素 B_2 时，体内色氨酸转化为烟酸的过程就会受到抑制，从而出现烟酸的缺乏症。

维生素 C 可减轻其他维生素缺乏症症状，其他维生素可促使维生素 C 的合成。

通过对陆生动物的研究证明，泛酸不足时，加重维生素 B_{12} 缺乏症。在水产动物中有待进一步证实。

此外维生素 B_{12} 与维生素 B_{11}、维生素 B_6、胆碱之间也存在协同关系。其中维生素 B_{12} 与维生素 B_{11} 之间的关系与维生素 B_2 与维生素 B_1 之间的关系相似。缺少其中任何一方，另一方的吸收利用就受影响。

维生素 E 在水产动物体内能促进维生素 A、维生素 D 的吸收以及维生素 A 在肝脏中的贮存，并可以保护饲料及肠道中的维生素 A 免遭氧化，因此说维生素 E 是维生素 A 的保护剂。此外维生素 E 还可以促进体内胡萝卜素转化为维生素 A。因此饲料中维生素 E 的含量影响维生素 A 的需要量。

2. 拮抗作用 维生素A与维生素C之间表现为拮抗关系，当体内维生素A过量时，内源性维生素C不能被活化，表现出维生素C的缺乏症。维生素C的水溶液呈酸性，且具有较强的还原性，可以破坏维生素B_{11}和维生素B_{12}，因此在配制预混料时要注意减少它们之间的接触。维生素B_{12}对叶酸的破坏性显著；维生素B_1可加速维生素B_{12}在高温下的破坏作用。

维生素之间的这些拮抗作用对实际工作中正确使用维生素提供了依据。

三、矿物质之间的关系

水产动物体内矿物质含量占有相当的比重，各元素之间存在协同或拮抗作用。这种作用可能在消化吸收过程中发生，也可能在中间代谢过程中发生。

1. 协同作用 矿物元素存在协同关系，有的发生在两元素之间，有的发生在多元素之间，比较典型的例子有Ca和P之间，还有与造血有关的Fe、Cu和Co之间。

Ca和P之间关系很特殊，会随着比例的变化，关系发生变化。当二者比例适宜时，有利于钙、磷的吸收及在体内的利用，从而表现为明显的协同关系；但当二者比例失调时，如钙过多，则降低磷的吸收；磷含量过多，降低钙的吸收。

在造血上，Fe、Cu和Co之间也存在明显的协同关系。铁是血红蛋白的主要原料，铜和钴则可以促进红细胞的生长和成熟。若缺乏3种中的任一种，红细胞的生长均会出现障碍，产生贫血。

为进一步说明矿物质之间的协同关系，用图8-1来表示。其中在圆周上任一直线两端的元素均为协同关系。

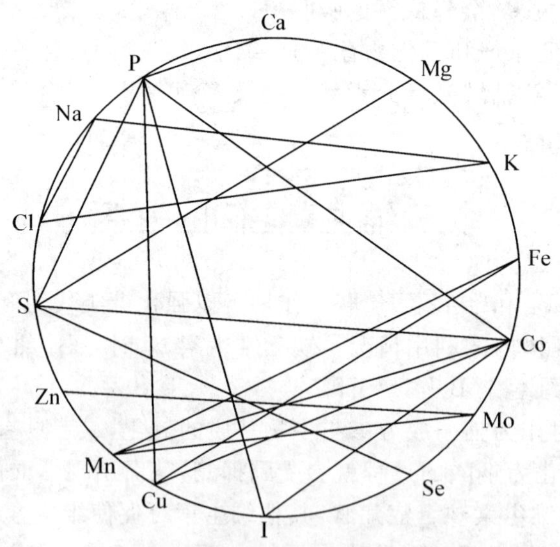

图8-1 各种矿物质间的协同关系
（李凤双等，1990）

2. 拮抗作用 任何物质在消化吸收和利用的过程中都会由于比例不当的情况下而出现一方抑制另一方吸收、利用的现象，矿物质也不例外，这就是拮抗作用。钙与磷存在拮抗关系；饲料中大量钙吸收会加重镁的缺乏；饲料中钙含量过高会抑制锰和镁的吸收；钙摄入过多会抑制锌的吸收，反之，锌过多也会降低钙的吸收利用率。饲料中磷含量过高会降低锰、锌、镁、铁的利用，通过虹鳟鱼试验还可显示磷的吸收率也下降。矿物质中如钙与磷、镁、锌、锰、铜、碘、铁、钼等元素过剩也会降低磷的吸收率，究其原因是这些阳离子与磷酸根结合成不溶性盐，从而影响了它们的吸收率。矿物质之间的拮抗关系详见图 8-2，其中在圆周上任一直线两端的元素均为拮抗关系。

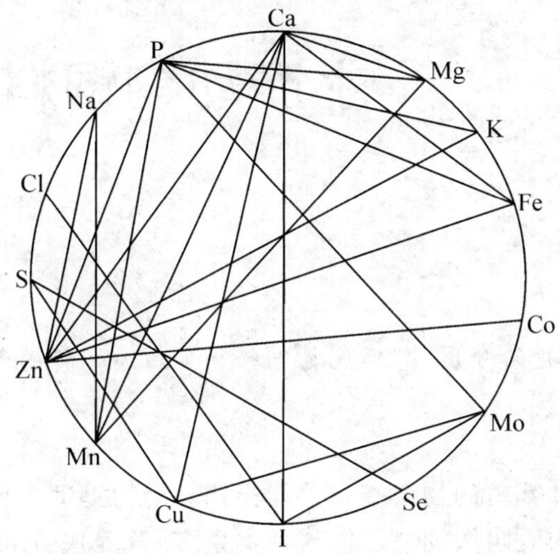

图 8-2　各种矿物质之间的拮抗作用

（李凤双等，1990）

思考题

1. 蛋白质、糖类和脂肪之间如何转变？
2. 在配制配合饲料时如何考虑氨基酸之间的关系问题？
3. 试举例说明在配制配合饲料过程中如何考虑蛋白质和脂肪的相互作用。
4. 在配制高蛋白质饲料时如何考虑维生素的添加量？
5. 在配制高脂肪饲料时如何考虑维生素的添加量？
6. 在配制饲料预混料中如何考虑矿物质之间、维生素与矿物质之间、维生素之间的相互关系？

第九章
水产动物饲料的分类及评述

内容提要

本章主要介绍国内外饲料的分类方法，能量饲料和蛋白质饲料的营养学特点，饲料抗营养因子以及饲料资源的开发及利用。

饲料是动物生长、发育和繁殖的物质基础。能为饲养动物提供一种或多种营养素，使饲养动物能正常生长、发育和繁殖的物质叫做饲料。饲料种类繁多，营养成分和营养价值各异，为了解各种饲料的特点，便于区别记忆，合理利用，对饲料恰当分类很有必要。

第一节　饲料分类

一、饲料的国际分类法与我国现行分类法

（一）国际饲料分类方法

目前在国际上采用美国学者 L. E. Harris 提出的将饲料分成 8 大类的分类方法，并对每类冠以相应的国际饲料编码。编码模式采用数字编码贮存在电子计算机中，使饲料原料分类科学化、数字化、实用化。其分类见表 9-1。

表 9-1　国际饲料分类法

（参照张子仪《饲料原料学》，2000）

类　别	编　码	条件和主要种类
粗饲料	100000	干物质中粗纤维含量≥18%，以风干物质为饲喂形式的饲料
青绿饲料	200000	天然水分含量≥60%的新鲜饲草及以放牧形式饲喂的人工栽培牧草和草原牧草
青贮饲料	300000	以新鲜的天然植物性饲料为原料，以青贮方式调制成的饲料
能量饲料	400000	干物质中粗纤维含量＜18%，同时蛋白质含量＜20%的饲料
蛋白质补充饲料	500000	干物质中粗纤维含量＜18%，同时蛋白质含量≥20%的饲料
矿物质饲料	600000	可供饲用的天然矿物质及化工合成的无机盐类
维生素饲料	700000	由工业合成或提纯的维生素制剂，但不包括富含维生素的天然青绿饲料在内

续表 9-1

类别	编码	条件和主要种类
添加剂（专指非营养添加剂）	800000	为保证或改善饲料品质，防止质量下降，促进动物生长繁殖，保障动物健康而加入饲料中的少量或微量物质，但合成氨基酸、矿物质和维生素不包括在内

国际饲料命名法的饲料全称是一个名称系统，每种饲料一般包含 8 个内容，即：①来源（或母体物质）；②种、品种、类别；③实际采食部分；④原物质或用作饲料的部分的加工过程；⑤成熟阶段（仅用于青饲料、干草）；⑥刈割阶段（仅用于青饲料、干草）；⑦等级、质量保证；⑧分类编码。

若某种饲料缺一两个特征可以不写。

举例说明如下：

表 9-2　苜蓿青干草和棉籽粉在国际饲料分类法中的位置

项　目	苜蓿青干草	棉籽粉
①来源	苜蓿	棉
②种、变种	草地牧草	
③饲用部分	地上部分	籽实稍具壳
④调制处理	脱水	溶剂浸提
⑤成熟阶段	早花期	
⑥刈割或切碎	割第一花	
⑦等级质量保证	粗蛋白最低 17% 粗纤维最高 27%	粗蛋白最低 41% 粗纤维最高 14% 含脂 0.5%
⑧分类	青干饲料	蛋白质饲料

（二）我国现行饲料分类方法

我国疆域辽阔，饲料种类繁多，传统的饲料分类按饲料来源、理化性状及动物消化特性等条件，将饲料分为动物性、植物性、矿物质和其他饲料，或分为精饲料、粗饲料、多汁饲料等。但这些分类方法不能反映出饲料的营养特性，因此需要一个能反映营养特性的科学的分类方法。20 世纪 80 年代，在张子仪院士的主持下，将我国的饲料分类方法与国际饲料分类原则相结合，建立了我国的饲料分类方法。我国传统分类法如表 9-3 所示。

表 9-3　我国饲料分类编码

（参考张子仪《饲料原料学》，2000）

我国饲料编码亚类序号	饲料分类名称	前三位编码的可能形式	分类依据条件
01	青绿饲料类	2-01	天然水分含量
02	树叶类（青） 树叶类（干枯）	1-02、2-02、5-02、4-02	水、纤维、蛋白质
03	青贮饲料类	3-03	水、加工方式
04	根、茎、瓜果类（非淀粉质） 根、茎、瓜果（淀粉质）	2-04、4-04	水、纤维、蛋白质
05	干草类	1-05、2-05、4-05	水、纤维、蛋白质
06	稿秕饲料类	1-06、4-06、5-06	水、纤维

续表 9-3

我国饲料编码亚类序号	饲料分类名称	前三位编码的可能形式	分类依据条件
07	谷食类	4-07	水、纤维、蛋白质
08	糠麸类(种皮) 糠麸类(颖壳)	4-08、1-08	水、纤维、蛋白质
09	豆类(高蛋白) 豆类(低蛋白)	5-09、4-09	水、纤维、蛋白质
10	饼粕类(脱壳) 饼粕类(不脱壳)	5-10、4-10、1-10	水、纤维、蛋白质
11	糟渣类(掺入较多疏松剂) 糟渣类(未掺入或掺入较少疏松剂)	1-11、4-11、5-11	纤维、蛋白质
12	草籽树实类(籽实) 草籽树实类(豆实) 草籽树实类(带壳)	1-12、4-12、5-12	水、纤维、蛋白质
13	动物性饲料	4-13、5-13、6-13	来源
14	矿物质饲料	6-14	来源、性质
15	维生素饲料	7-15	来源、性质
16	添加剂及其他	8-16	性质

二、各类饲料的划分说明

关于我国饲料分类中 16 亚类的具体说明如下：

1. 青绿植物类 以天然水分含量为第一条件，不考虑其部分失水状态、风干状态或绝干状态时的粗纤维含量或粗蛋白质含量是否构成粗饲料、能量饲料或蛋白质饲料的条件。凡天然水分含量大于或等于 45%的新鲜牧草、草原牧草、野菜、鲜嫩的藤蔓、秸秧类和部分未完全成熟的谷物植株等都属此类。中国饲料编码(CFN)形式为 2-01-0000。

2. 树叶类 有两种类型：其一是刚采摘下来的树叶，饲用时天然水分的含量保持在 45%以上，这种形式多是一过性的，数量不大，国际上的分类属于青绿饲料，CNF 形式为 2-02-0000；另一种类型是风干乔木、灌木、半灌木的树叶等，干物质粗纤维含量大于或等于 18%的树叶类，如槐叶、银合欢叶、松针叶、木薯叶等，按国际饲料分类属粗饲料，CFN 形式为 1-02-0000。

3. 青贮饲料类 有 3 种类型：第一类由新鲜的天然植物性饲料调制成的青贮料，或在新鲜的植物性饲料中加入各种辅料(如小麦麸、尿素、糖蜜)或防腐、防霉添加剂制作成的青贮饲料，一般水分含量在 65%～75%，CFN 形式为 3-03-0000；第二类为低水分青贮饲料，亦称半干青贮饲料，是用天然水分含量为 45%～55%的半干青绿植物调制成的青贮饲料，CFN 形式与常规青贮饲料相同；第三类是以新鲜玉米、麦类籽实为主要原料的各种类型的谷物湿贮，其水分含量在 28%～35%之间，从营养成分的含量看，符合国际饲料分类中的能量饲料标准，但从调制方法看又属青贮饲料，在国际饲料分类中没有明确规定。CFN 形式为 4-03-0000。

4. 块根、块茎、瓜果类 天然水分含量大于或等于 45% 的块根、块茎、瓜果类，如胡萝卜、芜菁、饲用甜菜、落果、瓜皮等。这类饲料脱水后的干物质中粗纤维和粗蛋白质含量都较低。鲜喂则 CFN 形式为 2-04-0000；干喂则 CFN 形式为 4-04-0000，如甘薯干，木薯干等。

5. 干草类 人工栽培或野生牧草的脱水或风干物，其水分含量在 15% 以下，干草有 3 种类型：

第一类为干物质中的粗纤维含量大于或等于 18% 者，属于粗饲料，其 CFN 形式为 11-05-0000；第二类为干物质中粗纤维的含量小于 18% ，且蛋白质含量小于 20%，属于能量饲料，CFN 形式为 4-05-0000；另有一些优质豆科干草，如苜蓿或紫云英，干物质含量中粗蛋白质大于或等于 20% 且粗纤维含量小于或等于 18% ，按国际饲料分类原则属于蛋白质饲料，CFN 形式为 5-05-0000。

6. 农副产品 指农作物收获后的副产品，如藤、蔓、秸、荚、壳等。有 3 种类型：第一类为干物质中粗纤维含量大于或等于 18% 者，属于粗饲料，CFN 形式为 1-06-0000；第二类为干物质中粗纤维含量小于 18% ，且粗蛋白质含量小于 20%者，属于能量饲料，CFN 形式为 4-06-0000；第三类是干物质含量小于 18% ，且粗蛋白质含量大于或等于 20% 者，按饲料分类属于蛋白质饲料，CFN 形式为 5-06-0000。后两种类型罕见。

7. 谷实类 粮食作物的籽实中除某些带壳的谷实外，粗纤维、粗蛋白质的含量都非常低，在国际饲料分类中属于能量饲料，如玉米、高粱、稻谷等，CFN 形式为 4-07-0000。

8. 糠麸类 干物质中粗纤维含量小于 18% ，粗蛋白质含量小于 20% 的各种粮食的碾米、制粉副产品，如小麦麸、米糠、玉米皮、高粱糠等。在国际饲料分类中属于能量饲料，CFN 形式为 4-08-0000。粮食加工后的低档副产品或米糠中加入无实际营养价值的稻壳粉等，其中干物质的粗纤维含量多大于 18% ，按国际饲料分类原则属于粗饲料，如统糠、生谷机糠等，CFN 形式为 1-08-0000。其他类型罕见。

9. 豆类 豆类籽实中可供作蛋白质饲料者占多数，CFN 形式为 5-09-0000。但也有个别豆类的干物质中粗蛋白质含量在 20% 以下的，如广东的鸡子豆和江苏的爬豆，则不属于蛋白质饲料，而应属于能量饲料，CFN 形式为 4-09-0000。干物质中粗纤维含量大于或等于 18% 者罕见。

10. 饼粕类 有 3 种类型：第一类为干物质中粗纤维含量小于 18% ，粗蛋白质含量大于或等于 20% 的饼粕类，按国际分类应属于蛋白质饲料，CFN 形式为 5-10-0000；第二类为干物质中粗纤维含量大于或等于 18% 的饼粕类，即使其干物质中粗蛋白质含量大于或等于 20% ，按国际饲料分类原则则仍属于粗饲料，如有些多壳的葵花饼等，CFN 形式为 1-10-0000；还有一些低蛋白质、低纤维的饼粕类饲料，如米糠饼、玉米胚芽饼等，则属于能量饲料，CFN 形式为 4-08-0000。

11. 糟渣类 干物质中粗纤维含量大于或等于 18% 者归入粗饲料，CFN 形式为 1-11-0000；干物质中粗蛋白质含量小于 20% ，且粗纤维含量也小于 18% 者属于能量饲料，如粉渣、醋渣、酒糟、甜菜渣、饴糖渣中的一部分都属于此类，CFN 形式为 4-11-0000；干物质中粗蛋白质含量大于或等于 20% 且粗纤维含量小于 18% 者，在国际饲料分类中属于蛋白质饲料，如啤酒糟、饴糖渣、豆腐渣等，CFN 形式为 5-11-0000。

12. 草籽树实类 干物质中粗纤维含量大于或等于 18%者属粗饲料，CFN 形式为 1-12-0000；干物质中粗纤维含量在 18% 以下，粗蛋白质含量小于 20% 者属能量饲料，如稗草籽、沙枣等，CFN 形式为 4-12-0000；但也有干物质中粗纤维含量在 18% 以下，粗蛋白质含量在 20%以上者，较少见，CFN 形式为 5-12-0000。

13. 动物性饲料 来源于渔业、畜牧业的产品及加工副产品。按国际饲料分类原则，干物质中粗蛋白质含量大于或等于 20%者属于蛋白质饲料，如鱼、虾、肉、皮、毛、血、蚕蛹等，CFN 形式为 5-13-0000；粗蛋白质及灰分含量都较低的动物油脂类属能量饲料，如牛脂、猪油等，CFN 形式为 4-13-0000；粗蛋白质及脂肪都较低，以补充钙磷为目的的属矿物质饲料，如骨粉、贝壳粉、蛋壳粉等，CFN 形式为 6-13-0000。

14. 矿物质饲料 可供饲用的天然矿物质，如石灰石粉、白云石粉、大理石粉等，但不包括骨粉、贝壳粉等来源于动物体的矿物质及化工合成及提纯物，CFN 形式为 6-14-0000。

15. 维生素饲料 由工业提纯或合成的饲用维生素，如胡萝卜素、硫胺素、核黄素、维生素A、维生素D、维生素E等，但不包括富含维生素的天然青绿多汁饲料，CFN形式为7-15-0000。

16. 添加剂及其他 指为了补充营养物质，提高饲料利用率，保证和改善动物品质，促进动物生长繁殖，保障动物健康而加入到饲料中的少量或微量营养性及非营养性物质。如促生长剂、抗氧化剂、防霉剂等，CFN形式为8-16-0000。随着饲料资源的开发和饲料科研水平的提高，凡出现不符合上述1～15亚类的分类原则者，都归入此类。

三、饲料分类编码和饲料数据库

(一)饲料分类编码的方法

国际饲料分类编码方法是给每种饲料一个标准号。此标准号由6位数组成，分三节。第一节1位数1～8，代表8大类中一种；第二节2位数，代表大类下面的亚类；第三节3位数，代表亚类下面的第某号饲料。每一类饲料可供99 999种饲料编号用。8大类可供799 992种饲料编号。通常第二节和第三节的数字联合使用：如4-02-879，代表第4类饲料中的第2879号饲料。也可说成是第四大类中第二亚类的879号饲料。国际饲料分类编号便于用计算机贮存饲料资料；便于查找资料；便于修改扩充资料；便于用计算机配合饲料、准确配制最低成本饲料；便于机械化饲养动物和饲料公司对饲料营养特点有明确理解，以利于适宜组织饲料供应和有效组织生产。如4-02-879和3-07-739同是玉米籽实，前者为干玉米、后者为青贮，营养特点明显不同，前者一般CP和无N浸出物为10.9%和80.3%，后者为12.3%和79.2%。

我国的饲料分类法首先按国际饲料分类原则将饲料分为8大类，而后结合我国传统分类习惯分成16亚类，对每类饲料冠以相应的饲料编码，共7位数；模式为0-00-00000，其首位数1～8分别对应国际饲料分类的8大类饲料，第一位为国际分类编码，第2位、第3位为我国饲料编码亚类序号，第4位第7位为顺序号。由此可见，我国饲料分类的编码系统最多可以容纳8×16×9 999=1 279 872种饲料。数量比国际分类多，且增加了第2位、第3位位码层次，在划分饲料种类上更明确，用户既可根据饲料分类原则判断饲料性质，又可以根据传统习惯，从亚类中检索出饲料资源出处，是对国际饲料编码系统的重要补充。

(二)饲料数据库

我国已经建立了饲料数据库，可以通过电脑查询。为了方便读者，本书后面列出了常见饲料的营养成分含量，详见附录。

第二节 蛋白质饲料

蛋白质饲料是指干物质中粗纤维的含量在18%以下，粗蛋白质含量在20%以上的饲料。与能量饲料相比，本类饲料蛋白质含量很高，且品质优良，在能量价值方面则差别不大，或者略高。蛋白质饲料一般成本较高，来源有限，资源较缺乏。随着需要的不断增加，使这类饲料变得越紧张。蛋白质饲料可以分为植物性蛋白质饲料、动物性蛋白质饲料、单细胞蛋白质饲料和非蛋白氮饲料。非蛋白氮饲料主要针对反刍动物，在鱼饲料的生产和使用中非常有限。

一、植物性蛋白饲料

植物性蛋白质饲料包括豆类籽实及加工副产品，各种油料籽实及其油饼油粕，以及某些谷实的加工副产品。

(一)豆科籽实

豆类籽实曾经是我国主要的蛋白质饲料，现在通常以人类食用为主，只有生产过剩而价格相对低廉时才考虑用作饲料。特别是在需要添加油脂的配合饲料中，应用含脂肪高的豆类可生产出相当于添加油脂的高热能饲料，在颗粒饲料中可减少直接添加油脂的用量，有利于获得品质较好的颗粒饲料。

1. 大豆　大豆原产于我国东北，根据种皮颜色分为黄豆、青豆、黑豆等，以黄豆最多，其次是黑豆。

大豆属于蛋白质含量和脂肪含量都很高的蛋白质饲料，如黄豆和黑豆的蛋白质含量分别为37%和36.1%(表9-4)，粗脂肪含量分别为16.2%和14.5%，而且大豆的蛋白质品质较好，表现在植物蛋白质中最易缺乏的赖氨酸含量较高(表9-5)，如黄豆和黑豆的赖氨酸含量分别为2.30%和2.18%，但蛋氨酸不足。

表9-4　几种豆类成分及营养价值　%

营养成分	黄豆	黑豆	豌豆	蚕豆
干物质	88.0	88.0	88.0	88.0
粗蛋白质	37.0	36.1	22.6	24.9
粗脂肪	16.2	14.5	1.5	1.4
粗纤维	5.1	6.8	5.9	7.5
无氮浸出物	25.1	29.4	55.1	50.9
钙	0.27	0.24	0.13	0.15
磷	0.48	0.48	0.39	0.40
赖氨酸	2.3	2.18	1.61	1.66
蛋氨酸	0.40	0.37	0.10	0.12

表9-5　一些植物蛋白饲料的限制氨基酸　%

种类	第一限制性氨基酸[①]	临界缺乏氨基酸[②]	化学比分[③]
花生	赖，苏	异，缬，亮	43
大豆	胱，蛋	苏，缬	47
胡豆	胱，蛋	苏，色	28
豌豆	胱，蛋	色	—
油菜籽	异	缬	62
太阳瓜子	赖	亮，蛋，胱	56
亚麻籽	赖	亮	59
芝麻籽	赖	苏，异	42
棉籽	赖	胱，量	50
菜豆	胱，蛋	色	—
绿豆	胱，蛋	色	—
紫花豌豆	胱，蛋	—	37

注：①指饲料中氨基酸只能供给需要量的90%以下者；②指饲料中必需氨基酸能供给需要量的90%～100%者；③以鸡蛋蛋白中的必需氨基酸作为标准。

赖＝赖氨酸；苏＝苏氨酸；异＝异亮氨酸；蛋＝蛋氨酸；色＝色氨酸；缬＝缬氨酸；亮＝亮氨酸。

大豆脂肪酸含不饱和脂肪酸较多，其中必需脂肪酸——亚油酸的含量可占55%，故易氧化，脂肪中含有植物固醇、色素、维生素等，另外还含有1.8%～3.2%的磷脂，具有乳化作用。

大豆中碳水化合物含量不高，淀粉在大豆中的含量甚微，为0.4%～0.9%。其中有一定量的阿聚糖、半乳聚糖和半乳糖酸相结合组成半纤维素存在于大豆细胞中，对营养物质的消化有一定的影响。

矿物质中以钾、磷、钠居多，其中磷约60%是植酸磷，钙的含量高于谷实类，但仍低于磷。在维生素方面与谷物相类似，但维生素 B_1、维生素 B_2 略高于谷实类。

生大豆中含有一些有害物质，如胰蛋白酶抑制因子、血细胞凝集素、抗维生素、赖氨酸、皂甙、雌激素、胀气因子等，它们影响饲料的适口性、消化性和动物的一些生理过程，但这些有害成分除了后3种外，其他均不耐热，经湿热加工使其活性消失。

2. 膨化大豆粉(全脂大豆粉) 由于渔用饲料的特定要求，全国各地很多的饲料厂都以全脂大豆为原料，采用膨化大豆粉，已大量用于渔用饲料中。膨化大豆粉是将全脂大豆破碎后，通过膨化机处理，得到膨化大豆的碎屑，然后粉碎即成膨化大豆。全脂大豆还可以经过焙炒、蒸煮、压片、微波处理或加热等方法使大豆熟化，成为熟大豆粉。

膨化大豆的营养成分与生大豆相近，但生大豆中的有害物质如胰蛋白酶抑制因子通过加热可以破坏，改善饲料的适口性，提高饲料效率。膨化大豆粉中不饱和脂肪酸含量较高，易于氧化，贮藏过程中，应注意仓库温度、湿度、光照等因素。关于膨化、焙炒、蒸煮压片大豆粉的一般营养成分见表9-6。

表9-6 膨化、焙炒、蒸煮大豆粉的一般营养成分 %

营养成分	膨化大豆	焙炒大豆	蒸煮压片大豆
水分	8	5.1	11.6
粗蛋白质	38	40	37
粗脂肪	18	19.7	19.2
粗纤维	5.4	5.2	5.4
粗灰分	5.6	5.1	4.7
钙	0.24		
磷	0.58		

3. 豌豆 CP(22%～25%)、EE比大豆少，Met、Lys含量比大豆低。Try较缺。饲用价值不如大豆。矿物质含量中Ca少，P多。维生素中胡萝卜素含量比大豆多，甚至可与玉米媲美。但缺乏维生素D。在生产中使用，出现鲫鱼肉在烹调时变硬。

4. 植物分离蛋白 某些植物性蛋白源比动物性蛋白源便宜，且营养价值高，经济实用，为此在渔用饲料中提高植物性蛋白的比例以及寻找合适的植物蛋白源，已成为各国饲料研究和开发的热点。目前研究和利用得比较多的是以下几种：

(1)大豆蛋白粉 大豆蛋白粉比脱脂大豆粉蛋白质含量高，而且资源丰富，所以能广泛地应用。大豆蛋白被认为是能满足鱼类必需氨基酸要求的最好的植物性蛋白质，鱼类对其有较高的消化率，消化程度与鱼粉蛋白质相同或更高。其营养价值见表9-7。

(2)小麦蛋白粉 小麦蛋白粉是制造食用面粉中的副产品，是将小麦粉用水捏和后，以水洗涤除去淀粉，而后得到的强黏性面团，俗称面筋。小麦蛋白粉含70%以上的蛋白质，其中以谷蛋白和醇溶蛋白为主，这类蛋白质吸水会产生黏性，并可以拉成丝，添加少量食盐可以增强其黏弹性。这种特性在鳗鱼、鳖饲料加工中显得很重要。可以提高粉状饲料和颗粒饲料在水中的稳定性，但价格比较贵。

(3)玉米蛋白粉　玉米蛋白粉是玉米淀粉厂在加工玉米淀粉时的副产品。玉米蛋白粉的蛋白质含量一般分为40%和60%两种,其氨基酸组成特点是蛋氨酸含量高,赖氨酸和色氨酸含量明显不足。渔用饲料中使用蛋白质含量60%的玉米蛋白粉时更容易满足饲料对蛋白质的要求。其营养价值见表9-7。同时可以增加饲料的黏结能力。玉米蛋白粉中还富含色素,其中主要为叶黄素和玉米黄质,前者为玉米的15～20倍,是良好的天然着色剂。用于观赏鱼的饲料和鱼虾饲料中都可起到着色的作用。

(4)蚕豆蛋白粉　蚕豆是我国传统的栽培植物,其蛋白质含量丰富,质地柔软,是良好的粮食和饲料资源。蚕豆蛋白粉是粉丝加工时的副产品,干燥后干物质可达80%以上,粗蛋白质可达65%以上,可以作为植物蛋白源在饲料中加以利用,其营养价值见表9-7。

表 9-7　大豆、玉米、蚕豆蛋白粉的一般营养成分　%

营养成分	大豆蛋白粉	玉米蛋白粉		蚕豆蛋白粉
		含粗蛋白40%	含粗蛋白60%	
干物质	97	89.9	90.1	88
粗蛋白质	54	44.3	63.5	66.3
粗脂肪	1	6	5.4	4.7
粗纤维	3	1.6	1	4.1
无氮浸出物		37.1	19.2	10.3
粗灰分	6.5	0.9	1	2.6
钙			0.07	
磷			0.44	0.5

(二)饼粕类

富含脂肪的豆类籽实和油料籽实提取油后的副产品统称为饼粕类饲料。经压榨提油的饼状副产品称作油饼,经浸提抽油后的碎片或粗粉状副产品称为油粕。我国油脂厂的榨油工艺与方法多种多样,归纳起来主要有清洗、脱壳、破碎、软化、轧坯、蒸炒这几个步骤,然后进行脱油。脱油的方法有压榨脱油法、浸提脱油法和预压-浸提法。

对于含油低的油料常采用溶剂浸提法,压制的薄片送入抽油机内用溶剂浸提,常采用的溶剂是正己烷。浸提一段时间后,一般含25%～30%溶剂,必须用烘焙法脱去溶剂,将饼片进行湿热处理,冷却干燥后粉碎,即成为油粕。此法生产出来的饼粕含脂量为1%左右。

对于含油脂高的油料常用压榨法,压榨后的剩余物呈饼状或瓦片状,压榨法榨油不完全,油饼的残油量为4%左右。如果是冷榨(常温或低温65℃)的条件,用作饲料时还需进行加热处理。

预压-浸提法是油料籽实经预处理后,先用压榨机榨取部分油脂,所得预榨饼(含油率12%～14%)再经适当破碎后输入浸提器进行浸出。目前对菜籽、棉籽等含油量比较高的油料普遍采用这一方法。通过预压-浸提法所得到的油粕,油脂残留少,有的在1%以下,故蛋白质含量高,但可消化能值变低。

油饼、油粕是我国主要植物蛋白质饲料,使用广泛,用量大。渔用饲料中常用的有大豆饼粕、棉籽(仁)饼粕、菜籽饼粕、花生(仁)饼粕、胡麻饼粕、向日葵(仁)饼粕,还有数量较少的芝麻饼粕、蓖麻饼粕、红花饼粕和棕榈饼等。

1. 大豆饼粕　大豆饼粕是目前使用最广泛、用量最多的植物性蛋白质饲料,世界各国普遍采用。其他饼粕类的使用与否以及用量都以与大豆饼粕的比价来决定。与其他饼粕类相比,大豆饼粕具有如下优点:风味好,色泽好,具有很高的商品价值;成分变异少,质量稳定,数量多,可大量经常供应;氨基酸组成平衡,消化率高;可取代部分昂贵的蛋白源;合理加工的大豆饼粕不含抗营养因子,使用时不需考虑用量限制;不易变质,霉菌、细菌的污染较少。在加工渔用饲料时,它既能充当精料,又能用于特种水产品饲料,如在虾、鳖、鳗鲡饲料中作为植物性蛋白源与鱼粉配合使用,既能发挥较好的养殖效果,提高饲料利用率,又能降低成本。目前海水鱼的养殖发展迅速,如在饲料中合理使用大豆饼粕,可以起到替代部分鱼粉的作用。大豆饼、大豆粕的国家标准见表 9-8。

表 9-8 大豆饼、大豆粕的国家标准

(CB 10379—89) %

指标	豆饼			豆粕		
	一级	二级	三级	一级	二级	三级
粗蛋白质	≥41.0	≥39.0	≥37.0	≥44	≥42.0	≥40.0
粗脂肪	<8.0	<8.0	<7.0	<2.5	<2.5	<2.5
粗纤维	<5.0	<6.0	<7.0	<5.0	<6.0	<7.0
粗灰分	>6.0	>7.0	>8.0	>6.0	>7.0	>8.0

大豆饼粕在畜禽和鱼饲料及特种动物饲料中广泛使用,主要是由于它蛋白质含量高,品质好,蛋白质含量高达 40%~47%。蛋白质中氨基酸的组成也优于其他饼粕类饲料,其中赖氨酸含量较高,可达 2.9%,位居所有饼粕类之首,仅低于鱼粉。且赖氨酸和精氨酸的比例也较适合,异亮氨酸(2.3%)和亮氨酸(3.4%)含量较高且比例适当。但蛋氨酸和胱氨酸含量偏低,赖氨酸和蛋氨酸的比例有些失调,因此以大豆饼粕为主要蛋白质来源的饲料应注意补充蛋氨酸。

生大豆中具有较多的抗营养因子,最主要的是抗胰蛋白酶因子。抗胰蛋白酶因子对温度很敏感,因此在生大豆脱油过程中加热温度和加热时间非常重要。如加热适当,其活性消除,可以提高大豆饼粕的营养功效;如未经加热或加热不足,抗胰蛋白酶因子未被破坏或破坏程度较小,蛋白质的效率降低;但如果大豆饼粕热处理过度,会导致蛋白质变性,氨基酸尤其是赖氨酸和精氨基酸被破坏,降低蛋白质的营养价值。由此可见,大豆饼粕的质量及饲用价值主要受热处理程度的影响,目前评价的指标有水溶性氮指数、尿素酶活性、维生素 B_1 含量、抗胰蛋白酶活性、蛋白质溶解度等。大豆饼粕加热后最合适的水溶性氮指数还没有一定的标准,一般最低不低于 15%,最高不超过 30%,日本提出的标准是大豆粕要求在 25%以下。不同的加热条件下大豆粕的营养价值和化学性质见表 9-9。

表 9-9 不同的加热条件下大豆粕的营养价值和化学性质

(引自白元生《饲料原料学》,1999;王道尊《渔用饲料实用手册》,2004) %

营养成分	未加热	加热不足	正确加热	过度加热
水分	12.7	12.7	12.4	12.2
粗蛋白质	39.3	44.5	45.7	48.8
粗脂肪	0.7	0.6	1.0	0.7
可溶性无氮物	34.2	29.4	30.4	28.4
粗灰分	6.1	6.5	6.0	6.3
粗纤维	7.0	6.3	4.5	3.6
蛋白质相对效率	40	78	100	91
抗胰蛋白酶因子	57	57	33	15
可溶性氮指数	78.2	22.2	17.2	13.4

豆粕经不同时间加热对营养成分的变化影响很大。通过试验发现，将上述大豆粕制成渔用配合饲料养鱼，未加热的生大豆粕组，鱼的生长受到抑制，死亡率增加，鱼体肌肉蛋白质和脂肪含量明显偏低，血液成分中的血浆蛋白、白蛋白、磷脂、胆固醇和锌的含量偏低。而摄食经加热处理的大豆粕的鱼，随着大豆粕加热处理的时间的增加，各项指标逐步趋于正常，接近对照组（鱼粉组），其中以180 ℃下加热 30 min 的效果最好。

2. 棉籽（仁）饼粕 我国的棉花产量一直居世界第一，年产棉籽（仁）饼粕是饼粕类饲料中最多的一种，主要产区为河北、河南、山东、安徽、湖北等省。很长一段时间，由于棉籽（仁）饼粕含有有害物质而大部分作为肥料，随着生产者对棉籽（仁）饼粕认识的提高，越来越多的棉籽（仁）饼粕被用于饲料工业中。

棉籽饼粕的质量与棉籽壳的含量有很大的关系，含棉籽壳的量大，生产的饼粕质量差，含壳的数量小，饼粕的质量好，如果完全脱壳生产的为棉仁饼粕，质量最好。棉饼粕的加工方法不同，其营养价值相差很大，现以棉仁饼粕为例，不同的加工方式，其成分见表 9-10。

表 9-10 棉仁饼粕的一般营养成分

（引自白元生《饲料原料学》，1999；关心富《饲料学》，1991）

营养成分	压榨饼	浸提粕
水分/%	7.5(6.5～10)	9.5(9～11.5)
粗蛋白质/%	41(39～43)	41(39～43)
粗脂肪/%	4(3.5～6.5)	1.5(0.5～2.0)
粗纤维/%	12(9～13)	13(11～14)
粗灰分/%	6(5～7.5)	7(7～8)
钙/(mg/kg)	0.2(0.15～0.35)	0.15(0.05～0.3)
磷/(mg/kg)	1.1(1.05～1.4)	1.15(1.05～1.4)
游离棉酚/%	0.04(0.02～0.07)	0.3(0.1～0.5)

一般棉仁饼粕的蛋白质含量达 40%以上，甚至可达 44%，与大豆饼粕不相上下。未去壳的棉饼粕蛋白质含量为 24%左右，带有部分壳的棉饼粕蛋白质含量 34%左右，粗纤维含量在 12%～15%。棉仁饼粕的氨基酸组成的特点是赖氨酸不足，精氨酸过高。赖氨酸的含量为 1.3%～1.6%，约为大豆饼粕的 50%，而精氨酸含量高达 3.6%～3.8%，仅低于花生饼粕。赖氨酸和精氨酸之比是 100∶270，远高于 100∶120 的理想值。因此在利用棉仁饼配制日粮时应考虑添加赖氨酸，并考虑与精氨酸含量低的菜籽饼粕配伍使用，有利于平衡氨基酸。另外，棉仁饼粕中蛋氨酸的含量也较低，为 0.4%左右，仅为菜籽饼的 55%。棉仁饼粕中碳水化合物以戊聚糖为主，粗纤维含量为 12%左右，代谢能水平约 10 MJ/kg，而含壳的棉籽饼粕粗纤维含量可达 16%，最高可达 18%，代谢能水平只有 6 MJ/kg。在维生素和矿物质方面，含胡萝卜素很少，维生素 D 含量也很低，钙少磷多，磷以植酸磷为主，占 71%，利用率很低，含硒量很少，约 0.06%，不及菜籽饼的 0.07%。

棉籽饼粕中的有毒成分一直是棉籽饼粕在饲料中广泛使用的重要障碍。棉花植物的所有部分包括根、茎、叶和果实都含有棉酚，棉籽中棉酚的含量为干物质的 0.03%～0.2%。尤其在棉籽的棉仁色素腺体中含量最多，呈黄褐色。在脱油过程中，一部分棉仁转入油内，一部分留在饼粕中。在加热过程中，大部分游离的棉酚与蛋白质和氨基酸结合，变成结合棉酚。结合棉酚对动物没有毒害，因为在肠道内不被吸收。少部分游离棉酚存在于饼粕中，单胃动物摄食过量或长时间摄食可导致中毒。我国 2001 年 10 月 1 日颁布、实施的《无公害食品渔用配合饲料安全限量农业行业标准》规定，在温水杂食性鱼类、虾类渔用饲料中，游离棉酚≤300 mg/kg，在冷水性鱼类、海水性鱼类渔用饲料中游离棉酚≤150 mg/kg。

3. 菜籽饼粕　油菜是我国主要的油料作物，因此菜籽饼的产量很大。很多饲料厂用菜籽粕作为蛋白质饲料，菜籽饼粕的营养价值成分见表9-11。

表9-11　菜籽饼粕的营养成分

（引自白元生《饲料原料学》，1999；关心富《饲料学》，1991）　　%

类别	粗蛋白质	粗脂肪	粗纤维	无氮浸出物	钙	磷	有效磷
菜籽饼	36	7.8	10.7	29.3	0.73	0.95	0.29
菜籽粕	39	1.4	11.8	32.8	0.79	0.96	0.29

从菜籽粕的营养成分看，粗蛋白质水平一般在36%～39%，低于大豆饼粕蛋白质的含量，且蛋白质的消化率也较低，其粗纤维的含量约为大豆饼粕的2倍。菜籽饼粕的必需氨基酸组成与大豆饼粕相近，赖氨酸的含量为1.2%～1.4%，低于大豆饼粕，与棉饼粕相似，但蛋氨酸含量为0.6%～0.8%，高于大豆饼粕和棉饼粕。且精氨酸的含量只有棉饼粕的一半。赖氨酸与精氨酸之比大约为1∶1。

菜籽饼粕中钙、磷含量和比例比较合适，并且磷的含量较其他饼粕类高，但可利用的有效磷含量不高。

菜籽饼粕中的有害成分主要是硫葡萄糖苷。当油籽破碎以后，在一定水分和温度条件下，自身含有的芥子酶将硫葡萄糖苷分解为异硫酸氰盐和噁唑烷硫酮。这两种物质都可以致甲状腺肿，降低动物的生长。此外还含有芥酸和单宁，前者可造成脂肪在心脏积蓄，抑制生长，后者影响适口性和营养物质的消化。

我国生产的菜籽饼(RSM)基本上都属于高毒RSM范围，其中白菜型菜籽生产的饼粕比甘蓝型菜籽生产的饼粕毒性低些。RSM使动物致毒，主要是引起肝、甲状腺损害。RSM适口性差，多用影响采食量。加工过程不合理，Lys损失严重。提高RSM饲用价值，目前有以下研究：

(1)物理化学加工脱毒，提高对现有RSM的使用比例，如水洗、浸泡、坑理，适当干热(150 ℃左右)，用工业乙醇提取有毒物质，补加含碘化合物对抗致甲状腺肿等。

(2)通过育种改良，培养低毒油菜品种；低毒RSM，如加拿大的Canola，蛋白质、氨基酸组成与高毒饼近似，但芥酸低于2%(高毒饼可高到40%以上)，硫苷只有高毒饼的1/4左右。据研究低毒饼中磷70%是无机磷。低毒饼加工，只要Lys破坏不严重，可像豆饼一样使用。

(3)现有RSM限量利用。

4. 花生仁饼粕　花生仁饼粕是指花生脱壳后，经机械压榨、溶剂抽提去油脂后所得到的残余物。花生仁饼粕的粗蛋白质含量在38%～47%，粗纤维为4%～7%，粗脂肪含量与榨油方式有很大的关系。压榨法生产出的饼粗脂肪的含量为4%～7%，而浸提法生产的饼粕粗脂肪含量为0.5%～2%。花生仁饼粕虽然蛋白质含量高，但蛋白质品质较差，氨基酸的组成和比例跟谷物籽实类似，即蛋氨酸和赖氨酸含量较低，分别为1.35%和0.39%，而精氨酸和甘氨酸含量却很高，分别为5.16%和2.45%，因此适合与含精氨酸低的饲料如菜籽饼粕、鱼粉、血粉等搭配使用。花生仁饼粕B族维生素含量较丰富，胆碱含量为1 500～2 000 mg/kg，烟酸为174 mg/kg，泛酸为52 mg/kg，但维生素D和核黄素含量较低。其矿物质为钙少磷多，钙的含量为0.2%～0.3%，磷为0.4%～0.7%，但磷多以植酸磷的形式存在，动物的利用率比较低。花生仁饼粕尤其是压榨生产的饼粕具有浓郁的香味，适口性极好，关于我国的花生仁饼粕的营养成分见表9-12。

表 9-12　花生仁饼粕的一般营养成分　%

营养成分	花生仁饼	花生仁粕
水分	9(8.5～11)	9(8.5～11)
粗蛋白质	45(41～47)	47(42.5～48)
粗脂肪	5(4～7)	1(0.5～1)
粗纤维	4.2(4～6)	5.2(5～6)
粗灰分	5.5(4～6.5)	5.5(5～7)
钙	0.2(0.15～0.3)	0.2(0.15～0.3)
磷	0.55(0.45～0.65)	0.6(0.45～0.65)

花生仁饼粕在使用时应注意以下几个方面的问题：

(1)花生仁饼粕中含有胰蛋白酶抑制因子，因此在加工时一定要注意温度的控制。加热的温度在 120 ℃左右，可破坏这种抑制因子，温度过高或过低都会影响蛋白质的利用率。

(2)花生仁饼粕易感染黄曲霉，黄曲霉对热稳定，从饼粕中除去毒素比较麻烦，其产生的黄曲霉毒素易造成雏鸡、雏鸭的死亡。黄曲霉毒素主要分 4 种，即 B_1、G_1、B_2、G_2，其中以 B_1 的毒性最强。对黄曲霉毒性的敏感程度与动物的种类有关，雏禽最敏感。黄曲霉毒素的主要危害是肝损害、胆道增生、肝坏死、肝肿大。同时它还是一种致癌物。因此饲料厂在订购和使用花生仁饼粕时应检验黄曲霉的含量，我国对黄曲霉毒素管理较为严格，以不超过 0.05 mg/kg 为宜。

我国在 2001 年 10 月 1 日公布实施的《无公害食品渔用配合饲料安全限量农业行业标准》中规定：在渔用饲料中，黄曲霉毒素 $B_1 \leqslant 0.01$ mg/kg。

(3)花生仁饼粕蛋氨酸和赖氨酸含量较低，在使用时应考虑与其他蛋白质饲料搭配使用，或补充合成的蛋氨酸和赖氨酸，这样有利于提高蛋白质的利用率，提高花生饼粕的使用效果。

花生仁饼粕是一种较好的植物蛋白质饲料原料，同菜籽饼粕一样具有价格低廉、来源方便等优点，此外还具有独特的香味，适口性好，在渔用饲料中较受欢迎。

5. 芝麻饼粕　芝麻是一种很好的油料作物，很多人喜欢食用芝麻。芝麻饼粕的产量不大，故生产中用得不多。芝麻饼粕与常用的饼粕类相比有一个很大的优点，就是不含不良成分。芝麻饼粕的常见营养成分见表 9-13。

表 9-13　芝麻饼粕中常见营养成分的含量　%

水分	粗蛋白质	粗脂肪	粗纤维	粗灰分	钙	磷	有效磷
6～11	39～46	5～10	6～10	10～13	1.9～2.3	1.0～1.6	0.3～0.4

从蛋白质的氨基酸组成来看，赖氨酸的含量很低，为 0.9%左右，蛋氨酸的含量却很高，约为 0.8%，为饼粕类饲料中的最高者，几乎比其他饼粕类饲料高出 1 倍，其中精氨酸和亮氨酸的含量也很高，精氨酸可达 3.97%。芝麻饼粕中粗纤维含量高，粗脂肪含量也比较高。芝麻饼粕中含有较高的钙、磷、锌，但因为植酸的存在，影响到动物对它们的利用。所以在制作配合饲料时，无论是畜禽还是水产动物都应限量使用。无论制作何种饲料，使用芝麻饼粕时，添加赖氨酸是必需的，尽管如此，使用效果还是比大豆粕差。

(三)糟渣类

糟渣包括啤酒糟、白酒糟、酱醋糟、淀粉渣、豆渣、味精渣、糖渣及果渣等，它们是工业食品和发酵工业的主要副产品之一。随着我国食品工业和发酵工业的迅速发展，每年都有大量的工业糟渣产生。

1. 啤酒糟 大麦是酿造啤酒的主要原料。大麦经温水浸泡2～3 d,发芽后产生大量淀粉酶,经加温干燥,再去掉麦芽根,进一步加工制成糖化液,分离出麦芽汁,剩下的大麦皮等不溶混杂物就是鲜啤酒糟,经干燥处理后即得干啤酒糟。

啤酒糟是大麦提取可溶性碳水化合物后的残渣,其成分除淀粉外,其他与大麦组成相似,但含量按比例增加(表9-14),粗蛋白质含量为22%～27%,氨基酸组成与大麦相似,粗纤维含量较高,矿物质与维生素含量丰富。粗脂肪高达5%～8%,其中亚油酸占50%以上。无氮浸出物为39%～40%,以戊聚糖为主对单胃动物利用率不高。但啤酒糟中有鱼类的诱食因子,故是渔用饲料的良好饲料源。

表 9-14 啤酒糟一般营养成分(占原料的百分比) %

类别	干物质	粗蛋白质	粗脂肪	粗纤维	无氮浸出物	粗灰分	钙	磷
干啤酒糟	91.7	22.2	7.9	14.9	42.5	4.2	0.26	0.28
湿啤酒糟	11.5	3.3	1.3	2.1	4.3	0.5	0.06	0.08

2. 酒糟、酒精糟 用富含淀粉的原料(如高粱、玉米、大麦等)酿造白酒,所得的糟渣副产品即为白酒糟,也称为酒糟。以糯米为原料酿造黄酒,所得到的黄色酒糟副产品为黄酒糟。酒糟的营养价值因原料和酿造方法不同而差异较大,在酿造粮食酒的过程中,由于可溶性碳水化合物发酵成醇被提取,其他营养成分如蛋白质、脂肪、粗纤维和灰分等的含量相应提高,无氮浸出物相应降低,同时在发酵中也产生大量的B族维生素和一些未知生长因子,对鱼类有较好的诱食作用,是比较理想的渔用饲料来源。

酒精糟是发酵法生产乙醇时所得的副产品。制造酒精时,将原料(甘薯、木薯、玉米、高粱等)粉碎、加水蒸煮、冷却、糖化后,在糖化液中加入酿酒酵母(糖蜜等糖化原料直接发酵)进行酒精发酵而生成酒精。剩余部分称为酒精副产品。又可以分为3类:

(1)干酒精糟 对蒸馏废液的固形部分进行干燥的产品,色调鲜明,也叫透光酒糟。

(2)可溶干酒精糟 对除掉固形部分的残液加以浓缩、干燥的产品。

(3)干酒精糟液 将前两种混合起来的产品,也叫深色酒糟。

酒精糟因发酵原料和加工工艺的不同其营养成分差异很大,与原料相比,营养成分除糖类减少外,其他成分均大大增加,而且发酵中产生大量B族维生素和未知的生长因子,B族维生素中以维生素 B_2 和泛酸含量丰富。因此酒精糟是良好的蛋白质、脂肪、维生素和矿物质来源。在酒精糟中以玉米和高粱生产的酒精糟蛋白质含量高,粗纤维含量低,是理想的蛋白质饲料。薯类生产的酒精糟次之,以糖蜜为原料生产的酒精糟蛋白质含量最低。

无论是酒糟还是酒精糟,在渔用饲料中的使用量都比较大,所以应加以重视。不同原料的酒糟和酒精糟的营养成分见表9-15和表9-16。

表 9-15 酒糟的一般营养成分(占原料的百分比) %

营养成分	玉米酒糟	高粱酒糟	甘薯酒糟	白酒糟	黄酒糟
干物质	35	37.7	7	35	35
粗蛋白质	5.8	9.3	1	3.6	11
粗脂肪	3.9	4.2	0.3	1.5	2.3
粗纤维	7.5	3.4	2	12.3	4.4
无氮浸出物	14.8	17.6	0.9	12.9	15.5
粗灰分	3	3.2	0.8	4.7	1.8
钙	0.15		0.09	0.05	0.08
磷	0.17		0.01	0.09	0.18

注:为湿重中的比例。

表 9-16　酒精糟的一般营养成分(占原料的百分比)　%

营养成分	甘薯酒精糟	糖蜜酒精糟	玉米干酒精糟	玉米可溶性干酒精糟	玉米干酒精糟液
干物质	91.9	87.9	92	93	90
粗蛋白质	20.6	10.81	27.1	26.9	28.9
粗脂肪	7.2	0.58	9.3	9.1	12.8
粗纤维	18.1	0.66	12	4	11.8
无氮浸出物	33.7	51.8	41	45	32
粗灰分	12.3	23.24	2.6	8	4.5

3. 酱油糟　酱油的主要原料为大豆、豌豆、蚕豆、豆饼、麦麸及食盐等,这些原料按一定的比例混合,经曲霉菌发酵使蛋白质和淀粉分解,经一系列工艺酿造成酱油,将酱油分离后余下的残渣经干燥得酱油糟。酱油糟的营养价值受原料和加工工艺的影响而有所不同,其一般成分见表 9-17。酱油糟的突出特点是灰分含量高,其中有一半多是食盐,高达 7%,在作为饲料时应注意。

表 9-17　酱油糟的一般营养成分(占原料的百分比)　%

营养成分	水分	粗蛋白质	粗脂肪	粗纤维	粗灰分	钙	磷
含量	10.5～20.5	22.6～30.6	5.9～13.5	10.2～16.8	7.5～13.5	0.7	0.13

4. 醋糟　醋糟是以高粱、麦麸及米糠为原料,经发酵酿造后的残渣,其营养价值取决于加工的原料和工艺。醋的生产中由于加进了一些稻壳以利空气流通,使醋糟的粗纤维含量较高。醋糟的最大特点是含有大量的醋酸,有醋香味,但应防止酸过多对动物造成危害。醋糟的营养成分见表 9-18。

表 9-18　醋渣(糟)的一般营养成分(占原料的百分比)　%

营养成分	醋渣(高粱∶麸皮＝1∶3)	醋渣(麸皮∶粉渣＝4∶1)	醋渣(麸皮∶碎米渣＝4∶3)	醋糟(高粱)
干物质	25	30.5	26.4	35.5
粗蛋白质	4.9	6.9	2.7	8.5
粗脂肪	1.9	2.9	1.4	
粗纤维	4.4	6.9	4.1	3.0
无氮浸出物	13.2	12.8	17.9	
粗灰分	0.6	1.0	0.3	
钙	0.08	0.13	0.04	0.73
磷	0.05	0.08	0.02	0.28

5. 豆渣　豆渣是以大豆为原料制作豆腐所得的副产品,鲜豆渣水分含量高,可达 78%～90%,干物质中粗蛋白和粗纤维含量高(表 9-19),而维生素则大部分转移到豆浆中,豆渣中几乎没有。豆渣中含有抗胰蛋白酶因子等有害成分,需煮熟后用。

鲜豆渣经干燥、粉碎后可作为配合饲料原料,但加工成本高,故在配合饲料原料中使用有限。

表 9-19　豆渣中的一般营养成分(占原料的百分比)
(引自王道尊《渔用饲料实用手册》,2004)　%

营养成分	干物质	粗蛋白质	粗脂肪	粗纤维	无氮浸出物	粗灰分	钙	磷
干豆腐渣	92.1	26	13.5	14.9	33.5	4.2		
湿豆腐渣	10	2.8	1.2	1.7	3.9	0.4	0.05	0.05

二、动物蛋白饲料

(一)动物性饲料的特点

动物性饲料原料主要指用水产制品、畜禽类屠宰后制品及乳制品为原料制成的产品。这类饲料源品种繁多,性质各不相同。这类饲料主要有鱼粉、虾粉、乌贼粉、肉粉、蚕蛹、水解蛋白,其他动物产品如蚯蚓等。其营养特点如下:

(1)粗蛋白质含量高　含量在40%～90%。多数动物蛋白饲料CP都在50%以上。我国生产的鱼粉多数在40%以下,氨基酸含量比较平衡,生物学价值(BV)较高。一般动物日粮中易缺的氨基酸,动物蛋白中都含量较多,利用价值也较高(表9-20)。

表9-20　比较动物蛋白与植物蛋白的营养价值　%

氨基酸	鸡蛋白	肉粉	大豆蛋白	小麦蛋白
Lys(占蛋白的百分比)	7.0	8.7	5.3	2.0
Met+Cys(占蛋白的百分比)	5.7	3.8	1.6	3.1
Try(占蛋白的百分比)	1.7	1.2	1.1	1.1
Thr(占蛋白的百分比)	4.7	4.3	3.7	2.8
利用价值	100	93	74	53

(2)碳水化合物含量较少　一般不含CF。消化率高,因碳水化合物含量少,在这类饲料中碳水化合物不具有重要作用。粗脂肪含量变化大,也不具有重要意义。

(3)矿物质含量较丰富　矿物质含量较丰富,而且比较平衡,利用率也高,动物蛋白饲料的Ca、P含量都比植物性饲料高,如鱼粉Ca可达5%以上,P可达3%以上。

(4)维生素含量比较丰富　特别是B族维生素(包括B_{12})含量都较多,鱼粉中脂溶性维生素A、D含量也较高。

(5)含有未知因子(UGF)　一些动物蛋白中含有未知生长因子,有利于动物生长,这种因子至今尚未搞清楚它是什么物质。估计是一种类似维生素的物质,是动物生长所必需的因子。过去一向叫做动物蛋白因子,后来发现在糟渣、草汁中均存在。所以,有人按来源不同,把UGF含量叫做鱼因子(来于鱼中)、糟渣因子(来于糟渣)、草汁因子(来于植物、草等)。UGF含量多少也随加工过程而有差异。

(二)几种常见的动物蛋白饲料

1. 鱼粉　鱼粉是鱼品(全鱼或鱼加工后的下脚料)经过蒸煮、压榨、脱水、干燥和粉碎等工序制成的干粉粒状产品。鱼粉是优良的蛋白源。不仅蛋白质含量丰富(45%～75%),而且氨基酸齐全,平衡性好,特别是赖氨酸、蛋氨酸和胱氨酸含量明显高于植物蛋白质。鱼粉中含有磷、钙、维生素和动物生长繁殖所必需的微量元素(硒、铜、铁、锌等)。其中钙、磷、维生素B_{12}、胆碱的含量为谷、豆类的数倍和数十倍,还含有丰富的维生素B_2、生物素、烟酸及维生素A、维生素D和维生素E等。

我国鱼粉的种类甚多,由于鱼来源、加工过程不同,饲用价值不同。一般说来,蛋白含量越高,饲用价值越高。水分、脂含量越少,质量越好,蛋白越不易变质,脂肪不易氧化酸败。我国一般有两种鱼粉:进口鱼粉和国产鱼粉。其中进口鱼粉CP高,在50%～60%以上,EE在5%～8%,水分在10%左右,蛋白质氨基酸中Lys含量高。国产鱼粉CP低,蛋白质质量较低,CF较高,食盐含量高。

总的说来，鱼粉是一种高营养价值饲料。常见鱼粉的主要成分见表 9-21。

表 9-21 常见鱼粉的一般营养成分 %

营养成分	秘鲁鱼粉	日本红鱼粉	日本白鱼粉	下杂鱼粉
水分	7.8～10.6	7.0～11.0	6.7～11.1	14.2
粗蛋白质	59.9～68.7	58.2～68.4	63.7～68.9	46.1
粗脂肪	5.1～10.1	5.2～10.8	4.7～7.1	9.9
粗纤维	0～0.7	0.1～0.7	0～0.6	1.88
粗灰分	12.5～22.3	13.5～20.5	16.1～20.7	27.6

根据原料鱼的来源不同，鱼粉又可以分为白色鱼粉和褐色鱼粉。白色鱼粉也叫白洋鱼粉，是采用鲽、狭鳕、无须鳕等鱼类为原料而制成的产品。其外观色淡、呈肉松状，具有特殊的清香气味，在所有的鱼粉中，白鱼粉的品质最佳。褐色鱼粉也称红鱼粉，是采用鲐、鲹、鲱和沙丁鱼等为原料制成的产品。由于原料鱼中含有大量红褐色鱼肉，生产的鱼粉颜色较深，称为褐色鱼粉。褐色鱼粉与白色鱼粉相比，两者的蛋白质和氨基酸没有明显差别，但后者的粗脂肪、水分和新鲜度指标比白色鱼粉高，而且其适口性和消化性也比白色鱼粉低。

鱼粉作为鱼用饲料的优质蛋白源，除了以蛋白质作为主要指标外，还应考虑以下指标：

(1)胃蛋白酶消化率 优质鱼粉的胃蛋白酶消化率一般在 93%以上。

(2)新鲜度指标 新鲜度指标由 4 个指数表达，即挥发性盐基氮(VBN)、酸价(AV)、过氧化物价(POV)和丙二醛硫脲(TBA)。一般鱼粉中的挥发性盐基氮含量为 40～80 mg/g，含量越高，新鲜度越差。鱼粉的酸价应低于 20 个单位，过氧化物价低于 10 个单位，丙二醛硫脲低于 10 个单位。4 项指标的总值越小，鱼粉越新鲜。一般鱼粉新鲜度等级评估见表 9-22。

表 9-22 鱼粉新鲜度等级评估

新鲜度指标总值(AV＋POV＋TBA＋VBN)	新鲜度等级
0～100	良好
101～200	良好至尚可
201～300	尚可
301～400	尚可至不良
401 以上	不良

(3)组胺含量 鱼粉中的组胺一般含量为 0～300 mg/kg，其来源为鱼肉中的组氨酸在微生物的作用下分解生成。鱼粉在加热干燥中，组胺与鱼粉中的赖氨酸的 ε-氨基发生反应，生成有毒物质肌胃糜烂素，其促进胃酸分泌作用是组胺的 10 倍，引起肌胃糜烂的能力是组胺的 300 倍。一般褐色鱼粉的组胺含量高于白色鱼粉。

(4)掺杂掺假 由于鱼粉的价格较贵，贪图暴利的厂家和个人向鱼粉中掺杂各种异物，给用户造成损失。掺杂的种类极其繁多，有尿素、糠麸、饼粕、血粉、羽毛渣、锯末、花生壳、沙砾等，因此在购买时必须进行检测。

(5)发霉变质 由于鱼粉是高营养饲料，是微生物繁殖的良好场所，在高温高湿条件下，极易发霉腐败，甚至发生自燃。因此鱼粉必须经过充分干燥，严格控制水分含量，加强卫生监督，控制鱼粉中细菌、霉菌等有害微生物的含量。

(6)氧化酸败 脂肪含量高的鱼粉及鱼粉贮存不当时，其所含的不饱和脂肪酸极易发生氧化，使鱼粉变质发臭，降低鱼粉的适口性和品质。因此鱼粉中的脂肪含量不宜太多。为防止鱼粉在贮存时脂肪发生氧化酸败，对鱼粉进行脱脂处理是很有必要的。脱脂后的鱼粉保存期可延长2～3年。

为了保证鱼粉的质量，1983年我国制定了国产鱼粉的部颁质量标准（SC 118—83），见表9-23。

表9-23 国产鱼粉部颁标准

（引自白元生《饲料原料学》，1999）

项目	一级品	二级品	三级品
颜色	黄棕色	黄褐色	黄褐色
气味	鱼粉香味，无异臭及焦灼味	鱼粉香味，无异臭及焦灼味	鱼粉香味，无异臭及焦灼味
蛋白质/%	≥55	≥50	≥45
粗脂肪/%	<10	<12	<12
水分/%	<12	<12	<12
盐分/%	<4	<4	<5
砂分/%	<4	<4	<4

2. 乌贼及乌贼内脏粉 乌贼幼体或人类不能食用的乌贼残屑（以头、足为主）经干燥粉碎制成的产品为乌贼粉。其粗蛋白质含量为76%～82%，粗脂肪为5.8%～7.4%，粗灰分为2.9%～6.2%，水分为6.3%～8.3%。纯正的乌贼粉氨基酸组成良好，某些品种的乌贼粉的氨基酸组成中甘氨酸含量特别高，还含有丰富的含硫多功能氨基酸——牛磺酸。

乌贼由于品种不同，其肌肉提取物中的氨基酸组成及含氮物的数量各有不同，但氨基酸的组成中，甘氨酸、丙氨酸、脯氨酸和含硫的多功能氨基酸——牛磺酸、精氨酸、氧化三甲胺及甜菜碱的含量都比较丰富。已知上述几种物质具有协同作用，对水产动物具有很强的诱食作用。所以添加乌贼粉和乌贼内脏粉的饲料能很快引诱鱼、虾、蟹争食，提高渔用饲料的适口性和饲料的利用率。乌贼粉中含有的丰富的牛磺酸，能增强细胞的营养渗透，改善脂质和磷脂的代谢。另外，乌贼粉中含有卵磷脂、胆固醇、磷、钾，这些都是甲壳动物尤其是虾蟹生长、脱壳过程中不可缺乏的营养物质。

乌贼内脏粉是以乌贼内脏（或其他头足类）为原料，经发酵、分离油脂、干燥、冷却、粉碎等工序制得的黄褐色、褐色、黑褐色或黑色粉末状制品，常作为饲料添加剂。乌贼内脏粉蛋白质含量在50%～52%，比鱼粉低但比虾粉高。脂肪含量在10%～20%，高于鱼粉、虾粉和贻贝粉。乌贼内脏粉中胆固醇、磷脂含量丰富，对甲壳类动物的生存和生长具有重要作用，缺乏胆固醇和磷脂时导致甲壳类动物不能完全脱壳而出现高死亡率。在氨基酸组成方面，与鱼粉相比，乌贼内脏粉氨基酸含量明显偏低，必需氨基酸差别更大，其中苏氨酸、蛋氨酸和异亮氨酸还不到日本产鱼粉的一半，但乌贼内脏粉的牛磺酸含量很丰富。另外，乌贼内脏粉中含有一定量的荧光物质及甘氨酸、*L*-丙氨酸、*L*-缬氨酸，这几种物质与脂肪和胺类协同作用产生很浓的香腥气味，很大程度上促进水产动物的索食和摄食。

乌贼内脏粉作为饲料的安全性问题应充分重视，近年来发现乌贼内脏粉中镉含量较高，易引起饲料中镉含量超标，因此使用乌贼内脏粉时应控制添加量在5%以内。另外，乌贼内脏粉脂肪含量高，很容易引起脂肪的酸败，因此易适当加工和保存。

3. 虾粉及虾头粉 将去除可食部分的新鲜杂虾下脚料、少量整条全虾，经干燥、粉碎而制成的产品称为虾粉。虾粉的营养成分根据原料来源、品种、处理方法及新鲜程度不同而有很大差别。虾粉中粗蛋白质含量为40%～60%，含有丰富的不饱和脂肪酸、胆碱、磷脂和胆固醇，另外还含有还原性的虾青素，具有着色和抗氧化效果，特别是南极磷虾粉作为饲料，效果非常理想，这在日本和俄罗斯早有使用。虾粉的一般营养成分见表9-24。

表 9-24　虾粉的一般营养成分
（引自王道尊《渔用饲料实用手册》，2004）　%

营养成分	虾粉	全虾粉	南极磷虾粉
水分	7.5	7.5	6.3
粗蛋白质	37.2	73.6	60.3
粗脂肪	1.3	6.2	9.9
粗纤维	21.4		5.6
粗灰分	38.2	18.6	14.9
钙	15	3	
磷	2.2	1.1	

虾头粉是虾类加工时剩下的不能食用的残余物（壳、头、尾等）经过干燥后制成的粉末状产品。虾头粉中无机盐含量较高，并富含有胆碱、磷脂和胆固醇，对水产动物具有诱食作用。另外，虾头粉中还含有虾青素，对水产动物具有着色作用。添加量应控制在3%～8%。用户在采购时应注意其质量和新鲜程度，特别应注意盐分的含量，一般盐分应控制在8%以下。

4. 肉粉及肉骨粉　肉粉及肉骨粉是肉类加工厂、屠宰场、罐头加工厂及肉制品联合加工企业的下脚料，经切碎、煮沸、压榨，尽可能去除油脂后，将残余的固型物干燥、粉碎而制成的粉末产品。肉粉与肉骨粉的主要差别是粗蛋白质和磷的含量，一般肉粉的粗蛋白质大于55%，磷的含量在4.4%以下。肉骨粉的粗蛋白质在40%～55%之间，磷的含量在4.4%以上。肉粉氨基酸组成中，赖氨酸含量丰富，蛋氨酸和色氨酸含量较低。在维生素方面，B族维生素尤其是维生素 B_{12}、烟酸和胆碱含量较高，但维生素A和维生素D含量较低。肉骨粉中粗蛋白质除肌肉组织蛋白外，还含有无机氮（尿素、肌酸等）、角蛋白（角、蹄、毛）、结缔组织蛋白、水解蛋白等。其中角蛋白和无机氮几乎没有利用价值，而结缔组织蛋白和水解蛋白的利用率也低。肉骨粉的蛋白质中氨基酸的组成也比肉粉差，其赖氨酸和色氨酸含量低，必需氨基酸含量低，蛋白质生物学价值低。维生素中维生素 B_{12}、烟酸和胆碱含量较高，维生素A和维生素D含量很低。肉粉和肉骨粉的其营养成分见表9-25。

表 9-25　肉粉及肉骨粉的一般营养成分　%

营养成分	肉粉	45%肉骨粉	50%肉骨粉	50%肉骨粉（萃取）
水分	5.4	6	6	7
粗蛋白质	54.4	46	50	50
粗脂肪	8.8	10	8	2
粗灰分	27.5	35	28.5	30
粗纤维		2.5	2.5	2.5
钙	8.2	10.7	9.5	10.5
磷	4.2	5.4	5	5.5

肉粉在鱼饲料中使用不太普遍。在日本，为了节约鱼粉，在配合饲料中将豆粕、玉米蛋白粉和肉粉结合使用，以调整氨基酸的比例，在海水养殖中取得了一定的效果。在欧洲，利用鱼粉和肉粉及其他饲料原料搭配使用制造海水鱼饲料也得到了广泛的重视。

三、微生物蛋白

微生物蛋白质是由能独立生存的单细胞构成，添加于饲料中对增进水产动物的食欲有良好的效果。在水产动物如鳗鱼、虾饲料中加入微生物蛋白质对于提高采食量具有较好的效果。

(一)微生物蛋白质的基本特征

微生物蛋白质饲料主要由细菌、酵母等微生物繁殖生长而来的一类含蛋白质较高的饲料原料。就蛋白质生物学效价而言，介于植物蛋白质和动物蛋白质之间，CP 在 40%～80%以上，氨基酸组成中赖氨酸含量较高，蛋氨酸含量较低。核酸氮含量较高，藻类为 3.8%，酵母为 6%～12%，细菌为 20%。另外还含有丰富 B 族维生素和矿物质。粗纤维含量较少。并且含有丰富的酶系，各种营养成分也比较协调。但适口性较差(味苦)。

目前来源是人工控制下的工业化生产，如酵母蛋白、石油酵母蛋白等。不管哪种方式，成本均较高；饲用价值也还有待进一步研究提高。一些 SCP 的营养含量比较见表 9-26。

表 9-26 SCP 的营养组成比较(DM) %

营养成分	海藻	真菌	酵母	细菌	豆饼	鱼粉
CP	52.0	32.0	60.0	74.0	45.0	64.0
EE	15.0	5.0	9.0	8.0	1.0	9.0
ASH	7.0	2.0	6.0	8.0	6.0	18.0
CF	11.0	28.0	—	—	6.0	—
Lys	2.4	1.5	4.2	4.1	2.8	4.7
Met+Cys	1.7	0.8	1.7	2.3	1.3	2.8

(二)微生物蛋白的种类

1. 海藻粉 海藻粉是由各种海藻制成的粉剂，可作为渔用饲料的添加剂。我国可利用的海藻品种很多，如褐藻、红藻等。海藻内含有多糖、寡糖、色素、不饱和脂肪酸、甜菜碱、多酚类物质和酶类等水产动物所需的营养物质。因此，将海藻粉制成粉剂作为饲料添加剂具有物美价廉的优点。

海藻粉作为渔用饲料的添加剂，可增强水产动物抗菌、抗病毒、抗应激能力；补充各种无机盐和维生素；提高饲料的黏结性能，进而提高饲料效率；增强鱼体表的色素沉着，提高商品价值；防止水产动物因起捕、运输、越冬过程中的体重下降。

海藻粉广泛用于鲷、鰤、黄条鰤 、红鳍东方鲀 、比目鱼、对虾、鳗、香鱼等渔用饲料中，添加量为 5%，在鲍鱼饲料中的添加量可以大幅度增加。

2. 饲料酵母 将酵母繁殖在糖类(如糖蜜、木材废液、甜菜渣)和氮源(硫酸铵、尿素、豆粕)等营养源上，培养出来的产品经干燥后即得饲料酵母。根据原料和生产干燥的方法不同，饲料酵母可以分为下面几种：

(1)基本干酵母 以培养基繁殖植物性非发酵性酵母后的产品，干燥后即得成品，其粗蛋白质含量不低于 40%。

(2)活性干酵母 以特殊方法干燥后的干酵母。大部分酵母仍具有发酵能力。本品不含有谷物或其他填充物，每克应有 1 500 万个以上的活酵母。

(3)照射酵母 非发酵酵母经紫外线干燥后，具有抗佝偻病效果的酵母产品。

(4)蒸馏干酵母 谷物及酵母发酵所得的酿酒液，在蒸馏前后所得植物性非发酵酵母干燥后的产品，所含粗蛋白质不低于 40%。

(5)纸浆废液酵母 以亚硫酸纸浆废液作培养基，接种假丝酵母培养所得的产品。

(6)啤酒酵母 将啤酒制作过程中不能利用的大麦液的残渣进行干燥所得的产品。其中含有酵母合成的蛋白质、维生素、矿物质及其他养分，粗蛋白质不低于 35%。

饲料酵母的营养成分因酵母的种类和加工干燥方法不同而不同，其营养成分见表 9-27。

表 9-27　各种饲料酵母的一般营养成分　%

营养成分	啤酒酵母	纸张废液酵母	
		未脱核酸	脱核酸
水分	9.3	6	6
粗蛋白质	51.4	46	45
粗脂肪	0.6	2.3	2
粗纤维	2	4.6	4.8
粗灰分	8.4	5.7	8

饲料酵母的粗蛋白生物学价值介于植物蛋白质和动物蛋白质之间，其氨基酸的组成中赖氨酸、色氨酸、苏氨酸、异亮氨酸等几种重要的必需氨基酸含量较高，而精氨酸和蛋氨酸含量相对较低，使用时应注意氨基酸的平衡。啤酒酵母因含有未知的生长因子，对鱼、虾等水产动物具有促进生长的作用；其细胞壁中含 40％的 β-葡萄糖，能增强鱼、虾对疾病的抵抗力，并且具有抗应激的效果。饲料酵母在渔用饲料中的用量一般为 3％～6％。

3. 石油酵母　石油酵母是指用石油产品或天然气为原料，利用微生物生产的一种单细胞蛋白质。外观呈淡灰色粉末，气味似酵母，略具芳香味。可以用作生产石油酵母的微生物有酵母菌、细菌和放线菌，但大多数采用酵母菌。

石油酵母中粗蛋白达 60％，比其他酵母高 10％左右。氨基酸的组成中，赖氨酸含量较高，与鱼粉相似，含硫氨基酸较低。粗脂肪在 10％以上，利用率较高。微量元素中铁含量比鱼粉高。其营养物质的消化率与鱼粉和大豆粕类似。其营养价值见表 9-28。

表 9-28　石油酵母的一般营养成分　%

营养成分	水分	粗蛋白质	粗脂肪	粗灰分	钙	磷
含量	6～8	60～63	9～14	6～18	0.13	2.5

在渔用饲料中以石油酵母替代部分鱼粉的试验证明：在虹鳟饲料中可添加 15％，鲤鱼饲料中添加 10％～45％，鳗鲡饲料中添加 50％，健康和生长并没有受到明显的影响。

关于石油酵母中含有的重金属和 3，4-苯骈芘的安全性问题，受到世界各国的关注。我国研制的石油酵母经国内许多试验证实对动物是安全的，3，4-苯骈芘的含量也在世界卫生组织规定的 5 μg/kg 标准内。当然在使用中是否会产生其他什么问题，还有待于进一步研究。

第三节　能量饲料

按国际分类标准，凡粗纤维小于 18％，粗蛋白质小于 20％ 的饲料都属于能量饲料。按此标准，能量饲料主要有以下 4 类：①谷实类籽实；②谷类加工副产品；③块根、块茎类；④油脂。能量饲料是现阶段动物生产最重要的饲料，也是与人争食最严重的一类饲料。

一、谷实类籽实

(一)营养分布

一般谷类籽实的解剖结构可分为 4 个部分：种皮（籽实最外层）、糊粉层（种皮下面的一层）、胚乳(在糊粉层内面)和胚(种子尖部),不同原料的结构组成见表 9-29。

表 9-29　一些谷类籽实的结构组成　%

品种	小麦	玉米	高粱	大麦	燕麦
外壳				13.0	25.0
种皮	8.2	6.5		2.9	
糊粉层	6.7	2.2	8.0	4.8	9.0
胚乳	81.5	79.6	82.0	76.2	63.0
胚芽	3.6	11.7	10.0	3.0	2.8

(1)种皮　粗纤维含量高,种子的粗纤维绝大部分集中在种皮中(含 CF 13%～15%),维生素和矿物质含量也丰富。

(2)糊粉层　含粗蛋白质较丰富(20%左右),其中包含部分非蛋白质氮、维生素。

(3)胚乳　主要含淀粉,其中包括部分单糖、还原二糖,如麦芽糖、纤维二糖、乳糖、蜜二糖、龙胆二糖等(成熟者 1%～3%,不成熟者 4%～5%);也含有少量蛋白质,主要是醇溶蛋白(<10%)。

(4)胚　含脂肪最多,可高达 30%以上,如稻谷高达 35%;蛋白质主要是贮藏蛋白,其中谷蛋白占 20%左右。此外,还含有矿物质和维生素。

(二)营养特点

(1)无氮浸出物含量高,一般都在 70%～80%,其中淀粉含量在 50%～60%以上。燕麦则低于此价值(无氮浸出物只有 60%左右,淀粉不到 40%)。可消化能都在每千克饲料 3 Mcal 左右。淀粉是这类饲料最有饲用价值的营养物质。

谷类淀粉由直链淀粉和支链淀粉组成,前者对动物的利用率比后者高。不同谷类淀粉粒的大小不一样,直径在 0.001～0.2 mm 内变化。稻米最小,玉米淀粉粒次最小,小麦再次之,其他更次。不同谷类直链淀粉和支链淀粉含量不同(表 9-30)。一般直链淀粉在 30%左右,也可能达到 70%。在淀粉粒结构中,直链淀粉在内,支链淀粉在外。

表 9-30　不同谷类籽实的营养含量(DM)　%

营养成分	玉米	小麦	大麦	小黑麦	黑麦	高粱	小米	稻谷	燕麦
CP	10.6	13.0	12.0	14.0	11.6	12.0	12.8	8.4	12.0
EE	4.7	2.3	2.3	2.2	2.2	3.5	3.8	1.7	5.5
CF	2.4	2.7	5.2	2.7	2.7	2.9	9.5	9.1	11.2
NEE	80.8	80.2	77.9	79.1	81.3	79.6	69.6	76.1	68.0
淀粉	70.0	68.0	59.0	62.0	64.0	70.0	59.0		44.0
ASH	1.5	1.8	2.6	2.0	2.2	2.0	4.3	4.7	3.3
Ca	0.04	0.08	0.12	0.09	0.09	0.04	0.05	0.18	0.12
P	0.31	0.40	0.39	0.36	0.32	0.33	0.34	0.39	0.38

淀粉粒中还有部分蛋白(主要是醇溶蛋白)和磷酸。磷酸与支链淀粉外面的碱基结合(脂化),就表现出淀粉糊化后的黏性。自然状态淀粉的螺旋形结构与淀粉中的少量蛋白成氢键结合和自身氢键结合,形成粒状。淀粉膨化实质上就是氢键断裂的过程。由于氢键断裂,淀粉链变松、扩大。这种现象在 45～55 ℃的水中即可出现。若不到此温度,在水中的时间长了,也有部分氢键失去作用,使淀粉晶格变化,充满水分而扩大。进一步加热,达到 65～80 ℃,则螺旋链充分松弛而产生糊化(但没有链的水解),冷后变成较难溶于水的硬块(老化)。生产鱼的不溶于水的饲料就可利用这

一特点。其好处是不溶于水。坏处是要再分解则比较困难。糊化后的淀粉(α-淀粉)水分含量低于10%,不易老化。利用率也高。

(2)粗纤维含量低,平均在2%~6%。燕麦偏高,在10%~17%。

(3)粗蛋白含量低,平均在10%左右,变动范围在7%~13%。蛋白质品质较差。赖氨酸和色氨酸比较缺乏。经研究发现,所有谷类蛋白中,清蛋白和球蛋白含量都比较少,而这两种蛋白又是含赖氨酸和色氨酸比较丰富的蛋白。相反,谷类蛋白中占80%~90%的醇溶蛋白和谷蛋白,缺乏赖氨酸和色氨酸。从而造成谷类蛋白营养价值低,生物学价值(BV)只有50%~70%。

(4)粗脂肪含量低,平均在2.5%左右,大部分集中于胚中,可达10%~20%,且以不饱和脂酸为主(容易氧化酸败)。小麦粗脂肪含量比玉米低2~3倍。

(5)矿物质含量不平衡,一般是钙少磷多(钙0.02%~0.05%,磷0.3%~0.5%),磷主要以植酸磷的形式存在,利用率低。

(6)维生素含量不平衡,一般维生素B_1、尼克酸、维生素E较丰富;维生素B_2、维生素D等较缺乏。

(7)适口性好,各种动物都喜欢采食。

(三)几种禾本科籽实

1. 玉米　玉米是畜禽的基础饲料,有能量之王之称,常用做衡量其他能量饲料的标准,在渔用饲料中也有一定的使用量。但是,玉米的蛋白含量低(7%~9%),蛋白品质也差,缺乏赖氨酸和色氨酸。据证明,玉米中醇溶蛋白占总蛋白的50%以上,造成赖氨酸和色氨酸缺乏。有研究认为通过施氮肥可增加总氮含量,但不增加生物学价值(主要是增加醇溶蛋白)。高赖氨酸玉米中赖氨酸、色氨酸含量比普通玉米要高2倍。BV为0.72~0.78(一般0.63)。玉米中淀粉约占70%,脂肪含量约为4%,其中亚油酸所占比例较高,达2%左右,不适于碎粉保存,以免酸败,甚至在潮湿环境中易发霉。维生素E含量较高,约为20 mg/kg,维生素B_1为3.5~4.6 mg/kg。但维生素D、维生素K、核黄素和烟酸则相对缺乏。矿物质中,钙含量特别低,只有0.02%,磷比其他谷类都低,只有0.2%~0.3%,大部分以植酸磷的形式存在,利用率低。玉米特有的长处是其胚乳部分含有以β-胡萝卜素、叶黄素和玉米黄质为主的色素,具有着色作用,在观赏鱼和需着色的鱼饲料中使用有一定的着色效果。

2. 小麦　能量价值与玉米等同或略高,小麦在适宜饲用条件下有可能达到玉米的105%。小麦蛋白的质和量均比玉米高,粗蛋白质为10%~16%,在谷类中算最高者;赖氨酸含量也比玉米略高(平均0.67%)。麦粒内以种皮、胚芽的含量较多。脂肪约占3%,糖类在胚乳中占70%,主要是淀粉。维生素以B族和维生素E的含量较多。由于小麦价格较高,全粒小麦作饲料较少。

小麦粉在渔用饲料中除作为能量饲料外,在很多场合下还起到黏结剂的作用,能维持饲料成型后在水中的稳定性。另外,小麦粉的适口性及消化吸收性均为上乘,并且价格低廉,来源方便,因此是通用的渔用饲料。

3. 大麦　由于种皮较厚(15%),甚至可能还含有一层颖壳,因此能量价值一般只有玉米的90%,粗蛋白质比玉米高,约为12%。蛋白质的生物学价值比玉米稍高,钙磷也比玉米多,但胡萝卜素不足。动物利用时以粉碎为佳。

4. 燕麦　主要产于北方高寒地区,是一种地区性较强的饲料。营养价值在谷类中最低,粗纤维含量为10%以上,粗脂肪约达5%,在谷类中最高。淀粉类等可消化性糖类在谷实中最低,约为66%。粗蛋白含量较低,约为11.4%,氨基酸组成不很平衡。

5. 稻谷 主要产于南方，饲料价值与大麦和燕麦近似。粗纤维较高，约为10%。粗蛋白质为7%～9%，在谷类饲料中最低，但赖氨酸含量比其他谷类高，可达0.5%以上。维生素和矿物质与其他谷物近似，只是稻谷胡萝卜素较少。

6. 高粱 高粱的营养成分与玉米相似，但蛋白质品质优于玉米。CP为11%～13%。Lys、Thy、Try较缺。ASH为2%左右。EE比玉米少(约为3.8%)。DE为3.3 Mcal/kg左右。Ca少，维生素D较缺。由于高粱中含有单宁(白高粱、黄高粱含单宁为0.2%～0.4%，棕色高粱为0.6%～3.6%)而略有涩味，适口性差，所以用量不宜过高。高粱中缺乏色素，在需要着色的商品中使用时会减少色素沉积。

7. 荞麦 不属于谷类。CF为11%～17%，因籽实含18%～22%的木质化壳。CP为8%～16%，主要由清蛋白、球蛋白组成。醇溶蛋白和谷蛋白远比一般谷类少。Lys比谷类籽实高(在相同蛋白水平下)。EE为1.8%～3.7%。适口性较差。

(四)谷物中常见的限制性氨基酸

所有谷类用作单胃动物日粮，第一限制性氨基酸一般是1～2种，赖氨酸几乎都是第一限制性氨基酸。见表9-31。

表9-31 一些谷物中的限制性氨基酸

(引自白元生《饲料原料学》，1999) %

种类	第一限制性氨基酸①	临界缺乏氨基酸②	化学比分③
燕麦	赖，苏	色，异	57
荞麦	赖，苏	赖	51
大麦	异	异，亮	54
稻谷	赖，苏	异，亮，苏	57
黑麦	赖，苏	异，亮，缬	46
高粱	赖，苏	蛋，胱	31
小黑麦	蛋		
小麦	赖，苏，异	缬，亮	42
玉麦	赖，苏	色，缬，异	41

注：①指饲料中氨基酸只能供给需要量的90%以下者；②指饲料中氨基酸能供给需要量的90%～100%者；③以蛋白中的氨基酸作为标准。

赖＝赖氨酸； 苏＝苏氨酸； 异＝异亮氨酸； 蛋＝蛋氨酸；色＝色氨酸； 缬＝缬氨酸； 亮＝亮氨酸。

二、谷类加工副产品

糠麸类是粮食加工的主要副产品，资源十分丰富，是目前的主要商品性饲料之一。尽管其营养成分明显受加工方法和加工的精细程度影响，与加工之前的物料相比，糖类含量较低，但其他营养物质的含量相应提高。目前粮食加工类的副产品主要有两大类：米糠和麦麸。

(一)糠麸的营养价值

(1)无氮浸出物含量低，仅40%～50%，与豌胡豆近似。

(2)粗蛋白含量较高(12%～15%)，介于禾本科籽实和豆科之间。

(3)粗纤维比籽实高,在10%左右。

(4)粗脂肪含量较高,脂肪不饱和程度高,易酸败,使糠麸变苦。

(5)矿物质含量较丰富,平均在1%以上,但多数动物利用率都较低。钙和磷不平衡。磷主要以植酸磷的形式存在,动物的利用率低。

(6)B族维生素较丰富(维生素B_1、尼克酸等),维生素A、维生素D较缺,而维生素E含量比较丰富。

(二)糠麸的种类

1. 米糠、脱脂米糠　米糠俗称青糠,是糙米制成大米时的副产品。主要由种皮、糊粉层、外胚层和部分胚组成,营养价值变化很大。米糠能量价值较高,仅次于稻谷。CP为13%～15%,其中赖氨酸含量为0.6%,蛋氨酸含量为0.2%,近似玉米的1倍,Lys是第一限制性氨基酸,Met是第二限制性氨基酸。细米糠粗纤维都在10%以上(10%～15%)。粗脂肪在15%左右(平均12%),是麦麸的4倍左右。其中油酸及亚油酸占79.2%,脂肪中还含有2%～5%天然的维生素E。米糠中富含B族维生素,尤其是肌醇含量较高,对鱼、虾养殖很有利。但米糠中维生素A、维生素D和维生素C缺乏。米糠所含矿物质中,钙、磷比例不平衡,所含磷多半为植酸磷,利用率低。新鲜的米糠适口性好,其饲养价值相当于玉米的80%～90%,可作为动物的能量饲料,但其粗脂肪含量高,而且不饱和脂肪酸含量高,极易氧化、酸败、发热、发霉,给原料使用和贮存带来很大的不便。为了安全有效地利用米糠,对米糠进行压榨脱脂是较好的解决方法。米糠经压榨脱脂后称糠饼(经浸提脱脂的称糠粕),在压榨脱脂过程中,除了减少部分脂肪和维生素外,其他的营养成分基本上被保留下来,而且适口性和消化率得到了改善,有利于安全贮藏。

米糠是渔用饲料中草食性及杂食性鱼类配合饲料的重要原料,同时也是青虾、罗氏沼虾、河蟹等配合饲料的能量饲料,因为米糠还能提供鱼、虾、蟹所需的必需脂肪酸及维生素。

2. 麦麸、次粉　麦麸主要由小麦种皮、糊粉层、少量胚芽、胚乳组成。小麦麸俗称麸皮,是面粉厂加工面粉时的副产品。麦麸质地疏松,适口性好,可利用能值高,蛋白质含量在15%左右,可达17%,氨基酸的平衡性比较好。含脂肪4%左右,以不饱和脂肪酸为主。粗纤维比细米糠稍低(9%左右),可达11%,麦麸也是动物较好的维生素、矿物质来源,维生素E含量高,维生素A、维生素D含量少。矿物质含量较丰富,但钙和磷比例不平衡,磷较多,属植酸磷,约占75%,但含植酸酶,吸收率还可以。

次粉是面粉厂生产特制粉种过程中产生的糊粉层、胚乳及少量的细麸的混合物,是介于面粉和麸皮之间的产品。次粉除作为饲料原料外,还具有补助黏合作用,故在渔用饲料厂中用量较大。次粉中还有一种含筋量(谷蛋白)高的的粉种,称为高筋次粉,具有一定的黏弹性,在鱼饲料中使用能提高饲料在水中的稳定性,故常被广泛采用。

3. 其他糠麸类饲料

(1)统糠　稻谷加工的副产品为谷糠,谷糠可分为砻糠、米糠和统糠。砻糠是稻谷加工糙米时脱下的谷壳,质地粗硬,粗纤维含量为46%,属于差粗饲料,粉碎后即成砻糠粉。统糠有两种类型,一种是稻谷一次加工白米分离出的糠,占稻谷的25%～30%,其营养价值介于砻糠和米糠之间。另一种是将米糠和砻糠混合而成,根据两者混合的比例不同,又可分为一九统糠、二八统糠、三七统糠、四六统糠等多种。统糠的营养价值取决于砻糠的比例,砻糠比例越高,营养价值越差。由于统糠来源广泛,价格低廉,一般渔用饲料厂尤其是中小型厂家在饲料原料价格上涨而四大家鱼的价格下降时以统糠作为填充料,降低饲料成本。这种做法是不可取的。

(2)大麦麸　大麦麸是加工大麦时所得的副产品,分为粗麸、细麸及混合麸,粗麸多为碎大麦壳，因而粗纤维含量高。细麸的能量、蛋白质及粗纤维含量都优于小麦麸。混合麸是粗细麸混合物，营养价值也居于两者之间。

(3)玉米糠　玉米糠是玉米制粉过程中的副产品之一，主要包括种皮、胚和少量的胚乳。由于玉米种皮占比重大，粗纤维含量较高，故不适合喂幼小动物。如果玉米被黄曲霉污染，玉米糠中含量约为玉米的 3 倍之多。

(4)高粱糠　高粱糠是加工高粱的副产品，其消化能和代谢能都高于小麦麸，但因其中含有较高的单宁，适口性差，易引起动物便秘。

三、块根、块茎及瓜果类饲料

块根、块茎及瓜果类饲料包括木薯、甘薯、马铃薯、胡萝卜、饲用甜菜、芜菁甘蓝、菊芋和南瓜，这类饲料含水量高，容积大，但以干物质计其能值类似于谷实类，且粗纤维和蛋白质含量低，故应属于能量饲料。

(一)块根、块茎及瓜果类饲料的营养特点

(1)能量　新鲜者水分含量高(75%～95%)。粗纤维低，一般都小于 1.0%。每千克含 DE 0.5～1.1 Mcal，但按干物质算，与禾本科籽实近似。CF 在 10%左右，不含木质素。

(2)粗蛋白　含量较低。按 DM 算只有 5%左右；鲜样仅含 1%～2%。CP 中 NPN 约占一半以上。CP 中氨基酸不平衡，Lys 或 Met 较缺。

(3)矿物质　含量不均匀，钙和磷极少，钾含量丰富(在低蛋白饲粮中具有重要意义)。配制日粮时要注意补充食盐以调整钠和钾的比例。

(4)维生素　含量变化大。胡萝卜富含维生素 A(胡萝卜素)和 B 族维生素。其红色比黄色含量高。洋芋、红苕胡萝卜素少，B 族维生素与一般精料类似，维生素 D 缺乏，甜菜维生素 C 含量较丰富。

(5)适口性　一般都较好，易消化。

(二)几种常见的块根、块茎类

1. 木薯　木薯又称树薯、树番薯，我国南方地区种植较多。木薯可分为苦味种和甜味种两大类。在木薯的干物质中，大约 90%为无氮浸出物，且绝大部分为淀粉，粗纤维含量低，因而能值高。木薯的蛋白质含量很低，在 1.5%～4%之间，且品质差，其中一半左右为非蛋白质含氮化合物，以亚硝酸盐和硝酸态氮居多。在氨基酸的组成上，赖氨酸和色氨酸相对较多，蛋氨酸和胱氨酸相对缺乏。在矿物质上钾、钙含量高而磷含量低，微量元素和维生素含量几乎为零。木薯含量高的饲料要特别注意搭配其他饲料。木薯与大豆饼粕类产品配合饲料时，其所含植酸会与钙、锌结合而妨碍其吸收和利用，应额外添加。木薯中含有木薯甙，在酶的作用下会产生氢氰酸，其含量因品种、栽培季节、土壤及气候等因素而变化。一般甜味木薯含氢氰酸较少，不需要去毒可直接使用，而苦味木薯需脱毒处理或限量饲喂。去毒方法有加热、去皮或切片水浸、切片晒干等。

近年来，木薯越来越多地应用于配合饲料，但因其含有生长抑制因子，大量使用超过 50%会出现适口性差、生长缓慢或死亡率增加的现象。部分块根饲料的氮含量比较见表 9-32。

2. 甘薯　又名红薯、白薯、番薯、地瓜等，是我国种植最广、产量最大的薯类作物。甘薯的块根富含淀粉，用作饲料的比例逐渐增加。新鲜甘薯含水量约为 70%，甘薯作为饲料除了鲜喂、熟喂

外，还可以切片晒干粉碎成甘薯粉使用。甘薯的营养价值比不上玉米，无氮浸出物占 80%，其中绝大部分是淀粉。甘薯的成分特点与木薯相似，但不含氢氰酸，红心甘薯中胡萝卜素和叶黄素含量丰富，在鱼饲料中主要作为生产黏结剂的原料。

3. 马铃薯　又称土豆、地蛋、山药蛋、洋芋等，除作为粮食、蔬菜和工业原料外，也是一种重要的饲料原料。马铃薯块茎中 80%是淀粉，能值较高，粗蛋白质含量在 11%左右，高于木薯和甘薯，赖氨酸含量比较高。其氨基酸的构成比较齐全，蛋白质的生物效价与大豆接近。马铃薯在鱼饲料主要作为黏结剂的原料。

表 9-32　部分块根饲料的氮含量(DM)　%

种类	总 N	总 N 平均	蛋白 N/(占总 N 的百分比)	NPN/(占总 N 的百分比)
木薯	0.1～1.1	0.3	20～40	60～80
洋芋	—	1.6	50	50
红苕	0.4～1.4	0.7	>50	>50

四、液体能量饲料

液体能量饲料主要包括饲用油脂和糖蜜。

(一)油脂

油脂是油与脂的总称，按一般习惯，在室温下呈液态的称为油，呈固态的称为脂。随着外界温度的变化，两者的形态可以转变，但其本质不变。油脂来源于动、植物，是水产动物的重要营养物质之一，由于它比任何饲料原料提供更多的能量，因而在饲料中有独特的作用。在生产渔用配合饲料时，可以减少粉尘，减少饲料浪费，增加饲料适口性，延长制粒机环模使用寿命，提高饲料质量。

由于养殖对象的不同，添加油脂的品种也有不同。渔用饲料中添加的油脂主要是不饱和脂肪酸，如淡水鱼饲料中一般需要亚油酸和亚麻酸，这两种脂肪酸大量存在于植物种子油、豆油和亚麻子油中；而海水鱼饲料中更多地需要多不饱和脂肪酸，这类脂肪大量存在于鱼油中。因此，加工饲料时应加以区别，使原料得到充分的利用。

1. 动物性油脂

(1)陆上动物油脂　陆上动物油脂是以畜禽组织如肥膘、肉皮、骨头、内脏等经过加热、加压、分离或浸提而制得，一般是肉类加工厂的副产品。其成分以甘油三酯为主，总脂肪含量超过 90%，不皂化物低于 2.5%，不溶解物在 1%以下。这类油脂有牛油、猪油、禽油等动物油及调制的动、植物混合油，品质差异较大，渔用饲料加工中及水产养殖单位几乎不用。

(2)水产动物油脂　水产动物油脂泛指鱼油、鱼肝油和海产哺乳动物油。主要种类有鳀鱼油、鲱鱼油、金枪鱼油、沙丁鱼油，鱼肝油主要是鳕鱼肝油，海产哺乳动物油为鲸鱼油。

鱼油的主要成分是由混合脂肪酸与甘油构成的甘油三酯。鱼油的脂肪酸不饱和程度比较高，其组成因鱼的品种、季节、饵料、年龄而有差异。一般来说，沙丁鱼、鲐等洄游性鱼类油脂的不饱和程度高。在夏季，多脂的鲱鱼含五烯酸和六烯酸比冬季高很多。另外，冷水性海水鱼类的油脂的不饱和程度比温水性鱼类高。鱼油的 n-3 脂肪酸含量极为丰富，但稳定性差，使用时应加以提炼。

2. 植物性油脂　植物性油脂是从油料作物的种子或果实中提炼出来，其成分以甘油三酯为主，总脂肪含量超过 90%。植物性油脂有豆油、玉米油、菜油，生产渔用饲料时往往与鱼油按比例搭配使用。

3. 粉末油脂 以油脂为囊心，酪蛋白、乳糖、淀粉为囊材，经过特殊加工工艺而得到的类似粉末状的微囊油脂，称为粉末油脂。按规定其油脂含量应达70%以上。采用喷雾干燥法制得的成品，质量较为稳定。粉末油脂的特点是加工渔用饲料时添加方便，且能提高油脂的消化吸收率，便于贮藏和运输，但价格昂贵，用户难以接受。在日本，粉末油脂用于制备鱼、虾的饲料，养殖效果较为理想。

4. 其他油脂产品和副产品

(1)乌贼油(或鱿鱼油) 是从乌贼(或鱿鱼)内脏降解产物中分离而得到的油状物。由于我国目前还没有专门加工乌贼粉的工厂，故上述两种油的品质参差不齐，渔用饲料厂在采购、使用时应把握质量。

(2)大豆磷脂 大豆油脱胶过程中所得到的复合磷脂产品称大豆卵磷脂，大豆卵磷脂以卵磷脂、脑磷脂、肌醇磷脂和甘油三酯为主，含少量的生育醇、配糖体和色素等。大豆磷脂用于鱼饲料中，可促进营养物质的消化，加速脂类的吸收；提供和保护饲料中的不饱和脂肪酸；提高制粒的物理质量；引诱鱼、虾采食，提高饲料效率并提供未知的生长因子。磷脂对处于开食阶段和快速生长阶段的鱼有效，对稍大规格的鱼种和成鱼未显示出明显的促生长作用。

(3)菜油磷脂 菜油精炼时的副产品——油脚，也称菜油磷脂。浓缩菜油磷脂的成分为残油30%、磷脂50%、水分20%。菜油磷脂还可以提供必需脂肪酸及丰富的维生素。添加在草鱼、鳊鱼等经济鱼类饲料中能促进生长，提高饲料效率，降低饲料成本。菜油磷脂来源方便，在制造菜油的油脂厂都能购买到。由于菜油磷脂具黏稠性，流动性差，如要在饲料中均匀添加，应预先制作成预混料。

5. 饲用油脂的使用与贮存 渔用饲料对油脂的使用取决于养殖品种和它所生活的环境，即天然水体中饵料脂肪酸的组成。如养殖淡水鱼，可以添加植物油或植物磷脂，养殖鳗鲡以鱼油和豆油(玉米油)按1：2的比例混合为好，养殖鳖可以单独使用玉米油。对于海水鱼，如真鲷、牙鲆和鰤鱼则添加鱼油或狭鳕肝油较好。

渔用饲料除了选择适当的油脂种类，对油脂的规格及质量要求也很高。因为油脂在贮存过程中，受光、热、湿、空气或微生物作用，会产生氧化或水解反应，经过一系列复杂的变化后生成挥发性的低分子醛类、酮类和酸类，产生刺激性的"哈喇味"或臭味，这就是油脂的变质。变质酸败的油脂品质差，不仅适口性降低，而且会影响饲料的利用率，使鱼类生长受阻，组织病变，对鱼虾造成直接的毒害作用。油脂的保存要隔绝空气和湿气，降低温度并避免光照，抑制油脂的自动氧化反应。因此油脂应保存于密闭和不透光的容器中，并放置于低温干燥处。金属离子能诱发油脂变质，故应防止油脂与铜等金属接触，而且油脂中要添加适量的抗氧化剂，如丁基羟基甲苯或丁基羟基茴香醚，按每吨200 g加入。

关于油脂的添加方式，过去常采用预拌方式添加，即先用豆粕等吸附后，再逐步扩大混入饲料中，近年来多采用直接喷雾法，即先将油脂加热变成液态，再以喷嘴直接喷雾到饲料中。制造颗粒饲料时，若油脂添加过多，会变软而使颗粒无法成型。可在原料中先加入3%左右，制成颗粒后，剩余的油脂可用喷雾方法直接加入刚从颗粒机中出来且热的颗粒状饲料。这样即使加入12%左右的动物性油脂，也可以制成颗粒良好的颗粒饲料。

(二)糖蜜

糖蜜又称糖浆，是制糖过程中压榨出的汁液经加热、中和、沉淀、浓缩结晶等工序所得到的黏稠液。

根据制糖的原料不同，糖蜜可分为甘蔗糖蜜、甜菜糖蜜、柑橘糖蜜和木糖蜜。糖蜜中含粗蛋白3%～6%，其中多属于非蛋白态氮。糖类是糖蜜的主要成分，以蔗糖为主，还有少量的木糖、阿拉伯糖和果胶。糖蜜中矿物质含量较高，主要是钠、钾、镁等，尤其以钾盐为多，约为3.6%，钙、磷、维生素含量较低。各种糖蜜的营养成分及物理性能见表9-33。

表9-33　各种糖蜜的一般营养成分及物理性能

（引自王道尊《渔用饲料实用手册》，2004）　%

项目	甘蔗糖蜜	甜菜糖蜜	柑橘糖蜜	甘蔗糖蜜*
水分	25	23	29～36	26.8
粗蛋白质	3	6.5	4.1～6.1	3.3
粗脂肪				0.4
粗纤维				0.1
无氮浸出物	63.5	61.5		60.9
粗灰分	8.5	9	4.3～4.7	8.5
钙	0.7	0.12	0.8	1.19
磷	0.1	0.02	0.6	0.11
总糖量	48	49	≥45	
颜色	暗褐色液体	暗褐色液体	黄色或暗褐色液体	
味道	略带甜味和糖香	略甜，带硫磺或焦糖味	柑橘味，略苦	
pH	5～5.5	6～7.5	5	

注：*引自日本标准饲料成分表。

各种糖蜜的营养成分基本相同。在渔用饲料中使用糖蜜有限，仅作为黏结剂使用。如用糖蜜作为原料生产脱核酸酵母，可以作为鳗鲡、鳖、虾、蟹的良好饲料；用糖蜜生产的柠檬酸可以促进虾的生长。

第四节　饲料的抗营养因子

抗营养因子是指饲料本身所固有、影响饲料营养价值、影响动物生长、无明显毒性或偶尔引起动物器官变化的物质，也叫营养抑制因子、抗营养物质或毒性因子。本节对常用饲料中的一些重要抗营养物质做一些基本的介绍。

一、植物饲料中的抗营养因子

植物饲料中固有的抗营养物质是植物正常代谢所产生的，其对植物的作用至今不清楚，可能与植物的特殊代谢形式或与贮藏营养物质、保护植物结构有关。

（一）影响蛋白质消化的抗营养物质

1. 蛋白酶抑制剂　蛋白酶抑制剂是一种蛋白质，整个植物界均存在，豆类含量最多，如大豆饼、胡豆叶、白洋芋中胰酶抑制剂高达6.3%。蛋白酶抑制剂的主要种类是胰蛋白酶抑制剂和糜蛋白酶抑制剂，在肠道中抑制消化酶对蛋白的消化，影响水解释放蛋氨酸和其他氨基酸，也影响氨基酸的吸收。鸡、牛、猪长期饲喂生豆类，发现胰腺器官细胞增生肿大，最近发现抗生物素蛋白也阻止蛋白酶与蛋白质接触。

蛋白酶抑制剂是大豆饼粕中最主要的抗营养因子，其活性明显受温度的影响。加热时间或加热温度不足，蛋白酶抑制剂活性过高，会对动物产生不良影响。但大豆饼粕热处理过度，温度过高或时间过长，会导致蛋白质变性，氨基酸结构尤其是赖氨酸、精氨酸与还原糖的醛基发生美拉德反应，生成氨基糖复合物，降低蛋白质的营养价值。

2. 凝结素 凝结素是一种糖蛋白，动植物组织中均可发现，其抗营养作用与某些糖有高度亲和力有关。如大豆中，凝结素与甘露糖结合，或与N-乙酰葡萄糖胺结合，附在肠壁上干扰营养物质和蛋白质的消化吸收。

3. 皂角苷 皂角苷是一种葡萄糖苷，具有溶血作用，特别是冷血动物，主要因为此物影响细胞膜的结构组成，与膜中胆固醇相互作用则产生溶血。植物性饲料中均不同程度含有皂角苷，饼、粕和苜蓿中含量较高。

4. 多酚化合物 多酚化合物种类甚多，主要有单宁、酚酸类等，影响蛋白消化。主要原因是味苦或涩，影响饲料的适口性和采食量；与蛋白结合降低饲料蛋白质的可消化性；抑制相关酶活性。多酚化合物中影响最大的是单宁。

单宁味苦，谷类饲料中均含有此物。高粱中含量可达5%，菜籽饼(粕)中含量也很高。不同饲料中单宁的存在形式不同，油菜、胡豆中属于聚合型单宁，太阳瓜子中是以绿原酸的形式存在。

单宁适口性差，可降低动物采食量。单宁在消化道通过氢键、离子键、共价键与蛋白质形成复合物，使蛋白质不容易被消化。此物也可直接抑制酶的活性，特别是干扰胰蛋白酶和α-淀粉酶等一系列酶的作用。试验证明，鸡日粮含单宁0.5%～2%就明显降低生长。合成日粮加1%单宁均比对照组差，猪喂高单宁含量的高粱，料重比可降低13%。但在饲料中添加蛋氨酸和胆碱可抗单宁。

5. 胀气因子 植物饲料中的棉籽糖、水苏糖、毛蕊花糖等低聚糖类在动物消化道不能被消化，经微生物发酵分解产生气体CH_4、H_2、CO_2，使动物胃肠道胀气，影响消化道正常生理功能。这些物质在豆类中含量最高，其他饲料中也有(表9-34)。这一部分物质在一般饲料营养价值评定中，明显未予以考虑。

表9-34 一些饲料中的胀气物质含量 %

饲料	棉籽糖	水苏糖
大豆	1～2	1～8
菜豆	0.2～0.4	2.4～3.6
菜籽饼	0.2～1.7	0.3～3
太阳瓜子	3～4	

(二)影响矿物质、微量元素利用的抗营养物质

1. 植酸 植酸是一种很强的金属螯合剂，束缚金属离子(如Ca、P、Mg、Zn、Cu、Fe)，在pH 3～4的条件都不溶，致使这些金属元素不能被吸收。植物性饲料中普遍存在植酸，尤其在菜籽饼粕中含量较高。维生素D可改善植酸中磷的利用率，但也不及无机磷。单胃动物摄食含植酸高的饲料，可能使钙的吸收减少35%。

2. 草酸 一般植物中均含有这种物质，以游离草酸或草酸盐的形式存在，甜菜、菠菜等含量最多。草酸与钙结合形成不溶物草酸钙，从而影响单胃动物消化。

3. 硫葡萄糖苷 又称硫苷，油菜、芥菜及其他十字花科植物都含有硫葡萄糖苷。硫葡萄糖苷本

身对动物无影响，但是当这些种子被破碎后，在一定的水分和温度条件下，经本身芥子酶作用，其产物为异硫氰酸盐、硫氰酸盐和噁唑烷硫酮，影响动物甲状腺的摄碘功能，导致甲状腺肿大、损害肝脏并使动物生长速度降低。菜籽饼中，此物最引人注目，单胃动物比反刍动物敏感，但这类物质在水产动物体内究竟怎样变化、产生何种影响、应该怎样合理使用，有关这方面应加强研究。

4. 棉酚　棉酚种类甚多，主要是黄色棉酚（$C_{30}H_{30}O_2$）。棉籽中特别丰富，主要存在于棉籽的染色体中。游离棉酚在高温下与赖氨酸发生反应生成结合棉酚而不被动物吸收，从而降低棉酚的毒性，但影响蛋白质的生物价。游离棉酚可干扰血红蛋白的合成，造成贫血，使动物生长受阻，同时影响动物的繁殖功能，造成动物不育。导致产蛋鸡蛋黄呈橄榄色，或肝、脾呈黄棕色。渔用饲料的蛋白质含量丰富，可有效地降低棉酚对鱼生长的影响。

（三）影响维生素利用的抗营养物质

植物中现已证明存在影响维生素 A、维生素 D、维生素 E、维生素 K、维生素 B_{12}、维生素 B_6、维生素 B_2 和尼克酸的物质。如大豆中的脂氧酶能破坏维生素 A、胡萝卜素；双香豆醇影响维生素 K 的凝血机制；甲基芥子盐影响维生素 B_1 的利用。其他影响维生素利用的物质虽还未证实具体是什么，但证明其抗维生素的作用是确实的。有这些抗维生素物质的存在，增加动物对相应维生素的用量。

（四）除去抗营养物质的方法

1. 加热处理法　加热处理法是最常见的消除抗营养物质的方法。目前采用的热处理有 4 种，即干热处理法、湿热处理法、压热处理法和蒸汽处理法。该方法的原理是在高温下使影响营养价值的酶类失去活性。

2. 水浸法　原料中的很多有害物质具水溶性，将含有害成分的原料用水浸泡数小时再换水 1～2 次。也可用水浸泡数小时，将水滤去。该方法脱毒效率高，但饼粕中的干物质损失较大，高的可达 26％。

3. 坑埋法　选择向阳、干燥、地温较高的地方挖 1 m 深的坑，铺上草席，将粉碎的饼粕按一定的比例加水浸泡后装进坑内，埋一段时间即可。此方法较多地用于菜籽饼（粕）的脱毒。该法操作简单，成本低，脱毒效果好，但蛋白质有一定的损失。

4. 微生物发酵法　近年国内外研究表明，某些细菌和真菌可以对饼粕类饲料中的某些有害成分进行降解，国内对棉籽饼（粕）中的棉酚和菜籽饼（粕）中的硫葡萄糖苷的发酵去毒法的研究有较大进展，提出了一些方法，但大多数尚属试验阶段，有待进一步完善。

5. 化学方法　用一种化合物对抗抗营养物质，阻止其影响营养物质的作用，如 EDTA 可与植酸结合而降低其与 Zn 结合的程度，含铁化合物可与游离棉酚螯合，使棉酚中的活性醛基和羟基失去作用，形成的棉酚-Fe 复合物在动物消化道内难以吸收。甲基化合物具有抗多酚物质的作用。十字花科饲料添加碘化物，可降低致甲状腺肿。

6. 培育无毒或低毒品种　目前培育低毒油菜品种是解决菜籽饼粕去毒和提高其营养价值的根本途径。

二、动物性饲料中的抗营养因子

（一）饲料中的化学反应产物

饲料在运输、加工、贮存过程中，因温度、水分、微生物及酶类的一系列作用而产生的一类产物，或饲料中本身存在的某些成分，如存在于水产动物体内的硫胺素分解酶，该物质可以分解饲料中的硫胺素，从而使养殖动物容易产生硫胺素缺乏症。这类产物主要有以下几种：

1. 过氧化脂肪 即脂肪酸败。在微生物或植物细胞内的脂肪酶作用下，脂肪被水解为甘油和脂肪酸，脂肪酸被进一步氧化生成具有不良气味的小分子的醛或酮和大量的过氧化物，使脂肪的适口性和营养价值下降，蛋白质的消化率显著下降，过氧化物破坏某些维生素，小分子的醛和酮对鱼、虾有直接的毒害作用。

2. 棕色物质 在高温下碳水化合物和蛋白质中某些氨基酸发生美拉德反应，生成棕褐色的物质，这种物质阻碍动物对蛋白质的消化和吸收（主要是还原性糖的醛基与蛋白质中赖氨酸的δ-氨基发生反应的产物，极大影响到赖氨酸的有效性）。

3. 肾毒氨基酸 如溶素丙氨酸，高蛋白饲料用碱处理则产生此物质。这些物质在一般情况下不可能达到致毒程度，但在集约饲养条件下是可能的。

（二）饲料中的细菌和霉菌

卫生条件不好，加工工艺落后会造成饲料受细菌和霉菌污染。肉粉在含水10%的条件下，细菌、霉菌都可能生长，并产生黄曲霉毒素。已证明这种毒素不但降低生长和饲料效率，还会引起动物的肝坏死。黄曲霉毒素较耐酸、碱、热，最好热压处理。

除去抗营养物质的方法最主要的是避免不必要的化学反应，控制动物原料在贮藏中的水分和温度，合理使用动物性原料。如加抗氧化剂，防止动物性原料中不饱和脂肪的氧化；制定合适的加工工艺过程，防止蛋白质与碳水化合物共热中产生美拉德反应；进行适当干燥，控制原料中的水分和温度，防止饲料中细菌、霉菌繁殖；使用矿物质和维生素来源比较丰富的动物性原料时，在用量和时间上应合理，防止过量添加。

第五节 饲料资源的开发和利用

饲料是养殖业和饲料工业的物质基础，饲料资源的开发利用程度，决定了畜牧和水产业发展的规模和生产方式。我国饲料资源丰富多样，因受自然因素、技术、经济条件等的影响，不少资源的开发利用受到限制，制约了养殖业的发展。特别是水产养殖业在长期的生产发展中，一直存在着产业综合素质偏低，现代化程度不高，利用回报率低，而且受传统习惯的影响，泛用和滥用饲料资源的现象经常发生，使我国有限的资源造成了一定程度的浪费。以下就我国饲料资源的利用现状及开发前景做一分析。

一、我国常规饲料资源的状况

我国常规饲料主要包括以下几种：

1. 饲料粮 饲料粮主要包括用于作饲料的玉米、高粱、大麦、稻谷、薯类及其他杂粮。从资源量上来看，饲料粮一直占常规精饲料的80%，它来自于粮食生产，随粮食生产的丰歉而相应地增减。随着我国耕地面积的不断减少和人口的不断增加，人类与养殖动物争夺粮食的矛盾越来越严重，而且随着石油价格的不断走高，在国际上，用粮食特别是玉米、大豆生产乙醇汽油的趋势越来越明显，这将直接导致饲料粮的价格走高，极大地限制和影响饲料行业的发展。目前我国粮食年产量为

450 亿 t 左右，人均粮食占有量一般在 350 亿～400 亿 t，除去种子、口粮、食品和工业用粮后，每年用于饲料的粮食总量不超过 1 亿 t(饲料用粮占粮食总量的 20%)。而且其中只有 1/3 左右用于饲料工业，2/3 左右分散在农户手中，得不到合理的搭配，甚至使用单一原料饲养动物，饲料报酬低，浪费很大。

2. 糠麸与糟渣类　糠麸类饲料是粮食加工后的副产物，全国年产量在 2 200 万 t 以上，有 85% 可用于饲料，其中以小麦麸产量最高，其次为米糠，还有高粱糠、玉米糠、小米糠等其他杂糠，与饲料粮情况相同，大部分糠麸分布在农民手里，用以直接饲喂，利用很不合理。

糟渣类资源来源于酿造工业、制糖业、副食加工业等，有酒糟、醋糟、酱油糟、豆渣、粉渣、甜菜渣等。全国年生产各类糟渣可达 3 000 万 t 以上，有 95%可用于饲料，但由于其水分含量太大、加工成本高、分布不集中等原因，只有 50%用于饲料，其余则被浪费。今后，随着科学技术的发展、加工工业的改进，用于饲料的比例会提高到 80%以上，因此这类资源的开发潜力很大。

3. 饼粕类　饼粕类的饲料是大豆、棉花和油料籽实榨油后的副产物，包括大豆饼(粕)、菜籽饼(粕)、棉籽饼(粕)、花生饼(粕)、葵花饼(粕)、胡麻饼(粕)、芝麻饼(粕)等。我国各类饼粕的产量可达 1 500 万 t 以上，但用于饲料的只占 30%左右(我国为了削减与美国的贸易顺差，每年从美国进口大豆)。利用不充分的原因主要有以下几个方面：①大豆饼(粕)用途较广，除用于饲料外，也广泛用于食品、酿造、制药工业。②占饼粕资源 65%的棉籽饼、菜籽饼中因含有毒素，利用受到限制。目前，虽然加工方法和工艺比以前有很大提高，但很大一部分棉籽和菜籽在农民手中，其加工方法和工艺还比较落后，其饼粕中残留的毒素仍然是制约动物利用的重要因素。③单一饲喂的方式比较普遍，使饼粕的营养价值得不到充分地发挥，导致饼粕资源浪费严重。

4. 动物性饲料　动物性饲料资源可分为动物蛋白质饲料资源、动物矿物质饲料资源以及动物性饲料添加剂。动物蛋白质饲料资源包括鱼粉、肉骨粉、血粉、猪毛水解粉、羽毛粉及蚕蛹等。动物矿物质饲料包括骨粉和蛋壳粉等。动物性饲料添加剂包括乌贼粉和乌贼内脏粉、肝末粉、贻贝粉等。动物性饲料资源量可达 500 多万 t，但实际利用率很低，不及 10%。这类资源分布广，不易集中，易腐败变质，加工成本高，利用难度大。据统计，全国大中型肉联厂对血、骨、肉粉资源的利用率不到 25%，羽毛、皮革下脚料利用率更低，小城镇和农村根本就没有利用。因此，这类资源的潜力很大，今后应积极开发利用。鉴于加工技术、方法和经济条件的限制，应首先开发大型肉联厂、制革业和渔业生产基地的资源。

二、我国非常规饲料资源的状况

非常规饲料资源主要是指林区的树叶、嫩枝及木材加工下脚料，湖泊水面的水生植物和动物，一些食品工业的副产品，饲养厂和屠宰厂的粪便、胃内容物及畜舍垫草等，具有开发价值的天然矿物质资源及化学工业生产的各种元素及盐类等。这些资源品种多，数量大，分布广，目前开发利用率低。非常规饲料资源从开发利用角度可划分为两类：集中性非常规饲料资源和分散性非常规饲料资源。

集中性质的，包括在统一时间和较集中的地区可批量收购的饲用品，如南方的甘蔗梢、北方的马铃薯块和向日葵盘等。也包括工业生产的副产品和废弃物，如玉米淀粉厂的淀粉废液、酒厂和酒精厂的废液、味精生产厂的味精废液等，另外还有大型屠宰联合企业的动物消化道内容物及养殖场的各种动物粪便和垫草等，食品加工、果品和饮料加工的副产品果渣等。这类资源少数可以直接饲用，多数需经二次加工，使之无害化转化为新形式的饲用品再利用。如各类废液可发酵生产饲料酵母，动物粪便和屠宰废物经灭菌和发酵后再利用。

分散性质的，一般指分散于农村或乡镇，总数量不一定少，但收集、加工存在困难。树叶和水生饲草可划归此类，其中有些经济价值低于收集和运输费用。此外，还有分散在城镇居民点的各种饮食业残羹、居民家中剩饭剩菜和杂骨等。这类分散性质的饲料资源在收集、运输、加工处理等环节上都应形成专业化体系，做到政策鼓励并扶持、渠道畅通无阻、经营者有利可图。

三、饲料资源开发应考虑的几个问题

(一)大力开发能量和蛋白质饲料资源

主要途径有：

(1)通过制油工艺技术的改进，提高饼粕质量及饲用价值，脱除有毒有害物质，使棉籽饼(粕)、菜籽饼(粕)蛋白质的利用率由现在的50%提高到80%以上，大豆饼(粕)的利用率由70%提高到90%以上。

(2)在我国传统制油工艺不能很快提高油脂饼粕的质量前提下，通过采取经济而有效的物理、化学、生物脱毒技术及其营养调控手段，优化各种低质植物蛋白质资源。

(3)有计划地推进工业化生产蛋白质饲料，分期建立单细胞蛋白质饲料、合成氨基酸、饲用非蛋白类产品的工厂。结合传统蛋白质饲料的合理利用，以填补我国严重的蛋白质饲料缺口。

(4)在饲料粮难以增加的情况下，大力开发和优化利用糠麸、糟渣和薯类资源，减少饲料粮的消耗，这是解决我国饲料工业用粮短缺的关键所在。

(二)改革耕作制度，广辟饲料资源

种植业应将传统的粮食、经济作物二元结构逐步转化为粮食、饲料、经济作物三元结构，增加优质高产饲料作物的种植面积。这3类作物种植面积大致比例为：2000年粮食作物占59%、经济作物占20%、饲料作物占21%，到2010年三者应调整到分别占53%、22%、25%。

在南方水稻集中产区，可逐步将200万 hm^2 的双季晚稻或低产稻田改为水稻、玉米、豆类、饲草或饲料作物轮作制。在北方特别是东北、华北地区，适当扩种稻谷，同时改玉米单作为玉米、豆类、牧草间套种。在长江中下游地区，扩大饲用薯类的种植面积。

扩大无毒棉和低芥酸、低硫葡萄糖苷油菜品种的种植面积，大力开发双低、双无品种。种植高蛋白、高糖品种作物，如扩大高赖氨酸、高糖玉米种植，提高单位面积营养物质产量。

(三)充分利用非耕地，增加饲料原料生产

我国还有易垦荒地0.32亿 hm^2，如能开发0.5%～1%，可增产至少1 000万 t 以上饲料粮。我国还有大量零星非耕地，如荒山、荒滩、水滩地及各种小流域，应鼓励个人、集体去开发。

充分利用约0.13亿 hm^2 的水面发展水生饲料如水葫芦、水花生、水浮萍等，利用田埂(占耕地面积7%～12%)种植大豆等饲用作物。

(四)开发草原草山，充分发挥草地生产潜力

我国的草地，包括北方的草原和南方的草山，生产能力都很低。北方草原普遍存在超载过牧，使草原退化、碱化严重，产草量下降，草畜矛盾尖锐。因此，要认真贯彻草原法，加强草原建设，建立人工、半人工草场，在干草的收获、贮藏、运输和加工利用，青草的适时收割、青贮等方面协调做好工作。

南方草山草坡还有 2 000 万 hm^2 没有开发利用，今后应组织力量加快有关草山开发项目的研究，国家增加投资并积极吸收外资，动员农民上山办牧场，并在政策上给予扶持。

(五)推广应用各种青贮和氨化秸秆饲料

我国年产农作物秸秆、秕壳约 6 亿 t，目前饲用率只有 30%，约有 4 亿 t 秸秆、秕壳直接用作肥料，或焚烧掉，或弃置于屋前房后，既浪费了资源，又污染了环境。合理地开发利用这一资源，通过青贮和氨化或其他加工途径，提高其营养价值，可有力地推动我国肉牛、奶牛及养羊业的发展。

(六)充分利用国际饲料市场盈缺

在国内价格超过国际市场时，可进口一部分饲料原料，国家应在配额上给予适当的优惠和支持。同时大力推广无鱼粉、无豆粕日粮，充分利用非常规的蛋白质饲料资源，从而减少我国年达 60 多万 t 的鱼粉进口。

(七)发展饲料工业，促进资源的综合利用

我国饲料工业起步于 20 世纪 70 年代中后期，比发达国家晚半个多世纪。我国饲料工业尽管起步晚，但发展很快，1978 年全国配合饲料、混合饲料的产量仅为几十万吨，而 1989 年全国已有饲料加工厂 6 200 多个，生产配合饲料 3 100 万 t。1994 年全国已有时产 1 t 以上饲料厂 1.2 万家，年双班能力近 8 000 万 t，成为世界第二饲料生产大国。

饲料工业是以利用粮食及其副产品为基础原料的综合性工业，是加强粮食综合利用、节约粮食发展畜牧业最重要而有效的产业。饲喂配合饲料比饲喂单一饲料可节约 25%左右。1978—1993 年全国共生产配合饲料超过 3 亿 t，由此共节约粮食 7 500 多万 t，相当于 0.12 亿 hm^2 耕地的粮食年产量。同时，发展饲料工业促进了各类资源的综合开发利用，如粮食加工、食品加工的副产品和工业下脚料及其他非常规饲料资源的开发利用。

思考题

1. 饲料的含义是什么？国际和国内对饲料是如何进行分类的？
2. 植物性饲料中的抗营养因子分为哪几类？有哪些方法可以消除？
3. 动物性饲料中的抗营养因子是怎样产生的？
4. 简述糠麸类饲料和油脂类饲料的营养学特点及在渔用饲料中的使用情况。
5. 影响大豆饼(粕)使用效果的因素有哪些？在选购时应注意哪些问题？
6. 棉籽饼(粕)的营养性能怎样？棉酚对鱼虾的毒性如何？在饲料中的使用有无限制？
7. 菜籽饼(粕)的营养性能和有毒成分是什么？如何脱毒？
8. 什么是白色鱼粉？什么是褐色鱼粉？各有什么特点？
9. 鱼粉的营养学特点是什么？在生产中应注意什么？
10. 乌贼和乌贼内脏粉的特点是什么？在生产中应注意哪些问题？
11. 单细胞蛋白的基本特征是什么？如何分类？
12. 简述肽的研究进展及对动物的营养生理作用。
13. 简述目前在饲料中使用合成氨基酸的种类及在鱼饲料中添加效果。
14. 我国常规饲料的种类及我国饲料资源的状况如何？怎样对饲料资源进行开发？

第十章 水产动物饲料添加剂

内容提要

本章主要介绍营养型添加剂(氨基酸、微量元素及维生素)的理化特性、生物学作用和应用特点,非营养型添加剂(抗生素、合成抗菌剂、益生菌、饲料保存剂、生物活性制剂、诱食剂、着色剂、中草药添加剂、黏合剂、乳化剂和流散剂等)的特性、作用和应用。

第一节 概 述

饲料添加剂是指为满足特殊需要而加入饲料中的少量或微量营养性或非营养性物质,能保护饲料中的营养物质、促进营养物质的消化吸收、调节机体代谢、增进动物健康,从而改善营养物质的利用效率、提高动物生产水平、改进动物产品品质。最早有目的用作饲料添加剂的物质是抗生素,主要促进动物生长。随着科学的发展,饲料添加剂的研究和应用得到了迅速发展,添加剂种类大大增加,功能作用也不断扩大。

饲料添加剂分类方法很多,主要的分类方法是将添加剂分为营养型添加剂和非营养型添加剂,营养型添加剂包括氨基酸、维生素、矿物质等;非营养型添加剂包括饲料保护剂、酶制剂、生长促进剂如抗生素、化学合成药、益生菌、动物保健剂等。随着生物技术的发展,一些既能改变动物的营养代谢,提高动物生产水平和饲料转化效率,又对动物健康和环境质量无不良影响的生物工程类制剂,将在动物营养和饲料工业中发挥重要作用。

第二节 营养型添加剂

一、微量元素添加剂

微量元素在动物体内具有广泛的生物学功能,参与多种生化代谢过程,发挥着重要的作用。饲料中经常添加的微量元素添加剂有铁、铜、锰、锌、钴、碘、硒、铬等。多为各种微量元素的无机盐类,无机盐类存在比较大的问题是卫生指标,特别是有毒重金属含量超标。近年来,国内外对微量元素的有机化合物螯合盐类的研究和应用越来越多。微量元素的有机化合物螯合盐类除了补充微量元素,还可以强化营养,具有更高的生物学效价。

(一)铁(iron,Fe)

饲用铁的添加剂来源有无机铁和有机铁。

1.无机铁 无机铁主要有硫酸亚铁,有3种形式:无水硫酸亚铁、一水硫酸亚铁和七水硫酸亚铁,含铁量分别为36.8%、32.9%和20.1%。无水硫酸亚铁为灰白色粉末,无臭,易溶于水、不溶于乙醇;有吸湿性。一水硫酸亚铁为淡灰色或淡褐色粉末,略具酸味或无味;水溶性中等;有吸湿性。七水硫酸亚铁为淡绿色至黄色结晶性粉末,微具酸味;易溶于水,亲水性强。饲料中常用一水硫酸亚铁($FeSO_4 \cdot H_2O$)。亚铁盐易被氧化成三价铁,导致铁利用率下降。如果硫酸亚铁的颜色由绿变褐,表示其中氧化铁的含量增加。此外,作为饲料添加剂的还有碳酸亚铁($FeCO_3$)。

2.有机铁 有机铁使用比较多的是富马酸亚铁($C_4H_2FeO_4$),为赤黄色或红褐色粉末,无臭。难溶于水,几乎不溶于乙醇。研究较多的有乳酸亚铁($C_6H_{10}FeO_6 \cdot 3H_2O$)和氨基酸亚铁如赖氨酸亚铁($Fe\text{-}Lys_2$)、蛋氨酸亚铁($Fe\text{-}Met_2$)、甘氨酸亚铁($Fe\text{-}Gly_2$)等。

(二)铜(copper,Cu)

饲用铜的添加剂来源有无机铜和有机铜。

1.无机铜 饲料添加剂常用硫酸铜($CuSO_4$),有3种形式:无水硫酸铜、一水硫酸铜和五水硫酸铜,含铜量分别为39.8%、35.8%和25.5%。无水硫酸铜为青白色结晶粉末;硫酸铜结晶(含水)外观为浅蓝色,呈块状或粉末状,无臭,易溶于水,较难溶于甘油,几乎不溶于乙醇。硫酸铜吸湿性强,应注意密闭保存。饲料中常用五水硫酸铜。

近年来,碱式氯化铜的研究和应用越来越多。碱式氯化铜的铜含量为58%,氯含量为17%~19%,绿色粉末,生物学效价与硫酸铜相似,也有报道是硫酸铜的125%~150%。有报道称在饲料中添加碱式氯化铜能够减少饲料中铜对脂肪酸氧化的催化作用和降低对维生素的破坏作用。

此外,作为饲料添加剂的还有碳酸铜($CuCO_3$)和氧化铜(CuO 或 Cu_2O_2)。

2.有机铜 研究和应用较多的有机铜源为氨基酸铜,如蛋氨酸铜、赖氨酸铜、甘氨酸铜等。它们是氨基酸与铜离子之间形成的螯合物。

(三)锰(manganese,Mn)

饲用锰的添加剂来源有无机锰和有机锰。

1.无机锰 饲料添加剂常用硫酸锰($MnSO_4$),有两种形式:一水硫酸锰和五水硫酸锰,其含锰量分别为32.5%和22.8%。硫酸锰为白色或淡粉红色结晶,无臭。易溶于水,较易溶于甘油,几乎不溶于乙醇。有中等吸湿性,高温、高湿条件下贮存太久易结块。国内饲料中常用一水硫酸锰。

氧化锰(MnO)为褐色粉末,无臭。稳定性好,不具潮解性,含锰60%以上。美国饲料工业中常用。

此外,作为饲料添加剂的还有碳酸锰($MnCO_3$)。

2.有机锰 有机锰源主要是氨基酸锰,如蛋氨酸锰、赖氨酸锰、甘氨酸锰等。生物学效价要高于无机锰。

(四)锌(zinc,Zn)

饲用锌的添加剂来源有无机锌和有机锌。

1.无机锌 饲料中常用的无机锌源为硫酸锌($ZnSO_4$)和氧化锌(ZnO)。硫酸锌有两种形式:

一水硫酸锌和七水硫酸锌，其含锌量分别为36.45%和22.75%。一水硫酸锌为乳黄色至白色粉末；七水硫酸锌为无色结晶或白色结晶粉末，无臭，易溶于水，微溶于甘油，几乎不溶于乙醇，有吸湿性。饲料中常用一水硫酸锌。

氧化锌（ZnO），为白色粉末，有恶臭味。不溶于水，能溶于酸。不吸湿，含锌量高达75%以上，比硫酸锌稳定。

此外，作为饲料添加剂的还有碳酸锌（$ZnCO_3$），生物学效价较高，是良好的锌源。

2.有机锌 有机锌源有葡萄糖酸锌（$C_{12}H_{22}O_{14}Zn$）和氨基酸锌。

常用的氨基酸锌是蛋氨酸锌，可以提高动物的生产性能、降低饲料消耗、增强机体免疫力和抗应激能力。葡萄糖酸锌为白色或近白色的颗粒或晶体粉末。含3分子的结晶水或无水，易溶于水，极难溶于乙醇。在饲料中使用较少。

（五）钴（cobalt，Co）

饲用钴的添加剂主要是无机钴。钴在饲料中添加量很少，为了使用时便于混匀，钴盐可用稀释剂按一定比例先进行预混扩散。

饲料中使用的都是无机钴，一是硫酸钴（$CoSO_4$），有两种形式：一水硫酸钴和七水硫酸钴，其含钴量分别为33%和21%。一水硫酸钴为淡红色粉末，无臭，可缓慢溶于水，较难溶于乙醇。七水硫酸钴为暗红色的具有光泽的透明结晶或粉白色的砂状结晶，无臭，易溶于水，几乎不溶于乙醇。饲料中常用一水硫酸钴。二是氯化钴（$CoCl_2$），为红色或红紫色的结晶，有吸湿性。饲料添加剂中常用的是六水氯化钴。

此外，作为饲料添加剂的还有碳酸钴（$CoCO_3$），为粉红色或紫色的细粉，无臭，在室温下稳定。不溶于水，吸湿性低，耐长期贮存。生物学效价较高，是良好的钴源。

（六）碘（iodine，I）

饲用碘的添加剂主要是无机碘，有机碘如乙二胺双氢碘化物（$C_2H_8N_2 \cdot 2HI$）与无机碘比较没有生物学效价方面的优势。

无机碘有碘化钾（KI）和碘酸钙（$Ca(IO_3)_2 \cdot H_2O$）。碘化钾为无色或白色结晶或结晶性粉末，无臭，极易溶于水，易溶于甘油，较易溶于乙醇，在潮湿空气中少量潮解，相对分子质量为166.01，含碘76.4%。碘酸钙为白色至乳黄色的粉末，在水中的溶解性较低，稳定性高，生物学利用率与碘化钾相似。一水碘酸钙的含碘量约为63.5%。

（七）硒（selenium，Se）

饲用硒的添加剂有无机硒和有机硒。硒在饲料中添加量很少，一般应事先将硒稀释成一定浓度的预混剂，然后再加入到混合饲料中。

1.无机硒 饲用无机硒源为亚硒酸钠（Na_2SeO_3）和硒酸钠（Na_2SeO_4）。

亚硒酸钠为白色至粉红色结晶粉末。有亲水性，易溶于水。本品有剧毒，在饲料中用量要严格控制，并充分混匀，操作人员注意安全。

硒酸钠为白色结晶粉末。有亲水性，极易溶于水。含硒40%以上，毒性很强。

2.有机硒 有机硒和无机硒在生化代谢途径上有相当大的差异，没有无机硒的毒性。近年来有机硒的研究和应用越来越广泛。

(八)其他元素

目前尚不知道动物对铬的精确需要量。但从补铬后动物生产性能的有利反应来看,当今养殖生产中所用的日粮大多数含铬不足。因此,有必要对快速生长的动物、受应激(如热、运输等)的动物以及高能日粮进行补铬。

无机铬源有氯化铬等,其可利用性极差(<3%)。因此,补加到实际日粮中的主要是有机六价铬。有机铬源有酵母铬、烟酸铬、甲基吡啶铬、皮考啉酸铬盐络合物等。

二、维生素添加剂

由于现代养殖动物品种的改良和条件的改善,动物生长性能大大提高,动物对维生素的需要量比原来的研究结果更大。在饲料中添加维生素的目的是强化营养,增加动物的抗病或抗应激能力,促进动物生长,提高动物产品的产量和质量。近二三十年来,维生素工业得到迅速发展。现已能工业化生产各种维生素,使成本大幅度降低,这为饲用维生素添加剂的广泛应用提供了良好的基础。

1.维生素A(视黄醇,retinol)　产品形式有3种,即视黄醇、视黄醇乙酸酯和视黄醇棕榈酸酯。前者稳定性差,饲料工业中较少采用;作为饲料添加剂多为后两种。剂型有油剂、水乳剂以及稳定的粉剂。

以2倍于生长需求量的维生素A饲喂鲑鱼和斑点叉尾鮰,可显著减少因白点虫寄生引起的死亡。鲤鱼对维生素A的需要量为维生素A 4 000～20 000 IU/kg饲料。有些鱼可用β-胡萝卜素满足它对维生素A的需要,但冷水鱼则不能将β-胡萝卜素转化为维生素A,在饲料中需直接供给维生素A。

2.维生素D(钙化醇,calciferol)　产品形式有两种,即维生素D_2和维生素D_3。经常还使用维生素A与维生素D_3的复合产品维生素AD_3。

幼鲍的生长和软体部水分、脂肪和蛋白质含量受饲料中维生素D_3添加水平显著影响,但成活率不受影响。适量的维生素D_3可提高幼鲍软体部碱性磷酸酶的活力,缺乏或过量的维生素D_3导致幼鲍软体部碱性磷酸酶活力降低,贝壳中灰分及钙、磷含量受饲料中维生素D_3添加水平的显著影响,幼鲍饲料中维生素D_3的适宜含量为1 000 IU/kg。

3.维生素E(生育酚,tocopherol)　维生素E的商品形式主要是*DL*-α-生育酚的乙酸酯。饲用维生素E多为加入吸附剂的*DL*-α-生育酚乙酸酯,经包被、微粒化,形成50%浓度的粉状产品。

维生素E可增强水产动物机体抗病能力,能有效地防治鳗鲡水霉病、中华鳖幼鳖毛霉病、肤霉病、细囊病等。饲料维生素E水平高于150 mg/kg时,幼鳖的免疫力、抗病力、饲料效率和生长速度得到改善。饲料维生素E水平高于100 mg/kg时,可增强南美白对虾对盐度突变的耐受力,加快了南美白对虾养殖过程中的淡化速度。维生素E在饲料加工及贮藏过程中活性会有相当的损失,应当在饲料中添加足够的抗氧化剂。

4.维生素K(menadione)　饲料中主要使用维生素K_3的衍生物,这是因为甲萘醌本身非常不稳定。主要是亚硫酸氢钠甲萘醌(MSB)。近年来,开发的新产品有亚硫酸嘧啶甲萘醌(MPB)和烟酰胺亚硫酸盐甲萘醌(MNB),稳定性比亚硫酸氢钠甲萘醌要高。

鱼类维生素K的研究一直局限于其凝血功能研究或缺乏症的研究上,对添加效应的报道很少。维生素K的其他生理功能如对骨骼的钙化作用等值得进一步研究。

5.维生素B_1(硫胺素,thiamine)　硫胺素产品主要是盐酸硫胺素和硝酸硫胺素。

机体内组织中不存留大量的硫胺素，饲料中必须持续地供应硫胺素才能满足机体的代谢需求。饲料中碳水化合物含量提高和环境存在应激的条件下，应该超常量添加硫胺素。盐酸硫胺素的水溶性好，但稳定性差，为白色结晶或结晶性粉末，有微弱的特臭，味苦；硝酸硫胺素的水溶性差，但稳定性好，为白色或微黄色结晶或结晶性粉末，有微弱的特臭。与氯化胆碱混合在室温下贮存16周，盐酸硫胺素会损失38%，而硝酸硫胺素只损失9%，若室温升高，前者损失更大。因而，在天气较热或饲料需经热处理的情况下，用硝酸硫胺素较好。

6. 维生素 B_2（核黄素，riboflavin） 核黄素为黄色至橙黄色的结晶性粉末，微臭，味微苦，商品形式为核黄素及其衍生物核黄素-5-磷酸钠，后者具有良好的水溶性。维生素 B_2 添加剂常用的浓度是含核黄素96%、80%、50%等的制剂。

核黄素应严格避光并于干燥处保存，应避免接触还原剂如亚硫酸盐及维生素C等。由于其具有静电性（纯度越高静电越强），在生产预混料时应先与静电性低的载体或稀释剂混合。

7. 维生素 B_6（吡哆醇，pyridoxine） 维生素 B_6 商品形式主要为盐酸吡哆醇、吡哆醛-S-单磷酸酯。一般使用的是盐酸吡哆醇。盐酸吡哆醇为白色至微黄色结晶性粉末，无臭、味酸苦，遇光渐变质。

8. 维生素 H（生物素，biotin） 维生素 H 的主要商品形式为 *D*-生物素。

在饲料中的添加量很少，一般先做成含 *D*-生物素为1%或2%的预混剂，且粒度要小。

9. 维生素 B_3（泛酸钙，calcium pantothenate） 维生素 B_3 的主要商品形式为其固态的钙、钠和钾盐。无论是泛酸还是其盐类，只有右旋（*D*-型）异构体才具有生物活性，而消旋形式（*DL*-型）产物只有前者的一半。饲料工业中常用的产品形式为 *D*-泛酸钙。

D-泛酸钙为白色粉末，无臭、味微苦、有吸湿性。与烟酸具有一定的拮抗作用。

10. 维生素 B_5（烟酸，nicotinic acid） 维生素 B_5 的商品形式即为烟酸或烟酰胺，产品的有效成分为98%～99.5%和50%两种。烟酸稳定性高，保存过程中不易失活；但对皮肤有刺激作用，使皮肤易出现红疹。烟酰胺有吸湿性，常温下保存易结块；且与维生素C易形成黄色复合物，导致两者皆失去活性。

烟酸为白色至微黄色结晶性粉末，无臭或有微臭，味微酸。烟酰胺为白色至微黄色结晶性粉末，无臭或几乎无臭，味苦。

11. 维生素 B_{12}（氰钴胺素，cyanocobalamin） 作为饲料添加剂的维生素 B_{12} 的商品形式为氰钴胺。氰钴胺为人工合成的、也是最为稳定的维生素 B_{12} 形式。在动物体内氰钴胺中的氰基可被置换作羟基或甲基等，从而以辅酶形式发挥其生化作用。

维生素 B_{12} 在饲料中的添加量很少，一般先做成含钴胺素为1%和2%的预混剂产品。

12. 叶酸（folic acid） 叶酸为黄色或橙黄色结晶性粉末，无臭无味，商品形式为叶酸，主要分两种剂型：一种为叶酸原粉，产品有效成分在98%以上。另一种为稀释产品。

叶酸具有黏性，饲料常用经稀释并克服黏性后的粉末。

13. 维生素 C（抗坏血酸，ascorbic acid） 维生素C为白色或类白色结晶性粉末，无臭，味酸，久置色变微黄，添加剂形式主要有结晶维生素C、包被维生素C和稳定型维生素C如磷酸酯等。

鱼类饲喂高剂量的维生素C（高于1 000 mg/kg）能提高鱼类自身的免疫保护作用，抵抗病害的发生；幼鳖饲料中维生素C的最低添加量为184 mg/kg时可获得最佳生长效果，生产上异育银鲫饲料维生素C的适宜添加量为300～500 mg/kg。高温对维生素C的破坏很大，膨化颗粒饲料加工调质温度一般为120～140 ℃，对虾饲料调制成型后，一般还要经过后熟化，温度也高达100 ℃以上，因此，生产膨化颗粒饲料和对虾饲料时，建议使用维生素C磷酸酯等稳定型产品。

14. 胆碱(choline)　饲料中常用氯化胆碱(含胆碱 86.8%)，有水剂和粉剂。水剂一般为含有氯化胆碱为 70%的水溶液；作为粉剂，通常在 70%氯化胆碱水溶液中加入脱脂米糠、细麦麸、稻壳粉和二氧化硅等赋形疏散剂，制成含氯化胆碱 50%和 60%的固体产品。70%氯化胆碱水溶液为无色透明的黏性液体，稍具特异臭味。可与甲醇、乙醇任意混合，但几乎不溶于乙醚、氯仿或苯。有吸湿性，吸收二氧化碳放出胺臭味。50%氯化胆碱粉剂的外观和性状视赋形剂不同而不同，为白色或褐色干燥的流动性粉末或颗粒，具有吸湿性，有特殊臭味。

普通的氯化胆碱因为其吸湿性很强，在保存时须注意密封干燥。目前已有将氯化胆碱加以包被隔离等处理的产品(所谓安全胆碱)上市。胆碱是保证水产动物如鲑、鳟、鲤和鲷获得最大生长速度和最佳饲料利用率所必需的维生素。

三、氨基酸添加剂

目前在市场上常见的工业化生产的必需氨基酸产品有赖氨酸、蛋氨酸及其类似物、色氨酸、苏氨酸 4 项，已成功地用于强化饲料中的氨基酸组成。我国已建成多处不同规模的赖氨酸生产厂和车间，赖氨酸生产量居世界第一，少数厂家可以生产苏氨酸和色氨酸，而蛋氨酸在国内的生产一直没有成功。合理地利用氨基酸，对于降低饲料粗蛋白水平及饲粮成本、改善饲料报酬、节约蛋白质资源、减少养殖污染具有重要的现实意义。氨基酸添加剂在畜禽动物上的应用已经很成功了，但在水产动物上的应用存在不少争议，主要的问题是水产动物对结晶氨基酸的利用效率方面。因此，在水产动物上结晶氨基酸的应用还不是很普遍。

1. 赖氨酸(lysine, Lys)　赖氨酸是动物的必需氨基酸之一。动物体只能利用 *L*-赖氨酸，*D*-赖氨酸在动物体内不能被转化和利用。饲料中使用的主要是 *L*-赖氨酸的盐酸盐和硫酸盐。

(1)理化特性及生物效价　我国允许生产使用的赖氨酸产品有 *L*-赖氨酸盐酸盐和 *L*-赖氨酸硫酸盐。*L*-赖氨酸盐酸盐为白色或淡褐色的结晶粉末，纯度一般为 98%以上，易溶于水。*L*-赖氨酸硫酸盐为褐色微粒，易溶于水，具有较强的吸湿性。

赖氨酸可以在适当条件下还原饲料中糖类的醛基生成氨基糖复合物，即美拉德反应，使赖氨酸不能被吸收，降低其生物学效价。

(2)缺乏　水产动物如鳖缺乏赖氨酸会引起鳖活力下降、病原菌感染率高、食欲下降、生长受阻、蛋白沉积能力下降、肝生长受阻、肝赖氨酸-α-酮戊二酸还原酶活力下降等。

(3)应用　鲤鱼饲料中添加 0.25%的赖氨酸，可以提高鲤鱼的生长速度近 20%，降低饲料成本可达 13.7%。

2. 蛋氨酸(methionine, Met)　蛋氨酸具有旋光性。在动物的体内 *L*-型易被肠壁吸收。*D*-型要经酶转化成 *L*-型后才能参与蛋白质的合成。由于 *D*-型可以在动物体内转化成 *L*-型，故饲料中常使用 *D*-型和 *L*-型混合的化合物。用化学法合成的产物是其外消旋化合物(*DL*-蛋氨酸)。

(1)理化特性及生物效价　*DL*-蛋氨酸是白色片状或粉末状晶体，具有微弱的含硫化合物的特殊气味。其分子式为 $C_5H_{11}NO_2S$，相对分子质量为 149.22。易溶于水、稀酸和稀碱，微溶于乙醇，不溶于乙醚。熔点为 281 ℃(分解)，其 1%的水溶液的 pH 为 5.6～6.1。

(2)应用　蛋氨酸是鲤鱼、虹鳟鱼、鳗鲡、罗非鱼、对虾等水生动物的必需氨基酸和常规饲料中的第一或第二限制性氨基酸。在饲料胱氨酸为 0.56%时，稚鳖蛋氨酸需要为 1.28%，与鲤鱼前期、虹鳟、日本幼鳗接近，高于罗非鱼、海鲈和斑节对虾，低于鲑鱼。饲料中使用的蛋氨酸类似物还有羟基蛋氨酸、羟基蛋氨酸钙。羟基蛋氨酸是深褐色黏液。羟基蛋氨酸钙外观为浅褐色粉末或颗粒，带有硫化物的特殊气味，溶于水。

3. 苏氨酸（threonine，Thr） 苏氨酸是动物所需的必需氨基酸之一。经常使用的添加剂产品形式为 *L*-苏氨酸。

苏氨酸的化学名称为 *L*-2-氨基-3-羟基丁酸（*L*-2-Amino-3-Hydroxybutyric Acid）。其分子式为 $C_4H_9NO_3$，相对分子质量为 119.12。外观为白色或黄色结晶，稍有气味。易溶于水（9 g/100 mL），不溶于无水乙醇、乙醚和三氯甲烷。

4. 色氨酸（tryptophan，Try） 色氨酸也是动物必需氨基酸之一。近年来，在配合饲料中大量使用合成赖氨酸和蛋氨酸，使色氨酸在饲粮中的重要性明显地体现出来。我国于 2007 年能够自主生产色氨酸，从而有望解决国内使用色氨酸价格高昂的问题。

色氨酸的化学名称是 α-氨基-β-吲哚基丙酸（α-amino-β-Indolepropinic Acid），为白色或类白色结晶。其分子式为 $C_{11}H_{12}N_2O_2$，相对分子质量为 204.33。

色氨酸有 *L*-色氨酸、*D*-色氨酸和 *DL*-色氨酸 3 种异构体，天然存在的只有 *L*-色氨酸。可资使用的形式为 *L*-色氨酸和 *DL*-色氨酸两种，其中 *DL*-色氨酸的效价大致仅为 *L*-色氨酸的 60%～80%。由于 *L*-色氨酸是以在动物体小肠被吸收的形式存在的，其消化率为 100%。

第三节 非营养型添加剂

一、抗生素

抗生素是一类以较低浓度杀死或抑制微生物生长的物质，是酵母、霉菌或其他微生物代谢过程的次级产物。抗生素作为饲料添加剂开始于 20 世纪 50 年代初，目的是促进动物生长、改善饲料利用率、降低死亡率和改善繁殖性能。

（一）抗生素的作用机理

抗生素确切的作用机理至今还没有彻底澄清，目前主要有 3 种假说。

1. 代谢效应 是指抗生素对动物的某些代谢过程有直接的影响。研究发现，金霉素影响动物体内水和氮的排泄；四环素抑制肝线粒体的脂肪酸氧化。尽管有许多试验表明抗生素有代谢效应，但由于抗生素在饲料中的含量极低，组织中的抗生素含量难以高到促生长的程度，所以，代谢效应还不足以解释由肠道吸收的抗生素的促生长作用。

2. 营养效应 某些微生物阻止消化道合成对宿主动物必需的维生素和氨基酸，而另一些微生物与宿主竞争维生素、氨基酸或其他必需的营养成分，抗生素能够改变微生物区系，从而有利于宿主动物更多和更有效地利用营养物质。如维吉尼亚霉素改变了肠道的微生物菌群，导致氨和胺的生成减少，挥发性脂肪酸和乳酸的生成增加。

抗生素可降低肠壁厚度，可能有利于消化道营养物质的吸收。但是，抗生素使消化道壁变薄、重量变轻与营养物质吸收方式间的直接关系的研究证据还不充分。另外，肠壁是体内代谢率较高的组织，肠壁变薄可减少代谢消耗，更多的营养物质用于生长。

3. 疾病控制效应 动物一般处于能引起非特异的亚临床疾病的微生物环境中，会降低动物的整体生产性能。添加抗生素可抑制有害菌的生长，使宿主能发挥最大的遗传潜力。抗生素对幼龄动物的作用效果大于成年动物。因为幼龄动物对病菌较易感，免疫能力低下。支持疾病控制效应的另一证据是抗生素的作用效果与环境的清洁和动物致病的程度密切相关。动物在清洁和应激较少的环境中，抗生素的效果就低。

(二)抗生素的残留、耐药性与管理

半个多世纪来，伴随着抗生素在饲料中的应用，饲用抗生素的安全性问题一直受到人们的关注。

1. 残留问题　饲料中部分抗生素添加剂经动物消化道吸收后在机体组织内沉积，以动物产品的形式残留。但美国国家科学研究会认为，如果停药期合理，药物在动物产品中的残留可以控制在一定的水平以下。

2. 细菌耐药性　细菌在含抗生素的环境中，野生型被杀灭，而具有抗药性的突变株则能够生长、繁殖，从而使整个环境中充满了耐药菌。另外，某些细菌可通过结合、转导和转化的途径从耐药菌上获得耐药性基因。

目前细菌耐药性在世界各国普遍存在，对耐药性产生的原因一直存在争议，有人认为主要原因是养殖生产中抗生素促生长剂的大量使用。基于此，瑞典于 1985 年，欧盟于 2006 年开始全面禁止在饲料中添加抗生素。中华人民共和国农业部于 2001 年颁布《饲料药物添加剂使用规范》，将饲用抗生素分为 2 类，第一类是农业部批准的具有预防动物疾病、促进动物生长作用、可在饲料中长时间添加使用的饲料药物添加剂，其产品批准文号须用“药添字”，在产品标签中标明所含兽药成分的名称、含量、适用范围、停药期规定及注意事项等。第二类是农业部批准的用于防治动物疾病，并规定疗程，仅是通过混饲给药的饲料药物添加剂，其产品批准文号须用“兽药字”，各养殖场及养殖户须凭兽医处方购买、使用，所有商品饲料中不得添加兽药成分。

(三)饲用抗生素的发展前景

细菌耐药性是一种自然现象，使用抗生素必然存在抗药性问题。瑞典禁用抗生素的实践表明，饲用抗生素减少了，但是治疗用的抗生素却增加了。由此也说明了饲用抗生素在养殖生产中的重要作用。因此，目前我们必须面对抗药性的挑战，加强抗生素研究与科学管理，寻找一条积极有效的措施。

(四)抗生素的应用

由于抗生素的抗药性和残留的问题，对人类疾病的预防和治疗有重要价值的抗生素禁止用作饲料添加剂。到目前为止，作为饲料添加剂的抗生素主要有四环素类、大环内酯类、多肽类、氨基糖苷类、磷酸化多糖类和其他抗生素。

1. 四环素类　具有相似的化学结构，均由链霉菌发酵生产。都是两性化合物，等电点的 pH 在 4～6 之间。pH 在 4～5 最稳定，过酸或过碱，特别是在高温条件下易失活。可与钙、镁、铝和铋等阳离子形成难吸收的化合物，干扰其吸收。

(1)金霉素　常用的是盐酸金霉素，为黄色至黄褐色结晶粉末，在 110 ℃以上时分解，有苦味，其盐酸盐在空气中稳定，遇光缓慢分解，酸性条件下对热稳定，室温下 pH 在 7 以上的碱性溶液中不稳定。

对革兰氏阳性菌、阴性菌、螺旋体、立克次氏体、大型病毒有广泛的抗菌力。由于金霉素的溶解度差，在动物肠道中的吸收率较低，在组织中蓄积较少。饲料中的推荐添加量为 25～75 g/t。

(2)土霉素　常用的是盐酸土霉素，为灰白黄色至黄色的结晶粉末或单纯粉末，无臭，味苦，熔点为 180 ℃。盐酸盐为黄色结晶，味苦，熔点为 190～194 ℃，在室温下长期保存不变质，不失效。

盐酸盐虽然吸湿，但水分和光线等不影响其效价。盐酸盐易溶于水，溶于甲醇，微溶于无水乙醇，不溶于三氯甲烷和乙醚。盐酸盐水溶液在酸性条件下稳定，在碱性环境下不稳定。

土霉素在动物消化道中吸收良好，能在动物各组织中均匀分布，蓄积量较少，半衰期短。饲料中的推荐添加量为 10～50 g/t。

(3)强力霉素　为四环素类中稳定性最好和抗菌力较强的抗生素，淡黄色结晶性粉末，无臭，味苦。其盐酸盐易溶于水，水溶液比土霉素、四环素稳定。对溶血性链球菌、葡萄球菌等革兰氏阳性菌及多杀性巴氏杆菌、沙门氏菌、大肠杆菌等革兰氏阴性菌以及霉形体均有较强的抑制作用。

由于强力霉素稳定性强，毒性小，在体内吸收较完全，在饲料中的添加量为土霉素的一半，其抗菌效力即可达它的 4 倍。

(4)四环素　为黄色粉末，难溶于水。其盐酸盐为黄色无臭的结晶粉末，易溶于水，稍溶于醇，在碱性溶液(OH^- 和 CO_3^{2-})中也易溶，但不溶于乙醚和二氯甲烷。在空气中极为稳定，在强光照射或潮湿空气中颜色变深。

抗菌谱与金霉素和土霉素相似，对大肠杆菌及变形杆菌作用最佳。

2. 大环内酯类　具有基本相同的化学结构，即 1～3 个中性糖或氨基糖配糖体的十二元、十四元或十六元大环内酯。这类抗生素绝大多数由链霉菌属产生，仅少数由小单胞菌产生。相对分子质量一般为 500～900，物理和化学性质极为相似，大部分种类因含有氨基糖而呈碱性。纯品为白色或淡黄色结晶，无臭，味苦，在空气中易吸湿，可溶于酸性水溶液，溶解后不稳定。

大环内酯类抗生素可根据内酯环的大小分成 3 组:14 环组、16 环组及 17 环组。

对革兰氏阳性菌和支原体有较强的抑制作用。同类中不同的抗生素的抗菌活性有很大的差别。一般地，碱性大环内酯类抗生素对多重耐药性细菌有更强的抗菌活性，其中十六元大环内酯类抗生素具有最强的抗菌活性。大环内酯抗生素之间可产生交叉耐药现象。

(1)螺旋霉素　由理化性质相似的Ⅰ型、Ⅱ型、Ⅲ型混合构成，为白色至淡黄色结晶粉末，味苦，难溶于甲醇、乙醇、三氯甲烷。其己二酸盐易溶于水。螺旋霉素及其水溶液都很稳定。对革兰氏阳性菌、某些革兰氏阴性菌和支原体有效，此外对钩端螺旋体、立克次氏体和一部分大型病毒也有抑制作用。作为饲料添加剂具有促进生长、提高饲料利用率和防病治病的作用。

(2)北里霉素　为白色或微黄色的粉末，味苦，稳定性高，难溶于水，易溶于有机溶剂。对革兰氏阳性球菌的抑制作用比竹桃霉素和螺旋霉素强。口服吸收良好，体组织分布广泛，经尿排泄快，体内残留少。

(3)泰乐菌素　为白色板状结晶，微溶于水，其盐类易溶于水。无铜、铁、锡离子存在时水溶液稳定。对革兰氏阳性菌及某些阴性菌有效，对螺旋体和霉形体有特效。在体内吸收迅速，吸收量大于北里霉素，能均匀地分布于机体各组织中，在体内的维持时间仅次于螺旋霉素。

(4)竹桃霉素　多为盐类制剂，易溶于水，不耐热。作为饲料添加剂的竹桃霉素剂型为三酰基竹桃霉素。对革兰氏阳性菌和某些阴性菌以及支原体有效。口服吸收良好，体内分布广泛。

(5)林肯霉素　在饲料中使用的常是林肯霉素的盐酸盐。为灰白色或淡棕色，易溶于水和部分有机溶剂，耐热，稳定，在常温下可保存 4 年。对肠球菌的抑制作用较弱。对部分革兰氏阴性菌也有作用，但易产生耐药性。

3. 多肽类　肽类抗生素包括所有的氨基酸型、肽型和蛋白质型的抗生素化合物，以及它们的杂环化合物，如多黏菌素、杆菌肽和那西肽等。绝大多数多肽类抗生素由细菌和放线菌产生，极少数由真菌产生，芽孢杆菌能专一地产生肽类抗生素。肽类抗生素的相对分子质量一般为 300～3 000，包括黏菌素、多黏菌素 B、杆菌肽、维吉尼亚霉素、恩拉霉素、硫肽菌素、蜜柑霉素等，特点是经口服吸收率差，有些几乎不被吸收。

(1)杆菌肽 杆菌肽是应用最多的肽类抗生素，可分为 A、A_1、B、C、D、E、F_1、F_2、F_3、G 等多种成分，具有类似的化学结构。饲料添加剂多用杆菌肽锌，苦味较轻，耐热，遇碱极易失活。

杆菌肽主要对革兰氏阳性菌有效，对少数阴性菌、螺旋体、放线菌和对青霉素耐药的葡萄球菌有效。与新霉素、金霉素有协同作用。

(2)维吉尼亚霉素 维吉尼亚霉素为微淡褐色的粉末，有特殊的臭味，易溶于水和有机溶剂。耐热，稳定，水溶液在中性时最稳定，在碱性条件下变为悬浊状而活性降低。对革兰氏阳性菌有抗菌作用，在肠道内不易被吸收，可提高动物日增重和饲料利用率。

(3)恩拉霉素 恩拉霉素为白色至淡黄色结晶粉末，可溶于水，粉剂稳定，但在偏碱环境下很易失效。对革兰氏阳性菌有效，对耐药的葡萄球菌和其他菌株也有作用。对革兰氏阴性菌无效。

(4)多黏菌素 多黏菌素有 E、B 两种类型，前者也称为抗敌素。在理化性质上属于碱性多肽类抗生素，多为白色或微黄褐色的结晶性粉末。多黏菌素的抗菌谱相似，抗菌谱窄。对革兰氏阴性菌有强大的抗菌作用，尤其对绿脓杆菌的作用显著。对革兰氏阳性菌、立克次氏体、真菌及病毒无效。此类抗生素与其他抗生素无交叉耐药性。在胃肠道内吸收少。多黏菌素 B 在体内残留时间长，对肾脏有毒性作用。

4. 氨基糖苷类 该类抗生素从放线菌的培养液中获得。基本结构中含有氨基糖部分与非糖分子的苷原结合而成的苷，其盐类水溶性较好。抗菌谱大致相同，对革兰氏阴性菌的作用远比对革兰氏阳性菌(葡萄球菌、炭疽杆菌等例外)强，对绿脓杆菌的作用也较强。对结核杆菌均有一定的抑制作用。盐基(碱)在动物消化道中一般不易被消化，最大吸收量不超过 2%～3%。未被吸收部分随粪便排出体外，被吸收部分与肾细胞的亲和力较强，会较长时间残留于肾组织中。如新霉素是从链霉菌的培养液中提取制成的。对葡萄球菌、大肠杆菌、变形杆菌、沙门氏菌、布氏杆菌、亚利桑那菌等有较强的抑制作用，对链球菌、肺炎球菌、绿脓杆菌、巴氏杆菌以及结核杆菌也有一定的效力，但对真菌、病毒、立克次氏体等无效。细菌会缓慢产生耐药性。在动物消化道吸收量较低，一般不超过总量的 3%，在碱性环境中抗菌作用较强，被吸收部分能分布于机体各组织中。

5. 磷酸化多糖类 常用的磷酸化多糖类抗生素有黄磷脂醇、魁北霉素、大炭霉素。其特点是抗菌谱窄，对革兰氏阳性菌有较强的抗菌力，对革兰氏阴性菌的抗菌力较弱。此类抗生素在肠道内几乎不吸收，也不被代谢，大多以原态随粪排出。

(1)黄霉素 化学结构极为复杂，由 9 种密切相关的组分构成的含磷糖脂。无色、无臭的非结晶粉末，易溶于水。化学性质稳定。主要对革兰氏阳性菌有较强的抗菌作用，对革兰氏阴性菌的作用微弱，对真菌、病毒无效。在动物肠道内几乎不被吸收。

(2)大炭霉素 白色或淡褐色粉末，为含磷的酸性物质，易与各种碱形成盐。粉末在干燥状态下稳定性非常高。主要对革兰氏阳性菌有较强的抗菌作用。

(3)魁北霉素 强酸性物质，呈白色无臭的粉末，易溶于水，难溶于有机溶剂。粉末很稳定，对光也很稳定。对革兰氏阳性菌有效，对革兰氏阴性菌一般无效。在动物胃肠道几乎不吸收。

6. 青霉素类 青霉素类包括青霉素 G 和氨苄青霉素，青霉素 G 是一种无臭的结晶粉末，微溶于水，易溶于甲醇，难溶于三氯甲烷和丙酮，对酸、碱均不稳定，饱和水溶液 pH 为 5～7.5，熔点为 129～130 ℃。

对链球菌、肺炎球菌、丹毒杆菌等革兰氏阳性菌和螺旋体等都有很强的抗菌力。普鲁卡因青霉素在消化道中比其他青霉素性能稳定，分解吸收缓慢，吸收后能分布于机体各组织中，经口投药时尿中排泄速度较慢。

二、合成抗菌剂

1. 磺胺类 磺胺类是以对氨基苯磺酰胺为基本结构的一类人工合成的抗生素，包括磺胺二甲氧嘧啶、磺胺-6-甲氧嘧啶、磺胺喹噁啉、磺胺嘧啶和磺胺。产品颜色为白色或微黄色的结晶粉末，难溶于水，多供内服。磺胺对大部分革兰氏阳性菌和一部分革兰氏阴性菌有抑菌作用，对立克次氏体、霉形体和病毒无效。对磺胺敏感的细菌有链球菌、葡萄球菌、肺炎球菌、丹毒杆菌、脑膜炎球菌、大肠杆菌、坏死杆菌、部分沙门氏菌、放线菌、巴氏杆菌等。此类药对泌尿系统有副作用，使用时可适量添加碳酸氢钠。

2. 喹乙醇 喹乙醇为广谱抗生素，对革兰氏阳性菌和革兰氏阴性菌中许多细菌都有效，对大肠杆菌、变形杆菌、沙门氏菌、流感嗜血杆菌都有显著的抑制作用。是一种动物专用合成抗生素，使用时常与其他抗生素合用。美国禁止在饲料中使用喹乙醇。我国对使用喹乙醇也有严格限制。

3. 有机砷制剂 用作饲料添加剂的有机砷制剂主要有对氨基苯砷酸和硝基羟基苯砷酸。有机砷制剂具有刺激动物生长的作用，有较广的抗菌谱，对多种肠道致病菌有较强的抑菌和杀菌性能。

三、益生菌

(一)概念

1974 年美国学者 Parker 首先使用“Probiotic”一词来描述“使肠道微生物达到平衡的微生物物质”。Probiotic 曾被译为益生素、促生素、原生素、竞生素、利生素、生菌素、生菌剂或益菌素等。美国食物与药品管理局认为 Parker 的定义不够确切，把这类产品称为直接饲喂微生物(direct feed microbials，DFM)，Fuller(1989)给益生素定义为“可通过改善肠道菌群平衡而对动物施加有利影响的活微生物饲料添加剂”。Guarner 和 Schaafsma 于 1998 提出了益生菌的新定义为：宿主采食足够数量时对其健康产生有益作用的活的微生物。

(二)作用机理

(1)产生抑菌物质　益生菌生长代谢过程中，会产生一些具有抗微生物活性的产物，抑制有害外源病原菌。

(2)生物屏障作用　益生菌黏附在胃肠上皮细胞上，占据了上皮细胞的黏附位点，形成一层保护性生物膜，病原菌就不能黏附在胃肠上皮，防止病原菌的定位转移。动物发生疾病和创伤提高肠道上皮的通透性，日粮和黏膜抗原能够通过肠道上皮转移，导致肠道上皮局部炎症反应甚至是自身免疫感染性肠道疾病，益生素能促进肠道上皮的修复。

(3)提高机体的免疫机能　动物肠道的正常微生物调动肠壁固有层的免疫细胞通过免疫反应形成机体的第二道防线。肠道细菌和其他抗原进入机体的主要通道是通过 M 细胞的传递，M 细胞将抗原送给抗原递呈细胞。抗原递呈细胞将抗原递呈给邻近的 T 细胞，引起反应性 T 细胞的增殖。T 细胞被激活的同时，B 细胞也被激活，通过外周游离肠道固有层，就开始分泌特异性的抗体。分泌型 IgA 由固有层的 B 细胞分泌到肠腔，将病原菌包裹起来，防止其黏附和促进肠道将病原菌排出体外。

(4)与病原菌竞争营养物质　病原菌多数是需氧菌，益生素中的芽孢杆菌属可消耗掉肠道中的氧气，使病原菌在肠道中生长繁殖因缺氧而受到抑制。益生菌一般是肠道菌群中的优势菌种，数量占绝对优势，益生菌消耗掉流至肠道后段的有限的营养物质如氨基酸、维生素、矿物质等，从而抑制病原菌的生长繁殖。

(5)提供营养物质　动物的肠道菌群能合成B族维生素如硫胺素、核黄素、叶酸、烟酸、维生素K和维生素E等，并为宿主所利用。

(三)主要种类

我国允许使用的益生菌是乳酸杆菌、双歧杆菌、酵母菌、产朊假丝酵母菌、芽孢杆菌、沼泽红假单胞菌和光合细菌。

1. 乳酸菌　一类能从可发酵碳水化合物产生大量乳酸的细菌的总称，其中乳酸杆菌属和双歧杆菌属是动物胃肠道中的优势菌群，这些菌属的益生素制剂应用历史最早，种类很多，其中包括乳酸菌发酵饲料、乳酸菌粉及乳酸菌提取物。

2. 芽孢杆菌　在动物肠道中仅零星存在。目前作为益生菌产品的芽孢杆菌研究和应用比较多的有枯草芽孢杆菌、地衣芽孢杆菌、纳豆芽孢杆菌、Toyoi芽孢杆菌和蜡质样芽孢杆菌。由于芽孢杆菌的芽孢能够耐受饲料加工过程的高温高湿，耐受胃内的酸性环境和肠道上段的胆盐和消化液的破坏，到达肠道下段以后发芽生长繁殖，芽孢杆菌能够消耗肠道内的氧气抑制需氧致病菌的增长和繁殖，而且还具有多种有效的酶促活性。

3. 酵母菌　酵母细胞中含有非常丰富的蛋白质、B族维生素、脂肪、糖、酶等多种营养成分和某些协同因子。酵母菌可提高饲料中矿物质的生物学效价和其他饲料营养的利用率，有助于动物充分利用饲料中的养分。酵母菌还可以通过刺激消化效率，增强厌氧菌等的生长繁殖。

(四)使用方法及效果

我国自20世纪80年代开始陆续研制和生产出多种饲用微生物制剂，如四川的8510(调痢生)、8701，上海的DM423菌粉，北京的HB-1增菌素，湖北的乳酸杆菌类制剂等。1999年我国农业部颁布的《饲料药物添加剂允许使用品种目录》中，专列了“微生态制剂类”，表明饲用微生物添加剂的使用正逐步走向法规管理轨道。二十几年来应用饲用微生物添加剂的实践表明，其具有防治疾病、降低死亡率、提高生长速率、提高饲料转化效率和调节水质等效用。饲用微生物添加剂与饲用抗生素相比，有许多优越之外，如不会产生耐药菌株、无残留危害等。制剂的菌株大都是从动物肠道、水体和土壤中分离菌株培养制得，排放到自然界里不会污染环境等。但是益生菌的效果不稳定是限制益生菌广泛推广的因素。

四、饲料保存剂

饲料保存剂主要有抗氧化剂和防霉剂。

(一)抗氧化剂

抗氧化剂(antioxidant)是指添加于饲料中能够阻止或延迟饲料中某些营养物质氧化，提高饲料稳定性和延长饲料贮存期的微量物质。营养物质氧化产物使饲料的营养价值降低，影响适口性，降低动物的采食量。动物采食这些氧化产物后会影响健康、生长和发育。

1. 抗氧化剂的作用机理 抗氧化剂的作用机理比较复杂，目前认识比较一致的有：

(1)抗氧化剂极易被氧化，与空气中氧竞争性结合，使空气中氧先与抗氧化剂反应，降低饲料内部或周围氧的含量，从而保护饲料。

(2)释放出氢离子，将油脂在自动氧化过程中所产生的过氧化物破坏分解，使其不能产生醛、酮、酸等产物。

(3)与过氧化物的游离基相结合，使在自动氧化过程中的连锁反应中断，阻止氧化进程。

(4)阻止或减弱氧化酶类的活动，抑制氧化过程，从而保护饲料的营养成分。

2. 常用的抗氧化剂

(1)乙氧基喹啉(EQ) 系人工合成的抗氧化剂，为黄色至带黄褐色黏稠性液体，有特殊臭味。几乎不溶于水，易溶于盐酸水溶液，极易溶解于丙酮、苯及三氯甲烷等有机溶剂或油脂中。在空气中易氧化，在自然光照射下即氧化，氧化后变成黑褐色，黏度增加。60 ℃以上温度条件下易分解。乙氧基喹啉是饲料中常用的抗氧化剂，抗氧化能力强，通过与自动氧化链中自由基 R·或 ROO·结合而防止氧化反应，能有效地防止饲料中油脂和蛋白质的氧化，并能防止维生素 A、胡萝卜素、维生素 E 等脂溶性维生素氧化变质。

(2)二丁基羟基甲苯(BHT) 系人工合成的抗氧化剂，为白色或微黄色块状或结晶粉末，无臭无味。纯品熔点为 69.7 ℃，沸点为 265 ℃，不溶于水、甘油及丙二醇，易溶于豆油、棉籽油、猪油等油脂和甲醇、乙醇、乙醚、丙酮等有机溶剂，相对体积质量为 0.899～1.048。毒性小，耐热性好，稳定性优于其他抗氧化剂，抗氧化作用较强。二丁基羟基甲苯具有防止饲料中多不饱和脂肪酸酸败作用，可保护饲料中的维生素 A、维生素 D、维生素 E 等脂溶性维生素和部分 B 族维生素不被氧化，保护饲料中脂肪、叶绿素、胡萝卜素、维生素等。

二丁基羟基甲苯制剂，浓度为 95%～98%，用于各种动物配合饲料，添加量为 125～150 g/t。美国 FDA 规定，二丁基羟基甲苯用量不得超过饲料中脂肪含量的 0.02%，鱼粉和油脂的用量为 100～1 000 g/t。中华人民共和国国家标准中规定配合饲料中的用量为 150 g/t。与丁基羟基茴香醚及抗氧化增效剂柠檬酸(参考比例为 2：2：1)并用时，具有加性效应。

(3)丁基羟基茴香醚(BHA) 系人工化学合成的抗氧化剂，为白色或微黄色蜡样结晶性粉末，有特异的酚类臭味及极微量的刺激性气味。不溶于水，溶于乙醇、丙二醇、丙酮等有机溶剂和动物脂肪，对热较稳定。熔点为 57～65 ℃，相对体积质量为 1.05，几乎无吸湿性，在弱碱条件下不易被破坏。主要用于含脂溶性维生素的饲料、鱼粉和其他动物性饲料、含脂率高的谷物粉碎饲料、压榨法制油后的粕类饲料以及各类动物配合饲料、颗粒饲料、草粉等。该类产品还有较强的抗菌能力，250 mg/kg 丁基羟基茴香醚可完全抑制黄曲霉的生长及黄曲霉素的产生，亦可完全抑制饲料中生长的其他菌类(如青霉、黑曲霉等)孢子的生长。

丁基羟基茴香醚粉剂在动物配合饲料中的用量为 100～200 mg/kg。作为脂肪的抗氧化剂，最大用量为 0.02%。若与抗坏血酸、二丁基羟基甲苯、没食子酸丙酯等混合使用，抗氧化效果将显著提高。

除了上述 3 种常用的饲料抗氧化剂外，可作为饲料添加剂的抗氧化剂还有没食子酸、没食子酸丙酯和没食子酸异戊酯、抗坏血酸及其盐类、异抗坏血酸和维生素 E。

(二)防霉剂

防霉剂(antimold)是一种抑制霉菌和其他真菌繁殖，防止饲料发霉变质的饲料添加剂。

1. 饲料发霉的害处 存在于饲料中的霉菌种类很多，目前常见的产毒霉菌多为曲霉、青霉和镰刀霉。霉菌毒素是指存在于饲料中能直接引起动物生理或病理变化的霉菌代谢产物，其中以黄曲霉毒素、赫曲霉毒素、玉米赤霉烯酮、单端孢霉烯族化合物较常见。在动物饲料中繁殖的霉菌有以下几个方面的有害作用：①产生有毒的代谢产物；②改变饲料的养分组成；③改变动物对养分的利用；④引起霉菌病。

饲料霉变对养殖生产的危害和损失是严重的，轻者养殖动物出现厌食或拒食，重者出现霉菌毒素的中毒或死亡，给生产者带来巨大的经济损失。

2. 添加防霉剂的作用　添加防霉剂的作用主要在于：①抑制饲料中微生物的代谢和生长；②阻止饲料中霉菌毒素的产生；③避免饲料中养分受到损失；④减少饲料中微生物的数量。目的是抑制霉菌的代谢和生长，延长饲料的贮藏期。其作用机制是破坏霉菌的细胞壁，使细胞内的酶蛋白变性失活，不能参与催化作用，从而抑制霉菌的代谢活动，以免饲料中营养物质受到损失。

3. 使用饲料防霉剂注意事项　使用饲料防霉剂必须注意以下几个方面的问题：

(1)饲料防霉剂的防霉效果与饲料环境密切相关，改善饲料环境才能有利于防霉剂的防霉效果的提高。

(2)防霉剂的应用应在有效剂量的前提下，不能导致动物急性、慢性中毒和超限量地在动物体内的残留或向动物产品中的转移，间接危害人类的健康。

(3)添加防霉剂不能影响饲料的适口性。

(4)防霉剂必须在饲料中均匀分散，才能抑制细菌和微生物的生长，否则不能达到预期的防霉效果。

(5)各种防霉剂都有各自的使用范围，在某些情况下，两种或两种以上的防霉剂并用时，往往可以起到协同的效果，比单独使用其中一种更有效。

(6)防霉剂应选择抑菌谱广、效果好、经济实用的品种。

4. 常用防霉剂　饲料防霉剂的研究和应用趋势从单一型转向复合型，不断拓宽抑菌谱，提高防霉效果。饲料中常用的单一防霉剂有丙酸、丙酸钠、丙酸钙、山梨酸、山梨酸钠、苯甲酸钠、富马酸二甲酯、对羟基苯甲酸酯类、甲酸、甲酸钠、柠檬酸、柠檬酸钠、乳酸、乳酸钠、乳酸钙、乳酸亚铁等。复合型是由两种或两种以上的单一防霉剂加上其他成分混合均匀后得到的，其防霉效果往往更好。

(1)丙酸及其盐类　丙酸系低级挥发性脂肪酸，常温下为无色油状液体，略带特殊刺激性气味。易溶于水，微溶于乙醇、乙醚和氯仿。溶液 pH 为 2～2.5，熔点为－21.5 ℃，沸点为 141.1 ℃，相对体积质量为 0.993 6。丙酸分子中含有游离羟基，具有很强的抑菌和杀菌作用，可以防止饲料发霉，抑制微生物繁殖。丙酸本身含有一定的能量，能提供一定的能量。在饲料中添加形式有粉剂和水剂，粉剂的浓度为 50％和 60％，适用于各类动物饲料。配合饲料中用量一般低于 3 000 mg/kg(以丙酸计)。

丙酸钙系白色单斜结晶，颗粒或粉末状，无味或略具异味。易溶于水，难溶于甲醇、乙醇及乙醚，不溶于丙酮、苯。是一种抑菌谱广的防霉剂，对镰孢霉、青霉、酵母菌及革兰氏阳性菌均有效。在水和酸性较强的条件下，丙酸钙分子中可以变成游离的羟基而具有良好的抑菌作用，对腐败变质微生物的抑制作用很强，以防止饲料发霉，延长饲料的贮藏期。丙酸钙还可以提供部分能量和一定量的钙。在饲料中的添加量应根据贮藏时间和饲料中含水量而定，一般情况下，当饲料含水量为 12％、12％～13％、13％～14％、15％～18％时，每 1 000 kg 饲料添加量分别为 2 kg、3 kg、4 kg、5～7 kg。

丙酸钠系无色透明结晶或颗粒状粉末，无臭味或略带酸臭味。易溶于水，微溶于乙醇。在潮湿的空气中极易吸潮。丙酸钠属于酸性饲料防霉剂，抑制微生物繁殖，具有较广的抑菌性，对饲料中酵母菌、革兰氏阳性菌及霉菌均有效。丙酸钠的杀菌性低于丙酸,但在有水和低 pH 值的酸性条件下,分子中可以变成游离的羟基而使丙酸钠具有良好的抑菌作用。丙酸钠的代谢特性和添加量同丙酸钙。

丙酸铵系无色透明液体,具有氨的气味,易溶于水,腐蚀性低于丙酸。克服了丙酸对人皮肤的刺激性和对容器的腐蚀性。

(2)富马酸二甲酯 系白色结晶或结晶性粉末,略溶于水,溶于乙酸乙酯、氯仿、异丙醇等有机溶剂。熔点为 130～104 ℃。本品是一种酸性防霉剂,适宜作用的 pH 范围为 3～8。用于饲料中可提高饲料的酸性,降低饲料环境 pH 值,抑菌谱广,毒性小。本品对霉菌尤其是产毒菌如黄曲霉有明显的抑菌效果,可改善饲料的味道,提高饲料利用率,适用于鱼类配合饲料和各种饲料原料。饲料中添加量视含水量而定。当水分在 14%以下时,添加量为 250～500 mg/kg;水分在 15%以上时,添加量为 500～800 mg/kg。

(3)双乙酸钠 系无色透明结晶或白色结晶性粉末,易溶于水、乙醇和乙醚。水溶液 pH 值呈酸性,熔点为 92 ℃。是一种高效防霉、保鲜和增加营养价值的饲料添加剂,适用于所有粮食作物、饲料原料、各种动物饲料防霉和保鲜。其抑菌机理主要是通过调节饲料环境 pH 值,破坏微生物体内的酶系统而抑制饲料中霉菌和细菌的生长。本品抑菌效果优于丙酸及其盐类、富马酸二甲酯等。

双乙酸钠粉剂,浓度为 96%,用于各种动物配合饲料。本品使用时直接添加于饲料,应充分混合均匀,添加量为 0.4%～0.6%。

(4)其他防霉剂 上述 3 种防霉剂在饲料中最经常使用,还有一些防霉剂在某些特种配合饲料或饲料原料中也有使用,如苯甲酸和苯甲酸钠、山梨酸及其盐类、甲酸及其盐类、柠檬酸和柠檬酸钠、乳酸及其盐类。

五、生物活性制剂

(一)酶制剂

酶是一种天然的生物催化剂,可加快化学反应速度。酶的化学本质是蛋白质,必须在特定的条件下,如温度和 pH 范围内催化生物体内特异性的化学反应。酶能促进日粮养分的分解和吸收利用,改善动物的生长性能,提高饲料转化率,增进动物健康。另外,酶可转化或钝化饲料中固有的抗营养因子,提高总的消化率,增加营养物质的生物学价值,减少动物排泄物对环境的污染。现代生物技术、生理生化、营养学、饲料学以及酶工程和发酵工程的巨大进展更进一步促进了酶的工业应用。

1. 酶的作用原理及功能 酶作为催化剂可明显提高化学反应速度,不会因催化反应而受到破坏,酶有高度的专一性,一种酶只能催化一种特定的反应。

(1)弥补内源酶分泌量的不足。基于酶的催化特性,在底物充足时,酶促反应速度与酶浓度成正比。所以,提高消化道中的酶浓度,能大大加快底物(饲料)的降解率,另外,外源酶和内源酶对底物的专一性和作用位点不同,内外结合互补功能的不足,加快饲料中的淀粉、蛋白质、脂肪的降解和各种抗营养因子的失活,提高整个日粮的消化率。

(2)消除或降低非水溶性多糖等抗营养因子的副作用。物理加工只能部分破坏细胞壁结构,相当部分完好无损,营养物质被包于其中,不能与消化酶接触而被降解和吸收。饲料中添加相应的降解细胞壁的酶就能生物降解这些抗营养成分,一方面降解产物可被动物利用;另一方面破坏了细胞壁结构，释放出细胞内容物，为内源酶降解提供机会，使植物性饲料的利用率提高。

(3)降低水溶性多糖的黏滞作用。植物中的一些非淀粉多糖，如各种低聚糖、半纤维素、果胶溶于水后形成黏性物质，导致消化道内容物的黏度增加，阻碍了营养物质和消化酶的扩散与渗透，影响消化和养分的吸收。使用相应的酶就可显著降低消化道内容物的黏性，提高养分的吸收率，改善动物的生长和生产性能。

(4)补充内源酶的不足。幼龄动物的消化腺发育不完善，消化酶的分泌量有限，添加外源酶就可补充内源酶的不足，强化幼龄动物的消化功能，减少进入后肠的有效底物和发酵，从而降低幼龄时期的消化道紊乱。添加外源酶对于改善应激状态下成年动物的消化也有一定的作用。

(5)有效利用饲料中的特定养分。添加植酸酶可使植酸盐中的磷释放出来，供动物利用，显著减少无机磷的添加量，进而降低磷的环境污染。

(6)添加酶有助于调节动物机体的激素水平。

(7)改善副产品饲料原料的营养价值，开辟新的饲料资源。用酶处理饲料有助于开发理想蛋白饲料，提高某些副产品的利用价值，成为工业生产理想蛋白的原料。

2. 饲用酶的稳定性和安全性 饲用酶稳定性是活性的基础，经过饲料加工制粒过程和常温下贮存一定时间后，酶必须仍然保持高活力。由于酶是具有一定结构的活性蛋白质，易受外界各种因素，如高温、高湿、pH、理化因素的影响，干酶制剂比液状酶具有较高的稳定性，其在干燥过程中添加特定载体可进一步提高其稳定性，酶的活性部分会被基质黏住，因而能保护催化点免受外部环境影响。稳定性差的酶制剂产品则不能耐受制粒高温。

酶作为一种蛋白质，对动物是安全的，迄今为止，还没有发现有关酶制剂有毒有害的报道。但在发酵过程中，如污染杂菌，就有可能产生有害物质，引起动物不良反应。

3. 酶的种类与功用 有关酶的分类和命名有完整的国际系统分类和命名法。对于饲料酶的划分，目前还没有统一的标准，因为种类繁多，来源各异。根据作用的底物和饲料中添加的目的可分为蛋白酶、纤维素酶等。

(1)蛋白酶 蛋白酶类是作用于蛋白质或多肽催化肽键水解的酶。但是，某些蛋白酶根据它的反应条件，可以催化合成作用、酯及酰胺键的水解、转移反应和氧交换反应。

蛋白酶催化的反应很多，但根据酶催化的反应的最适 pH 可分为酸性蛋白酶、中性蛋白酶和碱性蛋白酶。根据酶作用于肽的位置可分为内肽酶、外肽酶、羧基肽酶和氨基肽酶。蛋白酶的主要来源有动物内脏、植物和微生物。微生物来源的蛋白酶已成为一种工业来源，并在生产上得到了广泛的应用。

饲料中应用的蛋白酶基本上是微生物蛋白酶，可用霉菌、细菌、放线菌等微生物进行生产。微生物蛋白酶具有多样性，通常一种细菌只分泌一种淀粉酶，但却能分泌 2～3 种蛋白酶，霉菌能分泌 3～4 种蛋白酶。微生物蛋白酶包括酸性蛋白酶、碱性蛋白酶和中性蛋白酶。

酸性蛋白酶主要由黑曲霉属产生，米曲霉、青霉、根霉等也产生类似的蛋白酶。酸性蛋白酶 pH 在 2～3 时稳定，在 2.5～6 之间几乎不失活，高于 6 就失活，底物存在时较稳定，温度在 50 ℃时稳定，在 55 ℃处理 10 min 就失活。增加酶量，消化量也增大。

碱性蛋白酶主要由米曲霉产生。最适 pH 为 8～10，等电点为 5.1，pH 在 5～8.5 范围内稳定。

中性蛋白酶的最适 pH 为 6～7，等电点为 4.1，pH 稳定范围为 4.5～10.5。

此外，为了补充幼小动物的内源酶分泌不足，有的配合饲料中也添加内源性蛋白酶包括胃蛋白酶、胰蛋白酶和糜蛋白酶。

(2)作用于碳水化合物的酶 按照化学组成和性质，碳水化合物可划分为单糖、低聚糖和多糖。

单糖常见的有葡萄糖和果糖。其次是低聚糖，如低聚果糖。分布最广的是多糖，主要有淀粉、纤维素、半纤维素、戊聚糖和己聚糖等。

动物体内只能分泌有限几种酶能分解利用碳水化合物，如淀粉酶、α-低聚葡萄糖酶等。

①纤维素酶　纤维素酶是具有纤维素降解能力酶的总称，它们协同作用分解纤维素。不同纤维素酶的协同作用能更有效地降解结构复杂的纤维素。纤维素酶主要来自真菌和细菌，一般分为3类：葡聚糖内切酶，能在纤维素酶分子内部任意断裂β-1,4-糖苷键；葡聚糖外切酶或纤维二糖酶，能从纤维素分子的非还原端依次裂解β-1,4-糖苷键，释放出纤维二糖分子；β-葡萄糖苷酶能将纤维二糖及其他低分子纤维糊精分解为葡萄糖。实际上在分解晶体纤维素时，任何一种酶都不能单独裂解晶体纤维素，只有这3种酶共同存在并协同作用才能完成水解过程。葡聚糖内切酶不仅可产生两个链端，同时可使这两个链端至少是暂时不再与纤维素分子紧密结合，附近的葡聚糖外切酶易于接近这些链端。另外，葡聚糖外切酶使邻近的纤维素链暴露，也削弱了纤维素分子的晶体结构，从而有利于葡聚糖内切酶的靠近。同时，β-葡萄糖苷酶也可提高葡聚糖内切酶的活性，但提高幅度不如葡聚糖外切酶大，这可能与β-葡萄糖苷酶消除了纤维二糖对葡聚糖外切酶的抑制作用有关。

酶在饲喂前或饲喂后起作用，参与反应后本身被消化道内的蛋白酶降解，故不被直接吸收进入血液。纤维素酶对底物有选择性。添加量应以实际饲料配方情况而定。在实际生产中，单纯的纤维素酶产品较少，都是与其他酶制剂包括蛋白酶和淀粉酶等复合在一起使用。由于酶属于蛋白质，对保存条件要求严格，但不同的生产厂家要求不一样。一般地说，贮藏在2～10℃环境中，酶活可持续18个月。低于0℃以下对酶活的保持也不利。避免阳光直射。

②木聚糖酶　木聚糖酶是酶制剂应用于饲料工业最成功的例子之一，同时也是研究最多的酶之一。

饲料中使用的木聚糖酶制剂主要来自曲霉菌。木聚糖酶属于内切酶，作用于β-1,4-*D*-木聚糖键，有内切酶Ⅰ、内切酶Ⅱ和内切酶Ⅲ。阿拉伯木聚糖被水解的程度取决于酶的作用形式和亲和力，阿拉伯糖单体上的侧基限制木聚糖酶的活性。木聚糖内切酶Ⅲ降低消化物的黏滞性比内切酶Ⅰ更有效，原因是内切酶Ⅲ能更随机地在木聚糖聚合链上起作用。

③果胶酶　果胶是一种与高等植物细胞壁有关的结构多糖。果胶质含有多种糖单元类型，主要成分是半乳糖醛酸。果胶中的其他糖单元包括鼠李糖、阿拉伯糖、半乳糖和木糖。多种植物和微生物产生果胶酶。没有任何一种酶可单独完全降解果胶。需要多种酶活性的配合才能较好地降解果胶质。这些酶包括果胶甲基酯酶、多聚半乳糖醛酸酶、果胶裂解酶。

作为饲料酶制剂添加于饲料中消除果胶的抗营养作用。在消化道内起作用，无残留。与其他酶复合使用，广泛应用于饲料中。

④淀粉酶　催化淀粉降解的酶称作淀粉酶。淀粉酶分为3大类：α-淀粉酶、β-淀粉酶和葡萄糖淀粉酶。常用的真菌淀粉酶由各种曲霉产生。细菌淀粉酶一般源于芽孢杆菌。

α-淀粉酶是内切酶，它催化淀粉分子内部1,4-糖苷键的随机水解。因此以α-淀粉酶处理淀粉导致淀粉分子的部分解聚，可大幅度降低淀粉浆的黏度。α-淀粉酶不能水解支链淀粉中的α-1,6-糖苷键。在以直链淀粉为底物时，反应分两步进行，α-淀粉酶任意切开α-1,4键，使直链淀粉迅速水解成麦芽糖、麦芽三糖和较大分子的寡糖，然后再进一步水解成麦芽糖和葡萄糖。当作用支链淀粉时，α-淀粉酶不能切开分支点的α-1,6键，也不能水解分支点附近的α-1,4键，但能越过α-1,6键，因此水解产物中除麦芽糖、葡萄糖，还含有一系列的α-极限糊精。一般与其他酶复合使用。

葡萄糖淀粉酶是一种外切酶，催化淀粉非还原端葡萄糖残基按顺序脱落，与 α-淀粉酶不同，葡萄糖淀粉酶不但能催化 α-1，4-糖苷键的水解，还能以较低速率催化 α-1，6-糖苷键的水解。

β-淀粉酶的热稳定性低，70 ℃使其失活。β-淀粉酶从淀粉分子的非还原端开始对 α-1，4-糖苷键水解，生成麦芽糖。与此同时，将 C_1 的构型由 α-型转变成 β-型。β-淀粉酶不能催化支链淀粉中 α-1，6-糖苷键水解，也不能跨过分支点 α-1，6 键而切开内部的 α-1，4 键，故水解分支淀粉是不完全的。

葡萄糖淀粉酶和 β-淀粉酶在饲料工业中应用较少。

(3)其他酶类

①植酸酶　植酸作为磷的储备形式存在于植物中，尤其在各类豆类和油料作物籽粒中含量丰富。是饲料中一种重要的抗营养因子，植酸中的磷极难被水产动物利用。

植酸几乎都是以单盐或复盐的形式存在的，其中较为常见的又以钙、镁的复盐形式存在。植酸及其盐对金属离子有较强的络合性能，与钙、镁、铜、铁、锰、钴等金属离子能生成稳定的络合物，也可与蛋白质形成蛋白质植酸盐化合物。

植酸酶是指水解植酸盐的酶类，属于磷酸单质水解酶，是磷酸酶的一种特殊类型。植酸酶存在于微生物、植物和某些动物的细胞中。

天然来源的植酸酶有多种，一种是存在于植物、霉菌和细菌中且需要由镁离子参与催化过程的3-植酸酶，即肌醇-六磷酸-3-磷酸水解酶，它首先从肌醇的 C-3 上催化放出无机磷。另一种植酸酶只存在于植物的籽实中，它首先催化非植酸磷从肌醇的 C-6 上脱落，最终酯解整个植酸，因此叫6-植酸酶，即肌醇-六磷酸-6-磷酸水解酶。后者不适于在饲料中应用，因为这种植酸酶的适宜 pH 为5.0～7.5，不能在 pH 值较低的胃中起作用，另外这些酶往往易于因过多的底物（植酸盐）和产物而受到强烈的抑制。

目前作为添加剂的微生物植酸酶的商业化生产大体上分为两种：第一种是传统的遗传学方法，对现有产酶水平较高的微生物株系进行改良；第二种是基因工程技术，已被不少公司采用。从野生型曲霉菌株系中分离出控制植酸酶生产的基因，并把它导入高产的工业菌株中。

植酸酶不耐高温，在 70 ℃下制粒，活性损失 25%，80 ℃以上及更高的制粒温度使酶活性损失更大。现在国内市场上已有耐高温的植酸酶产品。

植酸酶的活性受许多因素的影响，主要有 pH、水分、温度、作用时间、抑制剂、激活剂、底物浓度以及植酸、植酸酶来源等。不同微生物产生的植酸酶有不同的最适温度和最适 pH，大多数微生物植酸酶都有一个较宽温度和 pH 作用范围。微生物植酸酶的最适 pH 大多在 4.5～5.5 之间。来源于曲霉属的植酸酶有两个最适 pH：2.5 和 5.5，这可能是酶分子构象所致。大多数微生物植酸酶的最适温度在 45～55 ℃，个别可高达 77 ℃。铁、锌、锰、镁、铝等离子可与底物植酸盐发生很强的络合作用，导致酶活性降低。某些二价金属离子可激活植酸酶活性，如 Cu。氟化物、草酸、柠檬酸等也能抑制植酸酶的活性。

饲料中添加植酸酶的作用是提高植酸盐中磷的利用率。同时也能提高具有阳离子钙、锌、铁、镁、铜以及蛋白质的利用率。使用植酸酶可减少无机磷源的添加量，使动物排泄物中磷的排出量减少，对减少养殖对水域的污染产生积极影响。

②脂肪酶　脂肪酶是分解由高级脂肪酸和丙三醇形成的甘油三酯键的酶，称为真正的脂肪酶。来源有动物、植物和微生物。胰脏脂肪酶由胰脏的颗粒状细胞所形成，经胰导管分泌进入十二指肠，在小肠内水解脂肪。Ca^{2+} 对此酶的初期反应速度没什么影响，但在反应后期，Ca^{2+} 可提高分解率。胰脏脂肪酶对油乳液作用的最适 pH 是 8.0～8.1。

微生物来源的脂肪酶最为丰富，微生物脂肪酶包括细菌、霉菌、酵母以及其他的真菌。曲霉、根霉和假丝酵母是微生物脂肪酶的主要来源。这些脂肪酶的最适温度范围和 pH 较宽。

饲料中添加脂肪酶可提高脂肪的消化率。脂肪酶在消化道内起作用，无残留。饲料中的广泛应用有待深入开发研究。

(4)复合酶　复合酶制剂，就是以一种或几种单一酶制剂为主体，加上其他的单一酶制剂混合而成，或由一种或几种微生物发酵获得。复合酶制剂的配制原则依饲料的组成成分、动物的种类、生理阶段以及消化道特点而定，配制的合理性决定了使用效果。饲料组成很复杂，依所用的原料有很大的差异，故复合的酶种也应有主次之分。其次，还要考虑单一酶的活性。

目前绝大部分饲料酶制剂以饲料为载体在动物消化道内发挥作用，所以，在配制和使用复合酶时必须考虑动物消化道内环境和消化生理的不同。

(二)寡糖

寡糖，是由 2～10 个单糖通过糖苷键连接形成的低聚糖。普通的低聚糖有麦芽糖、蔗糖、乳糖、海藻糖和麦芽三糖等，它们在内源酶的作用下被降解吸收。另一类低聚糖称为功能性低聚糖，包括低聚果糖、低聚甘露糖、低聚半乳糖、低聚木糖、水苏糖、棉籽糖、低聚异麦芽糖等。动物体内没有水解这些低聚糖的酶系统，由肠道内细菌发酵分解。

寡糖在动物体内的的作用机理：①刺激免疫反应。某些寡糖，如由酵母细胞壁提取的甘露聚糖能刺激免疫力，改变肠道微生物的区系。②促进消化道有益菌的生长。③阻断病原菌的定植。④不能为病原菌提供养分。

1. 甘露聚糖　甘露聚糖的侧链在免疫调节中起主导作用，由 4 种类型组成，即甘露四糖、甘露三糖、甘露二糖和甘露糖。甘露聚糖另一个重要作用是干扰肠道病原菌的定植。当大肠杆菌或沙门氏菌与甘露聚糖一起培养时出现凝集现象，病原菌能从溶液中分离出来。甘露糖本身就能减少各种细菌的定植，包括大肠杆菌和沙门氏菌。

甘露聚糖不能被病原菌代谢，但有益菌如乳酸杆菌和双歧杆菌，具有利用这种碳水化合物作为发酵底物的能力。

2. 大豆低聚糖　大豆低聚糖广泛存在于各种植物中，以豆科植物含量最多。典型的大豆低聚糖是从大豆籽实中提取出的可溶性低聚糖的总称，主要成分为水苏糖和棉籽糖。

大豆低聚糖是以生产浓缩或分离大豆蛋白时的副产物大豆乳清为原料，经稀释、加热、沉淀、离心、脱色、脱盐、真空浓缩、干燥等过程制得。大豆低聚糖中的有效成分是水苏糖和棉籽糖，对双歧杆菌有增殖作用。动物体内不能分泌水解水苏糖和棉籽糖的酶——α-D-半乳糖苷酶。

3. 低聚果糖　低聚果糖是指在蔗糖分子的果糖残基上结合 1～3 个果糖的寡糖，它以较高的浓度存在于洋葱、牛蒡、大蒜、黑麦和香蕉等中。天然的和用微生物酶法生产的低聚果糖几乎都是直链状，在蔗糖分子上以 β-1,2-糖苷键与 1～3 个果糖分子结合成的蔗果三糖、蔗果四糖和蔗果五糖。工业上一般采用黑曲霉产生的果糖转移酶作用于高浓度的蔗糖溶液(50%～60%)，经过一系列的酶转移作用而获得低聚果糖产品。

低聚果糖被称为“双歧杆菌增长因子”，能促进双歧杆菌和乳酸杆菌的生长。

4. 其他低聚糖　除上述几种被研究最多、应用最广的低聚糖外，其他具有益生作用的低聚糖还有低聚半乳糖、低聚木糖、低聚乳果糖、低聚异麦芽糖等。

低聚半乳糖是由 β-半乳糖苷酶作用于乳糖而制得的 β-低聚半乳糖，在乳糖分子的半乳糖一侧连接上 1～4 个半乳糖。低聚半乳糖的热稳定性好，它不被体内消化酶所消化。

低聚木糖是由2～7个木糖以β-1,4-糖苷键结合而成的低聚糖。低聚木糖在体内难以消化，具有良好的双歧杆菌增殖活性。

低聚乳果糖在体内不被消化，也能促进双歧杆菌增殖。

低聚异麦芽糖是由葡萄糖以α-1,6-糖苷键结合而成的，一般由2～5个单糖聚合形成。低聚异麦芽糖也具有双歧杆菌增殖作用。

(三)免疫增强剂

免疫增强剂(immunostimulants)又称免疫促进剂，是指具有促进或诱发宿主防御反应，增强生物机体抗病能力的一类物质。免疫增强剂主要作用于水产动物的非特异性免疫机制，激活机体自身的免疫机能从而达到防御效果，增强其抗病力。免疫增强剂在水产养殖中的应用起步较晚，但发展迅速，发现的种类逐渐增多，应用范围也随之扩大。

水产上应用的免疫增强剂主要包括化学合成物、多糖类、营养素等(表10-1)。其中应用较多的有β-葡聚糖、肽聚糖、脂多糖、寡糖、维生素类、中草药以及一些微生态制剂等。下面仅就研究较多β-葡聚糖和维生素进行介绍。

表10-1 目前水产上使用的免疫增强剂种类

种类	举例
化学合成类	左旋咪唑，FK-565，胞壁酰二肽(MDP)，FMLP
多糖类	几丁质，壳聚糖，黄芪多糖，灵芝多糖，海藻多糖，香菇多糖
寡糖类	寡甘露糖，寡果糖，寡乳糖，异麦芽寡糖等
细菌提取物	β-葡聚糖，肽聚糖，脂多糖，FCA，EF203
微生物	卡介苗等各种疫苗，微生态制剂
中草药	黄芪，当归，党参等
蛋白多肽类	细胞因子，乳铁蛋白，干扰素，生长激素，泌乳刺激素，胸腺因子等
维生素类	维生素C，维生素E，维生素A等
其他	蜂胶，皂苷，脂质体，多聚核苷酸类，聚肌胞，福氏佐剂，油水乳剂，不溶性铝盐佐剂

1. β-葡聚糖(β-glucan) β-葡聚糖是一种天然多糖，相对分子质量大约在6 500以上，大多数为水不溶性或胶质的颗粒，主要存在于细菌、酵母菌、真菌(灵芝)的细胞壁中，也存在于高等植物种子的包被中。β-葡聚糖不同于一般常见糖类(如淀粉、肝糖、糊精等)，最主要的差别在于键结合方式不同，一般糖类以1,4键相结合而成为线形分子结构，而β-葡聚糖以1,3键为主，且含有一些1,6键的支链。β-葡聚糖因其特殊的键结合方式和分子内氢键的存在，造成螺旋形的分子结构，这种独特的构形很容易被免疫系统所识别。

有关β-葡聚糖的免疫增强效果已开展了一系列的研究，其中研究最多的是酵母葡聚糖(表10-2)。有关β-葡聚糖促进鱼类免疫力和抗病力的机制，目前尚无确切的定论。许多研究表明：鱼类巨噬细胞的表面上存在着一个β-葡聚糖的特殊受体，当β-葡聚糖与巨噬细胞结合后，能够激活巨噬细胞的活性，继而诱发一系列的免疫反应，从而使机体通过吞噬作用吸收、破坏和清除体内的病原微生物，进而提高了鱼类的免疫功能(Engstad 和 Robertsen，1993；Jorgensen 和 Robertsen，1995)。汪小锋等(2005)研究发现，β-葡聚糖能通过提高中国对虾血液中的大颗粒细胞和小颗粒细胞的量，从而提高对虾酚氧化酶(PO)的产量和活力，进而提高对虾的非特异性免疫功能(表10-2)。

表 10-2 β-葡聚糖对水产动物免疫力和抗病力的影响

种类	给予方式	免疫力	抗病力	参考文献
大西洋鲑	注射	补体活力↑ 溶菌酶活力↑		Engstad 等(1992)
南亚野鲮鱼	口服	抗菌活力↑ 吞噬活力↑	*Aeromonas hydrophila* ↑	Sahoo 和 Mukherjee(2001)
鲽鱼	口服	溶菌酶↑ 补体→ 化学发光↑	*Vibrio anguillarum* ↑	Baulny 等(1996)
牙鲆	口服	补体活力↑ 溶菌酶活力→	*Edwardsiella tarda* ↑	Wang 等(2006)
大西洋鲑	体外	溶菌酶↑		Paulse 等(2001)
隆颈巨额鲷	体外	呼吸爆发活力↑		Castro 等(1999)
隆颈巨额鲷	口服	补体活力→ 吞噬活力↑ 呼吸爆发活力↑ 天然毒素活力↑		Ortuño 等(2002)
非洲鲇鱼	口服	呼吸爆发活力↑		Yoshida 等(1995)
隆颈巨额鲷	口服	化学发光↑	*E. tarda* ↑	Duncan 和 Klesius(1996)
鲤鱼	注射		*E. tarda* ↑	Wang 和 Wang(1997)
鲤鱼	口服	抗体↑	*E. tarda* ↑	Sahoo 和 Mukherjee(2002)
隆颈巨额鲷	口服		*Pasteurella piscicida* ↑	Couso 等(2003)
虹鳟	注射		IHN virus ↑	Lapatra 等(1998)

注：↑表示增加；→表示没有变化。

2. 维生素 水生动物对维生素的需要量极小，但维生素大多不能在水生动物体内合成或大量贮存于组织中，必须经常由饲料中供给。如果长期摄取不足或其他原因不能满足其生理需要，就会导致物质代谢障碍，影响动物的健康，降低免疫力。

维生素 E 的缺乏会导致免疫抑制，适量添加维生素 E 有利于维持水生动物正常的免疫功能(表 10-3)。维生素 E 促进水生动物免疫功能的机制主要集中在维生素 E 的抗氧化作用上。水生动物细胞的细胞膜由高度不饱和的长链脂肪酸(主要是磷脂)组成。免疫细胞细胞膜的稳定性、完整性和膜上相关的抗原受体和免疫球蛋白等物质的活性是机体发挥正常免疫功能的基础。机体在新陈代谢、杀伤异物以及抗应激时会产生一些自由基，这些自由基在机体内有积极的功能，但过量时也能诱发细胞膜中多不饱和脂肪酸特别是磷脂发生过氧化反应，从而影响细胞膜的稳定和完整性，进一步破坏免疫细胞的功能。维生素 E 可以通过清除体内多余的自由基保护免疫细胞的细胞膜免遭破坏，从而维持免疫细胞功能的完整，提高机体的免疫力。

维生素 C 对水生动物免疫力可起到增强的作用(表 10-3)。现有的试验结论均表明，维生素 C 主要影响水生动物的非特异性系统，如提高溶菌酶和补体活性，增强巨噬细胞的反应，从而提高水生动物的免疫能力。维生素 C 是细胞外液中最重要的水溶性抗氧化剂，通过降低过氧自由基在水相中的过氧化，保护生物膜免受脂质过氧化的破坏，保护免疫细胞的完整，从而提高机体的免疫力。维生素 C 还可以与维生素 E 协同提高机体的免疫功能，维生素 C 能使结构降解后的维生素 E 再生。

表 10-3　饲料中维生素 E 和维生素 C 对水产动物免疫力的影响

物质	种类	免疫力	参考文献
维生素 E	虹鳟	总抗体水平↑ 溶菌酶活性↑ 超氧阴离子的产量↑ 细胞毒活性↑	Kiron 等(2004)
	虹鳟	血细胞容积↑ 旁路补体活性↑ SOD 的含量↑ 溶菌酶活力↑ 总抗体水平↑ 吞噬活性↑	Puangkaew 等(2004)
	隆颈巨额鲷	替代补体活力↑	Montero 等(1998)
	比目鱼	吞噬细胞活性↑	Pulsford 等(1995)
	牙鲆	替代补体活力↑ 溶菌酶↑ 呼吸爆发活力↑	Wang 等(2006)
	虹鳟	补体活力→ 吞噬活力↑ 呼吸爆发活力↑ 天然毒素活力↑	Clerton 等(2001)
	金头鲷	补体活力↑ 吞噬活力↑	Ortuño 等(2000)
	斑节对虾	血细胞总数↑	Lee 等(2004)
维生素 C	金头鲷	吞噬活力↑ 溶菌酶↑	Sahoo 和 Mukherjee(2003)
	黄颡鱼	血清中总蛋白↑ 免疫球蛋白↑ 溶菌酶活力↑	王吉桥等(2005)
	牙鲆	补体活力↑ 溶菌酶活力→ 呼吸爆发活力↑	王正丽等(2006)
	中国对虾	酸性磷酸酶活性↑ 过氧化氢酶活性↑ 溶菌酶的活性↑	宋理平等(2005)
	斑点叉尾鮰	补体活力↑ 呼吸爆发活力↑	Ortuño 等(1999,2001)

注：↑表示增加；→表示没有变化。

免疫增强剂作为一类有效控制疾病的物质，在水产动物病害防治中扮演着重要角色。在未来的发展趋势中，我们应该看到：一方面，免疫增强剂不仅具有抗病和促生长作用，还具有良好的安全性、可靠性和广泛性，其应用范围将会不断扩大，随着研究的深入和认识的加深，它必将成为控制水产动物疾病的有效工具。另一方面，在免疫增强剂的使用过程中，也出现过一些负面影响，如剂量过大、用药期过长等均有可能影响免疫增强剂的作用效果。此外，更需要一提的是，现有的免疫增强剂并不是对所有的疾病都有免疫保护作用。因此，开发更多、更新的免疫增强剂，弄清楚每一种免疫增强剂与疾病的对应关系，发挥其最大作用，将具有更为现实的意义。

六、诱食剂

日本的渔用诱食剂目前居世界领先地位。目前饲料诱食剂的研究应用已从北美、西欧扩展到澳大利亚、东欧独联体国家和东南亚各地。我国在诱食剂方面的研究工作如同饲料工业一样，起步较晚，但发展很快。

1. 诱食剂的种类、结构及一般特性

(1)诱食剂的种类　按作用原理分为口味调节剂和气味调节剂；也有按应用对象、动物不同生长阶段、外观形态、原料来源等划分。不管哪种诱食剂都是由有效成分和辅助成分构成，有效成分作用于嗅觉和味觉两部分，辅助成分对保持诱食剂的挥发稳定平衡、保持诱食剂的溶解性与分散性以至整体功能的发挥。

(2)诱食剂的结构　诱食剂绝大多数是低分子有机化合物，诱食剂的香气及甜味与它们的分子结构有密切关系。不同的诱食剂有特定的作用官能团，主要有以下几种：羟基(—OH)、羧基(—COOH)、酯基(—COOR)、醛基(—CHO)、羰基(—CO—)、醚基(R—OR)、苯基、硝基($—NO_2$)、酰胺基($—CONH_2$)、腈基(—CN)、巯基(—SOH)。诱食剂的含碳数在10～15香气最强。由于要求诱食剂有一定的挥发性和溶解于水、醇、脂肪的特性，诱食剂相对分子质量一般在26～300范围内。

(3)诱食剂的一般特性　饲料诱食剂既具有一定的挥发性引诱动物摄食，又要有一定的稳定性，在饲料加工、制粒及贮存中不易逸失走味，保持其功效。

2. 诱食剂的作用机理及功能　诱食剂的作用原理与动物的味觉、嗅觉、呼吸系统、消化系统等功能密切相关。诱食剂所具有的物质能刺激味觉引起食欲；散发出的气味能改善周围环境气味，并刺激嗅觉，诱导动物增加采食。通过嗅觉、味觉的共同作用经反射弧传到神经中枢，再反射性地引起消化道的唾液、肠液、胃液、胰液及胆汁大量分泌提高蛋白酶、淀粉酶及脂肪酶的含量，加快胃肠蠕动，增强机械性消化运动使饲料中营养成分充分消化吸收，促进动物生长发育，提高动物生产力和饲料报酬。

基于上述作用机理，诱食剂的功能主要是：①诱食作用。通过气味吸引动物，使之产生食欲，提高采食量和饲料转化率。②有效地掩盖饲料中的不良气味。饲料中的药物及某些原料中的不适味道会引起动物拒食或采食量低，加入饲料诱食剂能明显改善饲料的适口性，提高采食量。③提高动物在应激状态下的采食量。动物转塘、天气变化、疫病等条件变化会使动物产生应激反应、影响采食量，进而影响生产性能，这时饲喂添加诱食剂的饲料会刺激动物的食欲，保证一定的采食量。④避免动物日粮配方变化影响采食量。由于各种动物在不同生长阶段的营养需要不同，日粮配方也不一样，或者为了提高经济效益、降低饲料成本，开发新的饲料资源而改变了日粮组成，而动物对此十分敏感，饲料诱食剂能有效地保证动物变化日粮的采食量。⑤增强饲料产品的竞争力。应用饲料诱食剂能有效地保证一种产品的风味和香型，提高产品的质量档次，增强市场竞争力。

3. 诱食剂的使用技术

(1)配伍问题　忌用与诱食剂香味有拮抗作用的原料做载体。诱食剂与矿物质、药物等直接接触，以保护诱食剂在饲料中发挥其作用。例如饲料中的铜、钾、缓冲剂、防腐剂、尿素和某些药物等成分容易降低诱食剂的效果，而脂肪、盐、葡萄糖、核苷酸则可能使诱食剂更稳定或产生增效作用。

(2)用量　诱食剂的用量很少,必须混合均匀。一般占饲料含量的0.01%～0.05%。在实际应用中,要根据下列因素判定用量:①饲料原料成分及贮存影响;②动物种类、年龄及健康状况;③诱食剂本身效果;④饲料加工工艺。并通过饲养试验加以验证。

(3)添加方法　添加方法分为内加、外加、内外加相结合3种方法。

①内加　首先取适量诱食剂与粉末状谷物或其副产物进行10倍以上预混合,以便使诱食剂在饲料中均匀分布,使饲料有一致的香味。在制粒过程中,在满足制粒要求条件下,使温度、压力减到最低,减少诱食剂香味的散失,同时也可减少维生素的损失。

②外加　由于在制粒过程中,高温高压及抽气快速降温两道工序使诱食剂损失很大,在国内目前加工条件下,一般在颗粒料经振荡筛落入饲料袋中的过程中加入,也可以在直接封口时加入。

③内外加相结合　内加诱食剂可用持久耐高温的诱食剂,外加时可用有耐60 ℃、价格较低的诱食剂。

4. 常用的诱食剂　对鱼虾类动物来说,具有诱引和促进摄食的物质较多,以促摄食物质处理饲料,并针对鱼虾化学感觉功能和促摄食物质研究,对提高配合饲料的适口性和利用率有着重要意义。鱼类味觉器官对诱食物作出反应随鱼的种类不同而异,大多数鱼类诱食剂为氨基酸。与一般畜禽不同,氨基酸对鱼类嗅觉刺激相当明显,不同鱼种之间差别很大。用浓度$1\times10^{-9}\sim10^{-3}$ mol/L的氨基酸对鱼类试验的结果表明:虹鳟饲料中添加蛋氨酸效果最好,丙氨酸、胱氨酸和甘氨酸也可促进采食;斑点叉尾鮰鱼料中添加赖氨酸效果最好,蛋氨酸和丙氨酸也可增进食欲,直接在饲料中添加蛋氨酸或丙氨酸效果较好;鲤鱼饲料中添加精氨酸和谷氨酸效果最好,蛋氨酸和丙氨酸也有促进摄食之功效;草鱼饲料添加胱氨酸效果显著,精氨酸、蛋氨酸和丙氨酸也有效果。除氨基酸外,鱼肝油、丙酸、核苷酸、甜菜碱、酰胺、三甲胺内酯等含氮化合物及其某些盐类也是鱼类比较常见的诱食剂。某些含硫有机物(对鲤鱼)、部分挥发性植物油如阿魏酸的提取物(对小虾、小杂鱼、黄鳝及对虾)及大蒜(对虹鳟、鲤鱼和桃花鱼)均有较好的诱食作用。

两种以上诱食剂具有协同作用。诱食物质合并应用大致可分为:①两种以上的氨基酸;②氨基酸与核苷酸;③氨基酸与盐酸三甲胺;④氨基酸与色素或荧光物质等的稳定结合物。

七、着色剂

在饲料中添加着色剂的目的主要是为了增加水产养殖动物产品的色泽,使水产养殖动物如青鱼、鲫鱼、白鲢、鲑鱼、鳟鱼和对虾的肉增色,使鲑鱼与鳟鱼的体表与卵增色,使锦鲤、金鱼、斑节对虾的体表具有更为鲜艳美观的色泽,以提高其商品价值等。

市场上常用的饲料着色剂有柠檬黄、苋菜红、胭脂红、日落红、甜菜红、姜红等。着色剂按其来源可分为天然着色剂和化学合成着色剂。天然着色剂是含有类胡萝卜素成分的红、紫色色素的植物及其提纯品,如草本类的金盏菊、万寿菊、孔雀草、聚合草、红花、朝天红、三叶草、海藻、水藻和人参茎叶等;木本类的松针粉、槐叶粉、橘皮、银合欢、栀子、胡枝子等;农作物类的大麦叶、大豆叶、苜蓿、红辣椒、黄玉米、玉米花粉、南瓜、西葫芦、胡萝卜等;动物类的蜗牛粉、虾壳粉、鳟鱼粉和牛粪等。化学合成类的着色剂主要是类胡萝卜素、番茄红素、叶黄素、辣椒红、柠檬黄、斑蝥黄、虾青素和辣椒红素等。目前市场上使用较好的着色剂,主要有属斑蝥黄质的加丽素-红、露康定红和加丽素-黄等。

1. β-胡萝卜素　由深色蔬菜、胡萝卜中提取的天然色素,也可由合成法制取。该品外观为紫色至暗红色的结晶性粉末,稍有特异味,不溶于水及甘油,难溶于乙醇、丙酮。在弱碱环境中稳定,在酸性环境中不稳定,对光和氧不稳定。在低浓度时显橙红色,高浓度时显红橙色,金属离子特别是铁离子可促进其褪色,熔点为 176～180 ℃。作为饲料的增色剂,有强化营养的作用。

2. 斑蝥黄质 系类胡萝卜素产品中红色系列色素之一,主要由红鹤、蕈、鲑、鳟等提取而得。本品化学性质稳定,是唯一在体内不会转化为维生素 A 的类胡萝卜素。适用范围广,用量少,着色效果佳,主要用于鲑鱼和鳟鱼的皮肤着色及其他鱼类皮肤着色等。用作饲料着色剂,对虾饲料中的用量为 0.2 mg/kg,虹鳟饲料 50～100 mg/kg。

3. 橙康黄质 本品是存于柑橘果皮中的天然类胡萝卜素,为强烈的红色色素。该品性质稳定,转化为维生素 A 的营养效果仅为胡萝卜素的 5%。对于鱼类的着色作用尚在探讨中。用作饲料着色剂,对虾饲料中的添加量为 0.2 mg/kg。

4. 玉米黄素 本品主要成分为阿朴胡萝卜素醋酸酯和赋形剂,为暗红色片状晶体,无异味,熔点 216 ℃。本品属黄色系列的色素,可用于改善金鱼、红鲤鱼等鱼类的体表色泽而添加于其饲料中。饲料中的添加量为 20～30 g/t。

5. 虾青素 本品系红色系列着色剂,主要是从虾、蟹、鲑和鳟等动物体内提取而得,近年来也有通过发酵的方法获得。其红色着色效果比叶黄素更有效,主要用于改善对虾、蟹体表的色泽和卵的着色,以提高其商品价值。也可用于金鱼和锦鲤的红色体表着色。本品随鱼类采食的饲料进入消化道,经吸收进入体内,经代谢过程沉积于机体的皮肤、卵黄和体表等处,使其呈现出鲜艳的红色。鱼饲料中添加量为 10～20 mg/kg。

八、中草药添加剂

近年来,许多国家对使用抗生素类添加剂都在立法控制。而中草药由于没有化学合成药物的弊端,日益为人们重视,作为可代替化学合成药物且安全性能好的新一代饲料添加剂。许多中草药兼有营养性和药物性的双重作用,既能促进机体糖代谢、促进蛋白质和酶的合成,又能增加机体抗体效价、刺激性腺发育,具有杀菌抑菌、调节机体的免疫功能以及非特异性抗菌作用。

(一)中草药有效成分

中草药的有效化学成分极为复杂,其主要成分有生物碱、蛋白质和氨基酸、有机酸、油脂、蜡、挥发油、甙类、鞣质、树脂类、植物色素、矿物质元素和维生素。近年来,中草药有效成分的分析研究又有新的进展。

(二)中草药免疫机理

1. 中草药的活性成分 中草药有效活性成分中,有多糖、甙类、生物碱、挥发性成分和有机酸,具有调节机体免疫功能的作用。

(1)多糖 多糖是免疫活性主要物质。从中草药中分离提取的多糖很多,如枸杞多糖、猪苓多糖、黄芪和红芪多糖、茯苓多糖、党参多糖、红花多糖、淫羊藿多糖、刺五加多糖、甘草多糖等。这些多糖均有明显的免疫刺激作用。分析其化学成分,党参的水溶性成分中含有 4 种杂多糖,其组分的相对分子质量在 10 000～80 000 之间,是具有免疫活性的多糖。枸杞子有效活性成分是枸杞多糖,能提高和增强免疫系统中 T、B 淋巴细胞的功能,另外还含有 B 族维生素。茯苓多糖可明显使巨噬细胞吞噬率和吞噬指数增强。黄芪多糖能促进机体的抗体生成。

(2)甙类化合物 黄芪皂甙和人参皂甙均能增强网状内皮系统的吞噬功能,并能促进抗体生成，促进抗原抗体结合和淋巴细胞转化。

(3)生物碱 据研究资料证明，有近200种中草药具有免疫活性，如补气类扶正固本的黄芪、白术、人参、党参等，助阳类的杜仲、菟丝子、肉桂、补骨脂等，滋阴类的北沙参、云参、女贞子、天冬、麦冬等，活血化淤类的丹参、红花、川芎等，清热类的金银花、连翘、黄花地丁、紫花地丁、黄芩、黄连等，以及少数固涩、解表、止血、泻下、驱虫中药都是生物碱的主要作用。

2. 中草药复方制剂免疫机理 伴随着免疫学的迅速发展，中草药复方制剂的免疫药理研究也取得了较快的进展。试验证明，用四君子汤能促进萎缩胸腺恢复细胞增殖，提高机体免疫功能，促进肿瘤细胞内非核酸物质的贮存，有利于发挥肝细胞的正常功能，提高腹腔巨噬细胞吞噬肿瘤细胞功能及外围血中淋巴细胞数以增强其免疫功能。

(三)常用中草药

1. 植物类

(1)马齿苋 味酸，性寒，有清热解毒、凉血消肿功效。

成分：含去甲肾上腺素和钾盐、二羟基乙胺、二羟基苯丙氨酸、苹果酸、柠檬酸、氨基酸、维生素、胡萝卜等。具有生物碱、香豆精、黄酮类、强心甙及蒽醌类化合物等活性。

(2)大蒜 味辛，性温。有行气滞、暖脾胃、解毒、杀虫等功效。

成分：含蛋白质、脂肪、碳水化合物、灰分、钙、磷、铁、维生素、挥发油等。

(3)甘草 味甘，性平。有补脾、润肺止咳、解毒、缓急、调和诸药等功效。

成分：含甘草甜素、黄酮、香豆精类、桂皮酸衍生物以及多种氨基酸。

(4)当归 味甘、辛，性温，有补血和血、润肠通便功效。

成分：含藁本内酯、正丁醇烯酸内酯、脂肪油、棕榈酸、蔗糖、维生素及矿物质。

当归含挥发油，气味浓烈，添加量不宜过大，否则影响适口性。

(5)山楂 味酸、甘，性微温。有消食健胃、活血化淤、行气化积之功效。

成分：含酒石酸、柠檬酸、山楂酸、黄酮类、内酯、维生素、蛋白质、脂肪、糖类及甙类。

(6)苍术 味辛、苦，性温。有燥湿健脾、祛风散寒、明目等功效。

成分：含苍术醇、茅术醇、β-桉叶(油)醇、苍术酮。

(7)麦芽 味甘，性平。有行气消食、健脾开胃、回乳等功效。

成分：含淀粉酶、转化糖酶、维生素、脂肪、磷脂、糊精、麦芽糖、葡萄糖、蛋白质、麦芽毒素。

(8)杨树花 味苦、甘，性微寒。有补充营养、健脾养胃、止泻止痢等功效。

成分：含氨基酸、黄酮、香豆精、酚类及酚酸类、甙类等。

(9)艾粉 味苦、辛，性温。有温经止痛、逐湿散寒、止血安胎等功效。

成分：含蛋白质、脂肪、氨基酸、矿物质、叶绿素、维生素、龙脑、樟脑挥发油、芳香油和未知生长素等。

(10)陈皮 味辛、苦，性温。有理气健脾、燥湿化痰等功效。

成分：含挥发油、橙皮甙、川陈皮素、橘皮素等。

(11)松针 味苦，性温。有补充营养、健脾理气、祛风燥湿、杀虫、止痒等功效。

成分：含氨基酸、矿物质、维生素、激素、抑菌成分、α-蒎烯，β-蒎烯、黄酮等。

(12)黄芪 味甘、性微温。有补气固表、托疮生肌、利水退肿等功效。

成分：含2′,4′-二羟基-5,6-二甲氧基异黄酮、胆碱、甜菜碱、氨基酸、蔗糖、葡萄糖醛酸及微量叶酸。

(13)党参　味甘,性平。有补脾益肺、养血生津等功效。

成分:含皂甙、生物碱、蔗糖、葡萄糖、菊糖、淀粉、黏液及树脂等。

(14)益母草　味辛、苦,性凉。有活血化淤、利水消肿功效。

成分:含生物碱、益母草定、益母宁等。

2.矿物类

(1)石膏　味甘、辛,性寒。有解肌清热、除烦止渴功效。

成分:含硫酸钙($CaSO_4 \cdot 2H_2O$)以及混入之黏土、砂粒、有机质、硫化物、微量的Fe^{2+}、Mg^{2+}等。

(2)明矾　味酸、涩,性寒。内服有收敛止血、涩肠止泻功效。

成分:为碱性硫酸铝钾$KAl(SO_4)_2 \cdot 12H_2O$。

3.动物类

(1)牡蛎　味咸涩,性微寒。有益阴潜阳、收敛固脱、软坚散结功效。

成分:含80%～90%的碳酸钙,少量的磷酸钙、硫酸钙、镁、铝、氧化铁等。有机质约占1.72%。

(2)蚯蚓　味咸,性寒。有清热定惊、平喘通络等功效。

成分:含蛋白质、氨基酸及各种营养物质。

(3)蚕沙　味甘、辛,性温。有祛风除湿功效。

成分:含蛋白质、脂肪、糖、叶绿素、类胡萝卜素、维生素等。

九、黏合剂

黏合剂是指在制作和生产颗粒饲料过程中,为了有助于颗粒黏结,增加生产能力,延长环膜寿命,减少运输过程中的粉化现象和改善饲料的品质,而添加于饲料中以提高饲料产品市场竞争力的物质。

日本常用的黏合剂为聚丙烯酸钠、酪蛋白酸钠,美国常用膨润土和木质素磺酸盐,鱼类饲料中一般用褐藻酸钠和羧甲基纤维素钠。黏合剂的作用在于:①将许多饲料原料黏合在一起,确保鱼类能从配合饲料中获得全面的营养;②减少饲料的崩解及营养成分的散失,减少饲料的浪费及水质污染;③易使饲料成型,提高适口性,促进鱼的采食;④减少饲料生产过程中产生粉尘和粉化现象。

黏合剂的种类很多,有天然和合成两大类。天然黏合剂有鱼浆、动物胶、α-淀粉、高黏度胶联淀粉、膨润土、褐藻酸钠、木质素磺酸钠、酪蛋白酸钠、半纤维浸出物、明胶等。人工合成黏合剂有羧甲基纤维素(钠盐)、聚丙烯酸钠、聚丙烯醇等。

1.α-淀粉　用物理方法制成的变性淀粉,亲水性强,遇水膨胀成团。黏弹性以马铃薯α-淀粉最好,木薯α-淀粉次之。马铃薯α-淀粉一般含水率为5%～8%,细度不低于80目。常温下,5%水溶液黏度值为800～1 000 cP。但α-淀粉存放3个月后其黏性及弹性效果会明显下降。常作为鳗鱼、甲鱼饲料的黏合剂,同时也可作为其他鱼类和对虾饲料的优质黏合剂,用一定比例的α-淀粉与小麦面筋粉混合使用比单用α-淀粉的黏结效果好。α-淀粉用作黏合剂,其添加量,鳗鱼饲料≤22%,其他鱼饲料8%～10%,对虾饲料8%～10%。

2.鱼浆　由新鲜小杂鱼加0.1%～0.3%食盐后磨成鱼糜蛋白,使鱼肉中所含水溶性蛋白、肌球蛋白溶解出来,生成黏稠的糊状物。具有良好的黏结性,可作为鱼饲料的黏合剂,制成的颗粒饲料稳定性好。在肠道内经蛋白酶的催化作用水解为氨基酸和肽类,水解产物被机体吸收利用,用于合成机体蛋白质和部分氨基酸。用作颗粒饲料黏合剂时，鱼饲料中用量为1%～5%。

3.羧甲基纤维素纳　白色纤维状或颗粒状粉末，无臭无味，有吸湿性。1∶100悬浮水溶液的pH为6.5～8.0，易分散于水中成胶体，不溶于乙醇、乙醚、丙酮等有机溶剂，水溶液的黏度随pH值、聚合度增加而增强。黏度随葡萄糖的聚合度而增加，一般pH在3以下则成为游离酸而沉淀，其水溶液对热不稳定，其黏度随温度升高而降低。用其制成颗料后效果好，但成本太高，饲料中添加量不宜超过2.0%。

4.聚丙烯酸钠　为白色粉末，无臭无味。加水后体积膨胀，透明凝胶状成为黏稠液，易与二价以上金属离子结合成金属盐。有较好的黏结性，常用作鱼类饲料的黏合剂。在颗粒饲料压制过程中其制粒效果好。作为鱼类饲料的颗粒黏合剂，使用时可直接加入饲料中，用量为0.1%～2%。

5.褐藻酸钠　白色淡黄色粉末，无毒无味。不溶于乙醇、氯仿和酸(pH＜3)，有吸湿性。本品吸水后体积可膨胀10倍，水溶液透明，且黏稠。具有亲水悬浮的胶体性质，易与蛋白质、淀粉、明胶等饲料组分共溶聚合，其分子在溶液中带负电荷，易与高聚合度的正电荷牢固结合。在制粒过程或饲料浸入水中后，褐藻酸钠中的钠离子与钙离子置换，生成纤维性的褐藻酸钙，包络着饲料颗粒细末，充当网状骨架，覆盖在饲料的外表，改善了整粒饲料的组织结构，从而强化了饲料的稳定性。主要用于鳗鱼、对虾、鱼类饲料做黏合剂，在以α-淀粉为主黏合剂时，再加少量褐藻酸钠其黏结效果倍增。若与柠檬酸并用其黏结效果更佳。用作鱼类颗粒饲料黏合剂，在饲料中添加量一般2%以下。在以α-淀粉为主黏合剂时，其添加量为1%～1.5%。

6.高黏度交联淀粉　生淀粉与磷酸盐酯化或交联后生成高黏度交联淀粉，5%浓度的淀粉胶液黏度值可达5万～10万cP，且胶液黏度稳定性好。黏结效果很好，是鱼类饲料的很好黏合剂。用作鱼类颗粒饲料黏合剂，用量在5%以下。

7.半纤维浸出物　暗褐或焦糖色，作为颗粒饲料的黏合剂，配合适量水使用效果更佳，富含碳水化合物，适口性好，作为鱼类颗粒饲料的黏合剂时，在饲料中添加量不可超过4%。

8.酪蛋白酸钠　由酪蛋白溶解于苛性钠溶液蒸发而得。为白色至淡黄色颗粒或粉末，略带特殊香味，易溶于水，水溶液pH值呈中性。溶于水后具有很强的黏结性，饲料工业上常用于鱼类颗粒饲料。在消化道可延长饲料在胃内的停留时间，还可为动物提供部分营养物质，从而提高饲料的消化率。作为鱼类颗粒饲料的黏合剂时，在饲料中的用量不宜超过2%。

十、其他非营养型添加剂

(一)乳化剂

磷脂是最有效的生物表面活性剂，具有很强的乳化特性，在消化道内与脂肪形成微粒结构，有助于脂肪的消化吸收。其次，磷脂还可作为能量物质，或合成体组织用于生长。

磷脂的分子结构特殊，脂肪酸与甘油酯化形成亲脂基，磷酸与胆碱、乙醇胺或肌醇结合构成疏脂基。亲脂基和疏脂基的结合使得磷脂能与水和脂肪混合。某些人工合成的磷脂，因含有一个脂肪酸残基，亲水性更强。形成的微粒较小，更易于吸收，提高饲料的利用效率。

1.大豆磷脂　为半透明的黏稠物质，稍有特异臭味。在空气中或光线照射下迅速变成黄色，逐渐变成不透明的褐色。不溶于水，在水中膨润呈胶体溶液。溶于氯仿、乙醚、石油醚、四氯化碳，有吸湿性。主要成分是卵磷脂、脑磷脂和肌醇磷脂。

2.单硬脂酸甘油酯　为微黄色蜡状固体。凝固点不低于56℃，碘值为1.370～1.844，游离酸为1.83%～2.28%。不溶于水，与热水强烈振荡混合时可分散于水中。乳化作用很强，为油包水(水/油)型乳化剂，也可作为水包油(油/水)型乳化剂。

3. 山梨糖醇酐脂肪酸酯 白色至黄褐色的液状和蜡状物，因其所含脂肪酸不同，其性状也不一样。主要有软脂酸酯、棕榈酸酯、硬脂酸酯等，都是非离子型的乳化剂，溶于水，也易溶于油，适于造成油/水型和水/油两种乳化液。用作饲用乳化剂时，于混合前加入饲料中，并应充分搅拌均匀。

4. 脂肪酸蔗糖酯 亲水性最大，适于油/水型乳化剂，对油脂仅溶解1%以下，145 ℃以上则分解，120 ℃以下稳定，在酸性或碱性下加热则被皂化。

5. 木糖醇酐硬脂酸酯 具有奶油光泽的棕黄色蜡状固体，无异味，溶于甲苯、二甲苯、酯、醇等多种有机溶剂中，不溶于冷水，在热水中分散后呈乳状液。

6. 阿拉伯胶 为淡黄色的块或白色粉末，既可作为黏合剂，同时也可作为乳化剂。

(二)流散剂

流散剂是防止饲料结块而添加于饲料中的非营养性添加物。流散剂多系无水硅酸盐，比重较大，颗粒微小，有流散性。也有如下一些不是硅酸盐类的。

1. 亚铁氰化钾 为柠檬黄色单斜晶粉末或颗粒，无臭，有咸味。易溶于水和丙酮，具有抗结块性能，可用于防止细粉、结晶性添加剂原料板结。食盐堆放日久易发生板结成块，为防止板结可加入流散剂。能使食盐的正六面体结晶转变成星状结晶，而不会发生结块。具有良好的流散性和抗结块性能，加入饲料中后应充分混合均匀才能饲喂给动物。

2. 柠檬酸铁铵 为红褐色和绿色结晶薄片状，有咸味，易溶于水，不溶于乙醇。有吸湿性，易潮解，在阳光下易分解。流散性好，用作饲料添加剂生产过程中的流散剂。

(三)吸附剂

吸附剂是指为了增加饲料和某些添加剂的工艺性，提高产品率，降低单位产品的耗料量而添加于饲料中的一类具有吸附微粒饲料及其营养成分或非营养成分的物质。吸附剂可以作载体，也可防止饲料结块，确保饲料在生产加工过程中的流动性。饲用吸附剂有二氧化硅、硅酸钙、硅酸铝钠、蛭石、膨润土、活性炭、硅藻土、沸石、小麦胚粉、脱脂米糠、脱脂玉米胚粉、粗皮、大豆细粉、凡士林、植物油、矿物油等。

1. 硅胶 硅胶吸附能力最高，常用的品种有硅胶-300、硅胶-250、硅胶-175，在养殖业上常用的是硅胶-300。含 SiO_2 92%～93%，Na_2O 0.06%～0.8%、SO_3 0.2%～0.8%，Fe_3O_4 0.04%～0.05%。对水溶物吸附能力最强。由于水能与硅胶表面形成氢桥，因而极易被吸附在硅胶表面，硅胶吸附其他物质能力差。硅胶-300常用作制取氯化胆碱粉剂。在体内吸附肠道内的有毒物质和气体，有利于保持肠道的健康，不易被吸收入血液。

2. 膨润土 一般为灰白色或淡黄色，无异味。有较强吸附力，吸水后膨胀，膨胀度不低于80%，有增强胶粘作用。可塑性与黏结性能好，具有吸附、膨胀、离子交换、塑造、黏合、润滑、悬浮等方面的功能。在生产颗粒饲料时，加入一定量的膨润土使颗粒膨胀，从而改善了饲料的润滑性与胶粘作用，可用作一般饲料的黏合剂，并能改善饲料营养成分的利用效率和减少排泄物的水分。

3. 硅藻土 由硅藻遗骸堆积形成沉积岩石层，主要由96%水合二氧化硅及其变种α-方黄石组成。呈浅黄色或浅灰色，多孔岩，质轻疏松，具有较强的吸附力。耐火耐酸，传热性差，不溶于氢氟酸以外的酸，而溶于强碱溶液。具有吸湿性，常替代硅胶用作制取化氯化胆碱粉的吸附剂。

4. 活性炭 为黑色细粉末，无臭无味，不溶于水和其他有机溶剂，具有较高的多孔性，吸附能力很强，能吸附颜料、盐、生物碱、细菌毒素、酶、二氧化碳、氨、硫化氢等物质。

5. 蛭石　呈琥珀色、青铜色、棕褐色、暗绿色或褐黑色，有玻璃、珍珠、松脂光泽。具有较大的比表面积和选择性吸附能力、阳离子交换能力，有极好的保水、气平衡能力，无味、无刺激性，没有毒性。

6. 海泡石　为灰白色，有滑腻感，无毒无臭，具有特殊的层链状晶体结构和热稳定性、抗盐性及脱色吸附性，有除毒去臭去污能力。具有很大的表面积，吸附能力很强，可以吸附自身重量200％～250％的水分，还具有较低的阳离子交换特性和良好的流动性。

思考题

1. 什么是饲料添加剂？饲料添加剂的主要作用是什么？
2. 微量元素添加剂的种类有哪些？
3. 维生素添加剂的种类有哪些？添加剂形式分别是什么？
4. 氨基酸添加剂的主要种类及其添加剂形式有哪些？
5. 抗生素的主要作用机理有哪些假说？
6. 抗生素的副作用有哪些方面？
7. 酶制剂的本质及其作用机理是什么？蛋白酶的分类和作用机制是什么？
8. 中草药添加剂的作用机理及其主要种类有哪些？
9. 黏合剂的主要种类有哪些？主要黏合剂的用法和用量有哪些？

第十一章
水产动物配合饲料设计

内容提要

本章主要介绍水产动物配合饲料的有关概念、水产动物营养与饲料的特点、配合饲料的种类、全价颗粒配合饲料的优越性、饲料配方设计的原则、预混料的非活性物质以及配合饲料配方设计的依据、注意事项、方法和步骤，并列出几个添加剂和全价配合饲料配方实例，以供读者参考。

第九章介绍的饲料，本身就可以为水产动物提供营养素，可以直接喂养(有的饲料适口性欠佳会影响水产动物的摄食)，但是，它们含有的营养素不平衡。某些营养素含量过多，得不到充分利用，可另一些营养素含量又太少而不能满足水产动物的营养需要，存在着这样或那样的弊端。为了提高饲料的营养价值，降低饲料成本，人们按照水产动物的营养需要，将这些饲料按一定的比例配合在一起，再加入一定量的饲料添加剂，则生产出了配合饲料。

水产动物配合饲料的发展历史已有半个世纪，在这个发展过程中，对水产养殖的发展起到了巨大的推动作用，同时，水产养殖业的发展也促进了配合饲料的发展。

饲料配方设计是配合饲料生产的核心技术之一。如果把配合饲料原料比作配合饲料产品的硬件，那么配方技术和加工技术就是配合饲料产品的软件。饲料配方设计就在于把养殖动物对各种营养素的需要量化作各种饲料原料的配比形成配方，为配合饲料生产提供了依据。

第一节　配合饲料概述

一、配合饲料的概念

在进行配合饲料的设计之前，首先认识一下配合饲料的概念。配合饲料不是某一种特定的饲料，它是一类复合饲料。

(一)配合饲料

配合饲料(formula feed)是根据饲养动物营养需要，将多种饲料原料按饲料配方经工业生产的饲料。根据成分和使用方法的不同，配合饲料可分为添加剂预混料和全价配合饲料。

(二)添加剂预混料

添加剂预混料(additive premix)又称预混合饲料、添加剂预配料或饲料添加剂预混料,简称预混料,是由一种或多种饲料添加剂与载体或稀释剂按一定比例配制的均匀混合物。预混料分为两大类,一类是单一预混料,另一类是复合预混料。

1. 单一预混料 单一预混料是指某一种用量极少的成分,为了便于与其他成分混合,将其与稀释剂按一定比例配制而成的均匀混合物。

2. 复合预混料 复合预混料是指多种添加剂(包括单一预混料)与载体按一定比例配制而成的均匀混合物。根据其有效成分的不同又可分为同类复合预混料和综合(多类)复合预混料。如矿物质预混料、维生素预混料等属于同类复合预混料;而包含有多种同类复合预混料的产品则称为综合(多类)复合预混料。

矿物质预混料根据所含的成分不同其含义也不同。有的厂家将常量元素添加剂、微量元素添加剂(含单一预混料)和载体按一定比例均匀混合在一起制作成"全价"矿物质预混料。也有的厂家将常量元素添加剂直接与基础原料相混合,而将微量元素添加剂(含单一预混料)和载体按一定比例均匀混合在一起制作成微量元素预混料。

预混料不能直接喂养动物,要与蛋白质饲料、能量饲料等基础原料按一定比例混合加工成全价配合饲料之后,方可投喂,即预混料是全价配合饲料的组成成分。

(三)全价配合饲料

全价配合饲料(complete feed)又称完全配合饲料,简称全价料或完全料,是指能满足饲养动物营养需要(除水分外)的配合饲料。水产动物的全价配合饲料根据不同的指标可划分不同的种类。

1. 根据全价配合饲料的物理状态划分

(1)粉状配合饲料 各种符合要求的饲料原料按一定比例配制而成的均匀混合物。

(2)糜状配合饲料 粉状配合饲料加入一定的水分(有时要加入一定的油脂)之后形成的糜状的饲料。

(3)颗粒配合饲料 各种符合要求的饲料原料按一定比例配制而成的均匀混合物,再经过一定的颗粒饲料加工机械成型之后所得到的产品。根据颗粒饲料加工机械的不同,颗粒配合饲料又分为软颗粒配合饲料、硬颗粒配合饲料和膨化颗粒配合饲料。

(4)微粒配合饲料 由于设备限制或从经济学角度考虑,颗粒配合饲料的规格往往不可能太小,为了满足小规格水产动物的口径,人们研制了微粒配合饲料。微粒配合饲料根据加工工艺的不同又分为微胶囊饲料、微黏合饲料和微膜饲料。详见第十三章。

2. 根据全价配合饲料的饲喂对象的种类划分

(1)鱼用配合饲料 用于喂养鱼类的配合饲料。

(2)虾用配合饲料 用于喂养虾类的配合饲料。

(3)蟹用配合饲料 用于喂养蟹类的配合饲料。

(4)鳖用配合饲料 用于喂养鳖类的配合饲料。

也可将其进一步划分为鲤鱼用配合饲料、对虾用配合饲料等。还可以根据全价配合饲料的养殖对象的规格划分为鱼种用配合饲料、成鱼用配合饲料等。

二、水产动物营养与饲料的特点

因为水产动物配合饲料的发展晚于畜禽配合饲料，所以在水产动物配合饲料的发展早期，一般模仿畜禽配合饲料，即使在现在，有的饲料厂依然如此。实际上，这两类动物的配合饲料有一定的相似性，但随着研究的深入，发现它们之间存在着很大的区别，主要表现在如下几个方面：

1. 对能量的利用率高

(1)水产动物体温随水环境温度的变化而变化，略高于水温 0.5 ℃，远比恒温动物低，因而用于维持体温、标准代谢消耗的能量少。

(2)水的比重大，浮力大，水产动物在水中维持体位所消耗的能量远比陆生动物低。

(3)鱼类的氮代谢废物主要是氨，畜禽的氮代谢废物主要是尿素和尿酸，鱼的氮代谢废物排出体外时带走的能量较少。鱼的氮代谢废物主要从鳃排出体外，而陆生动物则主要从肾脏以尿的形式排出，鱼类排出氮代谢废物耗能少。

(4)鱼的体形大多为流线型，在水中运动克服水阻力小，因此，鱼类生长所需能量为陆生动物的 50％～67％。

2. 对人工饲料的需求量相对较少 水产动物生活于水域中，不论其食性如何均可直接或间接地摄取水域中的天然食物，通过鳃或皮肤直接吸收水中无机盐，同时不费力地排出废物。因此，水产动物需要人工饲料(包括无机盐、维生素与其他活性物质)比陆生动物相对要节省，尤其在池塘稀养和大水面养殖中更是显著——天然饲料的补充较多。

3. 对饲料的消化率低

(1)水产动物消化器官分化简单且短，与陆生动物相比，水产动物的比肠长小得多。如鳜鱼 0.6，乌鳢 0.61，鳗鲡 0.52～0.84，鲤鱼 2.5，青鱼 1.2～2.0，草鱼 2.5～3.0，鲢鱼 6～10，鳙鱼 5.0 左右，鳖 2～3；猪 14，鸡 10，牛 26，羊 27。食物在消化道中停留时间短，为畜禽的 1/5～1/3。

(2)消化腺不发达。

(3)各种消化酶因体温低而活性不高。

(4)肠道中起消化作用的细菌种类少，数量也不多。因此，水产动物的消化能力不如畜禽。为了提高饲料的消化率，这就给饲料的配合和加工带来了更高的要求。

4. 对蛋白质需求量高，要求必需氨基酸种类多

(1)水产动物对饲料中蛋白质要求量比畜禽高 2～4 倍。一般畜禽饲料中蛋白质适宜范围为 12％～24％，而水产动物饲料中蛋白质适宜范围为 24％～55％。

(2)水产动物饲料中蛋白适宜含量与其食性、水温、溶氧等因素密切相关。陆生动物的需要量一般不受环境因素的影响，或影响不明显。

(3)水产动物必需氨基酸有 10 种，而畜禽的必需氨基酸是 8 种。

(4)水产动物对精氨酸、赖氨酸和蛋氨酸的需求量也较高，对色氨酸要求低。

5. 对脂肪的消化率高

(1)水产动物对脂肪有较高的消化率，尤其是对低熔点脂肪，其消化率一般在 90％以上。由于水产动物对碳水化合物利用率低(有些种类对其消化率较高)，因而脂肪成了其重要而经济的能量来源。

(2)对哺乳动物起主要作用的必需脂肪酸是 n-6 脂肪酸(如亚油酸、花生四烯酸等)，对水产动物起主要作用的必需脂肪酸是 n-3 脂肪酸(如亚麻酸、二十碳五烯酸、二十二碳六烯酸等)。

(3)对甲壳类来说,除需要 n-3 脂肪酸外,还需要磷脂和胆固醇。

6. 对碳水化合物消化率低

(1)一般来说,淀粉等无氮浸出物是畜禽的主要营养素,含量约在 50%以上,是其主要能量来源,而水产动物对其利用能力较低,故其饲料中的适宜含量最多不超过 50%。

(2)畜禽类可以消化一定量的纤维素,而水产动物则几乎不能消化纤维素,因此,应控制饲料中的纤维素含量。

(3)甲壳类动物需要脱皮(壳)才能生长,因此,饲料中需要补充一些甲壳素。

7. 对饲料中无机盐的需求量少

(1)鱼类、甲壳类能通过鳃、皮肤渗透或通过大量吞咽从水中获得一部分无机盐,而陆生动物仅能从食物和饮水中获得,相比之下,前者对饲料中无机盐的需求量较少。

(2)对微量元素的需要量,鱼类要求较多的锌,甲壳类需要较多的铜,而畜禽类要求含有较多的铁和锰。

8. 对饲料中维生素的需求量大

(1)陆生动物肠道长,细菌种类和数量多,它们合成的维生素种类和数量均多;而水产动物情况正好相反。如畜禽类肠道中合成的维生素 C 基本上能满足其生理需要,而鱼虾类肠道中基本不能合成。

(2)陆生动物可以通过摄取粪便而从中获得部分维生素,而水产动物的这种机会很少。

(3)鱼虾类转化某些维生素的能力差。如将 β-胡萝卜素转化为维生素 A 的能力差,将色氨酸转化为烟酸的能力也差。

(4)水产动物在水中可摄取新鲜天然食物,而其中往往含有硫胺素酶,该物质对硫胺素有很大的破坏作用。

(5)水产动物饲料的维生素在水中溶失量大,故水产动物对饲料中维生素的需求量大。

(6)水产动物饲料中蛋白质和脂肪的含量高,因而参与其代谢的维生素(如维生素 B_5、维生素 B_6、维生素 E 等)含量也较畜禽多。

(7)因为鱼、虾类能从水环境中吸收钙,因而对维生素 D 的需求比畜禽类少。

9. 对营养素的需求受环境因素影响大 水产动物生活在水中,又是变温动物,因而营养需求受环境因素影响比陆生动物大得多。

10. 要求原料粒度小 畜禽饲料原料的细度要求全部通过 8 目,16 目筛上物不得大于 20%,而一般鱼饲料原料则要求全部通过 40 目,60 目筛上物不得超过 10%,虾、鳗饲料要求全部通过 60 目,幼体则要求更细,要求全部通过 80 目。

11. 要求饲料水稳定性高 陆生动物对饲料的水稳定性要求不高,而水产动物要求饲料具有较好的水稳定性,不仅便于摄食,同时也防止营养成分散失,特别是摄食慢的甲壳类动物,这就给它们的饲料加工带来了更高的要求。鱼类一般要求饲料的水稳定性在 20～30 min,而虾蟹类则要求2 h 以上。

12. 要求饲料颗粒小 除小规格禽类外,一般的颗粒饲料机生产的颗粒饲料的大小不会影响畜禽类的摄食,而水产动物的口径相差很大,有些水产动物的口径很小,不能摄取一般的颗粒饲料机生产的颗粒饲料,必须经过破碎或特殊加工,方可达到要求。

13. 摄食情况不易观察 水产动物在水中摄食(蟹、鳖、龟等也可在陆地摄食),对其摄食情况,人们不易观察,因此,对其投喂量不易掌握。

总之,水产动物与陆生动物相比,无论在营养需求方面,还是在摄食方式、摄食习性、生活环境等方面均存在着很大差别，因而在研究和生产其饲料时必须注意这些问题。

三、全价配合饲料的优越性

水产动物配合饲料产生之后，迅速被推广到世界各地，并吸引众多研究人员对其进行更深入的研究，水产动物配合饲料之所以引起人们的重视是因其具有如下优越性：

1. 营养价值高 因为全价配合饲料是以水产动物营养学研究为基础，根据其在不同情况下的营养需求，经科学方法配合加工而成，因而所含营养成分全面、平衡，能够充分满足水产动物的营养生理需要，具有较高的营养价值。

2. 扩大了饲料来源 在传统的水产养殖生产上，用作精饲料的主要是农作物的籽实及少部分农副产品。有许多农副产品（如茎、叶、壳等）因其适口性差而不能被水产动物所摄食，若将这些物质进行适当加工处理，与其他精饲料一起加工成全价颗粒配合饲料，则能够很好地被水产动物所摄食、消化和吸收，为其提供多种营养素，从而扩大了饲料来源。

3. 减少水质污染，增加水生动物放养密度 全价颗粒配合饲料经过制粒过程，将各种原料黏合在一起，从而减少了营养素在水中的溶失及对水质的污染，降低了池水的有机耗氧量，提高了水产动物的放养密度。

4. 减少疾病 使用全价配合饲料可以减少水产动物发病率，这是因为：

(1)全价配合饲料营养全面，可以提高水产动物的抗病能力。

(2)全价颗粒配合饲料在制粒过程中，经高温、高压作用可除去毒素，杀灭病原体及其卵、孢子等。

(3)在全价配合饲料加工过程中，可以掺入药物。

(4)在投喂全价配合饲料时，水体不施肥或少施肥，减少了病原体的来源。

(5)在设计和加工时注意了原料的选择及质量控制。

5. 提高饲料的利用率 水产动物对配合饲料的利用率高，这是因为：

(1)全价颗粒配合饲料在制粒过程中，由于高温作用，使饲料熟化，从而提高了蛋白质和淀粉的消化率。

(2)在饲料中加入消化酶，进一步提高了消化率。

(3)制粒过程将各原料黏合在一起，减少在水中的散失。

(4)高温过程可以破坏某些原料中的抗营养因子。

(5)根据水产动物的摄食方式、生态分布及口径大小生产出相应的配合饲料。

6. 促进水产动物摄食 配合饲料能够促进水产动物的摄食，这是因为：

(1)在全价配合饲料中可以掺入一定量的促摄物质（诱食剂），提高水产动物摄食量。

(2)全价配合饲料是根据养殖动物的摄食特点，经过一定的加工工艺而生产的产品，因而适口性好。

7. 提高水产品质量 使用配合饲料可以提高水产品质量，这是因为：

(1)配合饲料营养全面，各种营养素可以充分满足水产动物的生理需要，因而水产动物摄食后，身体的组成较好。

(2)全价配合饲料在加工之前注意原料的质量。

(3)全价颗粒配合饲料在制粒过程中由于高温作用，去除了某些毒素，从而减少了有毒物质在水产动物体内的积累。

(4)在饲料中加入一定量的着色剂，可使一些水产动物的体色更鲜艳。

8. 促进水产动物的生长 配合饲料可促进水产动物的生长，原因是：

(1)水产动物摄食量增加。

(2)水产动物对饲料的消化率升高。

(3)全价配合饲料中加入一定量的激素等,可促进水产动物的新陈代谢。

9.便于贮存　全价配合饲料本身含水量少,并且还可以添加抗氧化剂、防霉剂、驱虫剂等饲料保护剂,可延长饲料保护时间,保证饲料质量,满足投喂需要。

10.提高工作效率　全价配合饲料含水少,体积小,用量少,便于使用、保存和运输,节省劳动力,提高劳动生产率,降低劳动强度。

11.经济效益高　由以上情况可以看出,使用全价配合饲料一方面降低了生产成本;另一方面提高了水产品的质量和产量,从两方面提高了养殖生产的经济效益。

12.有利于水产养殖向机械化、工业化方向发展　在水产养殖过程中投喂全价配合饲料,可以打破天然鱼产力的限制,充分发挥水产动物的生产潜力,有利于实行水产养殖的机械化、工业化和规模化。同时也带动了与水产养殖有关的工业的大力发展。

四、饲料配方及其设计步骤

配合饲料中各种原料的相对比例或绝对含量称为饲料配方。设计饲料配方的过程,实际上就是针对各种原料在配合饲料中的用量或比例进行决策的过程。设计饲料配方是生产配合饲料的第一步。要求设计者不仅具有丰富的理论知识,而且还要具有丰富的经验。

一个好的饲料配方首先应满足动物的营养需要,同时还要尽可能地降低饲料成本,并且便于加工。因此,设计饲料配方时,需要掌握养殖动物的营养需要、原料的成分和特性,以便处理好各种营养素之间的互补、节约和拮抗关系,最大限度地发挥营养效果,同时考虑饲料加工流程和工艺等方面因素,如原料的混合难易程度、制粒的难易程度等。

预混合饲料的配方比较容易设计,因为添加剂的成分相对单一。而对于全价配合饲料的配方设计则有一定的难度,因为每一种基础原料的成分都很复杂,而要求全价配合饲料同时满足多方面的要求,所以设计全价配合饲料配方是一个各方面综合把握平衡的过程。

设计全价配合饲料配方时大体分以下几个步骤:

(1)根据养殖对象的种类、规格、生活环境、饲养目的等条件,确定营养标准。

(2)根据原料的营养成分、资源、特性及价格等,选择合适的原料。

(3)规定原料用量的上、下限,以及配合饲料中各成分含量的范围(>、=、<)。

(4)明确需要达到的生产经营目标(成本最低、效益最大等)。

(5)选择科学的计算方法。

(6)确定配合饲料中各原料的用量,并对配方结果进行必要的分析,以检验配方在生产实践中的有效性。

五、饲料配方设计的原则

配合饲料的种类较多,形式较多,设计方法也较多,但无论哪种饲料、哪种形式或哪种设计方法,饲料配方设计的原则是一样的,即要掌握“四性”:科学性、经济性、实用性和卫生安全性。

1.科学性　饲料配方设计首先要考虑的是养殖对象的营养需要,按其不同种类、不同发育阶段、不同的饲养目的、在不同的饲养条件下的营养要求拟定出营养标准。再根据饲料原料营养成分、营养价值，将多种饲料原料进行科学配比，取长补短，充分发挥各营养素的效能，从而提高各营养素的利用率。

如果配合而成的饲料中各种营养素不能满足养殖对象的营养需要，这个饲料就不能称为配合饲料。其科学性不仅表现为满足养殖动物的营养需要，而且还表现为发挥各种原料的优势和劣势，并利用各自的优势。用优势弥补劣势，达到平衡。用这种原料间互利的方式满足养殖对象的营养需要，在某些程度上来看，也是一种艺术。

各种基础原料的化学组成很复杂，一种原料的这种营养素含量高，那种营养素含量低，而另一种原料的这种营养素含量低，那种营养素含量高，将这两种原料按一定比例配合起来，则可使混合料的营养素含量相互弥补，取长补短，发挥各自的优势，使营养素含量趋于平衡。可是每种原料不仅含有两种营养素，而且含有多种营养素，并且营养素之间的差别也不相同，所以，相混合的原料越多，其互补性也就越强，各种营养素的含量也就越趋向于平衡。

2.经济性 饲料生产企业在配制饲料时，不仅要考虑自身的经济效益，而且还要考虑到饲料使用者（养殖生产者）的经济效益（社会效益）。高质量的饲料，成本也往往较高，这就会给养殖生产者带来经济负担，甚至影响饲料的销售。因此，在设计配方时，组成配方的原料一定要根据国情和地情来选择，要因地制宜，就地取材，尽量选用营养丰富、价格低廉的原料来配制。这样，可减少运输、贮藏环节，节省人力、物力，降低成本，为饲料的销售广开门路。

这里的经济性，是建立在科学性的基础之上的经济性。也就是说，是在保证饲料科学性的前提之下的经济性，撇开科学性的经济性是毫无意义的。

3.实用性 设计的饲料配方要有实用性，不能脱离生产实践。按配方生产的配合饲料，必须保证用户“三用得”标准（用得好、用得上、用得起）——必须是养殖对象适口、喜食的饲料，并在水中稳定性能好，吃后生长快，饲料效率高，产投比高，利润率高；原料的数量能够满足饲料的生产，不至于停工停产；饲料的价格不至于太高，养殖生产者承担得起。

要做好这一点，必须先对饲料资源（包括品种、数量、营养价值、供应季节、饲用价值）和市场情况（包括饲养对象的种类和规格、生产水平、饲养方式、环境条件、特殊需要等）做一番调查。根据养殖生产要求和饲料生产企业的自身情况，进行系列配方设计，生产出质优价廉的各种配合饲料，并做好售后服务和信息反馈，随时进行修正，解决实际生产中的问题，只有这样，才能有广阔的销售市场，才能体现出配方设计的实用性价值。

4.卫生安全性 在设计饲料配方时，必须考虑饲料的卫生安全问题。这里的卫生安全性不仅考虑饲料对养殖动物的安全性，而且还包括养成的水产品对人身的安全性。在考虑饲料营养成分含量的同时，必须注意饲料其他质量问题。发霉、酸败、污染、泥沙、有毒有害成分等的含量不得超过国家规定的范围。对于添加剂的选用，必须遵守停药期的规定和禁止使用的法令。所配制的最终饲料产品，其卫生指标必须符合有关卫生安全法规的规定。

设计一个优良的饲料配方，必须遵循上述四原则。可是在现实生产中，有的企业没有遵循这些原则，带来了这样或那样的问题，这与当今社会的要求是相悖的，必须高度重视。

第二节　营养需要和营养标准

营养需要和营养标准是两个常见的、有一定联系、意思相近而又不同的概念。营养需要是由动物本身决定的，而营养标准则是以营养需要为依据人为的规定。

一、营养需要

配制配合饲料的目的就是为了满足动物的营养需要，为了达到这一目的，必须明确动物的营养需要。所谓营养需要是指动物在一定条件下对饲料中各种营养素和能量的需要量。该需要量主要由动物本身决定的，这是动物祖先在漫长的演化过程中形成的，同时也受到环境等因素的制约。

饲料中各种营养物质被水产动物摄取、消化、吸收之后，一部分用于维持机体的生命活动；另一部分用于生长和繁殖。因此，水产动物的营养需要，从生理活动的角度可分为维持营养需要和生产营养需要。

1. 维持营养需要　维持营养需要是指水产动物维持最基本的生命活动时对各种营养素的最低需要量。这些活动包括维持体态、呼吸、循环、内分泌系统的正常机能、组织不断更新等过程中的消耗以及必要的自由活动等。

处于维持营养状况下的水产动物，体组织保持恒定，体重不增不减，也不繁殖。给予维持营养的饲养，称为“维持饲养”。在生产实践中，给予维持饲养的情况主要有：

(1)已成年的观赏水产动物的饲养；

(2)水产动物越冬期的饲养。

2. 生产营养需要　生产营养需要是指水产动物正常生长或繁殖时对营养素的需要。水产动物在保证了基本生命活动所需营养物质之后，剩余的营养物质，便用于增加体重或进行繁殖。生产营养需要包括生长营养需要和繁殖营养需要。

(1)生长营养需要　生长营养需要是指水产动物体组织正常增加时对营养素的需要。水产动物的生长在直观上表现为体积的增大和体重的增加。体积增大和体重增加是营养素在体内存积的结果。由此可见，在养殖生产中，为使水产动物能够正常生长，迅速达到出售体重，必须提供更多的营养素，满足其生长营养需要。

(2)繁殖营养需要　繁殖营养需要是指水产动物正常繁殖时对营养物质的需要。水产动物要进行正常繁殖，亲体必须能够正常地产生和排出生殖产物(精、卵)，精、卵细胞均具有良好的受精能力，受精卵具有较高的孵化率，并且幼体能够正常地生长发育。要保证水产动物的正常繁殖，就必须供给充足的营养素。反之，若营养素不足则会导致水产动物的繁殖力降低。

平时人们所说的营养需要是指水产动物生产营养需要。营养需要是一个群体平均值，不包括一切可能增加需要量而设定的保险系数。在一定的条件下，动物的营养需要量是固定不变的，这是由动物自身的生理特点决定的。可是人们在研究这些数据时，所在的条件不同，研究方法和数据的处理方法也不同，得到的数据也存在一定的差异。

二、营养标准

1. 概念　营养标准也称营养指标，是以技术法规形式制定的养殖动物全价配合饲料中各种营养素和能量必须满足的数量。它是依据水产动物的不同种类、不同生长阶段(规格)、不同的饲养目的及饲养方式与水平，将生产实践经验与试验结果相结合，科学地规定饲养对象饲料中应供给的能量及各种营养素的数量。它是根据养殖对象的营养需要的特点，在用饲料组成广泛变化的条件下所进行的大量试验研究中获得的数据，经科学的统计推导而得来的。营养标准是设计配合饲料的重要依据。

美国国家科学研究委员会(NRC)制定的多种动物的营养标准,在世界上具有较大的影响。我国关于水产动物营养与饲料的研究起步较晚,因此,与NRC的营养标准相比,我国的水产动物的营养标准还不系统,有些标准仅仅是对某些水产动物配合饲料中几大类营养素的含量做了规定,有些"标准"仅仅是推荐值。尽管如此,这些数据对我国水产动物饲料的发展起到了重要的指导作用(由于颁布时间的不同,同一种水产动物的营养标准有所差别)。

2. 内容 一个营养标准应包括两个主要部分:一部分是动物饲料中能量(饲料总能或可消化能)、粗蛋白质、粗脂肪、无氮浸出物、粗纤维、必需氨基酸、必需脂肪酸、各种矿物质及维生素的适宜含量。另一部分是常用饲料原料的营养素含量表。此外,还应附有典型饲料配方,以便在实际应用中参考。

必须指出的是,水产动物的营养标准在不同的条件下是不同的,因此,某一个营养指标,必须注明相应的条件,如水产动物的种类、生长阶段(体重)等。

现将几种水产动物的营养标准或推荐值列于表11-1至表11-12,供参考。

表 11-1 草鱼配合饲料营养标准

(SC/T 1024—1997)

%

鱼体规格	粗蛋白	粗脂肪	粗纤维	粗灰分	含硫氨基酸	赖氨酸	总磷	总能/(MJ/kg)
鱼苗	≥40	6～8	≤3	≤14	≥1.5	≥2.5	≥1.0	16.0
鱼种	≥30	4～7	≤8	≤13	≥0.9	≥1.5	≥1.0	15.6
成鱼、亲鱼	≥28	4～7	≤12	≤12	≥0.7	≥1.25	≥0.9	15.2

表 11-2 草鱼配合饲料中其他必需氨基酸含量推荐值

(SC/T 1024—1997)

%

鱼体规格	精氨酸	组氨酸	苏氨酸	缬氨酸	异亮氨酸	亮氨酸	苯丙氨酸	色氨酸
鱼种	1.68	0.67	1.01	1.36	1.18	1.98	1.09	0.24
成鱼、亲鱼	1.40	0.56	0.84	1.13	1.98	1.85	0.91	0.20

表 11-3 草鱼配合饲料中矿物质推荐值

(SC/T 1024—1997)

g/kg

矿物元素	含量	矿物元素	含量	矿物元素	含量	矿物元素	含量
镁	0.3	氯	0.3	铜	4×10^{-3}	碘	8×10^{-4}
钙	2.0	硫	0.97	锌	4×10^{-2}		
钾	4.6	铁	0.20	钴	1.2×10^{-4}		
钠	2.0			锰	2×10^{-2}		

表 11-4 草鱼配合饲料维生素含量推荐值

(SC/T 1024—1997)

mg/kg

维生素	含量	维生素	含量	维生素	含量	维生素	含量
B_1	60	烟酸	800	B_{12}	0.09	E	100
B_2	200	B_6	40	叶酸	15	K	40
泛酸钙	280	H	6	对氨基苯甲酸	400		
胆碱	8 000	肌醇	4 000	C	600		

表 11-5 尼罗罗非鱼配合饲料营养标准

(SC/T 1025—1998) %

鱼体规格	粗蛋白	粗脂肪	粗纤维	粗灰分	含硫氨基酸	赖氨酸	总磷	总能/(MJ/kg)
鱼苗	≥40	6～9	≤3	≤14	≥1.5	≥2.5	≥1.0	16.0
鱼种	≥30	5～8	≤8	≤13	≥0.9	≥1.6	≥1.0	15.8
成鱼、亲鱼	≥28	5～8	≤10	≤12	≥0.8	≥1.4	≥0.9	15.5

表 11-6 尼罗罗非鱼配合饲料中其他必需氨基酸含量推荐值

(SC/T 1025—1998) %

鱼体规格	精氨酸	组氨酸	苏氨酸	缬氨酸	异亮氨酸	亮氨酸	苯丙氨酸	色氨酸
鱼种	1.75	0.68	0.97	1.33	1.15	1.91	1.09	0.31
成鱼、亲鱼	1.5	0.60	0.90	1.20	1.02	1.76	0.98	0.28

表 11-7 尼罗罗非鱼配合饲料维生素含量推荐值

(SC/T 1025—1998) mg/kg

维生素	含量	维生素	含量	维生素	含量	维生素	含量
B_1	25	烟酸	375	B_{12}	0.05	E	200
B_2	100	B_6	25	叶酸	7.5	K	20
泛酸钙	250	H	2.5	对氨基苯甲酸	200		
胆碱	2 500	肌醇	1 000	C	500		

表 11-8 尼罗罗非鱼配合饲料中矿物质推荐值

(SC/T 1025—1998) mg/kg

矿物元素	含量	矿物元素	含量	矿物元素	含量	矿物元素	含量
镁	180～300	氯	180～300	铜	$(2.4\sim4)\times10^{-3}$	碘	$(4.8\sim8)\times10^{-4}$
钙	120～2 000	硫	450～970	锌	$(2.4\sim4)\times10^{-2}$		
钾	2 700～4 600	铁	120～200	钴	$(1.2\sim7)\times10^{-5}$		
钠	1 200～2 000			锰	$(1.2\sim2)\times10^{-2}$		

表 11-9 主要养殖鱼类饲料标准推荐值

(引自石文雷等《鱼虾蟹高效饲料配方》,2007) %

养殖鱼类		粗蛋白	粗脂肪	粗纤维	粗灰分	钙	磷
青鱼	鱼种	35.0	6.0	8.0	—	0.68	0.57
	成鱼	30.0	4.5	9.0	—	0.68	0.57
草鱼	鱼种	25.0	3～5	11.0	14	0.5～0.7	0.8～1.1
	成鱼	22.0	3～4	15.0	14	0.5～0.7	0.6～1.0
团头鲂	鱼种	30.0	5.0	10.0	14	0.7～1.20	0.70
	成鱼	25.0	3.6	14.0	12	0.6～1.10	0.60
鲤鱼	鱼种	35～38.0	6～8	6～8.0	15	0.7～0.9	0.70
	成鱼	32～35.0	5～6	10.0	10	0.7～0.9	0.60
罗非鱼	鱼种	30.0	5～8	8	13	—	1.0
	成鱼	28.0	5～8	10	12	—	0.9

表 11-10 我国主要养殖鱼类的营养指标推荐值

(引自石文雷等《鱼虾蟹高效饲料配方》,2007) %

营养物质	青鱼			草鱼		团头鲂		鲤鱼			罗非鱼	
	1龄	2龄	成鱼	鱼种	成鱼	鱼种	成鱼	1龄	2龄	成鱼	鱼种	成鱼
粗蛋白	40.0	35.0	30.0	25.0	22.0	30.0	25.0	38.0	35.0	32.0	30.0	28.0
精氨酸	2.20	2.10	1.90	1.75	1.40	2.04	1.52	1.60	1.47	1.34	1.75	1.50
组氨酸	0.90	0.74	0.65	0.50	0.46	0.61	0.51	0.80	0.74	0.67	0.68	0.60
异亮氨酸	1.30	1.20	1.16	1.23	1.00	1.40	1.10	0.88	0.81	0.74	1.15	1.02
亮氨酸	2.40	2.10	1.90	2.13	1.70	2.02	1.55	1.29	1.19	1.09	1.91	1.76
赖氨酸	2.20	2.00	1.80	2.00	1.70	1.92	1.60	2.17	2.00	1.82	1.60	1.40
蛋氨酸	0.80	0.70	0.60	0.60	0.50	0.62	0.52	1.18[a]	1.09[a]	0.99[a]	0.90	0.80
苯丙氨酸	1.20	1.10	1.08	1.58	1.42	1.43	1.26	2.47[b]	2.38[b]	2.08[b]	1.09	0.98
苏氨酸	1.35	1.30	1.10	1.00	0.84	1.10	0.90	1.48	1.30	1.25	0.97	0.90
色氨酸	0.35	0.28	0.24	0.28	0.16	0.20	0.17	0.30	0.28	0.26	0.31	0.28
缬氨酸	2.10	1.71	1.45	1.08	0.86	1.44	1.15	1.37	1.26	1.15	1.33	1.20
粗脂肪	6.5	6.0	4.5	6.0	3.5	5.0	3.6	6.0	6.0	5.0	6.0	5.0
无氮浸出物	30.0	35.0	35.0	38.0	48.0	35.0	40.0	30.0	35.0	40.0	30.0	40.0
粗纤维	8.0	8.0	9.0	10.0	15.0	10.0	14.0	8.0	9.0	10.0	8.0	10.0
钙	0.68	0.68	0.68	0.50	0.7	1.20	1.10	0.90	0.8	0.7	1.20	1.20
磷	0.57	0.57	0.57	1.10	0.8	0.70	0.60	0.70	0.65	0.6	1.00	0.90

注：a.蛋氨酸＋胱氨酸；b.苯丙氨酸＋酪氨酸。

表 11-11 主要养殖鱼类营养指标建议值

(引自石文雷等《鱼虾蟹高效饲料配方》,2007) %

鱼的种类		水分	粗蛋白	粗脂肪	粗纤维	粗灰分	含硫氨基酸*	赖氨酸	钙	总磷
青鱼	1龄鱼种	≤12.5	≥38	≥6.0	≤6	≤15	≥1.1	≥2.2	≥1.2	≥1.2
	2龄鱼种	≤12.5	≥35	≥5.0	≤8	≤14	≥0.8	≥2.0	≥1.1	≥1.1
	食用鱼	≤12.5	≥30	≥4.5	≤9	≤14	≤0.7	≥1.8	≥1.0	≥1.0
草鱼	鱼苗	≤12.5	≥35	≥5.0	≤7	≤16	≥1.0	≥2.0	≥1.2	≥1.0
	鱼种	≤12.5	≥28	≥4.0	≤10	≤14	≥0.8	≥1.6	≥1.1	≥1.0
	食用鱼	≤12.5	≥24	≥3.5	≤12	≤13	≥0.6	≥1.4	≥1.0	≥0.9
团头鲂	鱼苗	≤12.5	≥35	≥5.0	≤7	≤16	≥1.1	≥2.1	≥1.1	≥1.2
	鱼种	≤12.5	≥30	≥4.0	≤10	≤15	≥0.8	≥1.9	≥0.9	≥1.1
	食用鱼	≤12.5	≥25	≥3.5	≤11	≤14	≥0.7	≥1.6	≥0.7	≥1.0
鲤鱼	鱼苗	≤12.5	≥38	≥7.0	≤5	≤15	≥1.1	≥2.2	≥2.0	≥1.2
	鱼种	≤12.5	≥35	≥6.0	≤8	≤15	≥0.9	≥2.0	≥1.5	≥1.1
	成鱼	≤12.5	≥30	≥4.5	≤10	≤14	≥0.7	≥1.7	≥1.5	≥1.1
鲫鱼	鱼苗	≤12.5	≥36	≥6.0	≤8	≤16	≥1.0	≥2.1	≥1.2	≥1.2
	鱼种	≤12.5	≥33	≥5.0	≤10	≤15	≥0.8	≥1.8	≥1.1	≥1.1
	食用鱼	≤12.5	≥28	≥4.0	≤11	≤14	≥0.7	≥1.6	≥0.8	≥0.8
罗非鱼	鱼苗	≤12.5	≥38	≥8.0	≤7	≤16	≥1.1	≥2.2	≥1.5	≥1.2
	鱼种	≤12.5	≥33	≥6.0	≤10	≤15	≥0.8	≥1.8	≥1.2	≥1.1
	食用鱼	≤12.5	≥28	≥5.0	≤11	≤14	≥0.7	≥1.5	≥1.0	≥1.0

*为蛋氨酸＋胱氨酸。

表 11-12　虾、蟹类营养指标建议值

(引自石文雷等《鱼虾蟹高效饲料配方》,2007)　%

虾、蟹种类		水分	粗蛋白	粗脂肪	粗纤维	粗灰分	蛋氨酸	赖氨酸	钙	总磷
中国对虾	幼虾	≤12.5	≥45	≥8	≤3	≤16	≥1.00	≥2.40	≤3.0	≥2.2
	中虾	≤12.5	≥40	≥6	≤5	≤16	≥0.90	≥2.10	≤2.0	≥1.8
	食用虾	≤12.5	≥38	≥4	≤5	≤15	≥0.80	≥1.90	≤1.0	≥1.2
南美白对虾	幼虾	≤12.5	≥40	≥7	≤3	≤16	≥0.90	≥2.20	≤3.0	≥2.0
	中虾	≤12.5	≥35	≥6	≤5	≤16	≥0.70	≥1.90	≤2.0	≥1.5
	食用虾	≤12.5	≥30	≥4	≤5	≤15	≥0.60	≥1.70	≤1.0	≥1.0
罗氏沼虾	幼虾	≤12.5	≥36	≥5	≤4	≤16	≥0.80	≥2.10	≤3.0	≥1.5
	中虾	≤12.5	≥33	≥4	≤5	≤16	≥0.65	≥1.80	≤2.5	≥1.2
	食用虾	≤12.5	≥30	≥3	≤5	≤15	≥0.55	≥1.60	≤1.5	≥1.0
青虾	幼虾	≤12.5	≥35	≥5	≤4	≤16	≥0.75	≥1.90	≤2.0	≥1.3
	中虾	≤12.5	≥32	≥4	≤5	≤15	≥0.60	≥1.70	≤1.5	≥1.1
	食用虾	≤12.5	≥30	≥3	≤6	≤15	≥0.50	≥1.50	≤1.0	≥1.0
河蟹	幼蟹	≤12.5	≥42	≥6	≤3	≤16	≥0.80	≥2.20	≤3.0	≥1.5
	扣蟹	≤12.5	≥35	≥5	≤6	≤15	≥0.70	≥1.95	≤2.5	≥1.2
	食用蟹	≤12.5	≥30	≥4	≤7	≤15	≥0.65	≥1.75	≤2.0	≥1.0

3. 注意事项　虽然营养标准是根据试验结果与生产经验的统计而制定的,有其科学性和实用性,但因其试验条件限制不可能包括具体生产中的所有因素,测定结果也受到科技水平的限制,饲料成分分析的数值也只是一个相对准确值,因此,营养标准也只具有相对的科学性,在生产实践中应根据具体情况灵活掌握。

(1)营养标准上的数据,不是添加量,也不是饲料原料刚刚混合后产品的含量,而是全价配合饲料最终产品中应有的含量。

(2)进行配方设计时,应在营养标准中规定的定额基础上,根据具体情况作适当调整。例如天然食物丰歉程度、加工工艺和条件、动物体对营养素的利用程度、养殖环境、目的、其他营养素的影响等。

各种营养素之间的相互关系十分复杂,营养素之间平衡,则起到正面作用,反之,则会起到负面作用,因此,设计配方时要注意保持各种营养素之间的平衡。

(3)对目前尚无营养标准的水产动物,可参考与其食性、天然食物组成、分类地位、生活环境等相似或相近种类的营养标准。

第三节　全价配合饲料配方设计

一、全价配合饲料设计的基本原理

从第九章的内容可以看出,饲料种类众多,物理特性和营养价值各不相同,存在着这样或那样的优点或缺点。就蛋白质含量而言,动物性原料比植物性原料高,饼粕类比糠麸类高,糠麸类又比谷类高。粗蛋白含量高的饲料,其各种氨基酸含量不一定都高,有些原料的一种或几种必需氨基酸的含量非常低,而其他必需氨基酸的含量又较高。就必需脂肪酸来说,植物性原料中亚油酸较多,而动物性原料中亚麻酸较多。同样,其他营养素(如矿物质和维生素等),各种饲料原料含量也不尽相同，如钙、磷和B族维生素，糠麸类就比油饼类高。

全价配合饲料则根据它们的优点和缺点，将多种原料合理搭配，使它们之间“相互弥补”、“取长补短”，以保证各种营养成分的大体平衡，基本满足水产动物的生理需要。这就是配合饲料设计的基本原理。

大豆饼（粕）在饼粕类中蛋白质含量最高，但含钙和B族维生素较少，而糠麸类蛋白质含量虽不高，但含有丰富的钙、磷和B族维生素，如果将它们合理搭配起来，制成配合饲料，将会大大提高饲料质量。

棉籽饼、芝麻饼等蛋白质也很丰富，虽不及豆饼那样高，但它们含有豆饼所缺少的蛋氨酸。棉籽饼和豆饼一样，缺乏钙和B族维生素，如果将它们与豆饼、米糠、麸皮等其他饲料混合制成配合饲料，那么结果比豆饼、糠麸混合的效果还要好。

又如有些原料（如矿物质饲料）单独使用时没有什么作用，而与其他原料（如蛋白质饲料、能量饲料等）共同使用时，则将发挥很大的作用。如在基础饲料中加入1%的矿物质喂水产动物，其饲料系数会大大降低。

目前生产的配合饲料大都是由5种以上的原料所组成，有时多达十几种。基本配合方式是：动物性原料与植物性原料相配合，高蛋白原料与低蛋白原料相配合，蛋白质饲料与能量饲料相结合，精饲料与粗饲料相配合，基础饲料与预混料相结合。实践证明，多种原料制成的配合饲料所含营养素能基本上满足水产动物生长、发育的需要，对提高产量有显著作用。

二、全价配合饲料配方设计的依据

1. 养殖对象的营养标准　全价配合饲料各种营养素的含量符合养殖对象的营养标准是设计全价配合饲料最基本的要求。若全价配合饲料中营养素含量过多，会造成饲料浪费，导致饲料成本上升；若营养素过少，会影响养殖动物的健康和生产。因此，必须根据养殖对象的营养标准选择和搭配多种饲料原料，贯彻营养平衡的原则，设计合理配方。

2. 原料的营养素含量　进行配方设计，必须掌握所用原料的营养素含量。我国已建成较为完善的饲料数据库，常用饲料原料的营养素含量均可从中获得。但是要注意的是，饲料成分表上某种原料的营养素含量是一平均值。由于实际条件的千差万别，即便同一种原料，因品质、产地环境条件、收获时间、加工方式、贮存时间与条件等的不同，其营养素含量也会有较大差异。因此，有条件的厂家，最好能自行测定每批原料的主要营养成分。

《中国饲料数据库》列出了饲料主要营养素含量，这些营养素总含量的数据对于畜禽、水产饲料均适用，但其中的有效能、有效氨基酸等数据则只适用于畜禽。目前我国尚缺乏一套针对水产动物的有效营养素数据，而编制这套数据需要进行大量的基础工作。

在获取营养素含量的数据时，首先关心的应是蛋白质含量。饲料蛋白质含量直接影响着动物的生长和发育。在掌握蛋白质含量的同时还要掌握粗纤维含量，因为粗纤维不仅很难被水产动物消化，而且还影响饲料的消化率和其他营养素的含量。因此在选择原料时，应尽量选择蛋白质含量高、粗纤维含量少的原料。另外，饲料的脂肪和无氮浸出物的含量也要掌握，因为二者可以为动物提供能量，并且，脂肪含量还会影响到饲料的制粒效果。

在过去，设计饲料配方时，一般仅掌握这几大类营养素的含量就够了，其他营养素的含量基本不考虑，因为手工计算顾及不了太多的因素。随着计算机在饲料配方中的应用，其他营养素的含量也考虑在内，这样不仅使营养素的含量更平衡，而且使饲料的成本更低。因此，利用计算机设计配方时还要掌握各种必需氨基酸和各种必需脂肪酸的含量。有时还考虑矿物质和维生素的含量。

三、设计全价配合饲料应注意的问题

设计一个全价配合饲料配方，首先要使其各种营养素的含量满足养殖动物的需要，除此之外，还要考虑到饲料的成本、原料对加工的影响等多个方面，否则就不是一个好配方。

1. 尽量选用当地原料　原料选择的原则是因地制宜，就地取材，开展综合利用。要充分利用当地来源广、数量大或通过加工处理能提高其营养价值的各种农副产品和天然饲料等。

当地原料往往比较新鲜，供应上有保证，易于运输，价格便宜。合理选用当地原料可降低饲料成本，使饲料产品具有较强的竞争力。如当地盛产蚕蛹，就可以多用蚕蛹少用甚至不用鱼粉，因为质量好的蚕蛹粉其营养价值可与鱼粉相当。多种饼粕类原料之间具有较高的可替代性，玉米、小麦、大麦等谷实类在一定范围内也有可替代性。

2. 原料的价格评定　原料的种类很多，价格也各不相同，通过原料的价格评定来选择原料是获取低成本原料的重要途径。评定原料价格的方法很多，其中最简单、最常用的方法是根据单位重量营养素的价格进行衡量。单位重量营养素价格低的原料，经济性好，反之则差。单位重量蛋白质的价格衡量方法是每吨饲料的价格与每吨饲料的蛋白质重量之比。

这种价格评定，适合于蛋白质质量相近的原料，如不同级别鱼粉的价格评定、不同级别豆粕的价格评定等。而对于蛋白质质量相差较大的原料则意义不大，如鱼粉与棉粕的比较等。因为这种价格评定仅仅是对粗蛋白，而没有考虑到氨基酸的组成。如果仅仅根据饲料粗蛋白价格的评定来选购饲料，那么，在饲料成本降低的同时，饲料的质量也降低了。

要对原料蛋白质的价格进行正确评价，应该对第一限制性必需氨基酸的价格进行评价，如每吨原料中赖氨酸或蛋氨酸等重量与价格之比。

原料价格随季节、供需状况和品质等因素而有较大变动，根据不同的情况选择价廉的原料，同时又不可只注意价格而忽视其品质。

3. 控制所选原料的种类数　可以用做配合饲料的原料很多。一般来说，使用的原料种数越多，饲料之间的互补性越强，价格上的应变能力也越强。但使用原料的种类太多，给加工过程带来很多麻烦，加工成本上升。因此，在生产上，应适当控制原料的种类数，特别是对于先粉碎后混合加工工艺的生产，由于配料仓数量的限制，原料的种类数更应控制。目前在生产上，原料的种类数大多控制在5～7种。

4. 提高饲料消化率　饲料的消化率无论在何种情况下都是必须要考虑的，但是在不同的情况下重视程度不同。

在水产动物幼体阶段，体质弱，消化系统发育不完善，消化能力差，而对饲料中蛋白质、维生素等营养素含量的要求又较高，在生长发育过程中，营养需要一旦得不到满足就很容易导致死亡，因此，在配制这些动物的饲料时，应尽可能采用优质、高消化率、高利用率的原料，以确保幼体的健康和成活率。在这个阶段，首要任务是满足动物的营养需要，饲料成本并不是要考虑的主要内容。随着个体的增长，消化功能和体质都逐渐增强，营养需要也发生了变化，成本因素在配方中的重要性随之增加，此时，可以选择一般性的原料。

5. 注意动、植物蛋白质比　动物性饲料在配合饲料中的作用不可忽视，这是因为动物性饲料中各种必需氨基酸含量较植物性饲料丰富，并且其比例与养殖动物的需要更为接近。特别是饲养小规格及肉食性水产动物时，动物性饲料显得更为重要。但是，从经济学角度考虑，动物性饲料的比例又不能太多。

关于水产动物配合饲料中动、植物蛋白的适宜比例，有关学者进行了探索，如草鱼 1∶5.1，鲤鱼 1∶(2.0～3.5)，罗非鱼 1∶3.1，真鲷 1∶1.35，黑鲷 1∶1.19，大麻哈鱼 1∶0.83，虹鳟(1.5～2)∶1。实际上，即使同一种水产动物，饲料中动、植物蛋白比随动物的规格、动植物蛋白的种类等因素而变化，设计饲料配方时应注意这些影响因素。生产上，一般是草食性和杂食性水产动物的蛋白饲料以植物蛋白饲料为主，肉食性水产动物以动物蛋白饲料为主。

6. 能量饲料的选择 饲料中应保持合适的能量蛋白比，既供给动物适量的蛋白质，同时又减少蛋白作为能量而消耗，以降低饲料成本。在非蛋白能量物质的选择上，对于不同的水产动物，应选择不同的非蛋白能量物质。研究表明，草食性和杂食性水产动物能够较好地利用无氮浸出物，也能忍受较多的粗纤维，因此，在这两类水产动物饲料中可以适当加大一般的能量饲料的比例。而对于肉食性水产动物，因其对无氮浸出物的利用率较低，对粗纤维的忍受力也较低，所以应主要以脂肪为其提供能量。

7. 控制抗营养因子含量及卫生质量 原料的规格、等级，除国家规定的标准之外，不少饲料生产单位还有自己的规定标准。在各种指标中，除营养成分含量外，还有抗营养因子、水分、尘土、沙石、金属等异物的含量，以及霉变、氧化等变质程度等方面的规定。在设计时，应该考虑这些因素。进料时必须进行现场检验，严格把住质量关。

8. 注意原料的特性 原料的特性在很大程度上影响着加工，例如粉碎的难易程度、混合的难易程度、对颗粒成形的影响等。密度相差太大的原料混合困难。粗纤维含量高的原料粉碎困难。粗纤维含量高的原料如果配比过高，结构疏松，不利于制粒，为提高制粒效果，应适量增加淀粉质原料的含量或另外添加黏合剂。

饲料的适口性是必须考虑的。对于能够促进摄食的原料，可以适当增加用量；对于有异味的原料，应少用或不用。

饲料对动物体质量有着重要的影响，因此，要注意把握哪种原料对哪些动物可以使用，对哪些动物不可使用，最大用量是多少等。例如，蚕蛹粉和田菁粉必须要限量，一般在 15%和 10%之内，如果含量增高，长期持续使用将会使养殖对象的肉质含有异味。

四、全价配合饲料配方设计的方法和步骤

全价配合饲料配方的设计方法大致分为手工设计法和电脑设计法两类。

手工设计法又有方块法、分组方块法、方程法、推算法、试差法等。其特点是手工计算量大，并且设计出的配方也不能保证成本最低。特别是前 4 种方法，满足的指标也少，只能满足蛋白质的要求，属于传统的设计方法。随着时代的发展，对饲料质量的要求越来越高，要求饲料满足的指标越来越多，所以在手工设计法中，目前还在使用的只有试差平衡法。

电脑设计法是利用现代化的计算工具设计的，虽然需要相应的设备和配方软件，但能够满足多项指标，并且手工计算量也少，方便快捷，节省时间，并且设计出的配方还能满足成本最低，因此该方法是配方设计的发展趋势。

无论哪种设计方法，在设计之前都应首先掌握必要的资料：一是饲养对象的营养指标；二是基础原料的营养素含量；三是预混料在全价配合饲料中的比例。同时还要考虑到原料的理化特性、资源及市场价格等。下面就试差法和电脑设计法做一介绍。

(一)试差法(试差平衡法)

所谓试差法,就是按营养标准粗略地把所选原料加以配合,计算其中的营养成分含量,再与营养标准相比较,对过多或不足的营养成分进行调整。

本法比较麻烦,计算量很大,但可满足多项指标,是一种较为常用的方法。其步骤为:

(1)根据养殖对象的种类、规格、饲养条件和目的等,确定欲配制的饲料应含有的能量、各营养素的含量以及能量蛋白比。

(2)根据原料在当地的资源状况、价格、特殊要求及自身经验等,选择原料的种类。

(3)测定或查表得知原料的营养成分含量。

(4)确定预混料在全价配合饲料中的比例。

(5)根据原料在当地的资源状况、价格、特殊要求及自身经验,大致拟定各原料在全价配合饲料中的大致比例。

(6)根据各原料在配合饲料中的大致比例,计算全价配合饲料的营养素和能量的含量以及能量蛋白比。

(7)将试配的配合饲料的营养素含量、能量含量及能量蛋白比与欲配制的饲料要求相比较,调整各原料的比例,再计算全价配合饲料的营养成分含量。

(8)不断重复步骤(7),直至各营养素与要求的含量达到最接近(完全吻合当然最好,但可能性很小)。

(9)列出全价配合饲料配方。

例:以蚕蛹、血粉、菜籽饼、细米糠、麦麸、次粉为原料,设计鲤鱼饲料配方。

(1)查鱼类营养标准表,得鲤鱼营养标准为:粗蛋白 32%,粗脂肪 5%,赖氨酸 1.82%,蛋氨酸+胱氨酸 0.99%,色氨酸 0.26%。

(2)查饲料营养成分表,得饲料原料营养成分含量,见表 11-13。

表 11-13　饲料的营养成分含量　%

饲料名称	粗蛋白质	粗脂肪	赖氨酸	蛋氨酸+胱氨酸	色氨酸
蚕蛹	53.9	22.3	3.66	2.84	1.25
血粉	84.7	0.4	7.79	2.77	1.43
菜籽饼	36.4	7.8	1.23	1.22	0.45
细米糠	12.1	15.5	0.56	0.45	0.16
麦麸	15.4	2.0	0.54	0.58	0.27
次粉	8.6	3.5	0.27	0.31	0.08

(3)按营养指标要求,用初定各饲料用量进行试配,计算其营养素总量,并与营养指标进行比较。结果见表 11-14。

表 11-14　鲤鱼饲料试配方营养成分含量　%

饲料名称	用量	粗蛋白质	粗脂肪	赖氨酸	蛋氨酸+胱氨酸	色氨酸
蚕蛹	6	3.234	1.338	0.219 6	0.170 4	0.075 0
血粉	4	3.388	0.016	0.311 6	0.110 8	0.057 2

续表 11-14

饲料名称	用量	粗蛋白质	粗脂肪	赖氨酸	蛋氨酸＋胱氨酸	色氨酸
菜籽饼	15	5.460	1.170	0.184 5	0.183 0	0.067 5
细米糠	20	2.420	3.100	0.112 0	0.090 0	0.032 0
麦麸	30	4.620	0.600	0.162 0	0.174 0	0.081 0
次粉	25	2.150	0.875	0.067 5	0.077 5	0.020 0
合计	100	21.272	7.099	1.057 2	0.805 7	0.332 7
指标		32.000	5.00	1.820 0	0.990 0	0.260 0
相差		－10.728	＋2.099	－0.762 8	－0.184 3	＋0.072 7

结果显示，粗蛋白质及赖氨酸较指标明显偏低，而粗脂肪较指标明显偏高，故需调整。

(4)调整配方中饲料的用量，使各营养素与营养指标基本平衡。因为脂肪偏高，蛋白质和赖氨酸偏低，所以调整时需降低含脂肪高的饲料的用量，增加含蛋白质高的饲料用量。在各原料中，蛋白质含量高而赖氨酸含量也丰富的饲料是血粉；脂肪含量高而蛋白质含量低的为细米糠，故可增加血粉用量而降低细米糠用量。若用 1 份血粉替代 1 份细米糠，可净增蛋白质 84.7％－12.1％＝72.6％，现偏低 10.73％，血粉替代米糠的份数为 10.73÷0.726＝14.8(份)，即用 14.8 份血粉替代细米糠可补足 10.73 份蛋白质。按此调整后的计算结果见表11-15。

表 11-15 调整后饲料配方的营养成分含量 ％

饲料名称	用量	粗蛋白质	粗脂肪	赖氨酸	蛋氨酸＋胱氨酸	色氨酸
蚕蛹	6.0	3.234	1.338	0.219 6	0.170 4	0.075 0
血粉	18.8	15.924	0.075	1.464 5	0.520 7	0.268 8
菜籽饼	15.0	5.460	1.170	0.184 5	0.183 0	0.067 5
细米糠	5.2	0.629	0.806	0.029 1	0.023 0	0.008 3
麦麸	30.0	4.620	0.600	0.162 0	0.174 0	0.081 0
次粉	25.0	2.150	0.875	0.067 5	0.077 5	0.020 0
合计	100	32.017	4.864	2.127 2	1.148 6	0.520 6
指标		32.000	5.000	1.820 0	0.990 0	0.260 0
相差		＋0.017	—0.136	＋0.307 2	＋0.158 6	＋0.260 6

从表 11-15 中可知，调整后的饲料配方，粗蛋白质与营养指标一致，除粗脂肪略低 0.136 外，其他 3 种氨基酸含量均高于营养指标，考虑到血粉中氨基酸利用率较差，以此作为保险系数，可不再调整。最后确定的鲤鱼饲料配方见表 11-16。

表 11-16 最后确定的鲤鱼饲料配方 ％

原料	蚕蛹	血粉	菜籽饼	细米糠	麦麸	次粉
比例	6.0	18.8	15.0	5.2	30.0	25.0

最后确定的饲料配方中，粗蛋白质 32.02％，粗脂肪 4.86％，赖氨酸 2.13％，蛋氨酸＋胱氨酸为 1.15％，色氨酸 0.52％。除脂肪外，其他均优于鲤鱼营养标准，为优质配合饲料。

在实际生产中，所选用的原料较多，所考察的营养指标也较多，故计算过程较为烦琐。若借助于电脑软件处理计算过程，则较为便捷。

(二)电脑设计法

在过去，全价配合饲料的配方设计都使用手工计算，随着科技和经济的发展，越来越多的饲料生产企业使用电脑设计饲料配方。

用电脑设计饲料配方就是将养殖对象的营养标准和饲料原料的营养素含量及价格作为已知条件，把满足养殖对象营养标准作为约束条件，再把饲料成本最低作为设计配方的目标，使用电脑进行运算，获得饲料配方。

一个好的配合饲料配方既要合理利用各种饲料原料，又要符合养殖对象的营养需要；既要能够充分发挥配方中营养素的作用，又要使成品料成本最低。这样的饲料配方便是优化配方。然而，各种饲料原料中营养素的种类、数量和品质各不相同，且价格各异，而各种饲料原料的价格又并非由它们所含营养素的多少和品质所决定。因此要使配合饲料成本最低而成为优化配方，实质上就是要解决一个最优化的问题。

饲料配方工作者没有必要自己设计配方软件，因为现在有许多配方软件出售，购买现成的软件装进电脑，按照上面的提示即可操作，简单易学，操作方便。

在现在出售的软件中，养殖对象的营养标准、饲料原料的各种营养素，以及有关养殖对象的一般饲料配方都贮存于其中。操作时可以从中调取，也可以根据情况进行修改，以满足配方的需要。

根据电脑中的提示，输入自己的有关资料，经过电脑的操作即可得到饲料的优化配方。配方出来之后，要对计算结果进行检查，看是否达到了设计者的目的。有时结果并不尽人意，常出现的情况有如下两种：

1. 得出的配方中某种原料的配合比例特别高(或特别低，甚至为零) 这样的结果并不是设计者所希望的，因为计算用量太多的原料往往是适口性不好或营养价值不高的原料而价格较低，而计算用量太少的原料往往是适口性好或营养价值高的原料而价格较高。产生这种情况的原因是在原料的用量限制条件中对这些饲料原料只给了一端约束，如只有下限没有上限，或只有上限没有下限，或干脆没有约束。

这两种情况都是由于操作者在操作时考虑不周引起的，只要进行简单修改，采用两端约束(上、下限)即可避免。

2. 电脑给出的结果是“无解” 这往往是约束条件之间发生矛盾，各饲料原料的营养成分之和达不到营养指标的最低规定量等，或营养指标过多，而限制性条件又强，因此不能满足配方要求。此时应仔细检查，修改约束值，必要时更换饲料原料，再重新运算求解。

在得到满意的求解以后，或者对配方结果进行必要的分析，根据实际生产需要将计算结果作适当的修改，即得到一个完整的饲料配方。

必须说明，尽管该结果是利用电脑设计出来的，但是它的依据仅仅是原料的营养素含量和原料价格。尽管在这两方面实现了最优化配方，但从饲养效果和其他效益方面综合起来看，并不一定实现最优化。因为衡量一个配方的好坏最终要以养殖结果来评价，而增产效果的高低、总效益的大小受多种因素的影响，如饲料的适口性、饲料的消化率、饲料原料之间和各种营养素之间的相互影响、各种原料在不同配合比例时的效果等，这些因素是很难用简单的数学公式来表达的。所以用电脑设计出的最低成本配方并不一定就是最佳饲料配方，还要根据经验进行调整计算。

五、水产动物全价配合饲料配方举例

自水产动物的全价配合饲料研制以来，各地水产工作者根据当地的实际情况设计生产了众多全价配合饲料，极大地推动了水产养殖业的发展。随着科技的发展，质量也越来越好，现将我国几种主要养殖品种的实用全价配合饲料的部分配方列举于表 11-17，以供参考。

表 11-17 几种主要养殖品种实用配合饲料配方举例 %

动物种类	饲料配方组成	粗蛋白含量	饲养规格及方式	资料来源
草鱼	鱼粉 2，豆饼 30，菜籽饼 35，麦麸 15，混合粉 14，矿物质 2，食盐 2	28.8	培养草鱼夏花	上海水产大学
团头鲂	鱼粉 3，豆粕 20，菜粕 33，麸皮 4，大麦粉 10，菜油磷脂 16，青草粉 10，矿物剂等 4	26.59	池塘主养团头鲂，混养草、鲢、鳙、鲤、鲫等	上海市水产研究所
鲤鱼	鱼粉 40，豆饼 15，贻贝粉 5，面粉 20，麸皮 20，另加添加剂适量	40.3	以鲤鱼种为主，混养鲢、鳙	沈阳水产总公司
罗非鱼	鱼粉 10，豆饼 25，麸皮 60，甘薯面 5	24.75	池塘饲养罗非鱼	山东省淡水水产研究所
青鱼	豆饼 40，菜籽饼 30，复合氨基酸 5，麸皮 11，混合粉 10，矿物质 2，食盐 2	30.7	池塘饲养，以青鱼为主，混养鲢、鳙等	上海水产大学
鳗鲡	石油酵母 80，淀粉 20，另加鱼油、矿物质和维生素 3～5	44	饲养白仔鳗	浙江省淡水水产研究所
虹鳟	血粉 12，鱼粉 3，酵母粉 4，羽毛粉 2，虾壳粉 1，鳌虾 15，杂鱼 16，豆饼 35，糠麸 10，糖蜜 2，多维与生长素适量	48.6	饲养成鱼	黑龙江水产研究所
牛蛙	鱼粉 18，虾粉 6，肠衣粉 8，豆粕 10，面粉 40，菜粕 6，酵母 3，花生粕 8，添加剂 1	34.6	饲养幼蛙	厦门饲料工业公司
甲鱼	螺肉 48，豆饼 15，α-淀粉 25，黏合剂 4，其他 8	36.24	饲养成鳖	湖北省水产研究所
罗氏沼虾	鱼粉 15，黄豆饼 70，骨粉 1，麦麸 14	41.0	饲养幼虾	上海市东海农场
对虾	花生饼 35.4，棉仁饼 40.5，麸皮 9.5，虾糠 6.1，玉米面 4.6，甘薯粉 3.9	42.1	饲养对虾	山东省水产供销公司
河蟹	动物性蛋白饲料 38，饼类 41.5，糠麸粮食 11，复合添加剂等 9.5	42.57	10～20 g	淡水渔业研究中心

第四节 预混合饲料的配方设计

尽管多种基础原料经过科学的设计、配比之后营养素趋于平衡，基本满足养殖对象的营养需要，但是，有些营养素由于原料中含量不足或由于消化率低或加工的影响，使得水产动物真正吸收的量并不多，为了满足养殖对象的营养需要，要适量额外添加营养性添加剂。有时为了满足特殊需要还要添加一些非营养性添加剂。无论是营养性添加剂还是非营养性添加剂都是全价配合饲料的重要组成成分，其组成直接影响着全价配合饲料的质量。添加剂占全价配合饲料的比例少，如果将添加剂直接与基础原料相混合，其混合效果不佳。为了解决这一问题，需要将添加剂与稀释剂或载体预先做成预混合饲料，然后再与基础原料相混合。添加剂以预混料的形式添加的优点是：

(1)配料的速度快，精度高，混合均匀度好。

(2)配好的预混料能克服某些添加剂稳定性差、静电感应及吸湿结块等缺点。

(3)有利于标准化。对各种添加剂的使用浓度的表示均可以标准化，有利于配合饲料的生产和应用。

从预混料的整体结构上来看，预混料包括两大部分，即非活性成分和活性成分。非活性成分(载体和稀释剂)是条件，起到承载或稀释的作用，占预混料的比例大。而添加剂虽然占预混料的比例小，但却是预混料的核心内容，起着关键性作用。

一、预混料的非活性物料(载体)

生产预混料的非活性物质主要有载体、稀释剂和吸附剂等。稀释剂和吸附剂是生产单一预混料时使用的，生产复合预混料时可以直接购买单一预混料使用。所以在此仅介绍载体。

(一)载体的概念

载体(carrier)是能够承载活性成分，改善其分散性，并具有良好的化学稳定性的可饲物质。活性成分被载体所承载后，其本身的若干物理特性发生改变或不再表现出来。而所得“混合物”的有关物理特性(如流动性、粒度等)基本取决于或表现为载体的特性。

载体是保证添加剂与基础原料均匀混合的重要条件。为了保证添加剂活性成分的稳定性、均匀性，以及产品的安全性，预混料对载体的物理、化学性能等都有一定的要求。

常用的载体有有机载体和无机载体之分。有机载体又分为两类：一类为含粗纤维多的物料，如次(小麦)粉、小麦粉、玉米粉、脱脂(大)米糠粉、谷壳粉、玉米芯粉、大豆壳粉、大豆粕粉、稻壳粉等，由于这些载体都来自于植物，所以含水量最好控制在8%以下。另一类为含粗纤维少的物料，如淀粉、乳糖等，这类载体多用于维生素添加剂或药物性添加剂。无机载体有碳酸钙、磷酸钙、硅酸盐、二氧化硅、食盐、陶土、滑石、蛭石、沸石、海泡石等。这类载体多用于矿物质预混料的制作。制作预混料时选用有机载体还是无机载体，或二者兼用，应视需要而定。

(二)载体的选择

载体的选择是预混料生产中的重要一步，因为载体的品种、规格与质量在很大程度上影响着预混料的混合程度和添加剂的稳定性。在对载体具体选择时，要考虑如下几方面：

1. 粒度　载体对添加剂的承载能力主要取决于载体的粒度。在最佳粒度时，载体具有最佳的承载能力，可保证载体与添加剂在配合饲料中的最佳分配。载体粒度一般要求在40～80目之间。添加剂配比越小，载体粒度应越小。

2. 容重　载体的容重是影响混合均匀度的重要因素。预混料含有多种不同容重的添加剂，因而容易产生分层现象，为了平衡这种容重差，就要选择容重合适的载体。只有载体的容重与添加剂的容重相接近，才能保证添加剂在混合过程中分布均匀，因此，要根据添加剂的容重(表 11-18)选择载体(表 11-19)。微量元素添加剂和维生素添加剂的容重就不同，故要分别选择不同容重的载体。而综合预混料的载体容重一般选用各种添加剂容重的平均值，而且要与配合饲料其他主原料的平均容重相一致。如果容重相差大，则会产生分级现象，既难以混合均匀，也不利于成品的运输。对载体容重的要求一般为 0.5～0.8 g/mL。

表 11-18　常用饲料添加剂的容重(密度)

(引自张乔《饲料添加剂大全》,1994)　g/mL

添加剂	容重	添加剂	容重
L-赖氨酸·HCl	0.67	七水合硫酸亚铁	1.12
维生素 A	0.81	一水合硫酸亚铁	1.00
维生素 E	0.45	七水合硫酸锌	1.25
维生素 D_3	0.65	一水合硫酸锌	1.06

表 11-19　常用载体和饲料的容重(密度)

(引自张乔《饲料添加剂大全》,1994)　g/mL

饲料、载体	容重	饲料、载体	容重
玉米粉	0.76	鱼粉	0.64
大麦碎粉	0.56	食盐	1.10
小麦粉	0.31～0.34	石粉	1.30
苜蓿粉	0.37	碳酸钙	0.94
大豆饼粉	0.60	脱氟磷酸氢钙	1.20
棉籽饼粉	0.73		

3. 酸碱度(pH)　载体的酸碱度直接影响到添加剂的稳定性，偏酸性或偏碱性都将对添加剂产生不良影响。因此，应选择中性载体。如果酸碱度不适合，可通过加入一价磷酸钙或延胡索酸来分别提高或降低 pH，也可选用两种或两种以上的载体来调整 pH，以最终满足添加剂的要求。几种载体的 pH 见表 11-20。

表 11-20　几种载体的 pH

(引自张乔《饲料添加剂大全》,1994)

载体、稀释剂	pH 值	载体、稀释剂	pH 值
稻壳粉	5.7	玉米干酒糟	3.6
玉米芯粉	4.8	次小麦粉	6.5
玉米面筋粉	4.0	石灰石粉	8.1
大豆加工副产品	6.2	小麦粗粉	6.4

4. 表面特性　载体的表面特性是影响承载能力的重要因素。载体如有粗糙的表面或表面有小孔、皱脊等，则有利于添加剂的吸附，故一般多选用高纤维的植物性物料作载体，如粗面粉、小麦粉、碎稻谷粉、大豆皮、玉米面筋、玉米芯粉、穗壳粉等。微量元素添加剂的载体多用碳酸钙或二氧化硅等。

5. 含水量　复合预混料中含有多种化学性质不同的活性成分，其彼此间的化学反应均以水为介质，水分易溶解和破坏活性成分，直接影响到预混合工艺和预混料的均匀度以及贮存期间微量组分的生物活性。因此，要求载体的含水量越低越好，一般要求 8%～10%，至多不能超过 12%。如含水量达到 15%时，不仅给配料带来困难，而且很容易使添加剂在贮存期间失效，直接影响预混料的效能，所以，对于含水量较高(12%左右)的有机载体要慎重选用，或者在使用前先做烘干预处理，但含水量相同的无机载体一般可选用。含水量略高于10%的载体，可用吸附剂平衡水分而不必烘干，如加膨润土、二氧化硅或硅酸盐等。同时严格控制有效期并创造良好的贮藏条件，确保其最高效能。

6.亲水性、吸湿性和结块性　载体的亲水性与其吸湿性关系密切。

具有亲水性的载体易溶于水，并能自行吸湿。亲水性强的载体可以从潮湿的大气中吸收很多水分，使之变得潮湿（"潮解"）。因此不能用亲水性强的物料作载体，以防结块。

吸湿性是指载体从空气中吸收水分，本身潮解或水分增加。吸湿性强的载体易变潮而结块，不利于均匀混合，也使得添加剂在贮存过程中发霉变质而失效。所以要避免使用吸湿性强的物料（如乳清粉、烧酒糟干燥物等）作为载体，而要选择那些吸湿性差的物料作载体，必要时可适量加入二氧化硅、沉淀碳酸钙等。

载体结块多与其吸湿性有关。结块将影响正常配料和均匀混合，因此要选择吸湿性差、不易结块的物料作载体。对于易结块者，可适当加入抗结块剂（也叫疏水剂），如二氧化硅、疏水淀粉、三价磷酸钙、硅酸镁、硅铝酸钠等。

7.黏着性　载体的黏着性越好，越容易把活性成分牢固地黏结和承载，但用量要适宜，用量过多，会黏结成团。一般有机载体的黏着性较无机载体的黏着性强。

8.流动性　流动性又称流散性。流动性的好坏直接关系到载体与添加剂混合均匀的程度。流动性过强，制成的预混料在运输过程中易产生分离现象，流动性太差又不易混合均匀。因此，选择具有流动性良好的载体对于均匀混合是至关重要的。

9.静电吸附特性　过分粉碎或干燥的纯添加剂常常带有静电荷，且颗粒越小、越纯、越干燥，所带的静电荷越高。静电荷可产生以下影响：

（1）颗粒间产生互相排斥（同性排斥）现象，其后果是：①粉尘飞扬，损害人体皮肤、眼睛及呼吸道等；②增大物料体积，影响流动性；③影响添加剂的质和量。

（2）与设备产生吸附现象，使活性成分黏附在搅拌机和出料口及输送设备的金属表面，其后果是：①金属易被腐蚀，影响使用寿命；②混合时有效活性成分损失大；③混合均匀度低，成品质量下降；④残留量大，易污染下批混合物。

因此要努力消除静电效应。其主要做法是：①要注意选用适当的载体，根据静电荷的不同极性，使载体与添加剂更牢固地结合，缩减体积，改善容重和预混料的流动性；②加入适量的液体黏合剂，消除静电荷；③使设备接地良好，克服静电作用，提高流动性。

另外，选择载体时，必须考虑资源、价格、运输等因素。最好就地取材，从常用的饲料原料中选择，其营养成分也和配合饲料相接近。

综上所述，选择载体时要多方面考虑，在众多影响因素中，首先要考虑的是粒度、容重、酸碱度等。

值得注意的是，完全没有缺点的载体是不存在的。有些不足之处可以采取一定的措施来弥补，如承载性能好、流动性差的脱脂米糠，只要在其中添加一定比例的助流剂就能改善其流动性。而流动性太大的200目石粉，改用大粒度的石粉，问题即可解决。另外，为了提高载体的承载能力可在载体表面喷洒一定量的液体黏合剂，如植物油等。

二、预混料设计的依据

营养性添加剂的添加目的就是补充基础原料中含量不足的营养素，要确定补充数量的多少，必须掌握下列资料,以此作为设计配方的依据。

1. 营养标准 无论设计预混料还是全价料都要用到营养标准。关于营养标准的知识在本章第二节中已有讲述,在此不再赘述。

2. 基础原料中营养素的有效含量 基础原料是提供给动物营养成分的主题,添加剂添加量的多少,首先要看基础原料中含有多少,基础原料含量充分时就不用另外添加,只有含量不足时再添加。差多少就补多少。

基础原料中营养素的含量必须是有效含量,即可以被动物消化吸收的成分的含量。有些营养素在饲料中的含量虽然很高,但是它的存在形式很难被动物消化吸收,这样的营养素对动物基本上没有营养价值。

3. 添加剂的有效成分含量 由营养标准和基础原料中营养素的有效含量即可得到要添加的营养素的量,可是,确定了营养素的添加量,并不等于添加剂的添加量。要确定添加剂的添加量,必须由添加剂中有效成分的含量进行换算。

三、预混料配方设计注意事项

营养性添加剂配方设计不仅仅是计算问题,有许多问题存在于计算之外,这些问题一旦被忽略,则会影响到预混料的质量或使用,必须引起注意。

1. 添加剂的选择 对于营养性添加剂要选择消化率高、营养素含量高、价格便宜、稳定性好的种类。对于非营养性添加剂,如诱食剂、免疫增强剂等虽然不是必需的,但是适量添加,对于促进摄食、提高机体素质是有益的。而色素、防霉剂、抗氧化剂等则应根据情况灵活使用。无论哪类添加剂,都要注意安全卫生,效果可靠,使用方便。所选添加剂应符合有关饲料卫生安全的法规。明文规定已禁止使用的添加剂绝对不能使用;对其生理作用及在动物体内转化过程不明了的添加剂不能使用;会在动物体内富集的添加剂应慎用。

2. 添加剂的数量 添加剂的使用量不足,固然达不到理想的效果,但是如果添加量过多,不仅使饲料成本升高,而且会导致新的营养不平衡,甚至导致水产动物中毒,严重时会影响到人体健康,特别是脂溶性维生素和重金属矿物盐。所以要控制好添加剂的使用量。

维生素添加剂是一类不稳定的物质,因此要根据全价配合饲料加工工艺和饲料贮存条件适当增加添加量。一般要求在正常添加量的基础上增加2%～20%的保险系数(安全裕量)(表11-21),以弥补饲料在加工、运输和贮存过程中的损失。

表11-21 各种维生素产品的保险系数

(引自林海《鱼虾饲料手册》,1999) %

维生素种类	保险系数	维生素种类	保险系数
A	2～3	B_6	5～10
D_3	5～10	B_{12}	5～10
E	1～2	叶酸	10～15
K_3	5～10	烟酸	1～3
B_1	5～10	泛酸钙	2～5
B_2	2～5	C	5～10

3. 载体的数量　研究表明，一种成分与其他成分混合时，如果其含量低于混合物的 1 g/kg，则很难混合均匀，故复合预混料占全价饲料的比例至少应在 1 g/kg 以上。一般来说，1%以上可以达到理想的混合效果，并且混合速度也较快。

但是载体的用量又不能太多，如含粗纤维太高的有机载体（如砻糠粉、木屑等）以及某些无机载体（如石粉）添加比例过大，会影响饲料营养素的平衡。

另外，载体的用量还要考虑到添加剂之间的配伍问题。

四、预混料配方设计的一般方法和步骤

（一）营养性添加剂用量

各类营养性添加剂配方的设计虽不完全相同，但基本方法和步骤是一样的，大致包括以下几步：

（1）根据饲养对象的种类、规格、生活环境和饲养目的等条件，确定养殖对象的营养标准。

（2）根据基础饲料配方和各基础原料的营养素含量（查饲料营养成分表，有条件的进行实测更好），获得基础配合饲料中营养素的含量。

（3）计算出要添加的营养素的用量（营养标准与基础配合饲料营养素含量之差）。

（4）选择适宜的添加剂种类。

（5）将应添加的营养素用量折算为营养素纯原料用量。

（6）根据原料纯度，再把纯原料用量折算为市售原料用量。

（7）列出添加剂配方。

这是设计营养性添加剂配方的一般步骤，针对不同的情况还要采取具体的处理。

（二）非营养性添加剂用量

非营养性添加剂与水产动物的营养需求无关，与营养素之间一般也不存在拮抗关系，所以在饲料中的添加量无须复杂的计算，按正常使用用量添加即可。

（三）载体的用量

载体的用量取决于复合预混料在全价配合饲料中的用量。复合预混料中载体的用量可用下式计算：

载体用量＝复合预混料用量－添加剂用量（含单一预混料）

理论上设计出来的配方，能否满足养殖对象的需求，还要经过喂养试验。根据喂养结果，必要时作进一步调整。

五、矿物质复合预混料配方示例

矿物质复合预混料配方设计主要是矿物质添加剂配方的设计。矿物质添加剂配方设计好之后，根据需要再添加一定量的载体即可。矿物质添加剂配方设计的步骤和方法不再重复，但要注意两点：

(1)水环境中矿物质的有效含量。因为水产动物可以从水环境中吸收矿物质，如果水环境中某种矿物质的有效含量高，那么，预混料中该矿物质的含量可以适当降低，甚至不添加。

(2)基础原料中矿物质的有效性。有些矿物质在基础原料中的含量虽高，但其消化率并不高，在确定这些矿物质的添加量时，就不能完全按照上述步骤进行，应适当增加用量，甚至不考虑基础原料中的含量，而直接按营养标准添加。

早期的矿物质预混料主要是常量元素，随着研究的深入，多种微量元素也加入其中。各地在研究过程中，得出了不少适合当地的预混料配方，这些配方对其他地方有着重要的参考价值。现将部分无机盐配方列入表 11-22 至表 11-26，以供参考。

(一)美国药典ⅫNo.2 的无机盐配方

采用的是 McCollum 盐 No. 185 配方，在以酪蛋白为主的实验饲料中加入 5%～7%时，饲养虹鳟或鲤鱼等，均获得了良好的效果(表 11-22)。

表 11-22　U. S. P. Ⅻ No. 2 矿物质混合盐配方

(引自石文雷等《鱼虾蟹高效饲料配方》，2007)　　mg

商品原料	含量	商品原料	含量
氯化钠	43.5	磷酸二氢钙	135.8
硫酸镁	137.0	柠檬酸铁	29.7
磷酸二氢钠	87.2	乳酸钙	327.0
磷酸钾	239.8	合计	1 000.0

(二)NRC 温水性鱼矿物盐配方

该配方是美国国家科学研究委员会(NRC)于 1977 年针对温水性鱼类提出的配方(表 11-23)。

表 11-23　美国 NRC 的温水性鱼矿物盐配方

(引自石文雷等《鱼虾蟹高效饲料配方》，2007)　　g/kg 干饲料

原料名称	分子式	含量	原料名称	分子式	含量
碳酸钙	$CaCO_3$	7.5	硫酸铜	$CuSO_4 \cdot 5H_2O$	0.06
磷酸氢钙	$CaHPO_4 \cdot 2H_2O$	20.0	硫酸亚铁	$FeSO_4 \cdot 7H_2O$	0.5
磷酸二氢钾	KH_2PO_4	10.0	碘酸钾	KIO_3	0.02
氯化钾	KCl	1.0	硫酸镁	$MgSO_4$	3.00
氯化钠	$NaCl$	7.5	氯化钴	$CoCl_2$	0.001 7
硫酸锰	$MnSO_4 \cdot 4H_2O$	0.30	钼酸钠	$NaMoO_4$	0.008 3
硫酸锌	$ZnSO_4 \cdot 7H_2O$	0.70	亚硒酸钠	$NaSeO_3$	0.000 2

(三)荻野珍吉无机盐配方

这是日本学者荻野珍吉提出的配方(表 11-24)。

表 11-24　荻野珍吉无机盐配方

（引自石文雷等《鱼虾蟹高效饲料配方》，2007）　%

原料名称	分子式	含量	微量元素混合物组成		
			原料名称	分子式	含量
氯化钠	$NaCl$	1.0	硫酸锌	$ZnSO_4 \cdot 7H_2O$	35.3
硫酸镁	$MgSO_4 \cdot 7H_2O$	15.0	硫酸锰	$MnSO_4 \cdot 4H_2O$	16.2
磷酸二氢钠	$NaH_2PO_4 \cdot 2H_2O$	25.0	硫酸铜	$CuSO_4 \cdot 5H_2O$	3.1
磷酸二氢钾	KH_2PO_4	32.0	氯化钴	$CoCl_2 \cdot 6H_2O$	0.1
过磷酸钙	$Ca(H_2PO_4)_2 \cdot H_2O$	20.0	碘酸钾	KIO_3	0.3
柠檬酸铁	$FeC_3H_5O_7 \cdot 10H_2O$	2.5	纤维素		45.0
乳酸钙	$C_6H_{10}O_6Ca \cdot 5H_2O$	3.5			
微量元素混合物		1.0			
合计		100.0	合计		100.0

该混合盐按 5%添加到全价配合饲料中后，各元素在全价配合饲料中的含量见表 11-25。

表 11-25　荻野珍吉无机盐配方按 5%添加时饲料中各元素含量

元素名称	饲料中含量/(g/100 g)	元素名称	饲料中含量(mg/100 g)
Na	0.20	Fe	20
K	0.46	Zn	4
Mg	0.073	Mn	2
P	0.85	Cu	0.4
Ca	0.20	Co	0.012
S	0.1	I	0.08
Cl	0.03		

（四）上海市水产研究所矿物盐配方

本配方（表 11-26）用于青鱼饲养效果良好，也可用于鲤鱼和罗非鱼，在饲料中的添加量 1.5%。

表 11-26　上海市水产研究所矿物盐配方

（引自石文雷等《鱼虾蟹高效饲料配方》，2007）　g/kg 饲料

原料名称	分子式	含量
磷酸氢钙	$CaHPO_4 \cdot 2H_2O$	14.415
硫酸亚铁	$FeSO_4 \cdot 7H_2O$	0.25
硫酸锌	$ZnSO_4 \cdot 7H_2O$	0.22
硫酸锰	$MnSO_4 \cdot 4H_2O$	0.092
硫酸铜	$CuSO_4 \cdot 5H_2O$	0.020
碘化钾	KI	0.001 6
氯化钴	$CoCl_2 \cdot 2H_2O$	0.001
钼酸铵	$(NH_4)_6Mo_7O_{24} \cdot 4H_2O$	0.000 4
合计		15.000

六、维生素复合预混料配方示例

维生素复合预混料配方设计主要是维生素添加剂配方的设计。维生素添加剂配方设计好之后，根据需要再添加一定量的载体即可。

对于维生素，因为基础饲料中维生素的含量随种类、产地、收获、加工和贮运等因素影响而相差很多(几倍到几十倍)，每批原料都进行分析也是不可能的，而且含量极低，并且加工对维生素的破坏较明显，所以营养标准中的量，通常就作为添加量。因此，上述步骤中的第一、第二、第三步就合为一步进行。但是，下列情况应当考虑：

(1)有些维生素在基础原料中广泛存在，且含量较高，如胆碱、泛酸等，在确定这些营养素的添加量时就不能忽视基础原料中的含量。

(2)有些饲料(如鲜活性青饲料)中维生素含量很丰富，这些原料的使用量较多时，预混料中维生素添加剂的量可以适当减少，甚至可以不加。

随着研究的深入，配方也越来越多，现将部分维生素配方列入表 11-27，以供参考。

表 11-27 鲤鱼用复合维生素配方

(引自石文雷等《鱼虾蟹高效饲料配方》，2007) mg 或 IU/kg 饲料

维生素种类	依千叶健治(1974)	东京理研维生素株式会社	日本(富永)	美国全国研究理事会	上海水产研究所
B_1	5～25	10	5	20	5
B_2	10～20	30	10	18	10
B_6	5～15	9	5	20	20
B_5	50～150	100	30	90	50
B_3	20～60	50	20	30	20
B_C	1～5	2.0	1.0	5	1.0
氯化胆碱	800～2 500	1 500	400	500	500
C	50～100	150		100	50
B_{12}	0.1	0.015		0.015	0.01
H	0.25～0.50	0.016	0.02	0.1	
肌醇	60～200	40	50	100	
A	6 000～20 000	10 000	5 000	5 000	5 000
D_3	1 000～5 000	2 000	1 000	1 000	1 000
E	20～60	100	50	50	10
K_3	1～5	10	1.0	10	3
对氨基苯甲酸	30～50				

七、氨基酸复合预混料配方设计

向饲料中添加氨基酸，主要是添加第一限制性必需氨基酸。饲料中最易缺乏的氨基酸是蛋氨酸或赖氨酸，因此，向饲料中添加的氨基酸主要是这两种氨基酸。氨基酸添加剂的添加数量可以根据上述计算步骤进行计算。

可是这仅仅是理论上的。从目前的研究情况来看，水产动物饲料中添加氨基酸添加剂的效果还存在一定的争议。氨基酸添加剂能起到多大的作用？氨基酸添加剂会不会影响其他营养素的吸

收？经济上是否合算？怎样进一步提高添加效果？等等，还有待于进一步探讨。

八、综合复合预混料配方设计

目前一般不生产综合预混料，一方面，综合预混料中各种原料的容重差别大，要做到均匀混合很困难，即使混合均匀，在运输过程中也容易产生分级现象；另一方面，矿物质对维生素的稳定性存在着负面影响，所以，往往将矿物质预混料和维生素预混料单独包装销售，在生产全价配合饲料时，再分别与基础原料相混合。如果确实需要生产综合预混料，则需加大载体用量，减少矿物质与维生素的接触机会，载体的使用量一般占到总量的2/3以上。

思考题

1.什么是配合饲料？什么是预混合饲料？什么是营养需要量？什么是营养标准？

2.载体的作用是什么？

3.水产动物营养与饲料的特点是什么？

4.配合饲料的设计原则和依据是什么？

5.设计营养性添加剂配方的一般步骤是怎样的？

6.利用鱼粉、豆饼、菜饼、大麦、麸皮、脱脂米糠和预混料，分别用试差法和电脑法设计罗非鱼鱼种的全价配合饲料配方。要求预混料占全价配合饲料的2%。

第十二章
水产动物配合饲料加工技术

内容提要

本章主要介绍水产动物配合饲料加工工艺基础原理、加工流程及相关设备的类型、特点和功能，同时也介绍预混料生产工艺和饲料加工环境控制。

第一节　水产动物全价配合饲料的加工技术

一、加工工艺流程和类型

(一)工艺流程

配合颗粒饲料的加工工艺一般包括原料接收处理、粉碎、配合、混合、制粒(冷却、破碎、分级)、挤压膨化、包装等主要过程，以及输送、通风除尘、油脂添加等辅助过程。配合饲料的加工工艺流程可分为3个主要步骤:①原料准备、检查及处理。各饲料原料在加工之前，必须准备齐全，以免发生停工待料。对所有原料，均必须认真清除杂物，检查是否有霉烂、受潮、变质、掺杂等情况。如豆粕要观察其颜色，黄色为宜，颜色偏深或偏浅，质量都不高。玉米粒要观察水分含量是否充足、是否发霉。②粉碎、混合。各种饲料原料按比例配好送入喂料绞龙，通过提升机将原料送入粉碎机进行粉碎，之后送入除尘器进行除尘。然后按比例添加一些微量元素、黏结剂和添加剂预混料等，进行计量混合，用搅拌机充分搅拌均匀，成为粉状配合饲料。③颗粒成型。将混合均匀的粉状配合饲料，用输送带输送到颗粒机的料斗中，再由绞龙将其推进到压模处压成颗粒。成型的颗粒水分较多者须烘干，然后进入冷却器冷却，之后送入包装处称量打包。

(二)工艺类型

饲料生产中，粉碎工艺与配料工艺有着密切的关系，按其组合形式可分为先粉碎后配料和先配料后粉碎(简称“先粉后配”或“先配后粉”)两大工艺。下面详细介绍一下这两大工艺。

1.先粉碎后配料工艺　先粉碎后配料工艺即先将各种需要粉碎的饲料原料进行粉碎，然后再根据配方要求将原料进行配料混合，搅拌均匀，最后完成制粒。美国饲料谷物富裕，多采用先粉碎后配料工艺。而其他许多国家谷物饲料短缺，一般采用先配料后粉碎。我国中大型饲料厂多采用先粉碎后配料工艺流程。先粉碎后配料的工艺流程见图12-1。

(1)该工艺是指将粒状原料先进行粉碎，然后输入配料仓进行配料混合的工艺。这种工艺主要适用于配料中含谷物量高的情况，国内外的饲料厂普遍采用这种工艺流程和物料运行路线。投料有两种方式：第一种方式是在车间或下料间设下料口，这种方式多用于中小型饲料厂。人工把袋装原料（一般用小推车）从原料库运入车间或下料间投入下料斗。第二种方式是在原料库内设有下料口，由水平输送机（多为刮板输送机）将原料送到主车间，大中型饲料厂多采用这种方式。不论哪种方式，下料斗的上部都设置栅筛，作为清理工序的第一环节。

（2）物料输送和提升物料投入下料斗后，直接由斗式提升机（第一方式）提升，从溜管进入初清筛或由水平（刮板）输送机水平输送（第二种方式）后由提升机提升，经溜管进入初清筛。

（3）清理加入初清筛，经清除非磁性杂质后，再流经永磁筒除去磁性杂质后入待粉碎仓。

（4）供料及粉碎待粉碎仓的物料由给料器向粉碎机供料粉碎。

（5）粉料输出并进入配料仓或物料成品仓粉碎的物料采取各种方式将物料与空气分离并输入配料仓或成品仓。

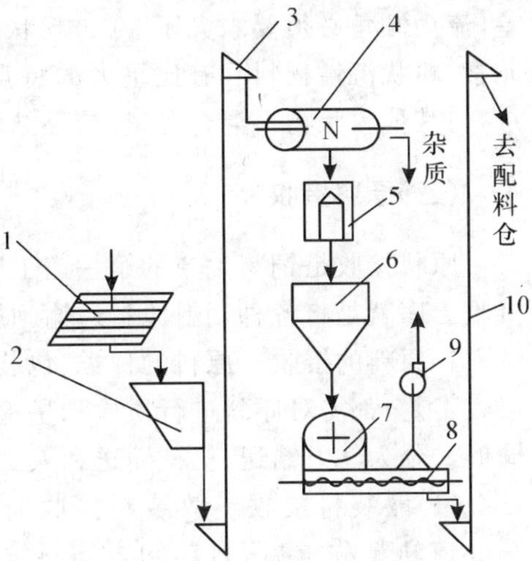

图 12-1　先粉碎后配料工艺

1. 栅筛　2. 进料斗　3、10. 斗式提升机　4. 圆筒初清筛　5. 永磁筒　6. 待粉碎仓　7. 粉碎机　8. 螺旋输送机　9. 除尘系统

这种工艺的缺点是需要配料仓多，占地面积大，一次性投资多，粉料贮存时间长，易结拱；优点是适宜微机配料计量，计算精度高，配料误差小，配合饲料质量高。

2. 先配料后粉碎工艺　该工艺是将所有参加配料的各种原料，按照一定比例并通过配料秤称重后混合在一起，再加入粉碎机粉碎。工艺过程见图 12-2。与先粉碎后配料工艺相比，其工艺路线（物料走向）配料和粉碎顺序恰恰相反，其他投料、清理、输送和提升相似。但要注意两点：

（1）配料前要加强物料（粒料和副料）的清理，否则对后续工序带来危害。

（2）粒料清理和粉料清理要同时进行，以利于后续工序工作。

这种工艺的优点：对原料品种变化适应性强，生产过程中更换饲料配方极为方便；需要的配料仓少，车间占地面积小，可节省建厂投资。缺点：由于粉碎机设置于配料之后，一旦粉碎机发生故障，则整个生产要停止；粉碎的原料特性不稳定，造成电机负荷不稳定，能耗增加。

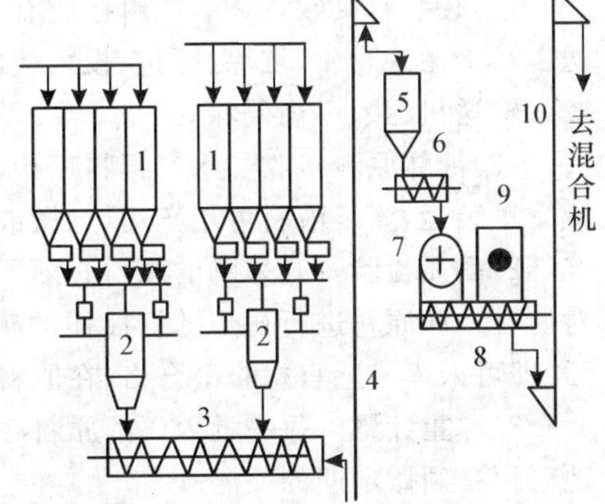

图 12-2　先配料后粉碎工艺

1. 配料　2. 配料秤　3、8. 螺旋输送机　4、10. 斗式提升机　5. 待粉碎仓　6. 螺旋喂料器　7. 粉碎机　9. 空气过滤器

二、原　　料

（一）原料的分类与特性

在接收系统中通常将原料分为以下几种类型：谷物原粮、粗加工物料、粉状松散物料、粉状沉性

物料、液体原料。饲料厂常用的谷物原粮有玉米、小麦、稻谷等，这一类谷物原粮比重较大，流动性好，流动倾角大于40°，可以获得良好的流动性。粗加工物料有豆粕、麸皮等，流动性比谷物原粮差，流动倾角要求大于50°。粉状松散物料主要有面粉、次粉、酵母、鱼粉等，这一类原料流动性较差，流动倾角必须要求大于60°。粉状沉性物料主要包括有石粉、贝壳粉、钙盐、食盐和微量矿物质元素，粉状沉性物料具有比重大的特点。液体原料有鱼油、豆油、磷脂油和糖蜜等，具有黏稠的特点，与其他粉状物料混合时，容易黏结形成团状。

(二)原料接收

原料接收是饲料生产的第一道工序，也是关系到饲料厂是否能够正常运行的重要工序。原料接收工序就是将各种饲料原料运输到厂家，经质量检验、称重计量、调度、入库贮存的过程。

1.原料的接收 原料的种类、包装形式和使用的运输工具不同，其接收工艺也不同。不论何种接收工艺，都需对原料进行质检和量检。按原料包装方式不同分为散装、袋装和罐装(液体)，按运输形式分为气力输送、机械输送和人工搬运。

(1)散装料接收 散装料接收有直接接收和气力输送接收两种方式。入厂的原料，经汽车或道轨衡称重后，自动卸入卸料坑，汽车接料坑配置栅栏，可以除去大的杂质并保护人身安全。原料卸入卸料坑后通过水平输送机、斗提机、初清筛、磁选器和自动秤，送入立筒库或料仓。

气力输送接收是从罐车和船舱等吸取原料，尤其适用于从船舱中卸料。它利用风机在管道内形成一定流速的空气来输送散体物料。广泛使用在港口码头。此装置优点在于粉尘少，吸料干净，结构简单，操作便捷，劳动强度低。缺点在于能耗较其他机械输送高。

(2)袋装料接收 袋装原料接收有人工和机械接收两种。人工接收是用人力将袋装原料从输送工具上搬入仓库、堆垛、拆包、投入接料坑。机械接收是由吊车从车、船上将袋吊下，再由固定式胶带输送机运入厂内码垛。

(3)液体原料接收 水产饲料厂接收最多的液体原料是油脂和糖蜜。液体原料一般采用筒装或罐车装运，筒装液料可用车运、人搬或叉车搬运入库。

2.品质检验 凡采购的原料必须严格按照饲料厂制定的《原料采购标准》，必须由品质检验员对所有入库原料进行初步随机抽样的感官品质检验(颜色、气味、杂质、饱满度等)，感官检验合格后，即可入库。感官检验不合格，在原料入库单上不签收入库，并报送采购部作处理。

3.称重计量 每一批入厂的原料必须计量，并做好记录。目前常用的原料计量设备是地磅秤，地磅秤必须做定期的检测。

4.原料入库 原料入库时，按照原料货位合理摆放原料，入库结束后，品质检验员对所有入库原料进一步随机抽样进行化学检验，化验合格的原料，在原料入库单上签名，以示检验合格，同意入库；化验不合格的原料，在检验报告上注明不合格及其原因，化验报告要及时报送采购部。原料须认真做好仓库防火、防鼠、防霉变、防虫害、防止过期变质、防混淆堆放等日常管理，保持仓库卫生、整齐和整洁。

(三)原料清理

由于植物性原料从收购及运输至饲料厂的中间环节多，在搬运和装卸过程中可能会混入杂物，因此，原料的清理主要是清理谷物类原料中的杂质，包括石块、砖块、麻绳、包装袋碎片和金属碎片等。

动物蛋白原料(鱼粉、肉粉、蚕蛹粉等)、矿物质原料(骨粉、贝壳粉、碳酸钙粉等)和微量添加剂等原料的清理一般在原料加工厂中完成,故无须再清理。而液体原料(糖蜜和脂肪)的清理通常是在贮罐中设置过滤器。

清除这些杂物主要采取的措施有2种:①利用饲料原料与杂质尺寸的不同,用筛选法分离;②利用导磁性的不同,用磁选法磁选。

1.筛选　是根据原料颗粒、杂质宽厚或粒度的不同而达到清理的目的,是加工厂使用最普遍的方法。筛选设备有以下2种:

(1)栅筛　栅筛放置在接料口处,是清理工序的第一环节。栅筛的设计应首先考虑选用合理的栅隙。栅筛间隙的大小一般依物料的几何尺寸来定。对于玉米、粉状的副料及稻谷类,筛隙应在3 cm以内,对于油粕类,筛间隙应在3～5 cm之间。

(2)初清筛　常见的初清设备有圆锥式初清筛、圆筒式初清筛、网带式初清筛。选择时,力求结构简单,操作方便,耗电量少,粉尘不易外扬,噪声小,便于密闭,饲料厂以选用圆筒筛较合适。

在对初清筛的设计和选用中应注意以下几个问题:

(1)应根据筛理物料的物理性质及几何尺寸选择合适的筛孔直径。

(2)应选择可调的除尘吸风量。此条件可通过在喂风口上方设置阀门来达到目的。

(3)选择充裕的生产能力。通常,在设计参数中筛的处理能力应比前面工序的输送设备的运送能力高30%左右。

2.磁选　饲料加工生产过程中,原料中混入的铁钉、螺栓、螺母、小铁块等杂质,对高速运转的粉碎机和制粒机危害最大,轻则筛底被击穿,重则损害压模及烧毁电机,所以在粉碎前需要清理饲料原料中的金属杂质。

在原料的清理工艺中,金属大杂的清理多数采用磁选的方法。常用的磁选设备主要有永磁筒和永磁滚筒。前者体积小,占地面积也很小,无动力消耗,去磁效果也较为理想。相比较后者造价高,体积较大,但对于几何尺寸较大的饼粕、宜结块的糠麸等物料也同样适用。

三、粉　碎

(一)粉碎目的及工艺

原料粉碎工序是饲料厂的主要工序之一。粉碎质量直接影响到饲料生产的质量、产量和电耗等综合成本,同时也影响到饲料的内在品质和饲养效果。对于粉碎工艺粉碎设备的选择应根据水生动物的种类、原料的特性、原料的数量、水产饲料质量要求来合理选择以满足水生动物需要。

粉碎的目的主要有3个:一是增大饲料暴露的表面积,提高水产动物消化和吸收;二是改善和提高配料、混合、制粒以及输送等后续工序的质量和效率;三是改良饲料适口性。主要的粉碎方法有击碎、磨碎、压碎以及锯切碎。对于特别坚硬的物料,采用击碎和压碎方法;对韧性物料则用研磨;脆性物料用锯切。水产饲料生产过程中,对谷物饲料以切碎和锯切碎为宜,对含纤维多的饲料以盘磨为好。

目前粉碎工艺有3种,即一次、二次和闭路粉碎工艺。按组合形式可以将粉碎工艺分为先配料后粉碎和先粉碎后配料两大系统图(12-3)。先粉碎系统由美国首创并被美国和中国普遍采用,后粉碎系统则被欧洲国家普遍采用。

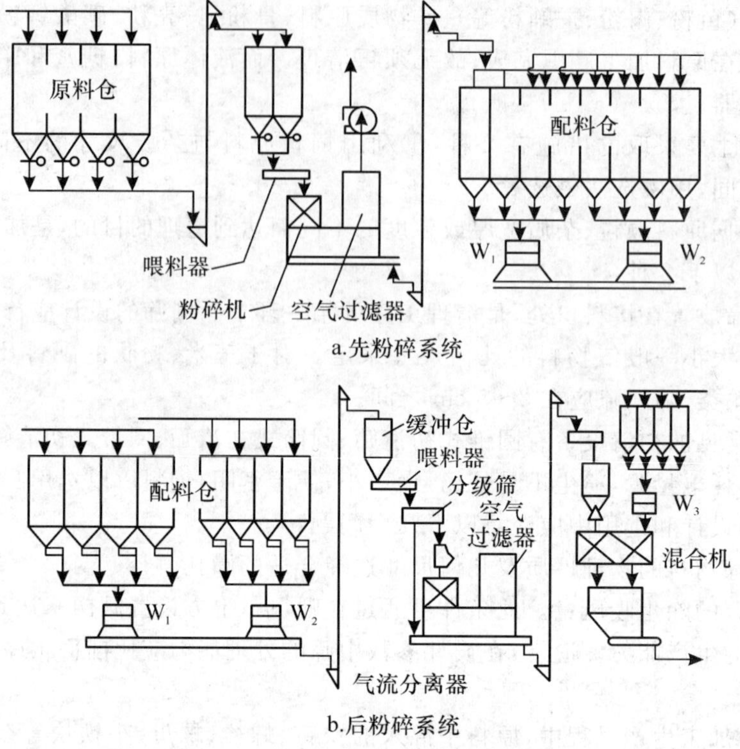

图 12-3 先粉碎与后粉碎系统

对于水产饲料而言，因多数水生动物没有真胃，不能像畜禽等动物一样借助胃的碾磨作用来提高养分的消化率，且随着水生动物品种不同（鳗鱼、甲鱼、蟹、虾、鲍鱼、淡水鱼类等）和生长期（幼体、生长、成鱼）的不同，其原料粉碎粒度的要求也不同。鳗鱼、甲鱼、蟹、虾、鲍鱼等水产饲料的原料粉碎粒度必须达到95％通过60目，在有些情况下则要求95％能通过100目，这种粒度的饲料通常适于不同发育时期的对虾和鱼类幼体，普通的鲤科鱼类或较大规格鱼类则要求饲料的粒度有95％以上通过40目，如此小的粒度使水产饲料生产原料的粉碎工作量大，粉碎产量低，同时消耗的能量也大，其成本占总生产成本的50％～60％。因此，水产饲料粉碎设备的选择以及粉碎工艺的合理组合尤为重要。

大多数淡水鱼饲料生产都采用先粉碎工艺。该工艺可根据原料的性质来配置相应的粉碎机，以取得经济的合理性。水产饲料绝大部分原料要粉碎。但是先粉碎工艺由于原料品种调换时要浪费一部分时间，单位时间内的粉碎产量受到影响。特别是由于水产饲料原料粉碎粒度细，物料的表面积增大，易吸湿吸潮，流动性差，进入料仓后容易造成物料结拱，影响配料工序的正常运行。另外，由于水产饲料配方中的许多原料含有较高的蛋白质和油脂，这些原料如采用先粉碎工艺进行粉碎，原料中的油脂容易堵塞锤片式粉碎机的细小筛孔，而这种筛孔正是为获得虾和鱼类幼体饲料等所要求的细微粉碎所必须使用的，因此先粉碎工艺不适合此类原料的粉碎。

在水产饲料的粉碎工艺设计中，亦可以将先粉碎与后粉碎工艺进行综合应用，尤其是需要微粉碎的物料，运用这种工艺的优势更为明显。将需要粉碎的粒状原料先进行粗粉碎，然后与其他粉状原料进行配料混合，有利于物料的均匀混合和微粉碎。混合均匀的原料进入气流分级式微粉碎机粉碎，进一步减小物料的粒度。由于微粉碎产生的热量多，一些热敏性原料在粉碎过程中活性易受到破坏，这部分活性物质在粉碎之前不应加入，而是在粉碎后的混合过程中加入，同时，在微粉碎过程中，由于物料的密度不同，悬浮速度不同，或多或少会产生物料的分级，造成物料的不均匀。因此，在物料的二次粉碎后需要再次混合，在工艺设计过程中应注意混合批次与添加物的匹配。

（二）粉碎设备

一般生产普通水产饲料（如鲤鱼、草鱼和鲢鱼等），原料粉碎粒度的要求为40～60目，但生产特种水产饲料（如对虾、鳗鱼、甲鱼等），原料粉碎粒度的要求必须达到80目以上。原料的粉碎粒度，决定着饲料组成的表面积，粒度越细，表面积越大，吸收蒸汽中水分能力强，利于调质和颗粒成型，使颗粒具有良好的水中稳定性，同时延长饲料在水生动物体内的停留时间，吸收效果好，可提高饲料报酬，减少水质污染。要达到理想的粉碎粒度，就要选用更好的粉碎设备。目前国内主要流行的水产饲料粉碎机为粗细粉碎机和超微粉碎机。

1. 粗细粉碎机　目前国内外流行的“水滴式”粉碎机是一种先进机型，带有自清式磁铁的叶轮式喂料器或带式磁选喂料器，可根据粉碎机电机的负荷大小自动调节进料量，确保粉碎机满负荷工作。粉碎室采用二次打击粉碎设计，可提高产量15%，使粉碎粒度更均匀。改变锤片，在转子的位置，可形成两种锤筛间隙，分别适用于普通粉碎和细粉碎。

2. 超微粉碎机　生产对虾、甲鱼等特种水产饲料时，主要是粉碎鱼粉，其粒径要求更细小，应选用超微粉碎机。超微粉碎机按机型结构分配有微细分级机的有筛型微粉碎机（如SWFM 60×36马蹬锤型）和自带风力（气流）分级器的无筛型微粉碎机（如SWFL系列立轴式微粉碎机、SWFM系列无网微粉碎机）。

超微粉碎机的气流分级器由分级室、转速可调的转子及调节风门等组成。工作时，系统中高压风机产生的气流将微粉碎机粉碎过的粉料吸入分级器。在分级室内，物料随高速气流作回旋运动，依据每一物料的自重进行分级。将分级器的调节风门开大，粉碎机的吸风量就增加，粉碎料的粒径随之增大。相反，粉碎料的粒径随之减少。分级器转子的转速通过调频（速）电机来控制，但调速范围是一定的，SWFL立轴式微粉碎机的调速范围为245～2 450 r/min。SWFM无网微粉碎机的调速范围为120～1 200 r/min。转速加快，粉碎料的粒径就减小，相反，粉碎料的粒径就增大。

3. 立轴式微粉碎机　立轴式微粉碎机是集粉碎与筛选、分离于一身的超微粉碎设备，可满足生产特种水产饲料的粉碎粒度要求。该设备由于粉碎室和分级室位于同一机体内部，可同时完成粉碎、风力筛选、分离、再粉碎过程，能有效防止过粉碎。内藏高精度微米级风力分级，粉碎粒度可达60～200目，且可按需任意调节而且被粉碎物料温升低。整个工艺流程结构紧凑，占地面积小，省电耗，粉碎后粒度均匀且产量高，是理想的生产特种水产饲料的超微粉碎设备。

四、配　料

（一）配料方式

配料就是采用特定的配料装置，按照饲料配方要求，对多种不同的饲料原料进行准确称量的过程。配料装置按其工作原理可分为重量式和容积式两种。按其工作过程又可分为连续式和分批式两种。重力式配料装置：以各种配料秤为核心的配料装置，它是按照物料的重量进行分批或连续地称量的。配料精度及自动化程度都较高，对不同物料具有很好的适应性；但结构复杂，造价高，对工人的维修水平要求高。因此，它被自动化水平高的大中型饲料公司广泛采用。容积式配料装置：是按照物料的容积比例大小进行连续或分批配料的。这种配料装置因易受物料特性(容重、水分、流动性等)、配料仓的结构形式、物料充满程度的变化等诸因素的影响,致使其配料精度不够稳定、精确,现在逐渐被淘汰。

(二)配料设备

配料设备一般包括各种配料秤、配料仓、手工投料口、混合机及后续输送设备,其核心是配料秤(包括给料器)。

1.配料秤 传统的重量式配料装置多采用不同形式的机械秤。根据对物料重量的传感方式,常见的配料秤有机械杠杆配料秤、光学自动秤和电子秤等。机械秤利用台磅秤改装后的配料磅秤、字盘秤等都是机械杠杆配料秤。其结构简单、制造容易、价格低及操作方便,主要在小型饲料厂使用。电子秤是以称重传感器为核心,通过信号放大或微处理器进行处理后并能自动示值。它可以提高配料速度和精度,具有体积小、结构简单、显示及控制方便等优点。光学自动秤是机械自动秤的发展,它是通过将机械量转化为线性的光刻度,经过放大、折射后显示出重量值的。字盘秤由计量表头、指示结构、摆锤机构、限位器、缓冲器、平衡锤、承重和杠杆、传力杠杆、主杆、台板、秤框和密封箱等组成。它具有性能稳定、安装方便、使用可靠、适应性强等优点,但结构复杂,现在逐渐被淘汰。

2.配料仓 配料仓是清理粉碎工段至配料混合工段的料仓。其功能是贮存各种原料,使饲料生产得以协调、连续地进行。饲料粉体在配料仓内的重力流动有整体流和漏斗流两类。整体流一般符合"先进先出"的原则,即先进仓的粉体先流出去。整体流时料层之间不发生交流错位,如水流那样均匀地下落排出,不残留粉体。整体流适合于粉体的连续过程,适于处理经时间会发生变化的产品。而漏斗流是"先进后出",这样不仅减少了有效仓容,还会引起物料结块,易突然塌落,不易控制。

配料仓由仓体和斗仓组成,常见的斗仓形式一般分为对称斗仓、非对称斗仓、曲线斗仓、凿形斗仓和二次斗仓。卸料口的位置与形状有居中、侧边和角部3种,形状有圆形、方形和矩形。简便而有效的防结拱的措施是:增大斗仓卸料口尺寸,尽可能采用条形卸料口;增大斗仓壁倾角,使斗仓壁尽可能陡峭而光滑;采用非对称斗仓、曲形斗仓和偏心卸料口;减小舱体高度,采用浅仓以降低粉体压力;必要时可采用振动、气力搅拌等强制性破拱设施。

配料仓的数量和仓容直接影响工艺的灵活性,可根据生产规模和原料品种而定。对于大中型饲料厂,容量可按6～8 h产量的贮存量来计算,小型饲料厂可按1～6 h产量的贮存量来计算。配料仓的个数应根据原料品种的多少来定,并应考虑一定数量的备用仓和成品返料仓。时产5 t以下的饲料厂一般为8～12个仓,时产10 t应为12～16个仓,时产20 t应为20～30个仓。

3.料位指示器 料位指示器是用来显示配料仓内物料的位置的一种监控传感元件。当斗提机将配料仓装满时,上料位器即发出信号,使操作员及时调换仓号或停止操作。当配料仓卸空时,下料位器即发出空仓信号,使操作员迅速采取加料措施。料位器依工作原理分为机械式和电测式两类。我国饲料工业当前使用的料位器有叶轮式、阻旋式、薄膜式、电容式、电阻式及感应式等。

4.给料器 给料器是配料工艺中不可缺少的组成部分,是保证配料秤准确完成投料过程的一个机构。常见的给料器有螺旋给料器、叶轮给料器、电磁振动给料器以及皮带给料等方式,也有采用重力自流给料的。在配料秤的给料方式中,以螺旋给料器应用最为普遍。

螺旋给料器的工作过程:粉料由配料仓进入料斗,经转动着的螺旋叶片把粉料从进口处输送至出口进入配料秤。输送量的大小,用改变转速和转动时间来调节。其特点是结构简单、工作可靠、维修方便。螺旋可有 a、b、c、d 等几种结构形式。其中等螺距等直径螺旋制造方便、工作平稳、磨损均匀，但由于每段螺旋的空间相等，只有起段的螺旋空间能接收料仓中落下的物料，而以后各段均只相应地传递前段螺旋送来的物料，致使料仓沿卸料口长度方向的其他各段螺旋上方物料都不能下落，形成死区。这种死区的存在，破坏了物料的整体流动，易引起给料器拱起，影响配料精度。

叶轮给料器主要由机体、叶轮、控制机构及传动机构等部分组成。主要用于粉仓出口与配料秤入口中心距较小、空间位置有限的场合。它具有体积小、重量轻、便于悬挂吊装、操作简便等优点。

电磁振动给料器的工作过程是利用电磁振动器驱动振动料槽沿倾斜方向做周期性的往复振动来实现的。当槽体振动加速度的垂直分量大于重力加速度时，槽中的物料被连续地抛起，并按照抛物线的轨迹向前进行跳跃式运动。槽体振动频率高、振幅小，因此物料被抛起的高度低。料槽中若仅有单颗粒物，则可看到颗粒微小的跳跃，若铺满物料，则物料整体向前流动。

给料器的作用是按照控制系统的指令将配料仓中的物料按规定配比输送至配料秤。给料器宜采用变距螺旋。其选用应遵循在满足配料周期的前提下，首先采用较小规格的给料器，其次采用较低的转速。配料工艺有重量配料和容积配料两种，目前容积配料已基本淘汰。重量配料又分为多仓一秤和多仓数秤。多仓一秤适用于时产 5 t 以下的饲料厂，多仓数秤工艺在大中型配合饲料厂中应用较为广泛。该工艺一般采用“大秤配大料”、“小秤配小料”的配备形式，因此配料误差小，从而可以精确地完成整个配料过程。

(三)配料技术

合理的配料工艺可以提高配料精度，改善生产管理。合理的配料工艺流程组成的关键是正确选择配料装置及其与配料仓、混合机的相互协调。目前常见的工艺流程有多仓一秤、多仓两秤、多仓三秤(图 12-4)、一仓一秤和多仓数秤等。还有人工台秤配料、连续式质量配料工艺。

1. 多仓一秤配料　它是饲料厂中常见的一种形式。其特点是工艺简单，配料计量设备少，设备维修方便，易于实现自动化。一般料仓可根据配料需要设置 8～24 个，以适应配料秤的配料数。配料仓主要存放粉碎后的主料、辅料，也可以用一只仓放置预混料，以参加配料秤的配料。使用这种配料工艺，应注意秤和混合机作业周期的配合，当逐个组分进行称量时，配料秤必须关闭卸料门；配料秤卸料时，必须保证混合机处于空机并卸料门关闭的状态；同时希望配料秤的混合时间基本等于混合机所需要的混合时间，以免相互等待，降低设备利用率。该工艺缺点是配料周期长，累计称量过程中对称量误差不易控制，导致配料精度不稳定。

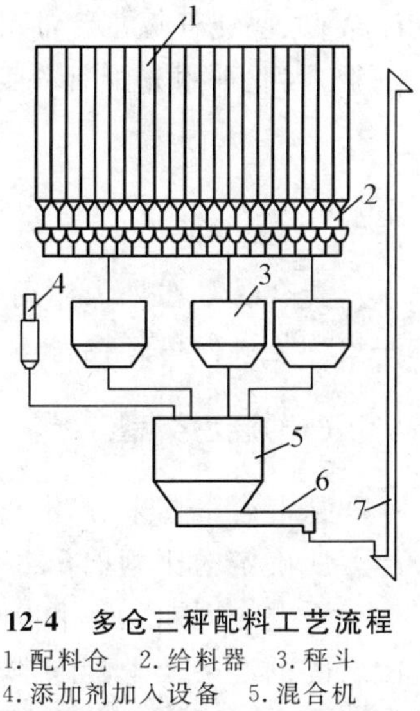

图 12-4　多仓三秤配料工艺流程

1. 配料仓　2. 给料器　3. 秤斗
4. 添加剂加入设备　5. 混合机
6. 刮板输送机　7. 斗式提升机

2. 多仓两秤配料　在饲料厂中应用最为广泛。此工艺将各种被称物料按称量配比进行分组，配比量较大的物料用大秤，所用的螺旋给料器直径大，转速高。配比量较小的则用小秤。采用两秤同时下料，提高了配料速度与精度。

3. 多仓三秤配料　适用于预混合饲料厂和蛋白质浓缩饲料厂。它是在用两秤的同时再加一台预混料微量秤，对于添加量很小的物料可以用微量秤参与分配(如微量元素)。

4. 一仓一秤配料　在每个配料仓下配一台配料秤。可同时称量多种物料，从而缩短配料周期，减少称量过程，速度快、精度高。但使用的配料装置多，投资费用高，难以实现自动控制，不利于维修和管理，现已淘汰。

5. 多仓数秤配料 此工艺应用极为广泛，它是将各种被称物料按照他们的特性或称量差异而采用相应的分批分档次称量的称量设备。一般大配比物料用大秤，小配比物料或微量组分用小秤，因而配料绝对误差小，从而经济、精确地完成整个配料过程。

6. 人工台秤配料 人工台秤配料又分为人工倾倒和固定式人控斗槽秤分批配料。前者是各种参加配料的组分由人工搬运到与称量量程相适应的台秤或天平上分别计量后，再由人工逐个将它们移入混合机，此工艺流程简单，设备费用低，计量灵活，但是劳动强度大。后者将固定式斗槽秤装置在配料仓下面，一般物料靠自流进秤，累计计量，自流排料进入运输机械或直接进入混合机。该流程优点与前者一样，同时减轻了劳动强度，但易发生计量误差。

7. 连续式质量配料 连续式质量配料工艺中，每一配料仓出口安放一台皮带配料秤，该秤将皮带上的物料质量通过皮带下的压力传感器转换成电信号并传送至计算机，计算机以极高的频率检测各配料秤的负载质量，并将这一表示各组分配出质量的数值与配方设定值进行比较，比较后的差值用以控制各组分配料仓下的出仓机转速，修正各组分的配出量。此配料工艺可以与以后的粉碎、制粒等其他工段相连贯，达到整个生产线的连续化运行。而且此工艺配料精度高，使饲料加工工艺更为简单，自动程度高。但与此相配套的控制系统必须具有更高的自动控制能力。

粉碎工艺与配料工艺有着密切的联系。目前国内普遍采用的是先粉后配工艺，也有一些饲料厂采用先配后粉工艺。

先配后粉工艺有许多优点，但也有以下缺点：①自动化控制要求高；②粉碎机换筛、换锤片致使后续过程停止工作；③粉碎机周期性空运转。但随着机械电子行业的发展，电子元件的质量及使用范围扩大，车间作业安排更具合理性与先进性，这些缺点能得以较好地解决；随着饲料原料的开发，油菜籽、葵花籽等富含油又富含蛋白质原料的使用在逐渐增加，因这类含油高的原料单一粉碎比较困难，因此采用先配后粉工艺将会越来越多。

五、混　合

混合就是在外力作用下，各种物料相互掺和，使料堆中各个小体积中的每种组分占有的比例相一致。是确保鱼虾饲料质量的重要生产环节。

(一)混合类型

从混合工艺来分，混合过程可分为分批混合和连续混合两种。前者就是将多种混合组分根据配方所确定的比例配合在一起，并将它们送入批量混合机进行混合。混合机的进料、混合与卸料组成一个混合周期。一个混合周期，就产生一批混合好的饲料。分批式混合方式更换配方方便，各批次之间的混杂较少，目前应用比较广泛。但是这种工艺操作复杂，可采用自动控制程序。在连续混合工艺中，各种饲料组分同时连续计量，并按比例配合成一股含有各种组分的料流，当原料流进入连续混合机后，连续混合成一股均匀的料流。这种工艺可以连续生产，容易与粉碎及制粒的过程相衔接，操作简单。目前，这种混合方式较多应用于固-液混合。

在不同的外力作用下，物料混合可以分为对流混合、扩散混合及剪切混合 3 种形式。

对流混合又称体积混合。许多成团的物料从混合物的一处移向另一处，即物料相对地流动，这种混合的速度较快，受物料的物理特性影响小，但是因物料是成团运动的，所以团内的不均匀状态不易被打破，混合均匀度不高。由于受到压缩、扩散等作用，在扩散混合中，物料的单个粒子与周围粒子之间相互吸引、排斥或参插，进行无规律的移动。混合速度较慢，物料的物理性能对混合效果影响较大。分散性好的物料比黏滞性物料混合得均匀。在剪切混合中，物料粒子与粒子间形成剪切面，粒子间通过相互参插以增加物料的混合均匀度。

混合过程中，一方面，混合机械对物料起着混合作用；另一方面，由于被混合粒子间存在着密度、粒度及表面特性等的差异，在运动时会产生自动分级，使物料的均匀状态受到破坏，这种现象叫做"离析"。

一般饲料厂中，有两类混合。一类是预混合，即各种动物所需要的微量元素，包括维生素、矿物质、抗菌素、氨基酸等，与载体的预先混合，其目的就是为了在不影响微量原料均匀分布的前提下，缩短全价配合饲料的混合周期；另一类是最后阶段的混合，即各种饲料组分，按照与原料配比的要求，有计量器计量进料，进入混合机，制成动物生长所需要的全价配合饲料。

(二)混合机分类、选择及注意事项

1. 分类　混合机的分类方法很多，按工作方式可以分为连续式和分批式，按照适应物料状态可以分为干粉料、湿拌料和稀料混合机。饲料厂以干粉料混合机为主。按工作部件，有行星式、转鼓式、梨刀式、桨叶式、螺带式等。混合机也可分为机壳回转型混合机和机壳固定型混合机两大类。前者易于清扫混合机内部，适用于多品种、小批量的混合，占地面积大，装料排料时产生粉尘，不能混合结块饲料，属于间隙式作业。后者生产能力大，容易处理粉尘，混合室不易清扫干净，常有残料留存，可以是间隙式混合，也可以是连续混合。全价配合饲料厂的混合机大多选用卧式单轴螺带混合机，或双轴桨叶混合机。双轴桨叶式混合机是近年来研制的新机型，其混合周期短、混合均匀度高，具有很大的市场潜力，但价格比较昂贵。

2. 选择　对于混合机选择，最关键的技术要求是混合均匀度要高，对一般的混合机，要求混合均匀度变异系数 $CV \leqslant 10\%$；混合时间要短，缩短混合周期，可大大提高混合机和粉料生产线的生产率，最常用的卧式环带混合机的混合时间约为 3 min，混合周期 5～6 min；机内物料残留率要低，以免交叉污染；混合机结构合理、简单、坚固，操作方便，便于检视和清理；混合机卸料门不漏料，动作准确灵敏可靠，自控程度高；动力配套合理，节约能耗。

3. 注意事项　由于鱼类个体小，摄食饲料量较少，为了使其能得到充分和平衡的营养，必须要求饲料混合均匀，尤其是鱼类幼体，因此，在水产饲料生产中，混合均匀更重要。水产饲料原料粉碎粒度小，物料在混合过程由于摩擦等原因会带有静电荷，这将会影响混合的均匀性，因此应采取措施消除这一影响。对混合机进行有效接地处理或加入一些防静电剂(植物油脂)则能有效解决这一问题。

(三)混合技术

混合工艺的设计，直接影响着该饲料厂的生产效率和产品质量，所以对于水产饲料来说除了原料粒度要求外，还要注意混合工艺与混合机的选用。水产饲料加工大多采用二次混合工艺，一般第二次粉碎在配料、混合后进行，而且粉碎后的物料经螺旋输送或风力输送之后极有可能产生分级，所以物料要再增加一次混合，微量添加剂或液体添加剂可以在第二次混合时加入，要确保产品质量，粉料混合均匀度变异系数 CV 值必须小于 7%。对于两次混合的混合机选用，一般是第一次混合采用卧式螺带混合机，而第二次混合必须选用混合均匀度变异系数 $CV \leqslant 5\%$ 的双轴桨叶高效混合机。选用的混合机必须在较短时间内将物料混合均匀，这样才能保证混合时间不超过粉碎时间，

并能与配料秤配料周期相等或相近。要求混合均匀度变异系数 $CV \leqslant 5\%$，最佳可达 3%，每批混合时间 30～120 s。

(四)混合质量的评价

1. 混合均匀度 混合质量指的是混合均匀度，目前公认并获得普遍使用的定量化表征混合均匀度的指标是混合均匀度变异系数，记为 $CV(\%)$。

饲料均匀度是饲料混合质量的一个指标，这是一个相对的概念。在测定时，往往从混合物的各个部位，按一定的规律提取若干试样，然后分别测定这些试样中某一些成分或预加入的示踪物含量的差异；用概率统计法加以整理，以此代表其他各种成分的混合均匀程度。

影响混合均匀度的因素有很多，但主要有以下几个方面：①各种物料的颗粒大小；②各种物料的水分、流动性等物理性状；③使用的混合机；④物料在混合机内的充满系数；⑤混合时间。

2. 混合均匀度的测定步骤 测定混合均匀度时，一般取样数为 10 次，取样量大小应随所检测饲料饲喂的动物种类而不同。取样后，测定每次样本中示踪物的含量并分别求出平均值、标准差和变异系数。按国家规定，全价配合饲料：$CV \leqslant 10\%$；预混合饲料：$CV \leqslant 5\%$。

3. 混合示踪物的选择与测定 实际测定中，所选的示踪物可以是饲料中原有的某一种或某一类成分，如药物、氯离子、铁离子、矿物质等。也可以是为了测定混合均匀度而另加的物质。利用饲料中的原有组分进行测定时，只需在饲料生产线上混合后的任一部位进行抽测。这种检测方法易受饲料组分特性的影响，测定结果与实际情况有差异，测定不方便。事先在物料中添加示踪物是目前测定混合均匀度的常用方法。外加示踪物必须是特性专一，不受饲料中其他组分的干扰；容易检测，采用较简单的仪器和方法就可以进行；无毒无害。

混合均匀度的测定方法有甲基紫法和沉淀法。前者以甲基紫作为示踪物来计算混合物的均匀变异系数。饲料中若含有苜蓿粉、槐叶粉等含叶绿素的组分，则不能用此法。沉淀法利用饲料组分中有机物与矿物质的含量之间比重的差异，将饲料混合物溶入指定的溶液，将有机物与矿物质分离，然后测定试样中矿物质的含量，再计算出混合物的变异系数。

4. 测定混合均匀度的目的和用途 首先混合均匀度的测定须在技术监督部门主持下进行。其次是用于混合设备生产性能的监控或饲料产品质量监控、跟踪。最后是为确定最佳混合时间、制定混合工艺而进行的工艺检测。

六、制　粒

(一)制粒原理及类型

制粒是将粉状配合饲料或单一原料经挤压作用而成型的粒状饲料的过程。饲料制粒机成型的原理有挤出制粒和压缩制粒两种。前者采用螺旋、活塞或轧辊等挤出装置，使物料从模孔中挤出而制粒。

水产饲料按饲料形态可分为粉状饲料和颗粒状饲料(含碎粒料、颗粒料、膨化料、块状料等)；按其在水中状态可分为沉性饲料、浮性饲料、半湿性饲料和慢沉性饲料，而以沉性饲料和浮性饲料较为常见；按喂养对象不同可分为不同水产类饲料，常见的有鳗鱼饲料、甲鱼饲料、对虾饲料、“四大”家鱼饲料、优质珍稀鱼类饲料、观赏鱼饲料等；而每一类水产饲料按其生长期又可分为幼苗时期饲料、成长期饲料和成品期饲料等。

(二)水产颗粒饲料制粒设备和制粒技术

1. 制粒前的调质与设备　水产颗粒饲料调质的主要目的有 4 个：①通过水热作用，使饲料中淀粉能够充分糊化，蛋白质变性，促进淀粉酶转化成可溶性碳水化合物，提高饲料的消化利用率。②通过蒸汽加热使物料软化，更具可塑性，利于挤压成型，减少对压模与压辊的磨损，提高生产效率。③提高颗粒饲料的密度，增加水中稳定性，使饲料外表光洁并且不易被水侵蚀。④调质过程产生高温，可杀死饲料中的金黄色葡萄球菌及大肠杆菌等有害病菌，提高产品的安全性，有利于水生动物的健康。

生产水产颗粒饲料，要求有较高的糊化度和水中稳定性，此时调质技术的关键就在于要根据配方中原料的特性及产品的质量要求选择合适的调质参数，即调质温度、水分添加量和调质时间等，在水分和温度满足的前提下，还必须延长调质时间。最常见的设备就是制粒前的多道调质器，一般为 3 道，它的结构采用的是加长双层夹套调质器。总长在 8 m 左右，物料停留时间约 2 min，调质器的调质绞龙长度与道数根据生产饲料品种要求任意选择叠加。该调质器用于制粒前的熟化，能确保饲料充分糊化，不但提高了饲料的水中稳定性和饲料的适口性与消化率，而且保证了水生动物有较长的摄食时间，使水中饲料的残留量减少，可防止水质污染。

另外，由于甲鱼、螃蟹、对虾、鳗鱼等水生动物对淀粉糊化度和饲料的耐水性要求更高，需要有更强的调质措施。采用最多的方法是在制粒后，增加后熟化工序，即改变以往颗粒饲料制成后马上进入冷却器冷却，而在制粒机与冷却器之间增加一道后熟化工序，使颗粒饵料进一步保温，能够充分熟化，避免颗粒饵料外熟内生的现象，大大增加了颗粒饵料的生物利用率。颗粒稳定器就是把刚压制出来的颗粒马上进入稳定器进行保温处理，因为颗粒饵料出模时温度可达 85 ℃左右，让热颗粒在高温、高湿度下持续一段时间，使颗粒饵料中的淀粉充分糊化，蛋白质充分变性，特别是表面的淀粉充分糊化硬结，提高了耐水性。

2. 制粒机　常见的以环膜制粒机与平模制粒机为主。环模制粒机主要由喂料器、调质器、吸铁装置、环形压模、压辊、喂料刮板、切刀、安全装置、传动机构等组成。工作时，螺旋给料器将待制粒仓中的粉料输入调质器，同时加入蒸汽、油脂(或糖蜜)搅拌混合，进行调质处理，之后输入压粒器制粒。给料器采用无级调速，这样可以控制物料的进量和连续均匀性，以保证制粒机在额定负载下工作。进入压粒器后，在环模高速旋转的离心力和撒料器(匀料板)的刮料作用下，物料被均匀地分配到模、辊之间。由于模的主动旋转和辊的被动旋转，物料进一步嵌入并被挤压，最后成条柱状从模孔中被连续挤压出来，再由安装在模外的固定切刀切成一定长度的颗粒饲料。对于水产动物饲料生产，环模制粒机主要生产硬颗粒饲料，适用于底栖鱼类或虾类。平模制粒机的喂料器、调质器、出粒的情况均与环模制粒机相似，但压模、辊子的相对位置不同。其压模是圆盘式，压模轴与压模辊相垂直。平模制粒机有 3 种传动方式：①动模、动辊式，压模、压辊都被驱动；②动模式，压模由电动机带动而转，压辊靠物料摩擦力被带动自传；③动辊式，压辊被电动机带动绕压模轴公转并绕自身轴自转，压模不动，切刀随压辊轴转动。

3. 制粒后处理设备

(1)冷却器　冷却器主要用于饲料厂制粒工段中颗粒饲料的冷却，使得从制粒机中生产出来的温度高达 70～90 ℃，水分达到 14%～16%的颗粒饲料，冷却到比室温略高的温度，水分达到 12.5%(南方)和 14%(北方)以下。冷却后增加了颗粒的硬度，并能防止霉变，便于饲料运输与贮存。

(2)颗粒破碎机　颗粒破碎机又称碎粒机，工作原理是利用一对转速不等的压辊做相对转动，当压制的颗粒经冷却器冷却后进入碎粒机入口，再经已打开的活门进入两个压辊中，通过两压辊上的矩形齿差速运动，对颗粒剪切及挤压而破碎，所需破碎粒度可通过调节两压辊间距来获得。

(3)分级筛　颗粒分级是制粒工段的最后一道工序。经过分级筛的作用可以把不合格的小颗粒或粉末筛理出来重新制粒，并把几何尺寸大于合格产品的颗粒重新送回到破碎机中破碎。

(三)制粒对饲料养分的影响

(1)对热敏性抗营养因子失活的有利影响　制粒工艺由于应用了强烈的水热处理和机械力的综合作用，可以有效破坏热敏性及水溶性抗营养因子的活性。如破坏豆粕等饲料中的胰蛋白酶和胰凝乳蛋白酶抑制因子以及植物凝血素的活性。

(2)对维生素稳定性的不利影响　大多数维生素都具有不饱和碳原子、双键、羟基或其他对化学反应很敏感的化学结构，所以，在高温、热压的制粒条件下，各种维生素的稳定性有不同程度的减少。在通常条件下(制粒温度77～88 ℃，调质时间1～2 min)，各种维生素损失率以维生素C最多，达30%～45%。因此，制粒时应加大维生素的用量。

(3)对灭菌效果的有利影响　制粒温度通常为70～75 ℃，最近几年呈现出提高制粒温度(一般规定在85 ℃以上)的趋势，以利于更有效地灭菌。这样可以生产出高卫生指标、无病原菌尤其是无沙门氏菌的饲料产品。

(4)对酶制剂稳定性的影响　一般来说，酶很容易受热而被破坏，而采用稳定化处理的酶制剂，其活性受热损失要小得多。

(5)对氨基酸消化率的影响　制粒工艺的处理过程会由于美拉德反应或氧化作用造成必需氨基酸损失而降低蛋白质营养效价，尤其对胱氨酸、赖氨酸、苏氨酸和丝氨酸等热敏性氨基酸有一定程度的不利影响。但总体来说，这种不利影响并不严重。

七、水产膨化饲料生产设备和技术

(一)水产膨化饲料生产原理与特点

1.原理　水产膨化饲料生产通过挤压膨化机得以完成，膨化是将物料加湿、加压、加温调质处理，并挤出模孔或突然喷出压力容器，是指骤然降压而实现体积膨大的工艺操作。按工作原理的不同，膨化分为挤压膨化和气体热压膨化。

挤压膨化是对物料进行调质、连续增压挤出、骤然降压，使体积膨大的工艺操作。常采用螺杆式挤压膨化机连续作业。气体热压膨化是将物料置于压力容器中加湿、加温、加压处理，然后突然喷出，使其骤然降压而体积膨大的工艺操作。挤压膨化是靠螺旋套杆推动，曲折地向前挤压，在推动力和摩擦力的作用下物料被加压，使被挤压物料形成剪切混合、压缩并获得和积累能量而达到高温高压的糊化物。此时所有的成分均积累了大量的能量，水分呈过热状态；当骤然释至常压时，这两种高能状态体系即朝向混乱度增大即熵值增大的方向进行而发生膨化。膨化使过热状态的水分瞬间汽化而发生强烈爆炸，水分子约膨胀2 000倍；物料组织受到强大的爆破伸张作用而形成无数细致多孔的海绵状体，体积增大几倍到十几倍，组织结构和理化性质也发生了变化。膨化过程中的高温高压和高旋转作用对物料形成分子水平的剪切，使蛋白质变性降解，长链淀粉被剪切成短链淀粉、糊精和糖类，因此膨化后的饲料处于易被酶水解的状态，从而提高了饲料的消化率。干法膨化是对物料进行加温、加压处理,但不加蒸汽和水的膨化操作,完全依靠机械摩擦。而湿法膨化是对物料进行加温、加压并加水或蒸汽处理的膨化操作。

2. 特点

(1)对饲料进行加温,可有效地灭菌,除去某些有害微生物。

(2)膨化可使淀粉颗粒膨胀,结构发生变化,从而形成一种胶态的凝胶体,即糊化。淀粉糊化度可达90%,糊化后可以大量吸水膨胀,增加淀粉酶与消化酶接触机会,大大提高淀粉消化率,增加了饲料适口性。

(3)蛋白质在高温、高压和内剪切力作用下变性,提高了消化率,从而提高了其利用率。

(4)通过更换不同形状、不同型号的模孔,可以制造出各种水产动物所需的制品形状。

(5)改变某些饲料组分的分子结构,使其由非营养因子或抗营养因子变为营养因子。

(6)膨化可在一定程度上改变粗纤维的物理结构,转变成可膳食纤维,具有保健、提高机体免疫力的功能。

挤压膨化也有其缺点:一是对维生素C和氨基酸等有一定的破坏作用,故一般在膨化后再添加维生素和氨基酸;二是膨化电耗大、产量低。

(二)挤压膨化设备及分类

按功能特性分:高剪切蒸煮挤压膨化机、中等剪切蒸煮挤压膨化机、低剪切蒸煮挤压膨化机、高压成型挤压膨化机等。高剪切蒸煮挤压膨化机适用于生产膨化率高的产品,中等剪切蒸煮挤压膨化机适合于生产水产饲料。

按热力学特性分:自热式挤压膨化机、等温式挤压膨化机等。

按挤压过程是否加湿分:湿法挤压膨化机、干法挤压膨化机,其中湿法膨化机具有以下优点:①提高了生产率,据试验,在相同功率时,湿法膨化机比干法膨化机生产率高70%～80%。②能延长易损件使用寿命22%～50%。③增设蒸汽预处理有助于饲料异味的挥发和去除。

实际上一台挤压膨化机是以上各种特性的组合。

按螺杆数量分是最常用的分类法。其性能的特性区别最为突出,现就按螺杆数量分进行讨论。

目前膨化机的主要机型是螺杆式挤压膨化机。通常有两种形式,即单螺杆式和双螺杆式挤压膨化机。单轴比双轴简单,用途受限制,但价格便宜,与单螺杆挤压膨化机相比,双螺杆挤压膨化机的成本要高出60%～100%,能量成本高出20%～50%。一般单轴膨化机只能生产含油脂20%的产品。而双轴膨化机在以下条件下使用,即脂肪水平在17%以上,新鲜肉汁或其他湿性原料占35%以上,且制粒直径为1.5 mm以下时效果明显,且可以加工脂肪含量接近25%的产品。

(三)挤压膨化技术

膨化颗粒饲料加工工艺大体上都要经过物料粉碎、筛分、配料、混合、调质、挤压膨化、切段、干燥、冷却、微量元素喷涂、油脂喷涂和成品分装等各阶段。

各物料经配合后混合,即可送入调质器内进行调质处理,调质可以使物料增湿和加温,使物料软化,有良好的挤压膨化加工性能,提高膨化机的产量,通常可以将饱和蒸汽直接注入调质器中进行增湿和加温。有时也可以分别注入水和蒸汽来增湿加温。调质好的物料湿基含水量为25%～30%,温度在65～100 ℃内为宜。根据不同配方、生产性质不同,湿基含水量不同。一般浮水料湿基含量大于22%;沉料含水量小于22%。调质后物料被送入螺杆挤压腔,物料在螺杆的机械推动和高温(120～200 ℃)、高压(3～10 MPa)的混合作用下,使淀粉糊化,体积膨大,同时完成杀菌以及脱除一些存在于原料中的抗营养因子和毒素。在这一过程中,为避免物料中一些热能性营养成分遭到破坏,物料在挤压腔的停留时间不宜过长,一般以 10～40 s 为宜。

挤出模孔后的物料尚需干燥机进行烘干。加热介质是热风,当热风穿过输送带上的料层时,物料被加热,使其中水分向加热介质扩散传递而失水,而加热介质携带大量水汽排出干燥器外。从干燥机出来的物料要经过通风冷却,冷风与热物料接触而带走其热量,自身升温而使物料降温。在废气排出口安装旋风分离器,分离回收废弃中的细小粉粒,以防环境污染。

干燥后的膨化料进行筛理,筛下的细小颗粒送回膨化机再加工,筛上符合规格的颗粒送至喷涂机进行油脂喷涂添加。

物料经过膨化机挤压成型后,形成湿软的颗粒(水分在 25%～30%),这时最好采用气力输送,而不宜采用提升机提升。因为采用提升机提升很容易造成颗粒的破碎;采用气力输送的方式,不仅可以使颗粒的表面快速形成一层胶质包裹,减少颗粒的破碎,而且还可以圆整颗粒的造型。经气力输送过来的物料由于其水分含量较高,因此必须进入干燥机进行干燥,使物料的水分降至 13%左右。干燥机有很多种,当颗粒的直径小于 4 mm 时,可选用振动流化床式干燥器;当颗粒的直径大于 4 mm 时,可选用带式干燥机,或者直接选用卧式浮法干燥机。物料经过烘干后,进入外喷涂系统,对颗粒进行外喷涂,主要是为了满足鱼类对能量的需求以及减少在加工过程中对热敏性物质的损失。对在前道工序中不宜添加的营养物质可以以外喷涂的方式加以补充,同时还可以提高饲料的适口性,降低含粉率。这一工序的最佳工作温度是 80 ℃左右。物料经过外喷涂系统后,即可进入逆流式冷却器进行冷却。

(四)挤压膨化对营养成分的影响

1. 挤压膨化对淀粉的影响 饲料中的淀粉主要是直链淀粉,由淀粉粒子组成。颗粒状团块,其结构紧密,吸水性差。淀粉从调质器进入膨化机,在高温高压的密闭环境中时,大分子的聚合物处于熔化状态,局部分子链被强大的压力和剪切力切断,导致支链淀粉降解。挤压膨化处理能促使淀粉分子内 1,4-糖苷键断裂而生成葡萄糖、麦芽糖、麦芽三糖及麦芽糊精等低分子量产物,挤压对淀粉的主要作用是促使其分子间氢键断裂而糊化,淀粉的有效糊化,不仅使饲料营养价值得到改善,而且有利于提高饲料在水中的稳定性,避免营养物质流失。植物饲料含有的淀粉,需熟化后才能被鱼类更好地消化吸收,原因在于糊化后的淀粉可以大量吸水膨胀,增加淀粉与淀粉酶接触的机会,从而加速淀粉的消化吸收。挤压膨化后的淀粉不仅有糊化作用,还有糖化作用,使淀粉的水溶性成分增加几倍至几十倍,为酶的作用提供了有利条件,提高了淀粉在水产饲料中的利用率。

2. 挤压膨化对蛋白质和氨基酸的影响 一般温和的挤压膨化条件可以增进植物蛋白的消化率。因为蛋白质有限度的变性,增加了对酶的敏感性,同时挤压过程中产生的高温还可以使抗胰蛋白酶因子、尿酶等钝化,从而提高了蛋白质的利用率。但在激烈的挤压膨化条件下,蛋白质和氨基酸的消化率可能下降,因为赖氨酸可与饲料中的一些还原糖或其他羰基化合物发生美拉德反应,造成赖氨酸的损失,赖氨酸损失越大,蛋白质的生物学效价就越低。经挤压加工的大麦、玉米面筋粉和小麦中粗蛋白质表观消化率都降低了,但挤压处理对豆粕的表观消化率影响不大,这可能是由于谷物原料在高温挤压过程中更容易产生还原糖的缘故。适当改变挤压工艺条件,如降低饲料中葡萄糖、乳糖等还原糖含量,提高原料水分含量,可有效减少美拉德反应,从而提高蛋白质消化率。在不同条件下对玉米、小麦、黑麦、高粱等 8 种谷物进行挤压膨化处理的结果表明:在原料水分含量

15%,挤压温度150 ℃,转速为100 r/min的条件下,挤压产品的蛋白质生物学效价与未处理原料相比得到显著提高。

3. 挤压膨化对脂肪的影响 膨化能钝化脂肪中原有的脂肪氧化酶、脂肪水解酶等的活性,从而使富含脂肪的膨化饲料的存放期延长。膨化处理的另一个好处是使饲料的结构疏松,有利于油脂后喷涂,包容更多的脂肪,特别适用于水产养殖,这是硬颗粒饲料不可比拟的。另外,挤压过程的高温高压将降低油脂的稳定性,使之产生部分水解、氧化或聚合,尤其是对于富含高度不饱和脂肪酸(HUFA)的鱼油,在饲料中的金属离子催化作用下发生聚合反应,聚合作用可以发生在一个甘油酯的分子内,也可以发生在几个分子之间,其结果使油脂中的不饱和键断裂,油脂的黏度增高、碘值减小、营养作用降低。

研究表明,挤压过程中,脂类含量通常下降,这是因为粗脂肪可以在挤压系统中通过蒸汽挥发掉,而且脂肪及其产物在挤压过程中能同糊化的淀粉形成络合物,使脂肪较难被溶剂萃取,从而降低了脂肪的测定值。但这种络合物在酸性的消化道中能解离,因此不影响脂肪的消化率。事实上,挤压处理可以增加虹鳟对粗脂肪、干物质和总能的表观消化率,从而增加了消化能。粗脂肪消化率和消化能的增加可以提高鱼的饲料转化率。

4. 挤压膨化对纤维的影响 挤压膨化可以改变日粮粗纤维的含量和结构。挤压可以增加日粮中可溶性纤维含量,这可能是由于挤压过程中的高温、高压、高剪切作用促使纤维分子间价键断裂、分子裂解及分子极性变化所致。Sljestrom等(1986)和Schweizer等(1986)研究认为,小麦粉在挤压过程中其总纤维含量不发生变化,但可溶性纤维含量相对增加。

5. 挤压膨化对矿物质的影响 挤压膨化对矿物质的生物利用率的影响颇受关注。一般植物性饲料中矿物质的生物利用率受植酸酶含量影响,挤压膨化会降低植物饲料中植酸酶含量,但同时也可破坏植酸盐的化学键,促使植酸盐分解。Andersson等(1981)发现,挤压膨化使一种麦麸增补制品的植酸酶含量减少约20 %,有可能导致矿物质利用率下降。Cheng等(2002)研究了虹鳟对挤压豆粕、大麦、玉米面筋粉和小麦粉中矿物质利用率的影响,结果表明,大多数矿物质的利用率都因挤压加工而略有下降。这说明,在以植物原料为基础的虹鳟饲料中添加微量矿物质是相当重要的。

6. 挤压膨化对维生素的影响 维生素在挤压膨化加工过程中能否保留下来,很大程度上取决于加工条件。挤压过程中,热敏性维生素如维生素B_1、叶酸、维生素C、维生素A等是最容易受到破坏的,其他维生素如烟酸、生物素、维生素B_{12}相对比较稳定。Mustakas等(1964)发现,全脂豆粉经挤压加工后,其硫胺素、核黄素和烟酸的活性不受影响。Beetner等(1974)报道,玉米渣经挤压加工后,维生素A损失53%。Lee等(1978)报道,挤压膨化破坏了70%以上的β-胡萝卜素、9%~18%视黄酮棕榈酸酯、6%~16%视黄醇(维生素A)和不到10%的视黄醇乙酸酯。Hakansson等(1987)发现,小麦粉在挤压中19%~21%的维生素E、42%~58%的硫胺素和20%的叶酸被破坏。动物营养学家建议,挤压加工的动物饲料,其维生素添加量应比动物需要量多一些,或使用如稳定化维生素C之类的耐高温维生素品种。

7. 挤压膨化对其他成分的影响 挤压加工还能破坏饲料中的抗营养因子,诸如生大豆中的抗胰蛋白酶和脲酶、棉籽中的棉酚、菜籽中的芥子甙等。单螺杆挤压机可破坏全脂大豆中55 %以上的抗胰蛋白酶。用双螺杆挤压机处理全脂大豆后,可以使抗胰蛋白酶活性完全丧失。抗胰蛋白酶是抑制动物消化系统中蛋白酶的多种物质之一,它可以抑制蛋白质分解,减少氨基酸生成,并且抑制代谢能释放和脂肪代谢,从而降低蛋白质消化率。因此,挤压膨化可使大豆及其他豆类产品中养分消化率提高。挤压加工还能将饲料原料(尤其是动物性原料)中常含有的绝大多数有害微生物杀灭，这不仅有助于改善鱼体质，更能消除饲料中微生物分泌的脂肪酶对饲料的氧化酸败作用，提高饲料的储存稳定性。

八、包　装

饲料产品一般都要包装，都应带有产品标签，注明产品名称、商标名称、饲料成分的保证值、净重、生产日期、有效日期、使用说明、生产厂家和通信地址等条目。包装时要满足各种饲料产品的包装要求，才能保证在保质期内饲料不变质。

目前我国饲料成品包装设备主要采用机械式自动包装机(图 12-5)和电脑控制包装机，均能完成快慢进料、定量称重、夹松袋、缝口、输送等工序。

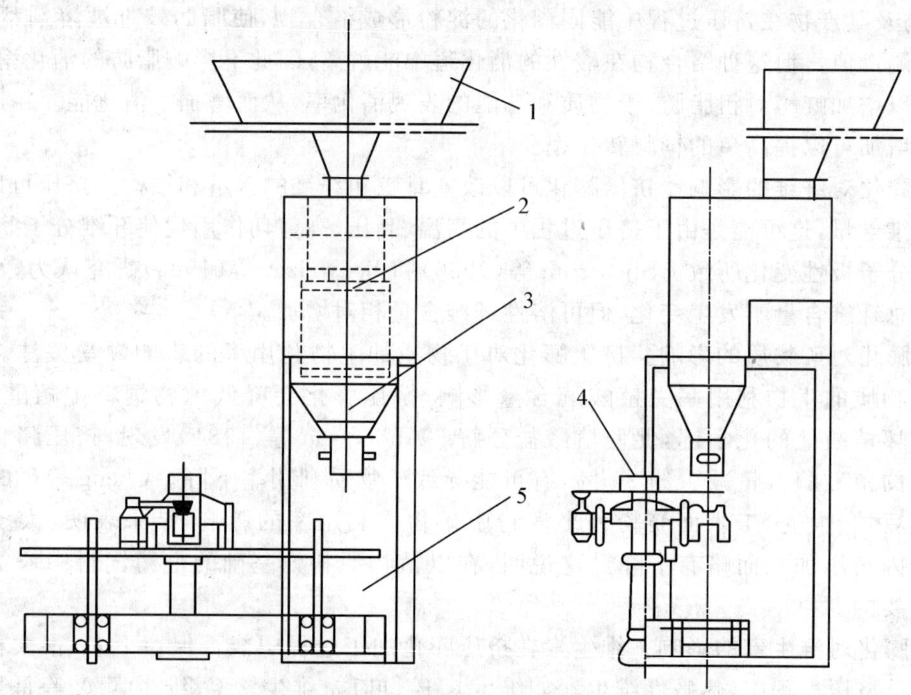

图 12-5　机械式自动包装机

1.贮料斗　2.定量打包秤　3.装袋口　4.缝口机　5.输送机

机械包装设备由机械自动定量秤、夹袋机构、缝袋装置和输送装置组成。其工艺流程如下：

料仓接口→自动定量秤定量

↓

人工套袋→气动夹袋→放料→入口引袋→缝口→割线→输送

第二节　预混料加工技术

添加剂预混料作为配合饲料的核心部分，科技含量比较高，因此生产添加剂预混料的利润相对也较高，同时生产工艺不太复杂，整个设备投资不大，所以新建预混料厂日趋增多，一些中小型饲料厂也生产预混料。

一、添加剂预混料的加工工艺要点

由于预混料的原料品种多，配比量相差大，又要求准确，因此用一台或两台秤是很困难的。在工艺上一般设置3～4个配料点，每一个配料点，单独秤一种质量等级的原料。小添加量的原料，加入微量组分配料仓，用小秤配比称量，然后再进行稀释进入最终混合。生产规模小的，可以用人工计量配比，人工计量也适合小添加量的组分。中等大小的组分用一种秤配料；常量组分用一种秤计量配料；载体和稀释剂用大秤计量配比。配料周期一般为15 min左右，微量组分等配料时间为9～12 min。载体和稀释剂进入主混合机内混合，混合时间为8～15 min，形成最终产品，放入成品仓。为了避免残存和分级，应直接打包，不要再进行输送。加工工艺要点如下：

(1)微量组分的配料仓斗容积不宜过大，建议高度一般在1～2 m，直径在0.3～0.7 m，长方形窄面不小于0.15 m，仓斗或秤头锥体的斜面与水平夹角不小于70°，方形锥体内表面棱角处要圆滑过渡，每次加料以当班用量为准，避免吸湿结块变质。

(2)混合机的混合均匀度变异系数不得大于5%，出料门采用大开门，残留量小于100 g/t，以减少微量组分的污染。

(3)微量组分建议在专设的配制室内配制，一般配有一台小容量的稀释混合机，进出料由人工操作，每批原料混合前将混合机内的残留料清扫干净，以免污染。

(4)尽量减少输送环节，当主混合机置于底层时，卸出的成品装入容器内，经提升打包；置于高层时，成品可直接打包。配料秤要放在混合机上方，使配料不再经输送直接进入混合机内。

(5)在添加油脂时，必须保证正确的混合添加顺序，即先把载体全部添加到混合机内，然后加入油脂混合2 min，随后把各种组分添加进去，混合10～15 min，或者把载体全部加到混合机，然后加微量组分，混合3 min，再加油脂混合10～15 min。

(6)水平输送尽量采用U形自清式埋刮板输送机，必须用螺旋输送机时，应设计小间隙(叶片与底槽间距小于3 mm)。

(7)通风除尘时应注意，在各微量组分配料点、投料点、打包点、人工操作区及产品库内，都应配有相应的吸风罩、吸风口；除尘设备选择性能较好的脉冲除尘器，各设备及连接处要密封。

二、维生素预混料的加工工艺

(一)原料的选择

1. 维生素原料的选择

(1)选择剂型稳定的维生素原料。

(2)选择生物学价值高、水产动物利用率高的维生素原料。人工合成的维生素原料和天然存在的维生素的生物学效价不同，不同的水产动物对维生素的利用率也不同，应根据水产动物的种类合理选择维生素添加剂，同时还应注意维生素原料的毒性问题。

(3)环境因素对维生素添加剂的剂型和剂量都有影响，在选择原料时要注意环境因素的影响。如在高温、高湿的夏季或湿热地区选用维生素B_1时，选择单硝酸硫胺素比盐酸硫胺素的效果好。

(4)注意维生素之间的配伍性和配伍禁忌。如氯化胆碱对维生素A、胡萝卜素、维生素D、维生素B_1及泛酸钙等都有破坏作用，在使用时应注意。

(5)维生素原料的粒度。由于维生素添加剂预混料在全价料中所占的比例很小，因此，只有将维生素原料的体积变小，才能使其在配合料中的颗粒数增多，达到配合均匀的目的。所以，维生素原料应粉碎到一定的粒度后才能使用。根据国外厂家的经验，维生素的粒度在100～1 000 μm之间较好。

2. 载体、稀释剂、吸附剂的选择

(1)载体种类　用作维生素添加剂预混料的载体种类很多，通常选用纤维少的淀粉和乳糖等。

(2)容重　载体和稀释剂的容重是影响维生素添加剂预混料混合均匀的重要因素，因此要注意选择与维生素添加剂容重相近的载体和稀释剂，以保证活性成分在混合过程中均匀分布，否则将会出现分层现象，直接影响预混料的质量。

(二)配料工艺

1. 确定维生素原料的添加量　在配料之前首先要了解所需维生素原料的种类，水产动物对维生素的最佳需要量(要求在确定各种维生素需要量的基础上增加10%的保险系数)，饲料原料中维生素的含量及其有效性，维生素原料的稳定性及环境条件、饲养管理条件等。根据饲养标准、饲料标准以及水产动物的种类等因素全面考虑，制定出最佳配方和产品的保证剂量。

2. 配料的精度　配制维生素添加剂预混料对配料的精度要求高，应选用微量配料秤，配备电脑控制，这样可提高称量精度。同时要求配备随被称量物料多寡不一的料秤，以保证配料称量的综合误差不超过0.01%～0.03%。

3. 配料方式

(1)人工配料　用机械杆秤、台秤或数显式电子秤均可，特点是较为准确，投产少，但效率低。

(2)自动配料　有容积式配料装置和称重式配料装置，两者各有所长，应根据实际情况选用。

(三)混合工艺

混合维生素是添加剂预混料生产工艺中最重要的工艺之一。对混合均匀度要求高的情况，除选择混合均匀度高、变异系数小(≤5%)、残留量少且易于清理的搅拌机外，在卸料处最好安装振动清理器，以减少残留和污染。还要定期检测搅拌机的混合均匀度，及时调整搅拌机的最佳搅拌时间，以防止因搅拌时间不足而混合不均，以及因搅拌时间过长出现分离的现象，确保最佳混合效果。同时应注意原料的添加次序，首先是载体放入搅拌机，混合机活动的同时添加油脂，继续混合，最后添加维生素，再混合15～30 min即可制成成品。

(四)输送工艺

经混合机混合好的维生素添加剂预混料成品应尽量减少输送，需要输送时应选用输送设备内部残留量小，输送过程中不易分级的输送形式及相应设备。一般在水平输送中多采用埋刮板输送机输送，气流输送虽然几乎无残留，但维生素添加剂预混料不宜与气相接触，所以不宜使用，而重力输送形式会出现分级或物料损失的现象，应谨慎用之。

(五)通风与清洗

在工作场所应设有脉冲除尘器、吸风罩、吸风口等装置，并保证输送管道及接口处密封，以防污染。更换品种时要对设备进行清洗，并检查原料仓、配料仓、成品仓有无死角、霉变、结块等。

(六)维生素添加剂预混料的包装与贮藏

1. 维生素添加剂预混料的包装 预混料包装可分为全自动和半自动两种形式,还可分为需封包和不需封包两类。不需封包的采用气压式灌包。不管采用哪种包装形式,包装前一定要认真复查产品的名称和编号,以及存放的料箱或料仓的编号,以免去使用产品时发生错误。包装完成后再打包 10 袋,并抽样 1~2 袋用以检查称量准确程度,确保称量的准确性。

2. 维生素添加剂预混料的贮藏 维生素添加剂预混料的贮藏条件要求通风、干燥、低温、隔热、避免直接日光照射,以保证维生素添加剂预混料的质量。贮藏过程中还要严格控制使用期,一般要求生产后 1 个月内用完,最长不能超过 3 个月,并且要求分类贮藏,减少维生素添加剂与其他原料相互接触的机会,减少活性成分的损失,延长产品的使用期。

三、微量元素预混料的加工工艺

(一)原料的选择

(1)微量元素添加剂的选择 在选择微量元素添加剂时,既要考虑它们的生物学效价,又要考虑经济效益问题,应根据不同的情况具体考虑,选择最适宜的微量元素添加剂,但无论如何选择,其质量都必须符合微量元素的国家标准。

(2)载体和稀释剂的选择 正确选择载体和稀释剂并确定其用量,在微量元素预混料的加工工艺中是非常重要的。一般选择石粉、轻质碳酸钙、白陶土、沸石粉和碳酸钙等化学性质稳定者。

(3)原料粒度 微量元素添加剂的粒度一般要求通过 80~400 目筛,即粒径为 0.177~0.05 mm,为了得到很细的粒度,需要使用特种磨进行细磨。

(二) 配料工艺

(1)确定微量元素添加剂的添加量 必须严格按照配方要求添加主料和辅料,防止因主料添加不足而导致水产动物出现缺乏症,或因添加过量造成浪费或中毒。

(2)计量系统的精度 计量系统精度主要是指秤的精度,至少达到 0.1%。一般要选用两种以上的秤,即大料用大秤,小料用小秤,而且对不同的秤误差要求也不同。天平应做好使用前检查,对秤的灵敏度和准确度至少每月进行一次校正。

(3)配料方式 配料方式有人工配料、微量配料秤配料及自动配料秤配料等几种。配料秤又可分为容积式和重量式两种。

(三)混合工艺

混合技术是微量元素添加剂预混料制造工艺中最为重要的工艺之一,是确保微量元素添加剂预混料质量的关键所在。

1. 预混工艺 主要是指稀释混合和载体混合两种。

(1)稀释混合 由于微量元素添加剂各种成分的原料纯度高,而水产动物对碘、钴、钼、硒等的需要量又极微,故必须先加水稀释,即先经过第一次稀释混合过程。稀释混合机的进料和出料均由人工操作,每批原料预混之前,需将混合机内的残留物全部清除干净,以防止物料的相互污染。一般稀释混合的净混合时间为 10 min。

(2)载体混合　用载体承载活性成分进行微量元素添加剂预混料的混合过程就是微量元素添加剂预混料的生产过程,是主混合工艺。配料秤一般置于混合物上方,以便使配制好的物料不输送而直接进入混合机内,进行载体承载微量组分混合。混合时间一般为15～20 min。混合均匀后进行成品包装。有的将混合机置于底层,出来的成品经提升再打包,有的将混合机置于高层,成品不需提升直接打包。无论采取哪种形式,均要求尽量减少输送距离,防止运输过程中可能产生的分级现象,保证最高的混合均匀度。

2. 物料添加的次序

(1)载体与油脂先混合　首先将载体全部加入到混合机内,再加入油脂,混合2 min,使油脂颗粒均匀地涂布在载体上,然后马上加入各种微量元素添加剂,再混合10～15 min,这样既提高了载体的承载能力,又提高了混合均匀度。通常稀释混合的混合周期为10 min,载体承载活性组分的混合周期为10～20 min。

(2)载体与微量组分同时混合　首先将载体全部加入到混合机内,随后加入所需的各种微量元素添加剂,两者混合3 min后再加入油脂,再进行10～15 min混合。

(四)微量元素预混料的液体添加

微量元素预混料的液体添加主要指油脂和微量元素硒的添加。油脂添加多采用稳定性好且价格低的矿物油、不饱和植物油以及动植物混合油。水产动物对微量元素硒的需求很低,而且需要量和中毒量又很接近,为了保证添加的硒混合均匀,常采用水化形式进行添加。

第三节　饲料生产环境控制

一、噪声和粉尘的危害

在饲料厂对人身和环境产生危害的主要是噪声和粉尘。噪声来源一般是粉碎机、高压风机、气力输送装置、电机等,这些装置工作时产生的噪声一般为90 dB,超过了人们的承受能力。会使人感到刺耳难受,烦躁不安,久之会使人产生听觉迟钝。除了噪声,粉尘也是饲料厂环境污染的一个重要来源,当人吸入过多粉尘时,会引起鼻腔、咽喉、眼睛和气管的黏膜发炎,严重的还可导致尘肺等疾病。粉尘还能加速机械磨损,影响设备寿命。条件具备时,粉尘还会发生燃烧或爆炸,具有很大的破坏性。首先,有机物粉尘在空气中达到一定的浓度时,与空气接触面变大,一旦发生燃烧就会迅速扩散,压力猛增,发生爆炸;其次,要有足够的氧气,当粉尘浓度超过65 g/m^{3}时就不会发生爆炸,如堆积的粉尘就不会爆炸。再次,有点燃粉尘氧气混合物的火源因素,这些因素包括机械摩擦、撞击等产生的热源、电机短路、闪电、自燃、抽烟等;最后,存在一个有限的封闭空间,这样会产生巨大的压力,导致粉尘爆炸。

二、噪声的防治措施

噪声控制包括3个基本因素,即噪声源、传播途径和接收者。只有对这3个因素进行全面考虑,才能制定出既经济又能满足降噪要求的措施。控制噪声最根本的办法还是从声源上着手,所以在产品设计时应考虑到声学要求。如果由于经济或技术方面的原因,很难从声源上控制噪声,那么就要采取控制噪声传播途径的方法来减少它向周围的辐射。

机械设备的噪声有两种形式：空气噪声和固体噪声。直接产生空气振动而发出的噪声是空气噪声。由声源引起机件自身振动发出的噪声或由声源的振动通过机械传到与其相连的地面、楼板或墙壁上，使它们也激起振动而发出的噪声都称为固体噪声。固体噪声可用隔声和吸声等措施来降低危害。

1. 控制噪声的产生

(1)选择设计质量好、噪声低的设备。

(2)控制和减少溜管、气力输送管道噪声的产生。如缩短物料在溜管内降落距离，并使溜管有一定倾角，从而降低溜管的噪声。

(3)合理安装和布置设备。注意机器的装配和安装质量，保证机座在同一水平、轴心同轴、旋转部件平衡等要求。

2. 控制噪声的传播

(1)消声　消声器是利用声音的吸收、反射、干涉等措施达到消声目的的装置。消声器只对空气噪声有降噪效果。消声器一般可分为3类：抗性、阻性和阻抗复合性消声器。

抗性消声器：它主要是通过管内通道断面的变化，利用声能反射来达到降声的目的。

阻性消声器：它是利用通道内表附有的吸声材料来吸声使噪声衰减的装置。

阻抗复合性消声器：为了在宽频率的范围内得到较高的降噪效果，在实际中，往往将对高频有效的阻性消声器和对低、中有效的抗性消声器组合成一种综合能力的消声器来使用，称为阻抗复合消声器。

(2)隔振和阻尼　隔振是把传来的振动波通过反射等作用使其改变方向或减弱。隔振装置有隔振橡胶、弹簧、空气垫、缓冲器等。饲料厂常用橡胶减震器来减弱机器对基础的振动，此种方法属于积极隔振。在饲料厂，除振动的机械设备外，还有一些送风系统和除尘系统的管道是传递振动的导体。为了减弱此种固体噪声，可将刚性连接改为柔性连接，如采用帆布、人造革或者橡胶等制成的短管连接。

阻尼：把振动产生的机械能化为热能而被吸收，使振动受到限制，这种振动能量的损耗作用称为阻尼。阻尼材料包括沥青、橡胶和一些高分子涂料等，具有内摩擦、内损耗大的特点。

(3)吸声　车间内的噪声由两部分组成，一部分是机器通过空气媒介传来的直达声；另一部分是从各个壁面反射回来的混响声。因此，室内噪声级比同样噪声源放在室外所产生的噪声级要高出10 dB左右。这样就要依靠吸声材料或吸声结构来吸收混响声，这种吸声方法叫做“吸声减噪”，是工业噪声控制的主要措施之一。

(4)隔声　用壁面把声波遮住和反射回去，把噪声源与接收者分隔开来的措施叫隔声。隔声依靠的是材料的密实性，利用声能的反射而隔声。坚实厚重的墙面隔声效果好。隔声的方法，一般是用隔声罩把声源密闭，也可用声屏障将噪声屏蔽起来，或者在最吵闹的车间建立控制用的隔声间。

三、吸尘和除尘

1. 粉尘的产生、除尘目的及防尘措施

(1)粉尘的产生　粉尘的扩散和飞扬，主要是由于空气流动的结果。在饲料生产中，尘化作用可以产生粉尘，主要的尘化作用有几类，分别为：剪切作用造成尘化，例如从高处落入贮存仓和容器的粉料，在空气迎面阻力下引起剪切作用，使粉尘悬浮起来，造成粉尘飞扬和扩散；诱导空气造成尘化，各种物料在空气中高速运动时，能带动周围空气随其运动，这部分空气称为诱导空气，它可以将物料中的粉尘诱导出来;排挤作用引起尘化,将空气通入一定体积的容器,必定从容器中挤出相同体积的空气量,这些空气会带着粉尘从排气口逸出,使粉尘飞扬和扩散;二次尘化,室内空气的流动和机械设备的振动可以把沉落在地面和设备表面的粉尘再次扬起,使粉尘大面积扩散。

(2)除尘目的 原料接收和初清、物料输送和提升设备、各种料仓、配料秤混合机以及打包设备是以除尘为主、通风为辅,着重于对粉尘的控制。这些设备的通风系统的主要目的是减少和消除灰尘和粉尘的污染,保障人体健康,为工人创造良好的工作环境,维护设备的正常运转。

(3)粉尘防治措施 防治粉尘在室内扩散的最有效方法是:直接在尘源外进行收集,经除尘器净化后排至室外。这种通风除尘方法叫做局部排风。该网络主要由吸尘装置、风管、除尘装置和通风机等设备组成。采用通风除尘网络,要做到"密闭为主、吸风为辅"。与局部排风相对应的另一种方法是全面通风,是对整个车间进行通风换气,用新鲜空气把车间的含有高浓度粉尘的空气冲淡,使其含粉尘量降到允许浓度下。

2. 除尘设备 在饲料厂中主要采用的除尘设备有风机、除尘器及其相应的辅助设备——吸尘罩、管道阀门、关风器等。

(1)吸风罩 吸风罩是通风除尘风网的重要部件,其性能优劣直接影响通风除尘网络的除尘效果。吸风罩有两种形式:一种为密闭式,一种为敞口式。密闭吸风罩同防尘密闭罩相连,其特点是把生产粉尘的尘源局部或整体密闭,粉尘被限制在一个小空间内。如斗式提升机,它的粉尘主要产生于底座。当被工艺条件等各方面所限制时,机器设备无法进行密闭,则只能采用敞口式,即把吸风罩设置在尘源附近,依靠负压吸走含尘空气。

(2)离心除尘器 离心除尘器也称离心卸料器、集料筒或者刹克龙,是一种把固体颗粒和气体分离的装置,广泛应用于饲料厂中。离心除尘器是利用离心力将高速混合气体中粉粒与空气分离的、结构简单的、本身无运动部件的装置。物料及空气两相混合流在分离器上部入口沿切向进入,由于离心力的作用,固体颗粒将被甩到四周与筒壁碰撞、摩擦,速度降低,在重力作用下,固体颗粒向下做螺旋运动,最后落到锥体下部出口。离心分离器由入口、内筒、外筒、排尘装置等组成。

(3)袋式除尘器 袋式除尘器主要采用滤料(织物或毛毡)对含尘气体进行过滤,将粉尘阻挡在滤料上,以达到除尘的目的。过滤过程是:含尘气体通过清洁滤料,这时纤维起过滤作用,当阻留的粉尘量不断增加时,一部分嵌入滤料内部,一部分覆盖在滤料表面,形成粉尘层,此时含尘气体的过滤主要依靠尘层进行。

四、粉尘爆炸的防止

可燃粉尘与空气混合形成可燃的气固混合物,称为可燃粉尘云。火焰燃烧很快,在未燃的粉尘云中传播,快速释放能量,引起压力急剧升高,这一过程叫粉尘爆炸。饲料厂是比较容易发生粉尘爆炸的企业之一。在饲料厂中,筒仓、料仓、斗提机及吸风系统易发生粉尘爆炸。在饲料厂生产中,粉尘爆炸原因多是点火源——电焊、气焊或其他明火作业时引起的。为防止爆炸,提出以下措施:

1. 建筑设施的防爆要求

(1)建筑布局 饲料厂的生产区要与生活区分开,专设吸烟室;生产性房间专门做成小车间,并安装保护通道。

(2)建筑结构 每个生产性房间安装易脱落的保护结构;在楼梯间和升降机中装设卸爆孔;不应把易沉积粉尘的突出建筑结构设置在生产性车间;料仓、楼板及墙面要做得光滑,不留下沉积粉尘的空穴。

2. 工艺、设备设计和使用时除尘、防爆措施 设备运动机件的摩擦和发热，再加上管理、维修不善，机件就可能过热起火，对此应采取安全措施。在饲料加工过程中，必须安装磁选和清理设备，以防止金属或其他异物进入设备中因碰撞摩擦而产生火花。悬浮在空气中的易燃粉尘产生的静电可达3 000 V以上，可能会产生静电放电而点燃粉尘，引起爆炸。因此，应将各种机器设备安装在地上，而且对于绝缘材料的橡胶织物的输送带、塑料管道等，要安装金属防护网，以消除静电。

在工艺设备中，合理使用泄爆装置是安全措施之一。泄爆装置分为敞口式和密闭式。敞口式泄爆孔是最有效的泄爆孔，适用于不要求全封闭的设备和房间。密闭式泄爆装置又可分为爆破片和泄爆门。机器设备一般涂上不燃烧的油漆，在离心除尘器、料仓、风管、斗提机的进出口处等要装设挡火器，防止火势蔓延。

3. 电气的防爆措施 电气设备、电气通风系统要符合安全规范，都必须选用防爆型和接地装置，防止电机过热、电线漏电和短路起火。高的建筑物要安装避雷针。采用有保护的照明装置，因为普通照明装置上易沉积粉尘，造成灯泡升温。

4. 火的作业的防爆要求 有很多的粉尘爆炸事故是因为违反规范而进行火的作业造成的，但实际生产中又不得不进行火的作业，所以进行火的作业时，要做到以下4点才能有效防止爆炸：

(1)操作人员要有进行火的作业的许可证，并严格遵守安全操作规程；

(2)安全停止车间内全部机器的工作；

(3)仔细清除房间中的粉尘，包括天花板、墙壁、金属结构物、设备和管道内外的粉尘；

(4)关闭风管、通风井以及设备的检查孔洞。

加强对工作人员的防爆知识培训，是防爆的根本措施。

加强除尘防爆管理：生产中密切注意防止堵料、溢料和超载情况发生，也要避免空仓；定期检查通风除尘系统，及时清理风机叶片、风管、除尘器中的积尘；确保磁选装置除杂能力，定期拆开检查；粉碎机不得超负荷运行，出料温度不得过高；经常检查各机器设备的润滑情况，防止轴承过热；经常检查输送设备和筒仓的接地情况，避免静电积聚；禁用明火；防止斗提机机壳与料斗之间的摩擦，如发现异常立即停机检修。

思考题

1. 水产配合饲料加工工艺的类型主要有哪两种？这两种工艺类型的主要区别在哪里？
2. 饲料混合的原理是什么？常用的饲料混合机有哪些？
3. 调质器的作用是什么？
4. 挤压膨化对营养成分的影响有哪些？
5. 饲料厂一般如何控制噪声和粉尘？

第十三章 水产动物微粒子饲料

第一节 概 述

内容提要

本章主要介绍海水仔稚鱼及甲壳类幼体的消化生理和营养需求特点，水产微粒子饲料的种类、加工方法和最新研究进展及展望。

水产微粒子饲料(microparticulate diets)是根据水产动物幼体的消化吸收生理特点及营养需求进行配方设计并通过特殊工艺制造而成的一种适合水产动物幼体摄食与消化，用于部分或全部替代生物饵料的人工配合饲料。由于水产动物早期幼体个体小，与摄食和消化有关的器官发育还不够完善，对外界环境变化和病敌害的侵袭抵抗力差，但其生长速度快，变态周期短，对营养要求较高。因此，作为幼体的饵料必须个体小，富有营养，容易被幼体摄食和消化吸收，不污染水质。

一、生物饵料的缺点

在传统的人工苗种培育过程中，一般采用微藻、轮虫、卤虫幼体及成体、桡足类等动植物性饵料，但是，这些饵料存在一些缺点：

(1)需要占用大量生产设施。

(2)投入相当部分的人力和物力。

(3)易受气候等外界条件的影响，培养失败的情况时有发生。

(4)卤虫卵的供应远远不能满足全球水产业发展的需要，其价格不断攀升，导致水产苗种生产的成本大幅度提高。

(5)生物饵料还存在某些营养上的缺陷，如轮虫和卤虫无节幼体中缺乏仔稚鱼所必需的高度不饱和脂肪酸(n-3 HUFA)，特别是二十二碳六烯酸(22:6 n-3，DHA)和二十碳五烯酸(20:5 n-3，EPA)，在投喂给幼体之前还需进行营养强化。而桡足类虽然富含高度不饱和脂肪酸(n-3 HUFA)，但其人工培养技术仍不成熟，主要还是依靠从天然海区捕获，其捕获量随气候、海况、海区的变化而发生变化，供应量很不稳定。

(6)投喂这些生物饵料有可能会携带某些病原体进入育苗水体，增加育苗的风险性。

因此，研制能有效取代生物饵料的人工微粒子饲料是扩大水产苗种生产规模的关键所在。

二、微粒子饲料的发展概况

早在20世纪70年代，英国Jones博士等最先以界面聚合法生产的尼龙蛋白微胶囊饲料替代活饵料用作贝类的开口饲料。从此以后，国外许多研究者对鱼贝类及甲壳类用的微粒配合饲料进行大量的研究工作，并取得显著的成果。20世纪80年代开始，在虾蟹和淡水鱼苗育苗阶段使用微粒子饲料代替生物饵料取得不少成功的例子，一些水产业较发达的国家如日本、美国、英国等早有供水产苗种生产使用的商品性微粒子饲料销售，而我国对水产微粒子饲料的研究起步较晚，直到20世纪90年代初才开始开展这方面的研究工作，并于近年在海水鱼微粒饲料的研制方面取得突破性进展。有关海水鱼类仔稚鱼用微粒子饲料的研究虽取得一定的进展，但到目前为止能完全代替生物饵料的海水仔稚鱼用的微粒子饲料仍然还没有完全研制成功。单独投喂微粒子饲料的仔稚鱼与对照组相比较，常表现为摄食率低、生长缓慢、死亡率高；或虽有较高的摄食率，但摄入的微粒子饲料不能被消化吸收而堵塞消化道致死；鱼体的生化成分、器官组织结构出现异常现象。

三、微粒子饲料的优点

微粒子饲料相对生物饵料而言具有以下优点：

(1)替代部分生物饵料，节约培养生物饵料的费用和提高育苗设施的利用率。

(2)可根据幼体的大小和各发育阶段的营养需求调整微粒子饲料的粒径大小和营养组成。

(3)可以工厂化生产，保证生产需要，摆脱完全依赖生物饵料的被动局面。

(4)容易贮存，使用方便，可采用自动投饵装置。因此，微粒子饲料越来越受到苗种生产厂家的青睐，具有广阔的应用前景。

四、微粒子饲料应具备的基本条件

作为水产动物幼体阶段代替生物饵料使用的微粒子饲料必须符合以下的基本条件：

(1)营养全面，满足幼体各发育阶段的营养需求，保证幼体正常的生长发育。

(2)粒径大小要与幼体的口径相吻合，一般在10～500 μm之间，可根据幼体口径大小进行调整。

(3)能保持一定的悬浮性，具有合适的沉降速度。

(4)具有良好的水中稳定性，使营养成分不流失。

(5)具有良好的诱食性、适口性，易被幼体发现摄食。

(6)被幼体摄食后微粒子的所有组分包括外包微膜或胶囊能容易被消化、吸收。

(7)耐贮存性(6～12个月)。

第二节　仔稚鱼及甲壳类幼体的消化生理特点

一、个体太小

对于大多数的海水鱼类和甲壳类，其幼体阶段个体及口径都较小，特别是开口阶段，所摄食的食物大小一般在 10～150 μm 之间，如狼鲈（*Dicentrarchus labrax*）的开口仔鱼摄食粒径大小为 50～125 μm的颗粒，14～25 d 龄的仔鱼则要求 125～200 μm 的颗粒。而全长小于 4.5 mm 的金头鲷（*Sparus aurata*）仔鱼选择性地摄食粒径 50～150 μm 的微胶囊粒子，4.5～6 mm 的仔鱼主要摄食粒径 150～250 μm 的粒子，而大于 6 mm 的仔鱼则趋于摄食粒径大于 250 μm 的粒子。

因此，微粒子配合饲料的粒径大小必须随着仔鱼的生长及其口径的变化而作相应的调整，颗粒太大不容易被摄食且容易堵塞仔鱼消化管。而虾蟹类幼体个体更小，如中华绒毛蟹或锯缘青蟹的溞状 1 期幼体，一般体长不足 2 mm，其开口饵料的大小一般为 10～50 μm（浮游微藻）。由于幼体阶段所要求的食物颗粒粒径较小，所以用于配制微粒子饲料的原料成分则要求具有更细的粉碎粒度，才能保证微粒子饲料各成分混合的均匀性，使每一颗粒具有相同的营养成分。

二、消化系统发育尚未完全

1. 鱼类　如大部分海水鱼类初孵仔鱼其视觉、运动器官尚未发达，消化道与口腔相连呈直管状，从仔鱼开口至卵黄消耗完毕，消化道基本无显著变化，而后分化成食管、前肠、中肠、后肠各段。肝脏和胰脏在仔鱼初孵时虽已形成，但胃腺大多在仔鱼后期才形成，不同鱼种胃及胃腺形成的时间有所不同，如尖吻鲈（*Lates calcarifer*）仔鱼的胃约在孵化后 15 d 初步形成，孵化后约 25 d 胃腺已具雏形，并且在该发育阶段可以检测到胃蛋白酶的活性。欧洲鳎（*Solea solea*）仔鱼在开口时，胃以原始的幽门括约肌的形式存在，10 d 后胃上皮细胞开始分化，至孵化后 22 d，胃腺出现，其数量在孵化后 30 d 时迅速增加，但在孵化后前 35 d 内都未检测到胃蛋白酶的活性。真鲷（*Pagrosomus major*）仔鱼出膜后 15～23 d 内，胃腺原基出现，但从开口到孵化后 23 d 内，胃蛋白酶的活性都处于较低水平。

仔鱼和成鱼在消化系统上的主要区别就在于仔鱼早期发育阶段缺乏胃和幽门垂，从而决定仔鱼与成鱼对营养物质特别是蛋白质的消化和吸收机制不同，在缺乏胃及胃蛋白酶的仔鱼阶段，食物进入消化道后，主要通过胰脏所分泌的胰蛋白酶分解后，大部分未消化完全的蛋白质分子通过后肠上皮细胞的胞饮作用后由细胞溶质中的肽酶进行细胞内消化，部分蛋白质经肠上皮刷状缘膜中酶进一步分解成单一氨基酸后由肠上皮细胞直接吸收，但由于前期仔鱼刷状缘膜中酶的活性较低，主要是进行细胞内消化，这就要求食物中的蛋白质分子必须足够小（直径几十纳米）才能通过肠上皮绒毛间隔（<100 nm）以达到微绒毛基部被胞饮行细胞内消化。生物饵料轮虫、卤虫及桡足类幼体中的水溶性蛋白质（占总蛋白质 53%～74%）正好能满足这种要求，容易被仔鱼消化吸收。而目前商品化的微粒子饲料由于受加工工艺的限制及顾及到营养成分的溶出问题，饲料中水溶性的蛋白质含量只占总蛋白质的 10%～33%，因此较难被前期仔鱼所消化吸收。

随着仔鱼的生长发育，细胞溶质中酶活性逐渐降低，肠刷状缘膜中酶的活性呈快速升高趋势，肠上皮细胞的消化吸收模式逐渐转为占优势地位。发育到仔鱼后期，出现胃及胃腺以后，食物主要在胃通过胃消化酶消化吸收，此时能很好利用微粒子饲料。而对于大部分淡水鱼类如鲑鳟鱼类和罗非鱼在开口时，除了个体及口径较大外，胃腺也已经形成，具备与成鱼同样的消化吸收结构，因此，仔鱼一开口就能很好利用微粒子饲料。

2. 甲壳类　甲壳类如中国对虾（*Penaeus chinesis*）在溞状幼体Ⅰ期（Z_1）即开口时消化道贯通，分化为口腔、食道、囊状胃、肠道（分前、中、后肠），此阶段中肠腺盲囊（2 对）只由胚性细胞（embryonic cell）组成，具有初步消化吸收功能。直至糠虾Ⅰ期，胃才分化为贲门胃和幽门胃两部分，同时胃磨的雏形形成，中肠前盲囊和后盲囊也在此期出现。发育至糠虾Ⅲ期，第一对中肠腺盲囊退化消失，而第二对中肠腺盲囊不断分枝最终形成中肠腺，并由 4 种不同类型的细胞即胚性细胞、吸收细胞、纤维细胞和泡状细胞所组成，并能分泌各种消化酶，至仔虾期完整的胃磨形成。可见从溞状幼体→糠虾幼体→仔虾期其消化系统发育不断完善，食性和摄食量均发生很大的转变。

三、消化酶活性低下

海水有胃鱼类仔鱼和甲壳类幼体在胃腺和中肠腺形成之前，其消化道酶活性较低，如大多数海水鱼类仔鱼在发育过程中胰腺酶和肠酶的总活性是随着日龄的增长而不断升高的，至某一阶段保持在相对稳定的水平。同样甲壳类对虾幼体在整个发育过程中，胃蛋白酶和类胰蛋白酶呈现活力逐渐增大的趋势，至溞状幼体Ⅲ期（Z_3）后明显上升，中华绒螯蟹（*Eriocheir sinensis*）、三疣梭子蟹（*Portunus trituberculatus*）幼体的胃蛋白酶和类胰蛋白酶活力也在 Z_3 时出现明显跃升，淀粉酶活力分别在 Z_2 和 Z_3 时出现一个峰值，以后呈下降趋势。因此，人们认为早期幼体阶段消化酶活性低下是限制微粒子饲料使用主要原因之一。

此外，生物饵料被仔鱼摄食后可能提供自身消化酶以帮助自溶，还可以激活仔稚鱼消化系统中的酶原和促进胰酶分泌进入肠道的作用，微粒子配合饲料可能是因为缺乏生物饵料所具备这些条件而影响幼体对其的消化吸收，然而，关于生物饵料所提供的消化酶的量以及其所发挥的效果目前仍存在争议。Munilla-Moran 等（1990）研究表明，大菱鲆（*Scophthalmus maximus*）仔鱼的蛋白酶活性 43%～60%来源于生物饵料；但 Kurokawa 等（1998）研究认为，日本沙丁鱼（*Sardinops melanotictus*）仔鱼的蛋白酶活性只有 0.6%来自于轮虫。

其实，海水鱼仔鱼阶段并不缺乏蛋白质消化酶，由胰脏和肠道所分泌的蛋白质水解酶完全有能力对蛋白质进行消化吸收，且其消化酶的活性受饲料中营养成分及其含量的影响。关键在于如何根据仔鱼的消化吸收机制选用合适的蛋白质形式与营养组成满足仔鱼的特殊营养需求，建立一个良好的消化吸收机制。

四、对仔稚鱼与甲壳动物幼体的营养需求所知甚少

鱼类及甲壳类幼体的营养需求的研究相对较难，因为幼体在变态期间其食性和营养水平不断发生变化，且幼体个体太小，难以寻找一种有效的方法来评价幼体对其所摄食的饲料营养成分的消化吸收率及饲料转化率，大多采用幼体的成活率、生长率、蜕壳率或蜕壳周期等指标进行评价，但是这种方法实验周期长，幼体培育技术难度大，较高的死亡率常使研究者对实验结果难以下结论，实验数据的可靠性受到置疑。因此，很难对饲料的营养价值作出准确的评定。有的研究者通过分析

胚胎发育阶段和早期幼体发育阶段的生化组分变化来推测虾蟹类开口阶段的营养需求,而海水仔稚鱼体组织的 RNA/DNA 比率也常作为其生长发育的指标。

第三节 仔稚鱼与甲壳动物幼体的营养需求

一、仔稚鱼与甲壳动物幼体的营养需求研究方法

关于仔稚鱼的营养需求研究资料仍然很缺乏,研究仔稚鱼对某一营养素的需求,一般采用配制不同营养素水平的人工饲料进行饲养实验,通过观察仔稚鱼对不同剂量的反应效果,确定最适的需求量,但是这种方法对于不能很好利用微粒子饲料的早期仔鱼无法适用,这对于研究仔稚鱼对蛋白质和氨基酸需求量造成一定的困难。

因为很难用营养强化的方法改变生物饵料中这些营养素的含量,有人提出分析鱼体和卵的氨基酸组成以估计仔稚鱼对氨基酸的需求。而对于脂质及维生素需求的研究,多数采用生物饵料作为载体,因为应用营养强化技术可以改变生物饵料(轮虫和卤虫幼体)中这些营养素的含量及组成,一般采用不同水平的脂肪酸或维生素对生物饵料进行营养强化后饲喂仔稚鱼,根据仔稚鱼的生长、成活状况与生物饵料中营养素水平之间的相互关系,从而确定生物饵料中营养素的最佳含量。但是,研究仔稚鱼对磷脂的需求量时,用磷脂强化卤虫幼体很难改变卤虫体内的磷脂水平,需要直接采用微粒子饲料进行研究。另外,在研究仔鱼对微粒子饲料中某营养成分的消化吸收率时,可采用给麻醉仔鱼被动口服放射性 ^{14}C 标示营养素,然后放在特殊装置待恢复正常排空食物后,分别收集被消化代谢和未被消化吸收的 ^{14}C 标示营养素由来的 $^{14}C\text{-}CO_2$,据此推算营养素的消化吸收率。但是,这种方法在操作过程中容易对仔鱼产生胁迫作用,与自然条件下仔鱼的消化吸收状况存在着较大差别,可能会影响仔鱼对营养成分的消化吸收,所以有待于进一步改进。

而甲壳类如日本对虾等一些种类能成功地利用微粒子饲料进行幼体培育,可以通过配制不同水平营养素的微粒子饲料进行饲养实验来研究幼体的营养需求。

二、仔稚鱼与甲壳动物幼体的营养需求

(一)仔稚鱼的营养需求

1. 蛋白质和氨基酸的需求 蛋白质是仔稚鱼生长发育最主要的营养素,早期仔稚鱼阶段的快速生长需要肌肉中蛋白质的沉积,此外,早期仔鱼主要利用游离氨基酸作为能量的主要来源,所以其对蛋白质的需求量要比成鱼高,有关海水鱼类仔稚鱼对蛋白质需求量研究的数据仍相当缺乏,目前主要是参考幼鱼的实验结果进行配制,配合量一般在 50%~70%之间,不同鱼种的需求量有所差别。早期配制的微粒子饲料通常采用诸如乌贼粉、鱼虾粉、卵黄、酵母粉等多种蛋白源的配合,这主要是考虑到各种蛋白质之间的营养互补关系。后来人们选用蛋白源则更注重其氨基酸组成,一般只采用一种蛋白源。如金头鲷(*Sparus aurata*)仔稚鱼用微粒子饲料采用乌贼粉作为蛋白源,而尖吻鲈(*Lates calcarifer*)仔稚鱼用微粒子饲料则采用鱼粉作为蛋白源。

仔稚鱼与成鱼一样需要 10 种必需氨基酸,即精氨酸(Arg)、蛋氨酸(Met)、缬氨酸(Val)、苏氨

酸(Thr)、异亮氨酸(Ile)、亮氨酸(Leu)、赖氨酸(Lys)、组氨酸(His)、苯丙氨酸(Phe)和色氨酸(Try)。不同鱼种及同一鱼种在不同发育阶段对氨基酸的需求量有所不同,同一鱼种对氨基酸的需求量一般随着年龄的增加而下降,仔稚鱼期的需求量要高于幼鱼期。Conceicao 等(1997)采用含有不同氨基酸组成的饵料生物(卤虫及桡足类幼体)饲养大菱鲆(*Scophthalmus maximus*)仔鱼,结果认为,牛磺酸(taurine)以及其前驱物蛋氨酸(methionine)、半胱氨酸(cysteine)和亮氨酸(leucine)可能会影响仔鱼生长。最近,Takeuchi 等(2000)研究认为,牛磺酸是牙鲆(*Paralichthys olivaceus*)及真鲷(*Pagrus major*)仔鱼生长的必需营养素。

由于早期仔鱼具有特殊的蛋白质消化机制,因此,选择仔稚鱼用的微粒子配合饲料的蛋白源不仅要考虑到其氨基酸组成,还应考虑到蛋白质的分子形式。作为仔稚鱼的生物饵料轮虫其水溶性蛋白质约占总蛋白含量的 47%,其中分子质量大于 500 u(多肽或寡肽)占 84%～88%,介于500～200 u(二肽或三肽)之间的占 8%～11%,小于 200 u(游离氨基酸)占 3%～4%。而刚孵化的卤虫幼体其水溶性蛋白质约占总蛋白含量的 54%,其中分子质量大于 500 u 约占 89%,介于500～200 u之间的约占 4%,小于 200 u 约占 7%。采用多种分子量大小的蛋白质原料混合物作为微粒子饲料的蛋白源将有助于提高早期仔鱼对蛋白质的消化吸收能力。如日本学者 Takeuchi 等(2001)研制出一种新型微粒子饲料,以牛奶酪蛋白(casein)的水解物作为蛋白源,富含二十二碳六烯酸(DHA)的鱼油脂肪酸钙盐作为脂质源,配合其他成分(卵磷脂、牛磺酸、结晶氨基酸、矿物质及维生素混合物等),通过特殊工艺制作而成。使用这种微粒子饲料单独投喂孵化后第 3～26 天的真鲷(*Pagrus major*)仔鱼其存活率高达 58%,全长达 8.5 mm;而无投饵的仔鱼只存活到孵化后第 8 天。说明真鲷(*Pagrus major*)开口仔鱼能有效消化吸收蛋白质水解产物。同样对狼鲈(*Dicentrarchus labrax*)仔鱼的研究也表明用 20%蛋白质水解物(二肽和三肽的混合物)代替完整的蛋白质对促进仔鱼的生长与提高成活率有着显著的效果。游离氨基酸除了具有营养价值外,还可以促进仔鱼胰蛋白酶的分泌并起诱食作用。但是游离氨基酸配合比例过高反而影响其使用效果,如用含 25%水解蛋白的饲料投喂尖吻鲈(*Lates calcarifer*)仔鱼,其增重率明显比投喂含有 50%和 75%水解蛋白饲料的要高。这可能是由于游离氨基酸与多肽或蛋白质中结合形式的氨基酸在通过仔鱼消化道时消化吸收不同步所造成。因此,不同鱼种及同一鱼种的不同发育阶段饲料中蛋白质水解物分子量大小分布及添加比例有待于进一步研究,由于小分子蛋白质在水中的溶出率高,加上目前加工技术的限制,微粒子配合饲料中水溶性蛋白质含量很难达到生物饵料中的水平(47%～54%)。这或许是微粒子配合饲料的使用效果不如生物饵料的重要原因之一。

2. 脂类的需求　脂类不仅是仔鱼发育阶段的能量和必需脂肪酸的来源,而且是脂溶性维生素的载体并参与某些维生素和激素的代谢活动,其中磷脂还是构成细胞膜不可缺少的结构物质。海水仔稚鱼自身不能合成 n-3 系列的高度不饱和脂肪酸(n-3 HUFA),而且磷脂的合成能力较弱,不能满足幼体快速生长的需要,必须由饵料中提供一定量的必需脂肪酸(20:5 n-3,20:6 n-3,20:4 n-6)和磷脂,以维持仔稚鱼正常生长发育的需要。仔稚鱼对脂类的需求主要表现在对脂肪、必需脂肪酸和磷脂的需求,仔鱼生长发育迅速,新陈代谢旺盛,对脂质的需求量比幼鱼和成鱼要高。如在卤虫摄食阶段的金头鲷(*Sparus aurata*)和牙鲆(*Paralichthys olivaceus*)仔稚鱼对脂肪的需求量分别占饵料干重的 29%～37%和 25%,仔稚鱼用的微粒子饲料中粗脂肪水平一般为 18%～30%,饲料的脂质主要来源于鱼粉等蛋白质原料以及鱼油和其他动植物油。有关仔稚鱼对磷脂(phospholipids)及高度不饱和脂肪酸需求方面的研究较多,一般海水仔稚鱼对 n-3 HUFA 需求量占饲料干重的 1%～3%。几种海水仔稚鱼对饵料中 n-3 HUFA 的需求量请参阅第三章的表 3-4。

研究表明，对于大多数海水仔稚鱼而言，不仅在生长、成活率或抗应激反应等方面 20:6 n-3(DHA)的营养价优于 20:5 n-3(EPA)，对脑神经及视觉发育 DHA 也起着重要的作用。海水仔稚鱼不仅要求适量的 n-3 HUFA，而且要求 n-3 HUFA 中各种必需脂肪酸的比例要适当。磷脂中的 DHA/EPA 比值对保持细胞膜的流动性起着重要的作用，饵料中 DHA/EPA 比例失衡可能会导致仔鱼活力减弱或死亡率上升，而最适 DHA/EPA 比值随鱼种及各鱼种发育阶段不同而变化，仔鱼因神经组织发育迅速而需要较高的 DHA。最近的研究表明，n-6 HUFA 与 n-3 HUFA 一样，也是海水仔稚鱼的必需脂肪酸，其中以花生四烯酸(20:4 n-6)尤为重要，花生四烯酸是膜磷脂的组成成分和合成生物活性物质类二十烷酸的前体。虽然花生四烯酸对海水仔稚鱼的促生长效果不如 DHA 和 EPA，但对提高海水仔稚鱼的成活率有重要的作用。将微粒子饲料中的花生四烯酸含量从0.1%提高到 1.0%，金头鲷仔鱼的生长速度稍有提高，但成活率却有明显的改善。此外，金头鲷仔稚鱼体内的总脂和磷脂含量，特别是卵磷脂的含量，随着饲料中花生四烯酸含量的提高而升高。此外，饲料中 DHA、EPA 与花生四烯酸之间也必须维持适当比例，如狼鲈(*Dicentrarchus labrax*)饲料中 DHA 与 EPA 的适宜比例为 2∶1，EPA 与花生四烯酸的适宜比例为 1∶1。大菱鲆(*Scophthalmus maximus*)和大西洋鲽(*Pleuronectes ferrugineus*)仔鱼饲料中 DHA 与 EPA 的适宜比例为 2∶1，EPA 与花生四烯酸的适宜比例为 10∶1 以上。DHA/EPA 与 EPA/花生四烯酸维持一定的比率对比目鱼类色素正常形成具有重要作用。

磷脂是动物细胞膜的重要组成物质，而且能促进脂肪的乳化、消化吸收及其在体内的运输。仔鱼虽能合成磷脂，但其合成量不能满足自身快速生长期新细胞膜形成的需要，不足部分必须从饲料中得以补充。Kanazawa 等(1981)最早研究报道，磷脂(PC 和 PI)能有效促进香鱼(*Plecoglossus altivelis*)仔鱼的生长，提高仔鱼的成活率，PI 在饲料中的添加量以 1%为宜。在狼鲈(*Dicentrarchus labrax*)微粒子饲料中添加 6.6%的大豆卵磷脂对仔鱼的生长和存活有显著的促进作用。此外，磷脂还会影响仔稚鱼的骨骼发育和抗应激能力，如香鱼和鲤鱼仔鱼的饲料中如果缺乏磷脂，就容易出现下颌畸形和脊椎侧凸。有关仔鱼对磷脂需求已做了大量的研究工作，一些鱼类仔稚鱼对磷脂的需求量请参阅第三章的表 3-8。此外，磷脂作为仔稚鱼用微粒子配合饲料的组成成分，它不仅是仔鱼必需的营养成分，同时又具有良好的黏结性，能有效地抑制微粒子配合饲料中水溶性营养成分的溶出，从而提高饲料的营养价值。

3. 碳水化合物和矿物质的需求 有关仔稚鱼对碳水化合物和矿物质的需求研究资料欠缺，主要是针对幼鱼和成鱼进行研究。一般幼鱼、成鱼对分子量较大的碳水化合物如 α-淀粉、糊精的消化吸收率比分子量较小的麦芽糖、葡萄糖要高，肉食性鱼类相对草食性和杂食性鱼类而言，对碳水化合物的利用能力较差。海水肉食性鱼类如真鲷、牙鲆及鰤鱼的幼鱼饲料中 α-淀粉的添加量一般在 20%以下，其中鰤鱼对 α-淀粉的利用率最差，添加量在 5%以下。但由于仔稚鱼对碳水化合物和矿物质的需求量尚不清楚，在配制微粒子饲料时，一般都是参考幼鱼、成鱼的需求量进行添加。

4. 维生素的需求 有关仔稚鱼对维生素的需求的研究还不多，最近研究表明脂溶性维生素 A 添加过量会造成牙鲆(*Paralichthys olivaceus*)的体表白化，脊椎骨和尾部骨骼畸形，牙鲆仔稚鱼在摄食卤虫幼体阶段，维生素 A 最适含量应为 50 IU/g 干重卤虫，400 IU/g干重卤虫视为过剩量。另外，维生素 D 则与牙鲆的体表黑化有关，在全长 10～12 mm 牙鲆用的饲料中添加 200 IU/g 维生素 D，会使仔鱼的尾柄和体表中心部位黑化面积扩大。由于仔稚鱼阶段快速生长，代谢率高，对维生素 C 的需求量较高，每千克仔稚鱼饲料中提供 10～25 mg 稳定有生物活性的维生素 C 就可以维持其正常生长和存活，当添加量达 1 500 mg/kg 饲料时，可以增强其抗胁迫和抗疾病感染能力。而且维生素 C 与维生素 E 之间具有交互作用，提高饲料中维生素 C 的含量，可以起到节约维生素 E 的效果，减缓维生素 E 缺乏症的出现。

(二)甲壳类幼体的营养需求

1. 蛋白质和氨基酸的需求　甲壳类幼体发育过程中，对蛋白质的需求量与种类、生长阶段、饲料蛋白源及其氨基酸组成以及蛋白质的消化率有关。对虾幼体一般随着个体的发育变态对蛋白质的需求量逐渐增加，对虾溞状幼体期(zoea，Z)基本属于植物食性，对蛋白质的需求量要低些，变态为糠虾幼体后转变成动物食性，对蛋白质的需求量增加。一般溞状幼体期蛋白质的需求量在 30% 左右，发育至糠虾期则增至 50%～60%。青蟹(*Scylla serrata*)幼体在发育过程中其体成分中蛋白质的含量由 Z_1 的 32.50%增至 Z_5 的 43.92%，其中 Z_2 到 Z_3 期由于食性的转变其蛋白质增幅最大，当发育变态为大眼幼体(megalopa，M)后，其蛋白含量却略有下降，为 41.13%。饲料中蛋白质含量在 32%～40%之间能够满足幼体正常生长发育。蛋白质的需求量受蛋白源的氨基酸组成及幼体生存环境等因素的影响，不同蛋白源有着不同的氨基酸组成，其氨基酸组成如果符合对虾的生长需要，即达到理想的氨基酸平衡，蛋白质的转化率较高，所需蛋白质含量就低一些，否则就需较高的蛋白含量。而环境条件可能影响幼体利用蛋白质作为能量来源的程度，如斑节对虾幼虾生活在海水中时主要是利用脂类作为能量来源，而生活在半咸水中则倾向于利用蛋白质作为能量来源，因此，生活在海水中的幼虾对蛋白质的需求量(400 g/kg)低于生活在盐度为 1.6% 的半咸水中(440 g/kg)。甲壳类各期幼体的氨基酸组成基本趋于一致，总氨基酸的含量随着幼体的变态发育而逐渐增加。中国对虾幼体必需氨基酸中含量最高的为赖氨酸，含量最低的为色氨酸，在非必需氨基酸中，谷氨酸含量最高。青蟹溞状幼体中必需氨基酸以赖氨酸含量增幅最大，亮氨酸的比例最高，非必需氨基酸中，谷氨酸所占比例最高，其含量增幅最大，半胱氨酸比例最低。对虾对蛋白质的需要实质是对氨基酸的需要，特别是必需氨基酸的需要。与鱼类一样甲壳类需要 10 种必需氨基酸，这些氨基酸均需从饲料中摄取。一般认为饲料中蛋白质的氨基酸组成及含量与动物本身氨基酸组成及含量相似者则能满足动物对氨基酸的需求。人们常采用经包被的晶体氨基酸来确定幼体对氨基酸的需求，斑节对虾(*Penaeus monodon*)稚虾对氨基酸的需求量为饲料的 2.08%或饲料蛋白的 5.2%，对精氨酸和苏氨酸的需求量分别为饲料的 1.85%和 1.4%或饲料蛋白的 5.3%和 3.5%。

2. 脂质的需求　脂质提供虾蟹类生长所需的必需脂肪酸、胆固醇及磷脂等营养物质。此外，还可作为脂溶性维生素的载体以及诱食剂。甲壳类对脂质的需求量并没有确切的要求，对虾饲料一般添加量为 6%～7.5%，最高为 10%；而幼蟹饲料中脂肪含量在 5.3%～13.8%基本能满足幼蟹对脂肪的营养需求。必需脂肪酸对虾蟹幼体的发育变态具有重要的作用，虾蟹幼体需要 4 种必需脂肪酸：亚油酸(18:2 n-6，LA)、亚麻酸(18:3 n-3，LNA)、二十碳五烯酸(20:5 n-3，EPA)和二十二碳六烯酸(22:6 n-3，DHA)，后两者为 n-3 系列高度不饱和必需脂肪酸(n-3 HUFA)，对虾蟹的促生长效果优于亚油酸和亚麻酸。日本对虾(*Penaeus japonicus*)幼虾饲料中最适的 EPA 和 DHA 含量为 1%，斑节对虾(*Penaeus monodon*)稚虾对 HUFA 的需求量为饲料的 0.5%～1%，但当饲料中 n-3 HUFA 含量超过总脂干重的 31.2%时，对稚虾生长和存活有不利影响。中国对虾(*Penaeus chinesis*)对 LA、LNA、EPA 和 DHA 的最适需求量分别为饲料的 1.95%、1.09%、0.2%和0.37%，但中国对虾的增重率和成活率受饲料 LA 和 LNA 含量和比值的双重影响，由于 LNA 的活性高于 LA，因此中国对虾对 LA、LNA 的最适需求量分别为饲料的 2.16%和 0.87%，二者的最适比为2.48。采用 EPA 和 DHA 对拟穴青蟹(*Scylla paramamosain*)幼体的生物饵料卤虫幼体进行强化以研究 n-3 HUFA 对幼体生长发育、存活的影响，发现幼体需要 EPA 维持其较高的存活率，而 DHA 则有缩短变态时间，促进幼体体宽增长的效果。但它对幼体的存活率影响不明显，相反，较高剂量的 DHA 还会抑制幼体的存活，卤虫中 EPA 和 DHA 的适宜含量分别为 1.3%～2.5%和 0.46%。

磷脂是细胞膜的重要组成成分，并且具有促进脂肪和胆固醇在体内消化吸收与运输的作用，同时还含有一些未知促生长因子，并对虾蟹有诱食作用。虾蟹类在不同的生长时期对磷脂的需求量也不同，幼体期由于不能合成足够的磷脂供生长和代谢需要，因而对磷脂的需求量较高。此外，幼体对磷脂的需求量还与磷脂的组分有关。在微粒饲料中添加某些磷脂可明显改善对虾的生长和存活率，以大豆卵磷脂效果较好。大豆卵磷脂中的磷脂酰胆碱(PC)和磷脂酰肌醇(PI)通常被认为是磷脂中促进生长的活性成分，尤其 PC 被认为是活性最高的物质。PC 是组成脂蛋白不可缺少的物质，而脂蛋白是胆固醇从肝胰脏运送到体液的载体。因此，磷脂酰胆碱缺乏将使胆固醇运输受阻，以至某些周边组织的胆固醇不足，尤其在蜕壳时，这种现象更易显现出来。因此，虾类的蜕壳死亡可能与饲料中缺乏磷脂酰胆碱有关。一些对虾幼体对磷脂的需求量如表 13-1 所示。

表 13-1 几种对虾幼体对磷脂的需求量

(引自王吉桥等，2002)

g/100 g

种类/发育阶段(湿重)	磷脂源	需求量	文献来源
凡纳滨对虾 *Penaeus vannamei*(2 mg)	SL:86%PL	6.5	Coutteau et al,1996
日本对虾 *Penaeus japonicus*			
$Z_1 \sim Z_2$	SL：24%PC，18%PI	3.0	Teshima et al,1983
1 g	SL：35%PC，18%PI	3.0	Teshima et al,1986
斑节对虾 *Penaeus monodon*(0.45 g)	SoyPC：80%PC,20%LPC	1.25	Chen,1993
南美蓝对虾 *Penaeus stylirostris*	SL：24%PC	1.5	Bray et al,1990

注:PL,磷脂;SL,大豆磷脂;SoyPC,大豆卵磷脂;PC,卵磷脂;PI,磷脂酰肌醇。LPC,溶血磷脂酰胆碱。

胆固醇也是细胞膜的组成成分之一，对保持细胞膜在较低温度下的流动性具有重要作用，而且还是合成性激素、蜕皮激素、肾上腺皮质类固醇激素以及维生素 D 等生物活性物质的前体，是动物生长发育及繁殖不可缺少的营养素。特别是甲壳类动物与鱼类不同，自身不能有效地合成胆固醇，其所需要的胆固醇必须依靠外界供给。甲壳类虽具有将麦角固醇、豆固醇、谷固醇转化成胆固醇的能力，但不同种类、不同生长阶段其转化能力不同，虾蟹幼体对胆固醇的需求量与饲料的种类、营养成分和饲料条件有关。一些虾蟹类对胆固醇的需求量请参见第三章的表 3-9。

3. 碳水化合物的需求 虾蟹类体内虽存在着不同活性的淀粉酶、几丁质分解酶和纤维素酶等，但其利用糖类的能力远比鱼类低，对糖类的需要量亦低于鱼类。一般来说，对虾对简单的糖类的利用率较低，而对复合多糖的利用率较高。凡纳滨对虾(*Penaeus vannamei*)饲料中以葡萄糖作为糖源，其生长受抑制，而以淀粉作为糖源时，对虾生长正常。桃红对虾(*Penaeus duorarum*)摄食含 400 g/kg 淀粉饲料时，其生长速度比摄食含等量葡萄糖饲料的对虾快。用分别含 100 g/kg 糖原、淀粉、糊精、葡萄糖或蔗糖的饲料来饲喂日本对虾(*Penaeus japonicus*)，其增重率以饲喂蔗糖饲料组的为最大，而饲喂葡萄糖饲料组的增重率最低。饵料转化率淀粉组＞糊精组＞增重蔗糖组＞糖原组。研究报道中华绒螯蟹(*Eriocheir sinensis*)溞状幼体饲料中适宜的含糖量为 20%，0.1～10 g 的个体以成活率为指标时饲料中适宜的含糖量为 31%，适宜的粗纤维含量为 7.8%。由于虾蟹肠道短，虽有纤维素分解酶，但消化能力有限，所以一般认为配合饲料中纤维素水平应控制在 2%～

4%。饲料中少量的纤维素具有刺激消化酶的分泌,有助于虾蟹类肠胃的蠕动,能减慢食物在肠道中的通过速度,促进对其他营养素的吸收利用。

4. 维生素和其他营养素的需求　维生素对虾蟹类正常的蜕壳、生长发育和存活具有重要功能。虾蟹类自身不能合成维生素或合成的维生素量很少,难以满足机体正常生长代谢的需要,同样作为必需营养素需要从饲料中获取。如维生素 A 能调节体内蛋白质、脂肪和碳水化合物的代谢,促进对虾的视觉功能,并参与对虾虾红素的形成。当饲料中维生素 A 为 4～6 mg/100g 时,对中国对虾(*Penaeus chinesis*)幼体的变态、存活和活力有明显的促进作用。维生素 D 能促进钙、磷在甲壳和肌肉中的积累有利幼体的顺利蜕壳,维生素 D 还能促进蛋白质的消化吸收,提高饵料的转化率。饲料中添加维生素 E 能提高日本对虾(*Penaeus japonicus*)、凡纳滨对虾(*Penaeus vannamei*)和中国对虾(*Penaeus chinesis*)的成活率和生长率。饲料中添加 200～400 mg/kg 维生素 E 对中华绒螯蟹(*Eriocheir sinensis*)仔蟹的正常生长发育、存活和蜕皮是必需的。维生素 K 在体内参与细胞代谢的电子传递和氧化磷酸化作用,饲料中添加一定量维生素 K 的能促进中国对虾(*Penaeus chinesis*)的生长。维生素 C 与甲壳类蜕壳后外壳硬化有关,因为硬化层是由一种外壳蛋白和苯醌的交联作用形成,而维生素 C 参与体内苯醌的形成。甲壳类变态期蜕壳频繁,需要更多的维生素 C 用于甲壳的硬化和胶原蛋白的形成,饲料中维生素 C 的含量会影响甲壳类的蜕壳频率和蜕壳周期。当饲料中缺少维生素 C 或含量不足时,对虾不仅生长缓慢或停滞,而且行动迟缓、反应慢,蜕壳频率低、蜕壳周期长及壳软,对虾死亡率增加。幼体不同发育阶段对不同类型的维生素 C 利用率存在差异,用含包膜维生素 C 和维生素 C 磷酸酯镁添加饲料饲喂中国对虾(*Penaeus chinesis*)溞状幼体和糠虾幼体,发现饲料中添加包膜维生素 C 饲喂状幼体效果优于维生素 C 磷酸酯镁,其最适添加量为 200 mg/100 g 饲料;饲料中添加维生素 C 磷酸酯镁饲喂糠虾幼体效果优于包膜维生素 C,添加量为 100～500 mg/100 g 饲料范围内差异不显著;饵料中较高的维生素 C 添加量影响中国对虾状幼体的变态速度。甲壳类对维生素的需求量受种类、性别、大小、生长阶段、生理状态、蜕壳周期、饲料组成与加工方法、维生素的类型及饲养条件等诸多因素的影响,要获得虾蟹对维生素的准确需求量比较困难,表 13-2 列举一些对虾对维生素的需求量数据,可供配制微粒子饲料时参考。

表 13-2　几种对虾幼虾对饲料中维生素的需求量

(引自王吉桥等,2002)　　mg/kg

维生素	斑节对虾 (*P. monodon*)	日本对虾 (*P. japonicus*)	中国对虾 (*P. chinesis*)	凡纳滨对虾 (*P. vannamei*)	加州对虾 (*P. californiensis*)
硫胺素	13～14	60～120	60		
核黄素	22.5	80	100～200		
维生素 B_6		120	140	80～100	
维生素 B_{12}	0.2		0.01～0.02		
烟酸	7.2	400	400		
生物素			0.8		
叶酸	2.8		5～10		
肌醇		2 000～4 000	4 000		
胆碱		6 000	4 000		
泛酸					
维生素 C	2 000(CI) 210(C2PP)	3 000(CI) 10 000～20 000(CI)	100 4 000	90～120(C2PP)	2 000(CI)

续表 13-2

维生素	斑节对虾 (*P. monodon*)	日本对虾 (*P. japonicus*)	中国对虾 (*P. chinesis*)	凡纳滨对虾 (*P. vannamei*)	加州对虾 (*P. californiensis*)
	100～200 (C2PMg) 40(C2MP)	215～430 (C2PMg)	600		
维生素 A	157(C2S)		12 万～18 万 IU	99	
维生素 D	0.1(D_3)		6 万 IU		
维生素 E			360～440 IU		
维生素 K	30～40		185 IU		

注:CI,*L*-抗坏血酸;C2PP,维生素 C 多磷酸酯;C2PMg,维生素 C 磷酸酯镁;C2MP,维生素 C 单磷酸酯;C2S;*L*-抗坏血酸-2-硫酸酯。

甲壳动物可以通过鳃膜渗透、口吞饮和消化道吸收等方式获取部分矿物质,但幼体由于不断地蜕皮,损失较多的矿物质特别是钙与磷,因此钙、磷的代谢旺盛,需求量大。对于中国对虾仔虾(5.88～7.88 mm),饲料中钙、磷总含量约为 1%,而钙、磷比为 1∶7.3 时,其体质量增长率与成活率最高;而对于幼虾(5.0～6.5 cm),当钙、磷总含量约为 2%,钙、磷比为 1∶1.7 时,其增重率及饲料转化率最高。钙、磷比中磷含量高,会影响仔虾的成活率和增重,抑制仔虾的生长,表明中国对虾(*Penaeus chinesis*)磷的需求通过饲料补充获得,海水中的钙可基本满足中国对虾的生长。添加磷酸二氢钾使饲料中磷含量在 0.71%～1.82%的范围内,对仔虾的存活率、体内的磷含量无显著的影响;饲料中磷含量为 1.16%～1.37%时,仔虾的体长增长率最佳。日本对虾(*Penaeus japonicus*)和加州对虾(*Penaeus californiensis*)饲料中钙、磷的比例分别以 1∶1 和2.2∶1为宜。中华绒螯蟹(*Eriocheir sinensis*)溞状幼体到大眼幼体阶段对矿物质的需求量约为 6%。溞状幼体对钙、磷的适宜需求量分别为 2%和 1%,两者比为 2∶1。由于虾蟹类对各种矿物质需要量很少,而且配制的基础饲料和饲育环境总存在着一定的矿物质,很难配制某种矿物质含量准确的梯度饲料,因此,有关虾蟹对各种矿物质的需求量研究还很有限,特别是变态期幼体对矿物质的需求研究资料更是缺乏。

第四节 水产动物微粒子饲料的种类

目前已开发研制出的微粒子饲料根据其制造方法及性状大致可分为以下 3 种类型(图 13-1):

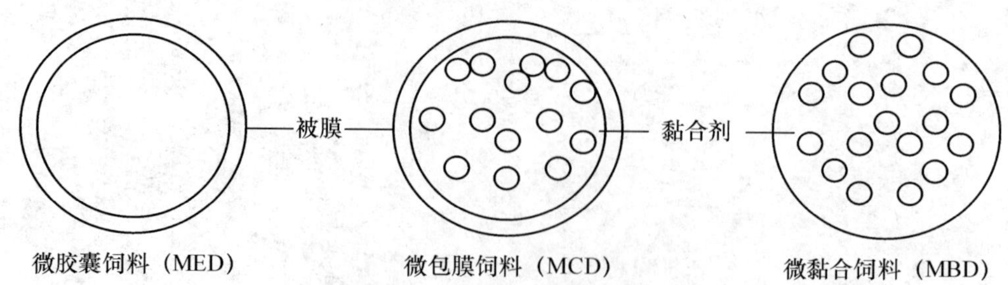

图 13-1 微粒子饲料的示意图

(李爱杰等《水产动物营养与饲料》,1996)

1. 微胶囊饲料(micro-encapsulated diet,MED) 这种微粒子饲料其原料成分(液体、固体或胶状）外包一层被膜即胶囊，被膜内的组成成分不含任何黏合剂，其水中的安定性主要是靠被膜维持。被膜的材料主要有尼龙—蛋白质（nylon-protein），胶蛋白—阿拉伯树胶（gelatin-gum acacia）、壳聚糖（chitosan）、油脂（lipid）等。

2. 微黏合饲料（micro-bounded diets，MBD）　这种微粒子饲料主要是使用黏合剂把原料成分连接在一起，饲料的形状和水中的安定性主要是靠黏合剂维持。常用黏合剂的种类有琼脂（agar）、胶蛋白（gelatin）、玉米醇蛋白（zein）、卡拉胶（carrageenan）、藻酸盐（alginate）等。

3. 微包膜饲料（micro-coated diet，MCD）　这种类型的微粒子配合饲料实际上是 MCD 和 MBD 的组合形式，即在 MBD 的外面再包裹一层外膜以增加粒子在水中的稳定性。外膜的材料主要有尼龙—蛋白质（nylon-protein）、胆固醇-卵磷脂（cholesterol-lecithin）、玉米蛋白（zein）、油脂（lipid）等。

最近日本正在开发一种完全不含黏结剂的新型微粒子饲料（图 13-2），这种微粒饲料的组成成分主要是依靠其中的蛋白质水解物（milk casein）和脂肪酸钙盐（DHA-Ca）的结合而成型，由于这种微粒子饲料使用小分子的蛋白水解物及不含黏结剂而更有利于幼体对微粒子饲料的消化吸收。

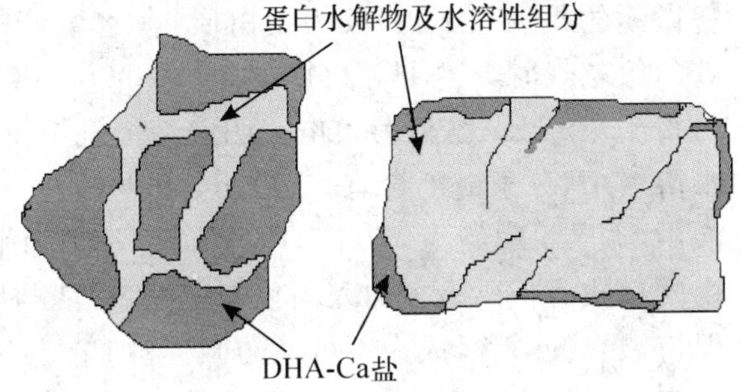

图 13-2　新型微粒子饲料示意图

MED 虽具有较好的水中稳定性，但其外膜很难被幼体的消化酶所溶解，阻碍幼体对其营养成分吸收利用。Walford 等（1991）报道，MED 不能被早期的尖吻鲈（*L. calcarifer*）仔鱼所消化。最近，Yufera 等（1999）在研究制作 MED 过程中采用白明胶（gelatin）作为分散剂，可使 MED 外部的胶囊变得薄且柔软，这种 MED 能有效支持 8～15 d 龄的金头鲷（*Sparus aurata*）仔鱼的生长。与此相反，MBD 较 MED 容易被仔鱼消化吸收，但因其粒径小，表面积相对较大，其营养成分特别是结晶氨基酸、水溶性蛋白质及维生素等在浸水后很容易溶出流失，同样也会影响幼体对它的利用。Lopez-Alvarado 等（1994）研究表明，MBD 浸水后 2 min 其内部的结晶氨基酸的溶出率高于 80%，而蛋白质膜微胶囊饲料中结晶氨基酸溶出率只为 40%。另一种脂质膜微胶囊饲料（三软脂酸甘油酯＋2%山梨糖醇酐三油酸酯）中的结晶氨基酸溶出率则最低约为 1.4%。

第五节　水产动物微粒子饲料的加工

微粒子饲料的制备原理是，通过利用黏合剂或水不易溶物质如海藻胶、明胶、尼龙-蛋白、玉米醇溶蛋白、脂类、胆固醇等将各种营养物质混合经一定工艺制成微粒状或微胶囊状饲料。目前常用的制备方法有：

1. 喷雾干燥法　该方法主要用于生产微胶囊饲料，生产出的粒子直径一般在 10～1 600 μm。主要生产工艺流程是：

（1）原料粉碎　将原料和添加剂用超微粉碎机进行粉碎，粒度≤10 μm。

（2）溶液调制　将被膜材料（明胶、海藻酸钠、卡拉胶等）在常温下冷水中浸泡 60 min，于 60 ℃下水浴加热，并加入乳化剂和稳定剂，使其溶解，待冷却后加入原料。

（3）均质　使用均质机将上述配制的溶液进行均质，使芯材和壁材充分混合均匀，均质次数以 2～3 次为妥。均质次数的增加，有利于微胶囊化效率和产率的提高，但在均质过程中会吸入大量空气,能加速原料的氧化。

(4)喷雾干燥　将均质料液通过雾化器,喷成雾滴分散在热气流中(180～220 ℃),使溶解胶囊材料的溶剂迅速蒸发,使囊膜固化并最终使得被包被的囊芯物质微囊化。

2. 流动层造粒法　该方法是用于生产微黏合饲料,经粉碎的原料在一密闭的装置中,通过从容器底部鼓入气流,让粉体原料悬离浮游起来,在保持流动状态的同时,向其中喷洒黏合剂溶液,使之凝结粒化。这种方法集混合、搅拌、造粒、干燥于一密闭装置内,无须配套其他设备,单位原料的产品生成率高,损失小,污染少。此外,其造粒时间短,能获得多孔的松软的粒子,容易外喷添加油脂。

3. 黏合破碎法　是一种常用的微黏合饲料生产方法,其加工工艺较简单,主要流程是:原料粉碎→混合(黏合剂添加)→制粒→低温干燥→冷却→破碎→筛分。由于制粒过程中没有经过高温处理,所以一些热敏性营养成分损失较少。但是,其产品成品率较低,且饲料在水中的悬浮性和稳定性较差,既影响幼体的摄食利用又容易污染水质。

4. 相分离-复凝聚法　是生产微胶囊饲料的一种经典方法,常用明胶、阿拉伯胶为囊材。其制备微囊的机理如下:明胶为蛋白质,在水溶液中其所带正负电荷受介质 pH 的影响,当 pH 低于明胶的等电点时,$—NH_3^+$ 数目多于$—COO^-$,溶液荷正电;当溶液 pH 高于明胶等电时,$—COO^-$ 数目多于$—NH_3^+$,溶液荷负电。明胶溶液在 pH 4.0 左右时,其正电荷最多。阿拉伯胶为多聚糖,在水溶液中,分子链上含有—COOH 和$—COO^-$,具有负电荷。因此在明胶与阿拉伯胶混合的水溶液中,调节 pH 约为 4.0 时,明胶和阿拉伯胶因荷电相反而中和形成复合物,其溶解度降低,自体系中凝聚成囊析出。再加入固化剂甲醛,甲醛与明胶产生胺醛缩合反应,明胶分子交联成网状结构,保持微囊的形状,成为不可逆的微囊;加 20%NaOH 调节介质 pH 至 8～9,有利于胺醛缩合反应进行完全。该工艺制得的产品具有较好的稳定性和悬浮性,但其产量较低、成本高,仅适合于实验室研究。其生产工艺流程见图 13-3。

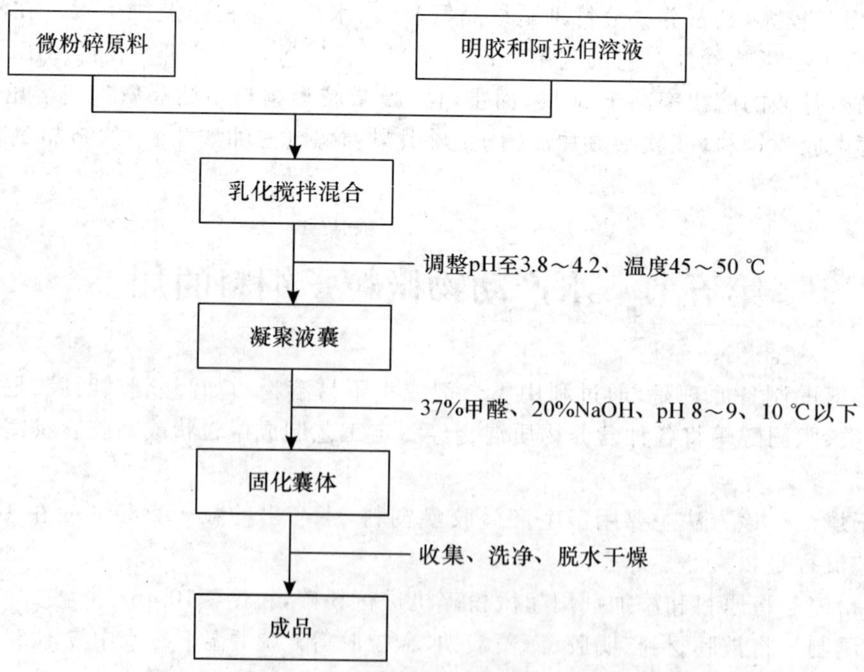

图 13-3　相分离-复凝聚法生产微胶囊饲料的工艺流程

5. 滚筒干燥法　该生产工艺较早被用于鱼虾幼体饲料的生产,其工作原理是让液体或泥浆状物料在水蒸气或其他热载体加热的滚筒表面形成薄膜，达到干燥目的。滚筒干燥受热面积大，热效率高，加热均匀，而且干燥时间短，一般为 7～30 s，对热敏性物料成分破坏少，产品在水中的悬浮性较好。主要生产流程是：原料粗粉碎→超微粉碎→混合→调浆→滚筒干燥→分级筛分→包装。

第六节　水产动物微粒子饲料的研究展望

近年来，海水鱼类仔稚鱼用的微粒子配合饲料的开发研究虽然取得较大的进展，但仍然有许多悬而未决的问题。为了尽早地研究出能与生物饵料相媲美的海水鱼类仔稚鱼用的人工微粒子配合饲料。今后应着重进行以下方面的研究：

(1)研究开发新型黏合剂或外包胶囊材料，并探索新的加工工艺，研制出既有良好水中稳定性又容易被仔鱼消化吸收的微粒子配合饲料。

(2)加强对仔稚鱼营养需求的研究，特别是对微量营养成分需求量的研究。并探明不同鱼种、同一鱼种的不同发育阶段仔稚鱼的营养需求。

(3)深入地研究仔稚鱼的消化生理，查明仔稚鱼对营养成分的消化、吸收及代谢规律。

(4)研究开发适合于使用微粒子配合饲料的仔稚鱼饲育装置。如饲育水槽的形状、充气以及排污系统的设计有利于微粒子配合饲料的悬浮和残饵、排泄物的清除，以提高饲料的利用率，保持良好的饲育环境。

思考题

1. 什么叫水产动物微粒子饲料？它必须具备哪些基本条件？有何优点？
2. 请叙述海水仔鱼和虾类幼体各有哪些消化生理特点。
3. 请叙述海水仔稚鱼的蛋白质和脂类营养需求特点。
4. 请叙述甲壳类对脂类的需求特点。
5. 水产动物微粒子饲料有哪些类型？各有何特点？
6. 请列举出几种常用水产动物微粒子饲料的生产加工方法。

第十四章
水产动物配合饲料质量与安全控制

内容提要

本章主要介绍水产动物配合饲料原料和产品质量检验的主要内容和基本方法、质量标准和判定方法、配合饲料生产的质量控制、饲料安全及控制、饲料质量认证和认证体系。

水产配合饲料的质量和安全性直接关系到养殖生产的效果,也是饲料企业各项工作的综合反映,是企业生存和发展的生命力,必须予以高度重视。

第一节 饲料原料和产品的检验

饲料原料和产品的检验是饲料工业生产中的重要环节,是保证配合饲料质量的重要手段。其主要任务是检验饲料原料和产品的物质组成及含量,即采用物理或化学等手段,对饲料原料及成品的物理特性、各种营养成分、抗营养成分、有毒有害物质、添加剂等进行定性或定量测定,从而对检验对象进行正确的、全面的品质评定。

一、饲料原料和产品检验的主要内容

饲料成分可以分为常量成分、微量成分,也可分为主要营养成分、添加剂、污染引入的有毒有害物质、有意无意引入饲料中的杂质等。一般饲料分析检验的内容可分为以下几个部分:

(1)常规成分分析(概略养分分析) 主要包括水分(初水、总水)、干物质(风干样品、绝干样品)、粗蛋白质、粗脂肪、粗灰分、粗纤维和无氮浸出物的分析(表 14-1)。

表 14-1 常见饲料原料检测成分

(周安国,2000;王康宁,1997)

饲料品种	必检项目	可选检测项目
各种饲料原料	水分、颜色、杂质、气味、粗细度、霉变、产热	容重、比重、抗营养物质
谷类饲料及副产品饲料	水分、粗蛋白质、粗灰分、容重、等级	微生物毒素、细胞壁物质、抗营养物质
粗饲料	水分、粗蛋白质、粗灰分、细胞壁成分	微生物毒素、硝酸盐、有机酸(青贮)
脂肪	水分、非皂化物质	游离脂肪酸、过氧化物
糖蜜	水分、粗灰分	转化糖、真蛋白、非蛋白氮、乳酸、矿物元素
预混饲料	水分、粗蛋白质、粗灰分、非蛋白氮	维生素、矿物元素、特定成分
成品饲料	水分、粗蛋白质、钙、磷、食盐	卫生指标、氨基酸、特定成分

(2)纯养分分析 主要包括氨基酸、真蛋白、维生素、矿物元素、还原糖等的分析。

(3)饲料中有毒有害物质的分析 主要包括游离棉酚、硫葡萄糖甙、噁唑烷硫酮、亚硝酸盐、氰化物、单宁、蛋白酶抑制剂、黄曲霉毒素、铅、砷、铬、镉等的分析。

(4)饲料中非营养性添加剂分析 主要包括保健增长剂、诱食剂、抗氧化剂、色素等的分析。

(5)饲料中微生物分析 主要包括饲料中有毒有害的细菌、霉菌等的分析。

(6)饲料中杂质和掺假物质分析 主要包括鱼粉中掺假物质、豆粕中掺假物质等的分析。

(7)饲料加工质量的检测 主要包括包括颜色、尺寸、容重、粉碎粒度、粉化率、硬度、含水量、混合均匀度等检测。

二、饲料原料和产品检验的基本方法

饲料检验从检验手段上可分为感官检验法、物理检验法、化学分析法、仪器分析法、微生物分析法和动物试验法等,其中化学分析法是应用最为普遍的分析方法。

(一)感官检验法

此法对样品不加任何处理,直接通过人的感觉器官,对饲料原料的形态、颜色、气味、质地等是否正常作出判断,对饲料是否霉变、虫害、酸败等作出直观判断,并对饲料的水分含量作出初步判断和对饲料中的异物作出估计,是最普通、简单易行的检验方法,具有简单、灵敏、快速、不需要特殊器材等优点,有经验的检验人员其检验结果的准确性也很高。

(1)视觉 观察饲料的外观、形状、色泽、颗粒大小、均匀性、有无霉变,是否有虫子、硬块、异物等。

(2)味觉 通过舌舔和牙咬来检查饲料的味道、硬度、口感、干燥程度和有无异味等。

(3)嗅觉 通过嗅觉来鉴别饲料的气味是否正常,检查饲料有无霉臭、腐臭、氨臭和焦臭等异味。

(4)触觉 将手插入饲料中或取样品于手上,用指头捻,通过感触来判断其粒度的大小、硬度、黏稠性、有无夹杂物和水分含量等。

(二)物理检验法

物理检验法是使用简单的器具,利用饲料的物理性状进行饲料检验的一种方法,常用的物理检验法有以下几种:

(1)筛选法 筛选法是用孔径大小不同的一组筛子(如直径为 0.5 mm、1 mm、2 mm、3 mm 等),分别筛出饲料中粒子的大小。用这种方法可以判断饲料的种类和混入的物质,并且能够分辨出用眼睛难以分辨的异物。

(2)体积质量称量法 一定体积的精料和某些饲料,其质量也是一定的,这种一定体积的质量称为体积质量。例如,把 1 L 饲料的质量称为 IL 质量。

用规定的量具测出体积质量,把试样的 IL 质量与该饲料的标准质量相比,就能分辨出有无异物混入,并提供该饲料质量好坏的信息。各种饲料的体积质量见表 14-2。

表 14-2 饲料的体积质量 g/L

饲料名称	体积质量	饲料名称	体积质量	饲料名称	体积质量
麦(皮麦)	580	糙米	840	棉籽饼	480
大麦(碎的)	460	麸	350	亚麻籽饼	500
黑麦	730	米糠	360	淀粉糟	340

续表 14-2

饲料名称	体积质量	饲料名称	体积质量	饲料名称	体积质量
燕麦	440	脱脂米糠	426	鱼粉	700
粟	630	大麦混合糠	290	碳酸钙	850
玉米	730	大麦细糠	360	贝壳粉(粗)	630
玉米(碎的)	580	豆饼	340	贝壳粉(细)	600
碎米	750	豆饼(粉末)	520	盐	830

(3)密度鉴别法　密度鉴别法是应用相对密度不同的液体,将饲料放入液体内,有的物质浮起来,有的物质沉下去,根据其浮沉,可鉴别出是否有异物混入,以及混入异物的种类与比例。常使用的液体有甲苯(相对密度 0.88)、汽油(相对密度 0.64)、水(相对密度 1.00)、氯仿(相对密度1.48)、四氯化碳(相对密度 1.59)和三溴甲烷(相对密度 2.90)。

密度鉴别法比较简单、有效,容易采用。例如,用上述液体,就能鉴定出鱼粉及其他饲料里混杂的沙土等异物。如混入沙土的鉴定:用试管或细长的玻璃杯盛上供检样品,加入 4～5 倍水,充分搅拌混合,放置一会儿,沙土等相对密度大的异物沉降于试管底部,很容易鉴别出来。

(4)镜检法　肉眼看不出来或看不清楚的物质,可以用放大镜或显微镜鉴别,能够看出配合饲料中各种饲料的种类,从而判断饲料好坏和有无异物混入。用低倍显微镜或放大镜可观察物质的外部特征;在高于 100 倍的显微镜下能观察到试样的组织学特征,如用于配合饲料中单饲料的判断、糠壳的检出、杂草种子的鉴别等。

(5)水淘选鉴别法　对于混入麦麸或米糠当中的稻壳粉末、花生皮粉末、锯末等,可采用碱处理后流水淘选的方法,对其混入量进行大体的定量。

水淘选鉴别法的具体做法是:取 1 g 试样于烧杯中,加入约 100 mL 5％氢氧化钠溶液,煮沸 30 min后静置,弃去上清液,将残渣移入 1 L 烧杯中,用玻璃弯管导入流水形成涡流,这时,稻壳粉末、花生皮粉末等黄色残渣集中在中间,白色的麦麸和米糠残渣则浮游于外侧,用另一支玻璃弯管吸去浮游物,将剩下的残渣过滤,干燥,称量。称量数乘以系数(稻壳粉末为 2.5,花生皮粉末、锯末均为 1.7)则为混入物的量。

另外,黏度法、熔点法、旋光法、折射法等也是常用的物理检验方法。

(三)化学分析法

化学分析法是应用化学试剂对饲料进行分析、检验和鉴定的方法,分定性分析法和定量分析法两种。

定性分析法在饲料中加入适当的化学试剂,根据发生反应的沉淀、颜色、气泡等变化,判断饲料中是否含某种成分、是否有异物掺入。例如,在饲料试样中加入 5～6 倍水,用力振荡摇匀,过滤后,向滤液中加入稀硝酸及硝酸银溶液 1～2 滴,如试样中有氯化物存在,则产生白色沉淀。淀粉与碘-碘化钾溶液反应,呈深蓝色,据此可以方便地鉴别试样中是否含有淀粉。间苯三酚与木质素反应呈深红色,据此可检出饲料中是否混有锯末、花生皮粉末、稻壳粉末等。碳酸盐(碳酸钙粉、贝壳、蟹壳)中加入稀盐酸,就会产生二氧化碳气泡。

定量分析是对饲料中特定成分的含量进行准确测定。饲料中的常规成分如水分、粗蛋白、粗脂肪、粗灰分、粗纤维素等的测定均可用此法。

化学分析法操作复杂、速度慢,但对含量较高组分的测定具有较高的准确度和重现性,并且化学分析法所需的仪器设备成本低,技术易掌握,便于推广应用。

(四)仪器分析法

仪器分析法是根据饲料中某种物质的物理性质或物理化学性质(如物质的光、电、热及在两相间的分配),采用特殊的仪器来测定的方法。目前,饲料中许多较难测定的成分,如微量元素、氨基酸、维生素等,都可以用仪器分析法测定,对于饲料常规成分也可用仪器来测定。常用的大型仪器有高效液相色谱、原子吸收分光光度计、离子交换色谱氨基酸分析仪、液相色谱质谱仪、气相色谱质谱仪、蛋白质自动分析仪、纤维素自动分析仪、水分自动分析仪等。仪器分析法的准确度、精确度和灵敏度都非常高,检验限可达 mg/kg、μg/kg,甚至 ng/kg,具有简便、快速、灵敏、选择性好、自动化程度高的特点。当然,仪器分析也具有一定的局限性,因为它是相对的分析法,测定某一组分时常常需要标准品,而这些标准品的含量常常要用经典的化学分析法来测定,并且仪器分析法的设备复杂、价格高,较难普及。因此,化学分析法是饲料检验的基础,仪器分析法是发展的方向。

(五)微生物分析法

细菌与霉菌的检验是饲料检验的重要内容与方法之一。细菌和霉菌的检验通常需要进行容器的洗涤、灭菌消毒、培养基的制备、样品稀释液的制备、接种、培养、提纯分离、染色、镜检、菌落计数等基本操作步骤,从而确定菌属种类与饲料污染的程度,对饲料品质作出判断。

饲料检验中细菌检验的项目通常包括细菌总数、大肠杆菌、沙门氏菌等的检验;霉菌检验的项目通常包括霉菌总数的检验、霉菌属的判断、黄曲霉素的检验等。

(六)动物试验法

饲料是为满足动物的生理和营养需求而喂给的,根据动物试验能够对饲料质量做出充分的评定,是最有直接说服力的评判方法。但是动物试验需花费大量劳力、时间与费用,不是一种简易的方法。

动物试验有多种方法,通常所做的有饲养试验、消化试验、营养试验、代谢试验、同位素示踪技术、适口性试验、有毒有害物质的影响程度的比较试验等。根据实验的不同目的,可采用的实验动物有鱼、虾、蟹、鳖、蛙等,也可用豚鼠、白鼠等小动物做实验。

(七)模拟动物评定法

该法是采用模拟动物消化道条件,在实验室中对饲料作离体消化实验,评定饲料的营养价值,它可以克服常规动物消化试验和指示剂法耗费大量人力、物力、财力和时间的缺陷。体外消化法按消化液的来源,分为消化道消化液法和人工消化液法或两类消化液混合使用。

(八)回归预测饲料营养价值法

通过大量的科学试验、分析测定数据,结合数理统计知识,建立回归统计公式,在以后的生产或科学研究中,根据饲料中某一种或几种成分的含量,可利用回归公式,预测饲料的其他有效成分含量和评价饲料的营养价值,这是一种比较科学和简捷的评定方法。

三、饲料样品的采集、制备和保存

(一)饲料样品的采集

饲料样品的采集是饲料分析检验过程的第一步,必须能代表全部被分析的饲料,要求按 GB/T

14699.1—2004 要求操作。

饲料的采样点一般按饲料的种类和包装的实际情况，从上、中、下 3 个部位用采样器采样，或者按 4 个角和 4 个角的对角线交叉点共 5 个点采样，采样量一般按包装单位数量的 1/10 来抽采样品。为了保障分析样本的代表性，均匀性较好的样品一般按“四分法”来缩减原始样本。对于不均匀的样品，一般按“几何法”来缩减样品，直到缩减后的样品与测定所需要的样品量相近为止。

一般将混匀后的样品分为 3 份，一份作为检验样品，一份作为复验样品，一份作为备用样品。

(二)饲料样品的制备

样品的制备必须保证不破坏和损失需要分析检测的饲料组分，并有利于对饲料样品的分析检验和制备后样品的保藏。

(三)饲料样品的保存

制备好的样品应尽快进行分析，否则应将样品置于磨口瓶或密封塑料瓶(袋)中，编好分析号码，贴好标签，保存于阴凉干燥处或冰箱中，以备后用。

样品应置于温度适宜、密封干净的容器内，避光保存。容易腐烂变质的样品，需采用低温或冷冻干燥的方法保存。

四、主要指标的检测

饲料检验的内容比较广泛，按检验的对象可分为两类，一是对饲料原料，如农产品及副产品、工业副产品、添加剂等的检验；二是对饲料产品，如预混料、浓缩饲料、配合饲料等的检验。如按检验的项目可分为 4 类，一是对原料或产品物理性状的检验，如对饲料粒度、混合均匀度、容重、颗粒饲料硬度和粉化率的测定；二是对原料或产品营养成分的检验，即对一般概略养分(水分、CP、EE、CF、NFE、ASH 等)、矿物质元素(Ca、P、Fe、Cu、Se 等)、各种维生素(A、D、E、K、B 族维生素等)、氨基酸等测定；三是对某些添加剂的检验，如对维生素添加剂、氨基酸添加剂等的测定；四是对有毒有害物质的检验，如对农药残留、重金属、尿素酶活性、棉酚等的测定。

(一)概略养分分析法和纯养分分析法

国际上通常采用 1864 年德国 Weende 试验站 Hanneberg 提出的常规饲料分析方案，即概略养分分析方案(feed proximate analysis)，将饲料中的养分分为 6 大类：水分、粗灰分、粗蛋白、粗脂肪、粗纤维、无氮浸出物。

饲料中最基础的、不可再分的营养物质叫纯养分，包括蛋白质中的氨基酸、脂肪中的脂肪酸、碳水化合物中的各种糖以及各种矿物元素、维生素等。测定纯养分的分析方法叫纯养分分析法。

纯养分分析比概略养分分析更准确，更能反应饲料的营养价值，但方法复杂，需要一定的设备。

(二)饲料常规成分的测定

(1)水分的测定方法　水分的测定方法很多，有加热干燥法(GB/T 6435—2006)、蒸馏法、卡尔・费休法、电测法、近红外分光光度法、气相色谱法、核磁共振法等。快速测定按 GB/T 18868—

2002 要求操作。

(2)粗蛋白质的测定方法　有凯氏定氮法(GB/T 6432—1994)、全自动定氮仪法、凯氏半自动定氮仪法等测定方法。快速测定按 GB/T 18868—2002 要求操作。

(3)粗脂肪的测定方法　有索氏抽提法(GB/T 6433—2006)、酸水解法、脂肪测定仪法等测定方法。

(4)粗纤维的测定方法　按 GB/T 6434—2006 要求测定。快速测定按 GB/T 18868—2002 要求操作。

(5)粗灰分的测定方法　按 GB/T 6438—2007 要求进行测定。

(6)无氮浸出物的测定方法　一般不直接测定,而用差值法计算而得。用 100%减去饲料中的水分、粗蛋白质、粗脂肪、粗灰分、粗纤维的含量即为无氮浸出物含量。

(7)水溶性氯化物的测定方法　按照 GB/T 6439—2007 要求进行测定。

(三)饲料中维生素的测定

(1)饲料中维生素 B_1 的测定　按 GB/T 14700—2002 要求测定。

(2)饲料中维生素 B_2 的测定　按 GB/T 14701—2002 要求测定。

(3)饲料中维生素 B_6 的测定　用高效液相色谱法(GB/T 14702—2002)测定。

(4)饲料中维生素 E 的测定　用高效液相色谱法(GB/T 17812—1999)或分光光度法测定。

(5)饲料中总抗坏血酸的测定　用邻苯二胺荧光法(GB/T 17816—1999)测定。

(6)饲料中维生素 A 的测定　用高效液相色谱法(GB/T 17817—1999)或三氯化锑比色法(GB 12388—1990)测定。

(7)饲料中维生素 D_3 的测定　用高效液相色谱法(GB/T 17818—1999)测定。

(8)维生素预混料中维生素 B_{12} 的测定　用高效液相色谱法(GB/T 17819—1999)或原子吸收分光光度法测定。

(9)预混料中 *d*-生物素的测定　按 GB/T 17778—2005 要求测定。

(10)预混料中氯化胆碱的测定　按 GB/T 17481—2008 要求测定。

(11)复合预混料中泛酸的测定　用高效液相色谱法(GB/T 18397—2001)测定。

(12)复合预混料中烟酸、叶酸的测定　用高效液相色谱法(GB/T 17813—1999)测定。

(13)饲料中维生素 K_3 的测定　用高效液相色谱法(GB/T 18872—2002)测定。

(四)饲料中矿物元素的测定

(1)饲料中钙的测定　用高锰酸钾滴定法(GB/T 6436—2002)测定,也可用乙二胺四乙酸二钠(EDTA)络合滴定快速测定。

(2)饲料中总磷量的测定　用磷-钒-钼酸铵法(GB/T 6437—2002)或磷-钼酸铵法测定。

(3)饲料中铁、铜、锰、锌、镁的测定　可用原子吸收光谱法(GB/T 13885—1992)或化学分析法测定。

(4)饲料中碘的测定　用硫氰酸铁-亚硝酸催化动力学法(GB/T 13882—2002)或碘-重铬酸钾氧化比色法测定。

(5)饲料中硒的测定　按 GB/T 13883—2008 要求测定。

(6)饲料中钴的测定　用原子吸收光谱法(GB/T 13884—2003)测定。

(7)饲料中钼的测定　用分光光度法(GB/T 17777—1999)测定。

(8)饲料中硫的测定　用硝酸镁法(GB/ 17776—1999)测定。

(9)饲料中钙、铜、铁、镁、锰、钾、钠和锌含量的测定　按 GB/T 13885—2003 要求测定。

(五)饲料中氨基酸、能量的测定

(1)饲料中氨基酸的测定　用氨基酸自动分析仪(GB/T 18246—2000)或反相高效液相色谱法(HPLC)分析测定。

(2)饲料中有效赖氨酸的测定　按 GB/T 15398—2002 要求测定。

(3)饲料中含硫氨基酸的测定　用离子交换色谱法(GB/T 15399—1994)测定。

(4)饲料中色氨酸的测定　用分光光度法(GB/T 15400—1994)测定。

(5)饲料能量的测定　用氧弹式热量计测定。

(六)饲料中天然有毒有害物质的测定

(1)饲料中亚硝酸盐的测定　按 GB 13085—2005 要求测定。

(2)饲料中游离棉酚的测定　用苯胺比色法(GB 13086—1991)或间苯三酚法测定。

(3)饲料中异硫氰酸酯的测定　有气相色谱法和银量法两种方法,按 GB 13087—1991 要求测定。

(4)饲料中噁唑烷硫酮的测定　用紫外分光光度法(GB 13089—1991)测定。

(5)大豆制品中尿素酶活性的测定　按 GB 8622—2006 要求测定。

(6)饲料中单宁的测定　用钨钼酸比色法测定或按 SN/T 0800.9—1999 要求测定。

(7)饲料中黄曲霉毒素 B_1 的测定　用酶联免疫吸附法(GB/T 17480—2008)或半定量薄层层析法(GB/T 8381—2008)测定。

(8)饲料中霉菌总数的测定　按 GB 13092—2006 要求测定。

(9)饲料中细菌总数的测定　按 GB 13093—2006 要求测定。

(10)饲料中沙门氏菌的检验方法　按照 GB 13091—2002 要求测定。

(11)饲料中氰化物的测定　按 GB 13084—2006 要求测定。

(12)饲料中有机氯农药的测定　按照 GB 13090—1999 要求测定。

(七)饲料中有毒有害元素的测定

(1)饲料中铅的测定　按 GB 13080—2004 要求测定。

(2)饲料中总砷的测定　按 GB/T 13079—2006 要求测定。

(3)饲料中汞的测定　按 GB 13081—2006 要求测定。

(4)饲料中镉的测定　用原子吸收分光光度法(GB 13082—1991)或镉试剂比色法测定。

(5)饲料中铬的测定　用比色法(GB 13088—2006)测定。

(6)饲料中氟的测定　用氟离子选择性电极法(GB 13083—2002)或扩散-氟试剂比色法测定。

(八)饲料中禁用药物的检测

(1)饲料中盐酸克仑特罗的测定　按 NY/T 1460—2007 或 NY 438—2001 要求测定。

(2)饲料中乙烯雌酚的测定　用高效液相色谱法(HPLC)或液相色谱-质谱法(LC-MS 法)测定。

(3)饲料中金霉素的测定　按 GB/T 19684—2005 要求测定。

(4)饲料中喹乙醇的测定　按 GB/T 8381.7—2005 要求测定。
(5)饲料中氯霉素的测定　按 GB/T 8381.9—2005 要求进行测定。
(6)痢特灵(呋喃唑酮)的测定　按 NY/T 727—2003 要求测定。
(7)饲料中三聚氰胺的测定　按 NY/T 1372—2007 要求测定。
(8)饲料中苏丹红染料的测定　按 NY/T 1258—2007 要求测定。
(9)饲料中杆菌肽锌的测定　按 NY/T 726—2003 要求测定。

(九)配合饲料加工质量检测

按 NY/T 726—2003 要求测定。
(1)配合饲料粉碎粒度的测定　用标准编织筛,按 GB 5917—1986 要求测定。
(2)配合饲料混合均匀度的测定　按 GB/T 5918—2008 要求测定。
(3)微量元素预混合饲料混合均匀度的测定　按 GB 10649—2008 要求测定。
(4)颗粒饲料硬度的测定　用硬度计测定。
(5)颗粒饲料淀粉糊化度的测定　用铁氰化钾法测定。
(6)颗粒饲料粉化率的测定　用粉化仪进行测定。
(7)配合饲料水中稳定性(耐水性)的测定　用浸泡法测定。

(十)动物蛋白质饲料消化率的测定

用蛋白酶法(GB/T 17811—1999)测定。

(十一)饲料添加剂的检验

(1)饲料添加剂蛋氨酸的检验　按照 GB/T 17810—1999 或 GB/T 18868—2002 要求进行操作。
(2)饲料添加剂维生素的检验　见表 14-3。

表 14-3　维生素的检验标准

维生素	检验标准	维生素	检验标准
维生素 A 乙酸酯微粒	GB 7292—1999	维生素 B_2(核黄素)	GB 7297—2006
维生素 E 粉	GB 7293—2006	*D*-泛酸钙微粒	GB 7299—2006
维生素 K_3(亚硫酸氢钠甲萘醌)	GB 7294—2006	维生素 B_6	GB 7298—2006
维生素 B_1(盐酸硫胺素)	GB 7295—1987	维生素 C	GB 7303—2006
维生素 B_1(硝酸硫胺素)	GB 7296—1987	氯化胆碱	HG 2941—2005

(3)饲料添加剂矿物质的检验　见表 14-4。

表 14-4　饲料添加剂矿物质的检验标准

矿物质	检验标准	矿物质	检验标准
碳酸钙	HG 2940—2000	亚硒酸钠	HG 2937—1999
氯化钴	HG 2938—2001	硫酸锌	HG 2934—2000
硫酸铜	HG 2932—1999	磷酸氢钙	HG 2636—2000
硫酸亚铁	HG 2935—2000	碘化钾	HG 2939—2001
硫酸锰	HG 2936—1999	碘酸钙	HG 2418—1993
硫酸镁	HG 2933—2000		

(4)饲料保藏剂的检验　饲料中丁基羟基茴香醚、二丁基羟基甲苯和乙氧喹的测定：按照 GB/T 17814—1999 要求测定。

饲料中丙酸、丙酸盐的测定：按照 GB/T 17815—1999 要求测定。

五、饲料原料与产品的质量标准

(一)饲料原料质量标准

1.饲料基础原料质量标准　见表 14-5 至表 14-7。

表 14-5　谷实、糠麸类饲料原料质量标准

(理化指标和卫生指标)

项目	指标 \ 标准名称及编号	饲料用玉米 NY/T 114—1989	饲料用小麦麸 NY/T 119—1989	饲料用米糠 NY/T 122—1989	饲料用次粉 NY/T 211—1992	饲料用碎米 NY/T 212—1992	饲料用小麦 NY/T 117—1989	饲料用稻谷 NY/T 116—1989
粗蛋白质/%	一级	≥9.0	≥15.0	≥13.0	≥14.0	≥7.0	≥14.0	≥8.0
	二级	≥8.0	≥13.0	≥12.0	≥12.0	≥6.0	≥12.0	≥6.0
	三级	≥7.0	≥11.0	≥11.0	≥10.0	≥5.0	≥10.0	≥5.0
粗纤维/%	一级	<1.5	<9.0	<6.0	<3.5	<1.0	<2.0	<9.0
	二级	<2.0	<10.0	<7.0	<5.5	<2.0	<3.0	<10.0
	三级	<2.5	<11.0	<8.0	<7.5	<3.0	<3.5	<12.0
粗灰分/%	一级	<2.3	<6.0	<8.0	<2.0	<1.5	<2.0	<5.0
	二级	<2.6	<6.0	<9.0	<3.0	<2.5	<2.0	<6.0
	三级	<3.0	<6.0	<10.0	<4.0	<3.5	<3.0	<8.0
水分/%	指标	≤14.0	≤13.0	≤13.0	≤13.0	≤14.0	春麦≤13.5 冬麦≤12.5	≤14.0
沙门氏菌	允许量	不得检出	不得检出	不得检出	不得检出	不得检出	不得检出	不得检出
霉菌总数/(1 000 个/g)	允许量	<40	<40	<40	—	—	—	—
黄曲霉毒素 B_1/(mg/kg)	允许量	≤0.05	—	—	—	—	—	—
六六六/(mg/kg)	允许量	—	≤0.05	≤0.05	—	—	—	—
滴滴滴/(mg/kg)	允许量	—	≤0.02	≤0.02	—	—	—	—
镉/(mg/kg)	允许量	—	—	≤1	—	—	—	—

表 14-6　油料饼、粕类饲料原料质量标准　%

项目 \ 指标 \ 标准名称及编号		饲料用大豆饼 GB 10379—1989	饲料用大豆粕 GB 10380—1989	棉籽(仁)饼 GB 10378—1989	菜籽饼 GB 10374—1989	菜籽粕 GB 10375—1989	花生饼 GB 10381—1989	花生粕 GB 10382—1989
粗蛋白质	一级	≥41.0	≥44.0	≥40	≥37.0	≥40.0	≥48.0	≥51.0
	二级	≥39.0	≥42.0	≥36	≥34.0	≥37.0	≥40.0	≥42.0
	三级	≥37.0	≥40.0	≥32	≥30.0	≥33.0	≥36.0	≥37.0
粗脂肪	一级	<8	—	—	<10.0	—	—	—
	二级	<8	—	—	<10.0	—	—	—
	三级	<8	—	—	<10.0	—	—	—
粗纤维	一级	<5.0	<5.0	<10.0	<14.0	<14.0	<7.0	<7.0
	二级	<6.0	<6.0	<12.0	<14.0	<14.0	<9.0	<9.0
	三级	<7.0	<7.0	<14.0	<14.0	<14.0	<11.0	<11.0
粗灰分	一级	<6.0	<6.0	<6.0	<12.0	<8.0	<6.0	<6.0
	二级	<7.0	<7.0	<7.0	<12.0	<8.0	<7.0	<7.0
	三级	<8.0	<8.0	<8.0	<12.0	<8.0	<8.0	<8.0
水分	指标	≤13	≤13	≤12	≤12	≤12	≤12.0	≤12.0

表 14-7　饲料原料标准名称及标准编号

标准名称	标准编号	标准名称	标准编号
饲料用玉米	GB/T 17890—1999	饲料用柞蚕蛹粉	NY/T 137—1989
饲料用高粱	NY/T 115—1989	饲料用蚕豆	NY/T 138—1989
饲料用稻谷	NY/T 116—1989	饲料用木薯叶粉	NY/T 139—1989
饲料用小麦	NY/T 117—1989	饲料用苜蓿干草粉	NY/T 140—2001
饲料用皮大麦	NY/T 118—1989	饲料用白三叶草粉	NY/T 141—1989
饲料用小麦麸	NY/T 119—1989	饲料用甘薯叶粉	NY/T 142—1989
饲料用木薯干	NY/T 120—1989	饲料用蚕豆茎叶粉	NY/T 143—1989
饲料用甘薯干	NY/T 121—1989	饲料用裸大麦	NY/T 210—1992
饲料用米糠	NY/T 122—1989	饲料用次粉	NY/T 211—1992
饲料用米糠饼	NY/T 123—1989	饲料用碎米	NY/T 212—1992
饲料用米糠粕	NY/T 124—1989	饲料用粟米(谷子)	NY/T 213—1992
饲料用菜籽饼	NY/T 125—1989	饲料用胡麻籽饼	NY/T 214—1992
饲料用菜籽粕	NY/T 126—2005	饲料用胡麻籽粕	NY/T 215—1992
饲料用向日葵仁粕	NY/T 127—1989	饲料用亚麻籽饼	NY/T 216—1992
饲料用向日葵仁饼	NY/T 128—1989	饲料用亚麻籽粕	NY/T 217—1992
饲料用棉籽饼	NY/T 129—1989	饲料用桑蚕蛹	NY/T 218—1992
饲料用大豆饼	NY/T 130—1989	饲料用低硫苷菜籽饼(粕)	NY/T 417—2000
饲料用大豆粕	GB/T 19541—2004	鱼粉	GB/T 19164—2003
饲料用花生饼	NY/T 132—1989	骨粉及肉骨粉	GB/T 20193—2006
饲料用花生粕	NY/T 133—1989	饲料酵母	QB/T 1940—1994
饲料用黑大豆	NY/T 134—1989	饲料用血粉	SB/T 10212—1994

续表 14-7

标准名称	标准编号	标准名称	标准编号
饲料用大豆	GB/T 20411—2006	饲料用螺旋藻粉	GB/T 17243—1998
饲料用豌豆	NY/T 136—1989		

(1)鱼粉质量标准(GB/T 19164—2003) 见表 14-8。

表 14-8 鱼粉的质量标准

项 目	等 级			
	特级品	一级品	二级品	三级品
色泽	红鱼粉呈黄棕色、黄褐色等颜色;白鱼粉呈黄白色			
组织	膨松,纤维状组织明显,无结块,无霉变	较膨松,纤维状组织较明显,无结块,无霉变	松软粉状物,无结块,无霉变	
气味	有鱼香味,无焦灼味和油脂酸败味		具有鱼粉正常气味,无异臭,无焦灼味和明显油脂酸败味	
粗蛋白质/%	≥65	≥60	≥55	≥50
粗脂肪/%	≤11(红鱼粉) ≤9(白鱼粉)	≤12(红鱼粉) ≤10(白鱼粉)	≤13	≤14
水分/%	≤10	≤10	≤10	≤10
盐分(以 NaCl 计)/%	≤2	≤3	≤3	≤4
灰分/%	≤16(红鱼粉) ≤18(白鱼粉)	≤18(红鱼粉) ≤20(白鱼粉)	≤20	≤23
砂分/%	≤1.5	≤2	≤3	
赖氨酸/%	≥4.6(红鱼粉) ≥3.6(白鱼粉)	≥4.4(红鱼粉) ≥3.4(白鱼粉)	≥4.2	≥3.8
蛋氨酸/%	≥1.7(红鱼粉) ≥1.5(白鱼粉)	≥1.5(红鱼粉) ≥1.3(白鱼粉)	≥1.3	
胃蛋白酶消化率/%	≥90(红鱼粉) ≥88(白鱼粉)	≥88(红鱼粉) ≥86(白鱼粉)	≥85	
挥发性盐基氮(VBN)/(mg/100 g)	≤110	≤130	≤150	
油脂酸价(KOH)/(mg/g)	≤3	≤5	≤7	
尿素/%	≤0.3	≤0.7		
组胺/(mg/kg)	≤300(红鱼粉)	≤500(红鱼粉)	≤1 000(红鱼粉)	≤1 500(红鱼粉)
	≤40(白鱼粉)			
铬(以 6 价铬计)/(mg/kg)	≤8			
粉碎粒度/%	≥96(通过筛孔为 2.80 mm 的标准筛)			
杂质/%	不含非鱼粉原料的含氮物质(植物油饼粕、皮革粉、羽毛粉、尿素、血粉、肉骨粉等)以及加工鱼露的废渣			
霉菌/(cfu/g)	$\leq 3\times 10^3$			
沙门氏菌/(cfu/25 g)	不得检出			
寄生虫	不得检出			

(2)饲料酵母质量标准(QB/T 1940—1994)　见表 14-9。

表 14-9　饲料酵母的感官指标及理化指标

项　目	优等品	一等品	合格品
色泽	淡黄色	淡黄至褐色	淡黄至褐色
气味	具有酵母的特殊气味，无异臭味		
粒度	应通过 SSW 0.400/0.250 mm 的试验筛		
杂质	无异物		
水分/%	⩽8.0	⩽9.0	
灰分/%	⩽8.0	⩽9.0	⩽10.0
粗蛋白质/%	⩾45	⩾40	⩾40
粗纤维/%	⩽1.0	⩽1.0	⩽1.5
碘反应(以碘液检查)	不得呈蓝色		
细胞数/(亿个/g)	⩾270	⩾180	⩾150
砷(以 As 计)/(mg/kg)	⩽10		
重金属(以 Pb 计)/(mg/kg)	⩽10		
沙门氏菌	不得检出		

(3)饲料级糊化淀粉质量标准(HG 3634—1999)　本标准适用于马铃薯淀粉或木薯淀粉为原料制成的预糊化淀粉，该产品主要用作鳗鱼、甲鱼及其他水产的饲料。

①感官要求　白色或类白色粉末，无异味，无机械杂质，能够在冷水中溶胀成半透明糊状物，糊团具有黏弹性。

②理化指标　见表 14-10。

表 14-10　饲料级糊化淀粉质量标准

项　目		指　标
白度(425 nm 蓝光反射率)/%		⩾75.0
粒度(R20/3 系列 ϕ200 mm×50 mm/0.25 mm 试验筛通过率)/%		⩾98.0
pH 值 (1%淀粉糊溶液)		5.0～5.5
水分/%		⩽8.0
灰分/%		⩽0.50
黏度	5%淀粉糊溶液 25 ℃时布莱苯登黏度，BU	⩾300
	1%淀粉糊溶液 25 ℃时恩氏黏度，E25	>1.00
重金属(以 Pb 计)/%		⩽0.001 0
砷(以 As 计)/%		⩽0.000 2

2.饲料添加剂原料质量标准　见表 14-11。

表 14-11　饲料添加剂质量标准名称及编号

标准名称	标准编号	标准名称	标准编号
维生素 A 乙酸酯微粒	GB/T 7292—1999	饲料级 *L*-赖氨酸盐酸盐	NY 39—1987
维生素 E 粉	GB/T 7293—2006	饲料级 *DL*-蛋氨酸	GB/T 17810—1999
维生素 K_3(亚硫酸氢钠甲萘醌)	GB 7294—2006	饲料级丙酸钠	NY 40—1987

续表 14-11

标准名称	标准编号	标准名称	标准编号
维生素 B_1(盐酸硫胺)	GB 7295—2008	饲料级丙酸钙	NY 41—1987
维生素 B_1(硝酸硫胺)	GB 7296—1987	饲料级硫酸铜	HG 2932—1999
维生素 B_2(核黄素)	GB 7297—2006	饲料级磷酸镁	HG 2933—2000
维生素 B_2 流动性微粒	GB/T 18632—2002	饲料级硫酸锌	HG 2934—2000
维生素 B_6	GB 7298—2006	饲料级硫酸亚铁	HG 2935—2006
维生素 *D*-泛酸钙	GB 7299—2006	饲料级硫酸锰	HG 2936—1999
烟酸	GB 7300—2006	饲料级亚硒酸钠	HG 2937—1999
烟酰胺	GB 7301—2002	饲料级氯化钴	HG 2938—2001
叶酸	GB 7302—2008	饲料级碘化钾	HG 2939—2001
维生素 C(抗坏血酸)	GB 7303—2006	饲料级磷酸氢钙	HG 2636—2000
维生素 E(原料)	GB/T 9454—2000	饲料级磷酸二氢钙	HG 2861—1997
维生素 E 粉	GB/T 7293—2006	饲料级磷酸二氢钾	HG 2860—1997
维生素 A/D_3 微粒	GB 9455—1988	饲料添加剂碘酸钙	HG 2418—1993
维生素 D_3 微粒	GB/T 9840—2006	饲料级轻质碳酸钙	HG 2940—2000
维生素 B_{12}(氰钴胺)粉剂	GB 9841—2006	饲料添加剂碳酸氢钠	GB 1887—1987
氯化胆碱	HG 2941—2005	饲料添加剂氧化锌	HG 2792—1996
		饲料用尿素	HG 2419—1993
		β-胡萝卜素	YY 0038—1991
		乙氧基喹啉	HG 3694—2001

(二)预混合饲料质量标准

预混合饲料质量标准包括产品的概念、技术要求、标志 3 大方面。在技术要求中规定有感官指标、水分含量、加工质量指标(粉碎粒度、混合均匀度)、有毒有害物质的最高允许量、营养成分指标等。

(三)配合饲料质量标准

配合饲料质量标准包括配合饲料的水分含量、感官性状、加工质量、营养成分指标及检验准则、卫生指标、标志、包装、运输、贮存等要求。

1. 真鲷配合饲料质量要求(SC/T 2007—2001)

(1)产品规格分类　各种配合饲料的规格及适用鱼的全长见表 14-12。

表 14-12　真鲷配合饲料产品规格分类

产品类别	稚鱼配合饲料	苗种配合饲料	养成配合饲料
适用鱼全长/cm	<2.0	2.0~10.0	>10.0

(2)感官要求　3 种规格的配合饲料都具有饲料的正常气味,无酸败、油烧等异味。外观均匀一致,无发霉、变质、结块现象,饲料无虫害。

(3)理化指标　见表 14-13。

表 14-13　真鲷配合饲料理化指标

项目	产品类别			项目	产品类别		
	稚鱼配合饲料	苗种配合饲料	养成配合饲料		稚鱼配合饲料	苗种配合饲料	养成配合饲料
原料粉碎粒度(筛上物)	0.20 mm 孔试验筛≤5.0	0.25 mm 孔试验筛≤2.0	0.25 mm 孔试验筛≤5.0	粗纤维	≤1.5	≤2.5	≤3.5
混合均匀度(变异系数)	≤8.0	≤10.0	≤10.0	粗灰分	≤15	≤16	≤16
				水分	≤10	≤10	≤10
散失率	≤4.0	≤4.0	≤4.0	钙	≤4	≤4	≤4
粗蛋白	≥48	≥42	≥38	总磷	≥1.5	≥1.5	≥1.2
粗脂肪	≥5.5	≥4.5	≥4.5	砂分(盐酸不溶物)	≤2.2	≤2.2	≤2.2

(4)卫生指标　应符合表 14-14 的要求。

表 14-14　真鲷配合饲料卫生指标

项　目	允许量	项　目	允许量
无机砷(以 As 计)/(mg/kg)	≤3	黄曲霉毒素 B_1/(mg/kg)	≤0.01
铅(以 Pb 计)/(mg/kg)	≤5	霉菌总数(不含酵母菌)/(cfu/g)	$\leq 4.0\times 10^4$
汞(以 Hg 计)/(mg/kg)	≤0.3	细菌总数/(cfu/g)	$<2\times 10^6$
镉(以 Cd 计)/(mg/kg)	≤1.0	沙门氏菌/(cfu/g)	不得检出

2.牙鲆配合饲料质量要求(SC/T 2006—2001)

(1)产品规格分类　各种配合饲料的规格及适用鱼的全长见表 14-15。

表 14-15　牙鲆配合饲料产品规格分类

产品类别	稚鱼配合饲料	苗种配合饲料	养成配合饲料
适用鱼全长/cm	<5.0	5.0～15.0	>15.0

(2)感官要求　3 种规格的配合饲料都具有饲料的正常气味,无酸败、油烧等异味。外观均匀一致,无发霉、变质、结块现象,饲料无虫害。

(3)理化指标　见表 14-16。

表 14-16　牙鲆配合饲料理化指标

项目	产品类别			项目	产品类别		
	稚鱼配合饲料	苗种配合饲料	养成配合饲料		稚鱼配合饲料	苗种配合饲料	养成配合饲料
原料粉碎粒度(筛上物)	0.20 mm 孔试验筛≤5.0	0.25 mm 孔试验筛≤2.0	0.25 mm 孔试验筛≤5.0	粗纤维	≤1	≤2	≤3
混合均匀度(变异系数)	≤8.0	≤10.0	≤10.0	粗灰分	≤15	≤16	≤16
				水分	≤10	≤10	≤10
散失率	≤4.0	≤4.0	≤4.0	钙	≤4	≤4	≤4
粗蛋白	≥50	≥45	≥40	总磷	≥1.5	≥1.5	≥1.2
粗脂肪	≥6.5	≥5.5	≥4.5	砂分(盐酸不溶物)	≤2.2	≤2.2	≤2.2

(4)卫生指标　应符合表 14-17 的要求。

表 14-17　牙鲆配合饲料卫生指标

项　目	允许量	项　目	允许量
无机砷(以 As 计)/(mg/kg)	≤3	黄曲霉毒素 B_1/(mg/kg)	≤0.01
铅(以 Pb 计)/(mg/kg)	≤5	霉菌总数(不含酵母菌)/(cfu/g)	≤4.0×10^4
汞(以 Hg 计)/(mg/kg)	≤0.3	细菌总数/(cfu/g)	<2×10^6
镉(以 Cd 计)/(mg/kg)	≤1.0	沙门氏菌/(cfu/g)	不得检出

3.中国对虾配合饲料产品标准(SC/T 2002—2002)

(1)产品规格分类标准　产品规格应符合表 14-18 的要求。

表 14-18　中国对虾配合饲料产品规格分类

编号	产品分类	粒径/mm	粒长/mm	养殖对虾体长/cm
01	养殖前期配合饲料	0.5～1.5	为粒径的 2～3 倍	0.7～3.0
02	养殖中期配合饲料	1.6～2.0		3.1～8.0
03	养殖后期配合饲料	2.1～2.5		>8.0

(2)感官性状　具有饲料的正常气味,呈颗粒状,色泽一致,表面光滑,无裂纹,切口整齐,大小均匀,无酸败、油烧等异味,无发霉、变质、结块,无虫害。

(3)理化指标　理化指标应符合表 14-19 的要求。

表 14-19　中国对虾配合饲料理化指标

项　目	指标/%	项　目	指标/%
原料粒度(筛上物)		粗蛋白	≥38
0.425 mm 孔试验筛	≤2	赖氨酸	≥2
0.250 mm 孔试验筛	≤5	粗脂肪	≥4
混合均匀度(变异系数)	≤10	粗纤维	≤6
水中稳定性(散失率)	≤10	粗灰分	≤16
粉化率	≤3	钙	≤5
水分	≤11	总磷	≥1.2

(4)卫生指标　卫生指标符合 NY—5072《渔用配合饲料安全限量》的要求。

4.鳗鲡配合饲料产品标准(SC/T 1004—2004)

(1)产品分类　鳗鲡配合饲料分为膨化颗粒状饲料和粉状饲料两大类。按鳗鲡的养殖期不同分为白仔饲料、黑仔饲料、幼鳗饲料和成鳗饲料。其中膨化颗粒饲料的粒径及喂养对象、粉状饲料的喂养对象见表 14-20。

表 14-20　膨化颗粒饲料的粒径及喂养对象、粉状饲料的喂养对象

饲料品种	膨化颗粒粒径/mm	膨化颗粒喂养对象(体重)/g	粉状饲料喂养对象(体重)/g
白仔饲料			<2
黑仔饲料			2～9.9
幼鳗饲料	1.5～2.5	10～50	10～50
成鳗饲料	3.0～4.0	>50	>50

(2)感官指标 见表 14-21。

表 14-21 鳗鲡配合饲料感官指标

品种	项目要求	
	外观	气味
粉状饲料	色泽均匀一致,无发霉、变质、结块现象,不得有虫滋生	具有鱼腥味,无霉味、酸败等异味
膨化颗粒状饲料	色泽、颗粒大小均匀一致,无发霉、变质、结块现象,不得有虫滋生	

(3)加工质量标准 粉状饲料加工质量指标的规定见表 14-22,膨化颗粒饲料加工质量标准见表 14-23。

表 14-22 鳗鲡粉状饲料加工质量指标 %

指标	白仔饲料	黑仔饲料	幼鳗饲料	成鳗饲料
原料粉碎粒度(筛上物)	≤5.0[a]		≤5.0[b]	
混合均匀度(变异系数 *CV*)	≤10.0			
黏弹性	加水搅拌后具有良好延展性	加水搅拌后具有良好延展性和黏弹性		
散失率	≤4.0			

注:a. 采用 GB/T 6003.1 中 200×50～0.200/0.140 试验筛;b. 采用 GB/T 6003.1 中 200×50～0.250/0.160 试验筛。

表 14-23 鳗鲡膨化颗粒饲料加工质量指标 %

指标	幼鳗饲料	成鳗饲料
原料粉碎粒度(筛上物)	≤5.0[b]	
混合均匀度(变异系数)	≤10.0	
浮水率	≥95	
散失率	≤10.0	
含粉率	≤1.0	

注:b. 采用 GB/T 6003.1 中 200×50～0.250/0.160 试验筛。

(4)主要营养成分指标 见表 14-24。

表 14-24 鳗鲡配合饲料主要营养成分指标 %

营养成分	白仔饲料	黑仔饲料	幼鳗饲料	成鳗饲料	测定方法
粗蛋白质	≥50.0	≥47.0	≥45.0	≥43.0	GB/T 6432
蛋氨酸	≥1.3	≥1.1	≥0.9		GB/T 18246
粗脂肪	≥3.0				GB/T 6433
粗纤维	≤2.0				GB/T 6434
水分	≤10.0				GB/T 6435
粗灰分	≤18.0				GB/T 6438
钙	2.0～5.0				GB/T 6436

续表 14-24

营养成分	白仔饲料	黑仔饲料	幼鳗饲料	成鳗饲料	测定方法
总磷	≥1.5		GB/T 6437		
食盐	≤4.0		GB/T 6439—1992		

(5)安全卫生指标　见表 14-25。

表 14-25　鳗鲡配合饲料卫生安全指标

项　目	指标	测定方法
挥发性盐基氮/(mg/100 g)	≤70	GB/T 5009.45
镉/(mg/kg)	≤1.0	GB/T 13082
汞/(mg/kg)	≤0.5	GB/T 13081
铅/(mg/kg)	≤5.0	GB/T 13080
总砷/ (mg/kg)	≤3.0	GB/T 13079
其他	符合 NY 5072 的规定	按 NY 5072 的规定进行

5. 其他水产动物配合饲料产品标准　见表 14-26。

表 14-26　其他水产动物配合饲料产品标准

动物	配合饲料产品标准	动物	配合饲料产品标准
罗非鱼	SC/T 1025—2004	大黄鱼	SC/T 2012—2002
团头鲂	SC/T 1074—2004	鲈鱼	SC/T 2029—2008
草鱼	SC/T 1024—2002	中华鳖	SC/T 1047—2001
青鱼	SC/T 1073—2004	中华绒螯蟹	SC/T 1078—2004
鲤鱼	SC/T 1026—2002	蛙类	SC/T 1056—2002
鲫鱼	SC/T 1076—2004	罗氏沼虾	SC/T 1066—2003
虹鳟	SC/T 1030.7—1999	刺参	SC/T 2037—2006
大菱鲆	SC/T 2031—2004		

(四)饲料卫生标准

这项标准主要是对饲料中的有害物质、农药残留及有害微生物允许量进行严格的规定。

饲料卫生标准对饲料卫生质量的要求体现在各项指标上,如感官指标、毒理学指标、生物性指标等。感官指标是指人们感觉器官所辨认的饲料性质,包括饲料的色、香、味及组织构型等,通常的要求是:色泽一致,无异臭、无异味、无结块和霉变外观等。毒理学指标是根据毒理学原理和检测结果规定的饲料中有毒有害物质的限制标准,主要包括天然有毒物质或在某种情况下由饲料中正常成分形成的有毒物质、霉菌毒素、各种残留农药、有毒金属元素及其他化学性污染物等,对这些有毒有害成分规定一定的允许含量。生物性指标包括各种生物性污染,其中主要是霉菌和细菌的数量。饲料中霉菌和细菌的数量等指标可反映饲料的霉菌总数、细菌菌落总数,大肠杆菌、沙门氏菌、金黄色葡萄球菌的数量等指标可反映饲料的清洁程度、饲料变质可能性的大小、饲料被动物粪便污染的程度和肠道致病菌存在的可能性。

我国颁布的《饲料卫生标准》(GB 13078—2001)(表 14-27)属于强制性标准，该标准的实施对保证饲料的安全性起到了很大的作用，但是，随着科学技术的进步和饲料工业的发展，特别是我国加入世界贸易组织以后，我们的产品要进入国际市场，就需要进一步修订和完善饲料卫生标准，尤其是适于水产动物使用的饲料卫生标准的制定(表 14-28)。

表 14-27　饲料、饲料添加剂安全卫生指标

序号	卫生指标项目	产品名称	指标	试验方法	备注
1	砷(以总砷计)的允许量/(mg/kg)	石粉	≤2.0	GB/T 13079	不包括国家主管部门批准使用的有机砷制剂中的含量
		硫酸亚铁、硫酸镁			
		磷酸盐	≤20.0		
		沸石粉、膨润土、麦饭石	≤10.0		
		硫酸铜、硫酸锰、硫酸锌、碘化钾、碘酸钙、氯化钴			
			≤5.0		
		氧化锌	≤10.0		
		鱼粉、肉粉、肉骨粉	≤10.0		
2	铅(以 Pb 计)的允许量/(mg/kg)	鱼粉、肉粉、肉骨粉	≤10.0	GB/T 13080	
		磷酸盐	≤30		
3	氟(以 F 计)的允许量/(mg/kg)	鱼粉	≤500	GB/T 13083	高氟饲料用 HG 2636—1994 中 4.4 条
		石粉	≤2 000		
		磷酸盐	≤1 800	HG 2636	
		骨粉、肉骨粉	≤1 800	GB/T 13083	
4	霉菌的允许量(每克产品中霉菌总数)/10^3 个	玉米	<40	GB/T 13092	限量饲用:40～100 禁用:>100
		小麦、米糠			限量饲用:40～80 禁用:>80
		豆饼(粕)、棉籽饼(粕)、菜籽饼(粕)	<50		限量饲用:50～100 禁用:>100
		鱼粉、肉骨粉	<20		限量饲用:20～50 禁用:>50
5	黄曲霉素 B_1 允许量/(mg/kg)	玉米、花生饼(粕)、棉籽饼(粕)、菜籽饼(粕)	≤50	GB/T 17180 或 GB/T 8380	
		豆粕	≤30		
6	铬(以 Cr 计)的允许量/(mg/kg)	皮革蛋白粉	≤200	GB/T 13088	
7	汞(以 Hg 计)的允许量/(mg/kg)	鱼粉	≤0.5	GB/T 13081	
		石粉	≤0.1		
8	镉(以 Cd 计)的允许量/(mg/kg)	米糠	≤1.0	GB/T 13082	
		鱼粉	≤2.0		
		石粉	≤0.75		
9	氰化物(以 HCN 计)的允许量/(mg/kg)	木薯干	≤100	GB/T 13084	
		胡麻饼(粕)	≤350		

续表 14-27

序号	卫生指标项目	产品名称	指标	试验方法	备注
10	亚硝酸盐(以 $NaNO_2$ 计)的允许量/(mg/kg)	鱼粉	≤60	GB/T 13085	
11	游离棉酚的允许量/(mg/kg)	棉籽饼(粕)	≤1 200	GB/T 13086	
12	异硫氰酸酯(以丙烯基异硫氰酸酯计)的允许量/(mg/kg)	菜籽饼(粕)	≤4 000	GB/T 13087	
13	六六六的允许量/(mg/kg)	米糠、小麦麸、大豆饼(粕)、鱼粉	≤0.05	GB/T 13090	
14	滴滴涕的允许量/(mg/kg)	米糠、小麦麸、大豆饼粕、鱼粉	≤0.02	GB/T 13090	
16	沙门氏杆菌	饲料	不得检出	GB/T 13091	
17	细菌总数的允许量(每克产品中细菌总数)/10^6 个	鱼粉	<2	GB/T 13093	限量使用:2～5 禁用:>5

注:1.所列允许量均为以干物质含量为88%的饲料为基础计算。2.资料来源:GB 13078—2001《饲料卫生标准》。

表 14-28　渔用配合饲料的安全限量

(NY 5072—2002)

项　目	限量	适用范围	试验方法
汞(以 Hg 计)/(mg/kg)	≤0.5	各类渔用饲料	GB/T 13081—2006
铅(以 Pb 计)/(mg/kg)	≤5.0	各类渔用饲料	GB/T 13080—1991
无机砷(以 As 计)/(mg/kg)	≤3	各类渔用饲料	GB/T 5009.45—1996
镉(以 Cd 计)/(mg/kg)	≤3	虾类配合饲料	GB/T 13082—1991
	≤0.5	其他渔用配合饲料	
铬(以 Cr 计)/(mg/kg)	≤10	各类渔用饲料	GB/T 13088—2006
氟(以 F 计)/(mg/kg)	≤350	各类渔用饲料	GB/T 13083—2002
游离棉酚/(mg/kg)	≤300	温水杂食性鱼类、虾类配合饲料	GB/T 13086—1991
	≤150	冷水性鱼类、海水鱼类配合饲料	
氰化物/(mg/kg)	≤50	各类渔用饲料	GB/T 13084—2006
多氯联苯(PCBs)/(mg/kg)	≤0.3	各类渔用饲料	GB/T 9675—1988
异硫氰酸酯/(mg/kg)	≤500	各类渔用饲料	GB/T 13087—1991
噁唑烷硫酮/(mg/kg)	≤500	各类渔用饲料	GB/T 13089—1991
油脂酸价(KOH)/(mg/kg)	≤2	渔用育苗饲料	SC 3501—1996
	≤6	渔用育成饲料	
	≤3	鳗鲡育成饲料	
黄曲霉毒素 B_1/(mg/kg)	≤0.01	各类渔用饲料	按 GB/T 8381—1987、GB/T 17480—1998 进行,前者为仲裁方法

续表 14-28

项　目	限量	适用范围	试验方法
六六六/(mg/kg)	≤0.3	各类渔用饲料	GB/T 13090—2006
滴滴涕/(mg/kg)	≤0.2	各类渔用饲料	GB/T 13090—2006
沙门氏菌/(cfu/25 g)	不得检出	各类渔用饲料	GB/T 13091—2002
霉菌(不含酵母菌)/(cfu/g)	≤3×10^4	各类渔用饲料	GB/T 13092—2006

六、饲料原料和配合饲料的质量判定

(一)饲料原料的质量判定

1.饲料原料的质量判定方法

(1)鱼粉的质量判断　主要从颜色、气味、水分含量、蛋白质含量、脂肪含量、盐分含量、灰分含量、砂分含量、颗粒细度、粗蛋白质的胃蛋白酶消化率等方面进行判断,也可进一步对鱼粉的掺假进行检验,鱼粉中经常掺有食盐、统糠、面粉、薯片粉、贝壳粉、棉籽粕、菜籽粕、血粉、羽毛粉、酵母粉、蛋白粉、尿素、砂等物质,可以显微镜和化学方法检验。

(2)能量饲料(原料)的质量判断　主要从颜色、气味、水分含量、粗蛋白含量、粗脂肪含量、粗纤维含量、新鲜度等方面进行判断。

(3)大豆饼粕的质量判断　主要从颜色、气味、水分含量、粗蛋白含量、粗脂肪含量、粗纤维含量、粗灰分含量、尿素酶活性(UA)、抗胰蛋白酶活性(TIA)、蛋白质溶解度(PS)等方面进行判断。

2.饲料原料中掺杂物的鉴别方法　确定原料是否掺杂之前,要调查了解和掌握当前(地)原料掺杂、伪造的基本情况和动态,以达缩小检测范围,做到心中有数。当购入或送检原料时,首先应采用感官法、筛分法、容重法等确定是否掺杂,进而再根据检测结果和经验,初步划定掺杂物范围。根据初步划定的掺杂物范围,对已有检测方法的,可采用相应的检测方法进行检测,并最好做人为掺兑试验,予以证实;无检测方法时,应在各种物理、化学的方法中探求出一种准确、灵敏、快速、简便的定性检测方法。下面介绍一些掺假问题基本的鉴定方法。

(1)鱼粉中淀粉的鉴定　取试样 1～2 g 于小烧杯中,加入 4～5 倍蒸馏水,加热至沸腾 2～5 min浸取淀粉,冷却后滴入 1～2 滴碘-碘化钾溶液(取碘化钾 16 g 于 100 mL 蒸馏水中,再加入碘 2 g,溶解后摇匀,置棕色瓶中保存)。若溶液即现蓝色或黑蓝色,表明鱼粉中掺入淀粉。

(2)鱼粉中锯末(木质素)的鉴定　取少量试样平铺于表面皿中,用间苯三酚溶液(结晶间苯三酚 2 g 溶于 100 mL 90%乙醇中)浸湿,放置 5～10 min 后滴加浓盐酸 1～2 滴,若试样中出现散布的红色点,表明鱼粉中掺入了含木质素的物质。

(3)鱼粉中骨粉的鉴定　将试样用筛子筛选后,在解剖显微镜下对照标准样品观察骨粉的形状和光泽等。蒸制的骨粉几乎没有气味且近于白色。

(4)鱼粉中羽毛粉的鉴定　分别称取试样约 1 g 于 2 个 500 mL 三角烧瓶中,其中一个加入 1.25%硫酸溶液 100 mL,另一个加入 5%氢氧化钠溶液 100 mL,划线后煮沸30 min(微火,并不断添加蒸馏水以保持煮沸时酸碱浓度),静置,弃去上清液,用接种棒蘸取两瓶中残渣少许分别置两个载玻片上,要求薄层摊开,于 50～100 倍显微镜下观察。若试样有羽毛粉,用酸处理后的残渣因羽毛粉水解不完全,在显微镜下会呈现一种特殊形状,羽干像半透明塑料管,长短不一,羽毛脱落处多有锯齿边，羽小支为碎片状，而用碱处理后的残渣因全部被溶解，没有这种特殊形状，无法见到任何羽毛痕迹。

(5)鱼粉中碳酸钙粉、石粉、贝粉、蛋壳粉(钙质)的鉴定　取10 g试样于试管中，加入2 mL稀HCl混摇后观察，若掺入钙质，即有气泡上浮，量大时还会发出吱吱响声。

(6)鱼粉中棉籽饼(粕)的鉴定　先将20目和40目分样筛叠放在一起，然后取被检鱼粉200 g入分样筛，摇筛3～5 min，即将被检样分成粗、中、细3部分。观察中层40目筛上物，若见筛中央散布有细短绒棉纤维，且相互团絮在一起，呈深黄或棕黄色，筛四周有不少深褐色棉籽外壳碎片，可初步证实鱼粉中掺有棉籽饼(粕)。

为进一步证实，可在30～50倍显微镜下观察，可见中央部分样品散布有细短棉绒纤维。该纤维卷曲，半透明，有光泽，白色，并混有少量深褐色棉籽壳碎片(厚硬、具弹性)。碎片断面有浅色或深褐色相交叠的色层。有时可见一些棉纤维仍附着在外壳上或埋在棉饼中。

(7)鱼粉中血粉的鉴定　取试样1～2 g于试管中，加入5 mL蒸馏水，搅拌，静置数分钟后。另取一支试管，先加联苯胺粉末少许，然后加入2 mL冰醋酸，振荡溶解，再加入1～2 mL过氧化氢溶液，将试样的滤液徐徐注入其中，如两液接触面出现绿色或蓝色的环或点，表明鱼粉中含有血粉，反之，就不含血粉。

如不用滤液，而用被检鱼粉直接徐徐注入溶液面上，在液面上及液面以下可见绿色或蓝色的环或柱，表明有血粉掺入，否则就没有血粉掺入。

(8)花生粕中花生皮粉的鉴定　取试样约1 g放入500 mL三角烧瓶中，加入100 mL 5%氢氧化钠溶液，煮沸30 min，加水到500 mL后静置，吸去上清液。再加入水200 mL，煮沸30 min，将残渣放在50～100倍显微镜下观察，如有花生皮粉，则可看到不定型的黄褐色乃至暗褐色破片，在外表上斜交叉有细纤维。

(9)饲料中鞣革粉的鉴定　取1～2 g经粉碎的试样于瓷坩埚中，炭化后入茂福炉灰化，冷却后用少量蒸馏水将灰分润湿，加入10 mL 2 mol/L硫酸溶液，滴加数滴均二苯胺基脲溶液(取0.2 g均二苯氨基脲，溶于100 mL 90%乙醇中)，片刻后若溶液呈现紫红色，则试样含铬(鞣革粉)。

(10)饲料中食盐的鉴定　试样中加入5～6倍的水，用力振荡摇匀，过滤后，向滤液中加入稀硝酸及硝酸银溶液各1～2滴，如有食盐，则产生白色沉淀。

(11)饲料中尿素的鉴定　取约1 g试样，加约20 mL纯蒸馏水，摇匀，静置。取数滴上清液于蒸发皿中，加数滴稀酸，于水浴锅上蒸干后，加入数滴水，再加入极微量的尿素酶静置2～3 min后，滴加1滴奈斯勒试剂，若有黄色或黄褐色沉淀生成，则说明含有尿素。

(12)饲料中植物种子的鉴定　用肉眼或放大镜判断。

另外，关于油脂、氨基酸、维生素和矿物元素的质量鉴定见有关饲料原料检测书籍。

(二)配合饲料的质量判定

配合饲料的质量主要从产品的适用性、安全性、经济性3方面进行判断。适应性是指产品适合使用的性能，是根据产品使用的目的和对象提出的要求。安全性是指产品无毒、卫生、有效期内、安全可靠，是产品在使用过程中逐步表现出来的各方面满足营养需要和安全程度。经济性是指饲料报酬，用以衡量产品的经济效果。

1.配合饲料主要的质量指标　包括感官指标、物理指标、营养指标、卫生指标等。

感官指标：要求色泽一致，具有该饲料固有气味，无异味，无发霉、变质、结块现象，无鸟、鼠、虫污染，无杂质，鱼虾饲料呈颗粒状，表面光滑，鳗鱼饲料在加水搅拌后具有良好的伸展性和黏弹性。

物理指标：要求粉碎粒度98%通过40目(0.425 mm)筛孔，80%通过60目(0.250 mm)筛孔。一般鱼虾饲料混合均匀度(变异系数)要求≤10%，鳗鱼饲料要求<8%。混合均匀度是指同一批饲料各组分之间的差异，用变异系数表示，变异系数越小，说明饲料混合越均匀。饲料密度在1.025～1.035 g/m^3 之间。水稳定性对虾饲料要求海水浸泡3 h不溃散，鱼饲料要求10 min不溃散。

营养指标：包括能量、粗蛋白质、必须氨基酸、粗脂肪、粗纤维、粗灰分、钙、磷、砂分等，企业应有自己的企业标准，应符合有关国家标准或地方标准。

卫生指标：影响饲料质量的各种有害物质有有害微生物，如霉菌、沙门氏菌等致病菌；有害重金属元素，如汞、铅、铬、镉、砷等；有毒的有机物，如棉酚、硫葡萄糖苷、农药残留物等；霉菌毒素，如黄曲霉毒素等。

2.配合饲料质量判定的方法　主要从颜色、气味、水分含量、粗蛋白含量、粗脂肪含量、粗纤维含量、配合饲料粉碎粒度、饲料混合均匀度、粉化率及含粉率、硬度、颗粒饲料耐久指数、体积质量、在水中稳定性(耐水性)等方面进行判断。

第二节　配合饲料质量控制

配合饲料的质量优劣会影响饲料产品的利用率、营养价值、养殖环境和使用性能，也直接关系到养殖者和生产企业的利益，质量管理应该贯穿原料进厂、生产到产品销售的整个过程。配合饲料的质量应从以下几个方面加以控制。

一、配方控制

饲料配方是选购原料和加工产品的依据，是配合饲料的技术核心，没有科学的配方就不可能生产出质量好的配合饲料。科学的饲料配方应该符合动物营养指标、卫生指标、工艺要求，价格合理。

二、原料控制

原料质量是产品质量的基础，保证接收原料质量是各加工工序质量管理的关键，原料接收前必须进行严格的检测，不合格的原料一律拒绝接收。

三、生产过程控制

饲料生产过程中质量控制要坚持以防为主，防、检结合。生产操作人员应具有一定的文化程度和良好的专业技能。应全面了解生产工艺的组织情况、工作程序，操作设备的结构形式、工艺性能，生产产品的营养特性、加工特性。要定期检查设备，根据各设备的特点进行必要的维护、保养和维修，保证设备的正常运转和良好的生产性能。要严格按规定上料、查仓、配料和投料等，进行标准化作业，加强规范化管理，确保每道工序的质量。

1.清理除杂 要随时注意消除饲料原料中的金属杂质和其他杂质，使有机物杂质不得超过0.2 g/kg，直径不大于10 mm；磁性杂质不得超过50 mg/kg，直径不大于2 mm。原料清理，每周至少检查一次，要确保设备按照规定进行工作。

2.粉碎 粉碎工序主要控制粉碎粒度和均匀度，要随时检查，以保证产品质量。要控制粉碎粒度，第一，要选用合适的粉碎设备，对锤片粉碎机，每天要进行检查，停机时检查筛板及筛孔破坏情况，运转时检查出粒度是否合格，如不合格应及时更换。第二，免粉碎原料要正确选择，何种原料可作为免粉碎原料，首先要看其在粉碎过程中的破坏程度，再看其粒度。第三，不同生产批次之间要做严格的清理，防止不同粒度产品之间的混杂。

3.配料 要控制配料的准确性，尤其微量成分，严格按照配方生产，并制定批量配料，不准随意变更原料品种及配比数量。预混合饲料在更换品种时，要科学安排换批顺序。注意做好必要的清理工作，防止生产过程中交叉污染。生产饲料的原料，要有接收、配料、盘存原始记录，严防差错。药物添加剂及其他有毒的添加剂更应小心谨慎，应建立每天每班清查交接制度。饲料进搅拌机之前，应检查配方及批量配料表，以防止配料中的错误。

4.混合 混合工序要保证饲料产品混合得均匀，防止混杂与污染，混合均匀度的变异系数粉料不大于10%，预混料不大于5%。第一，要选择性能良好的混合机。第二，确定适当的装满系数，混合机的装满系数一般控制在0.6～0.8为宜。第三，确定正确的投料程序，投料顺序应由大宗原料投起，而后按配比用量由大到小进行添加，最小量物料添加量应不小于1%，否则需预混到1%后才能加入。第四，确定混合机适宜的转速和混合时间，必须按规定时间进行混合，不得随意缩短或延长，定期进行混合均匀度的测定，以便及时调整混合时间。

5.制粒 按不同饲料原料的成型性能和配合饲料的产品质量要求进行调质与制粒，控制好蒸汽流量、压力、温度、水分、调质和冷却时间等，以保证颗粒成型率和颗粒产品的品质、外观、颗粒、气味、硬度等达到设计的质量要求。

6.膨化 主要控制好物料的含水量、粒度以及压力、温度、挤压和熟化时间。

7.冷却 要确保颗粒的冷却时间，一般来说，直径2.5 mm冷却时间为5～6 min，直径4.5 mm冷却时间为6～8 min。

8.分级 根据生产饲料的不同，选择配备不同的分级筛网，若出现分级筛网堵塞或成品料中含粉率过高，均属分级筛网选择配备不当，应及时调整，确保分级效果。

9.计量、打包 成品重量(40 kg、20 kg、5 kg、1 kg)的计量绝对误差应分别控制在±0.15、±0.1、±0.05、±0.01 kg之内，批量不允许有负误差。随机样的相对偏差应控制在±0.5%之内。小包装的聚乙烯袋包装热合时袋内空气要尽量排尽，热合要严密。

10.检验 应选择科学的检验方法，根据科学合理的质量标准进行检验，坚持在生产过程中以群众自检为主，半成品、成品以专职检验为主，不合格产品不出厂的原则。

四、贮　存

各种饲料原料及产品均应分品种贮存，保持通风干燥，防止发生虫、鼠害，加强保管检查，不合格产品不准销售，同时坚持“先进先出、推陈贮新”的原则，控制在仓库的贮存时间。

配合饲料的质量管理涉及到产前、产中和产后全过程的系统管理，是一项综合性任务，其基本要求是：确定科学合理的质量标准，制订全面的质量计划，建立有效的质量保证体系，在质量计划的实施中监督、控制、检查各项工作的落实情况，发现问题及时解决，实行质量管理责任制。

第三节　饲料安全及控制

一、饲料安全的概念及其产生的原因

(一)饲料安全的概念

饲料的安全性是指饲料在转化为动物产品的过程中,对动物健康、生态环境的可持续发展及人类正常生活不产生负面影响的特性。饲料安全是一个全球性问题,饲料安全即食品安全的理念在全世界已成为共识。

饲料卫生安全主要阐述饲料中可能存在的有害因素的种类、来源、数量和污染饲料的程度,对动物机体健康和正常生理的影响与机理,以及这些影响的发生、发展和控制规律,为防止饲料受到有害因素污染的预防措施提供依据。

(二)饲料卫生安全问题产生的原因

(1)饲料原料和大部分药物添加剂本身具有较强的毒性作用。一些饲料原料中含有一种或多种有毒有害物质,如某些植物性饲料中的生物碱、皂甙、棉酚、蛋白酶抑制因子及有毒硝基化合物等,某些动物性饲料中的组胺、抗硫胺素及抗生素等。

青霉素钾、头孢菌素类等大量使用会诱发体内产生 β-内酰胺酶,使青霉素内酰胺结构破坏而失去活性,导致青霉素、头孢菌素耐药性增高。氯霉素损伤肝脏和造血系统,导致再生障碍性贫血和血小板减少。青霉素、链霉素易产生过敏反应和变态反应,金霉素有致过敏作用。痢特灵、卡那霉素等药物对动物机体 B 淋巴细胞的增殖有抑制作用,能影响疫苗的免疫效果。痢特灵(呋喃唑酮)有致癌倾向,使用时间长会抑制动物生长。磺胺类药也损害肾功能和造血系统。

(2)饲料添加剂尤其是药物添加剂的不合理使用。添加剂的不合理使用,不但没有充分发挥其最大的积极作用,反而产生毒副作用。如不按规定的停药期停药;随意加大药物用量;长期低水平用药;任意搞复方制剂,甚至大量使用人药;使用违禁和淘汰的药物。典型的例子是高铜、高锌和有机砷的大量使用,过磷酸钙或磷酸氢钙中的氟超标。

(3)使用违禁药物。违禁药物包括影响生殖的雌激素、具有激素样作用的物质、催眠镇静剂及肾上腺激动剂等。科学研究已证实,人类常见的癌肿、胎儿畸形、青少年早熟、男人女性化、中老年人心血管疾病等问题及某些食物中毒均与动物性食品中的激素及其他合成药物的滥用及残留有关。

(4)饲料及其原料在贮存、加工和运输过程中可能造成的生物性污染。饲料生物性污染是指由微生物,包括细菌(致病菌和相对致病菌)及霉菌与霉菌毒素等引起的污染。致病菌可直接进入消化道,引起消化道感染而发生感染型中毒性疾病,如沙门氏菌中毒等;相对致病菌是某些细菌在饲料中繁殖并产生细菌毒素,通过相应的发病机制等引起的细菌毒素型饲料中毒,如由肉毒梭菌毒素等引起的细菌外毒素中毒。动物性饲料原料如肉粉、骨粉、肉骨粉和鱼粉中常常污染的有沙门氏菌。

霉菌和霉菌毒素对饲料的污染在我国饲料生物性污染中占据十分显著的位置。饲料霉变造成的危害极大,可引起中毒、诱发癌肿及降低饲料的营养价值。

(5)饲料非生物污染。饲料非生物污染主要包括重金属、农药残留、多氯联苯及某些有机化合物和无机化合物污染物等,这些污染物一般是通过环境污染和生物富集作用等途径进入饲料中。

(6)饲料中的化学反应产物。饲料在运输、加工、贮存过程中,因温度、水分、微生物及酶类的一系列作用而产生的一类产物,或饲料中本身存在的某些成分,这类产物影响动物对营养物质的利用,这类产物主要有以下几种:

①过氧化脂肪　即脂肪酸败。在微生物或植物细胞内的脂肪酶作用下,脂肪被水解为甘油和脂肪酸,脂肪酸被进一步氧化生成具有不良气味的小分子的醛或酮和大量的过氧化物,使脂肪的适口性和营养价值下降,蛋白质的消化率显著下降,过氧化物破坏某些维生素,小分子的醛和酮对鱼、虾有直接的毒害作用。

②棕色物质　在高温下碳水化合物和蛋白质中某些氨基酸发生美拉德反应,生成棕褐色的物质,这种物质阻碍动物对蛋白质的消化和吸收(主要是还原性糖的醛基与蛋白质中赖氨酸的δ-氨基发生反应的产物,极大影响到赖氨酸的有效性)。

③肾毒氨基酸　如溶素丙氨酸,高蛋白饲料用碱处理则产生此物质。这些物质在一般情况下不可能达到致毒程度,但在集约饲养条件下是可能的。

(三)饲料卫生安全问题造成的危害

1.直接危害人类健康

(1)有害物质的残留和富集　药物添加剂随饲料进入动物消化道后,短时间内进入动物血液循环,最终大多数的药物添加剂经肾脏过滤随尿液排出体外,极少量没有排出的药物添加剂就残留在动物体内。大多数的药物添加剂都有残留,只是残留量大小不同而已。药物添加剂等有害物质在动物产品中的残留和富集,给人体的生理机能造成破坏,包括致残、致敏、致畸、致癌和遗传上的致突变等恶果已屡见不鲜。

(2)细菌的交替感染　当体内复杂的细菌接触到特定的抗生素作用之后,敏感性高的菌种就开始减少或被消灭,能够耐受药剂抗菌作用的菌种或从其他处引入进来的敏感性迟钝的菌种就残存下来,使得具有选择性作用的抗生素及其他化学药物失去效果。

(3)细菌的耐药性　不合理的用药会使病原微生物对化学药物发生钝化乃至出现耐药性。

(4)生态学的危害　有人从使用金霉素作饲料添加剂的农场饲养员体内分离出凝固醇阳性的鼻链球菌,并测试其对8种抗生素的敏感性,结果发现其中已有19.10%菌株耐受金霉素,而从对照人群中,则没有分离到耐金霉素的菌株。

2.造成环境污染　一些性质比较稳定的药物添加剂和高铜、高锌、有机砷等饲料添加剂的大量使用,使其通过粪便排出体外,造成土壤、水环境的污染,给环境带来了严重危害。另外,消化吸收率低的饲料中有70%以上的氮和磷随粪尿排放到水体中,也会造成对水环境的影响。

3.影响出口贸易　国外发达国家对饲料卫生安全、药残危害十分重视,目前已提出禁用兽药、激素、农药、杀虫剂达百种以上。我国存在着的动物产品的安全问题直接影响了出口贸易以及国际竞争力,出口价格也一降再降,从而制约着产品的扩大和发展。药物残留超标的水产品是没有国际市场的。

二、饲料中有毒有害物质及其危害

(一)饲料中有害生物及其控制

1.饲料中有害生物的种类

(1)细菌和细菌毒素　细菌是自然界数量最多的生物,自然会对饲料有所侵蚀。但由于细菌的生长所需的环境水分含量一般在15%以上，而饲料尤其是配合饲料中水分一般在13%以下，因此，饲料中细菌的污染就不如霉菌那样严重。

(2)霉菌和霉菌毒素　霉菌和霉菌毒素是对饲料危害最大的生物性污染物，动物吃了发霉的饲料而引起中毒的现象屡见不鲜。

(3)饲料虫害　饲料虫害普遍发生，包括植株虫害、谷物虫害、螨类、鸟类以及鼠类等，其中尤以螨类最为严重。而寄生虫和虫卵主要是通过畜禽的粪便，间接通过污染水体或土壤污染饲料或直接污染饲料。

(4)藻类毒素及其他海生毒素　许多海洋、港湾及淡水中的有毒藻类大量繁殖能引起养殖鱼类的大量死亡。对淡水藻而言有毒藻类有微囊藻、三毛金藻、嗜酸性卵甲藻等。一些有毒藻类被软体动物食用后，会在体内积累毒素，特别是赤潮发生期和发生地的软体动物，不能进入饲料中。

2.饲料生物污染的控制方法　饲料中有害生物的存在，会使饲料腐败变质，对动物的健康产生直接危害。为防止饲料中细菌和霉菌的感染，应采取综合的措施：严格检测饲料原料，禁止使用被污染的原料；原料和成品应分开放置，控制与防治交叉污染；制定灭鼠措施，隔离鸟类和昆虫接触原料；控制饲料的含水量不超过13%；及时清理各种废料；减少粉尘，避免细菌和霉菌扩散；饲料中添加抗菌药物；添加有机酸，消灭和抑制饲料中细菌和霉菌的生长与繁殖；改善贮藏条件；对鲜活饵料，必须进行投喂前的消毒处理。

(二)饲料中有毒有害元素及其控制

1.铅　植物中的铅主要来源于土壤和工业的污染，工业污染是造成植物饲料含铅量上升的重要原因。某些矿物饲料石粉、磷酸盐和鱼粉、骨粉、肉骨粉中往往含有较高的铅。

为了预防铅污染，应减少工业生产中和汽车废气中铅的污染，在铅污染的土壤中，可施用石灰、磷肥等改良剂，降低土壤中铅的活性，减少作物对铅的吸收。

2.汞　普通土壤中的植物一般不富集汞，但如用含汞废水灌溉农田或作物施用含汞农药，可使作物含汞量增高。尤其是用含汞农药作种子消毒或作物生长期杀菌时，粮食中汞的污染可达相当严重程度。水体的汞含量一般很低，但通过水生生物的富集作用和食物链，可在鱼、虾、贝的体内蓄积。

为了控制汞污染，工业上应防止汞的挥发和流失，禁止使用含汞农药、含汞消毒剂或含汞药物。对含汞的废水、废气、废渣应加强管理和控制。对已污染的农田，适当多施用有机肥料，以降低汞的活性。施用氮肥时，最好施用硫酸铵肥料，以利于生成硫化汞而固定于土壤中，减少作物中汞的含量。

3.砷　植物饲料中含砷量在通常情况下很低，但当植物生长时使用了含砷农药或受工业污染后，这些饲料中砷的危害就显得严重了。海洋植物含砷量很高，特别是海洋生物中的贝类，对砷具有很大浓集能力。高砷地区产的矿物类饲料或添加剂是配合饲料中砷的重要来源。

为了预防砷污染，应对含砷的烟尘、废水和废渣进行回收处理。在旱田土壤中大量施用堆肥，可降低可溶性砷的浓度。在土壤中施加各种铁、铝、钙、镁的化合物可使砷生成不溶性物质而加以固定，从而减少植物从土壤中吸收砷。合理使用含砷农药。动物消化道中吸收的主要是五价的砷，饲料中添加还原性维生素C，可促使五价砷还原为低价砷，减少其吸收率。在饲料中添加适量的可吸收硫化物是缓和砷中毒的一种办法。增加半胱氨基酸的含量也可以与三价砷结合成络合类的砷。对砷含量过高的日粮中添加适量的硒、锌、碘有利于促进砷危害的缓解。

4.硒 植物体内都含有硒，配合饲料中硒的含量主要受植物饲料原料硒水平的影响，低硒带产饲料原料致使配合饲料缺硒，高硒带产饲料原料致使配合料硒含量高。由于我国绝大多数地区都属于贫硒或缺硒地区，因此，配合饲料中添加含硒物质已成为饲料配方的常规考虑，但有时使用不当或滥用硒添加剂也会造成硒中毒。

硒在正常情况下，对动物是必需的，若在久旱后突然降暴雨，随水土流失，可能使可溶性硒经水流动在一定的地方集中，大大提高水中硒浓度。由于久旱后植物得水，生长很快，则硒随水进入植物体内，可能造成动物突然中毒。

5.镉 植物性饲料中镉含量都很低，但随土壤 pH 值降低，有些植物如苋菜、芜菁、菠菜等对镉有选择性吸收和蓄积能力，水中的生物如鱼类、藻类、贝类对镉的富集力较强。

严格控制镉的排放量，切实治理“三废”，是减少镉中毒的根本措施。利用锌、铁与镉的拮抗作用，提高饲料中锌、铁的含量，可以减少镉的中毒。提高饲料中维生素 D_3、钙、磷的含量，可缓解镉的危害性。补充维生素 C 可降低镉的毒性。饲料中补充硒可以促进已沉着在体内的镉的排泄。

6.铬 植物性饲料中铬含量都很低，动物性饲料中由于动物组织对铬有富集作用，其铬含量相应较高。未脱铬的皮革粉中含有很高的铬。

配合饲料中减少铬含量的措施就是控制饲料原料中铬含量。由于铬与锌、钒有较强的拮抗作用，因此，在高铬日粮中相应提高锌、钒的含量可有效地缓解高铬对动物的危害。

7.氟 植物性饲料中通常所含氟都比较低，而在工业污染区生产的植物性饲料，含氟量就有明显上升。大多数磷酸石含较高水平的氟，工业废水污染严重的水域所生产的鱼粉中含氟量也较高。

对于用于高氟含量的饲料如磷酸盐、骨粉时，根据其含氟量，限制其在日粮中的比例。当日粮中氟含量较高时，应保证摄入充足的钙和磷，因为钙和磷促进氟最大限度地在骨中贮藏。

(三)饲料中的农药残留及其控制

1.农药的主要种类 有机氯农药如六六六和 DDT，目前已停止生产。有机磷农药包括毒性剧烈的对硫磷(1605)、对吸磷(1059)、甲拌磷(3911)和高效、低毒、低残留的乐果、敌百虫、敌敌畏、倍硫磷以及毒性极低的马拉硫磷等。有机氟制剂应用较多的是氟乙酸钠和氟乙酰胺。

2.农药残留的控制

(1)饲料作物生产过程中对病虫害防治坚持预防为主、综合防治的原则，严格控制使用化学农药，提倡生物防治和使用生物生化农药防治，推广使用高效、低毒、低残留农药。

(2)原料作物生产过程中要严格按照《农药安全使用标准》(GB 4285—1989)和《农药合理使用准则》施药，严格按安全间隔期收获，禁止使用无“三证”农药和高毒、高残留或具有三致(致癌、致畸、致突变)作用的农药。

(四)饲料添加剂残留及其控制

1.造成残留的主要原因

(1)不正确使用药物。如用药的剂量、途径、部位和靶动物不符合标签说明，以致剂量过大、时间过长、用药方式和途径不当，靶动物不对，或标签外用药(即药物用于未经批准使用的动物，或将未经批准的兽药或人药用于食品动物)。

(2)不遵守休药期。如动物在休药结束前捕捞上市，用药不征求专业人员意见，不及时做用药记录，对用药不作必要的监督和控制。

(3)标示不当。药品标签上的指示用法不当，或不注明休药期。

(4)疏忽大意或无意残留。如饲料粉碎或混合设备受到药物污染，将盛过药物的容器用于贮藏饲料，加药饲料的加工或运送出现错误，仓库发错或饲养员用错药物，输送饲料的机械或车辆有药物交叉污染等。饲料生产不遵守操作规程，如生产加药饲料后机器设备没有经过彻底冲洗而用于生产非加药饲料，加药饲料未混匀。

(5)饲养管理不当。如饲养员缺乏残留和休药期知识，随意改变饲养规程，重复使用污染药物的废水、废弃物和动物内脏。

(6)动物废弃物的再利用也是造成残留的一个因素。动物的排泄物及其他废弃物中含有抗生素、磺胺药、有机砷、重金属、抗球虫药、微量元素、农药、激素和霉菌毒素等。废弃物的来源不同，上述物质的类型和含量也不同。停药期过短就有残留问题。

2.残留的危害　长期低剂量添加饲喂抗生素，不仅可造成病原微生物的耐药性，影响治疗效果，而且药物残留可引起过敏、甚至癌症和畸胎等严重后果。青霉素、四环素等的残留有时使人过敏或发生变态反应；二甲硝咪唑、洛硝哒唑、甲硝唑等可诱导基因突变和致癌；氯丙嗪有致突变性；β-内酰类抗生素如邻氯青霉素、头孢菌素等在肉类中的低浓度残留，可引起人类的免疫性疾病；性激素在动物性食品中残留可致妇女内分泌紊乱，并引发隔代癌症。凡此种种，动物用药可能危害人类健康的问题已引起人们的高度警惕。

3.残留防范措施　饲料中尽量少用或不用抗生素等药物，不得已用药时要科学用药，选择适宜的剂量，严格遵守休药期制度。

三、饲料工业对环境的污染及其控制

(一)饲料工业对环境的污染

(1)氮、磷等养分对环境的污染　饲料中未被吸收的氮会导致空气氨污染、土壤和地下水硝酸根污染。饲料中未被吸收的磷绝大部分随粪便排出体外，造成土壤和地下水的磷污染。氮、磷进入水体后，致使水体富营养化，引起低等浮游生物、藻类大量繁殖，而这些藻类又是鱼类难以消化利用的生物群体，在水体中大量繁殖后又大量死亡，产生一些毒素和消耗氧气，使得养殖鱼类中毒和缺氧而死亡。

(2)重金属元素的污染　一些含铜、锌、砷等重金属元素的饲料添加剂，也会给环境带来严重的危害。

(3)饲料添加剂的污染　包括防腐剂、防尘剂、抗菌剂、抗氧化剂、抗原虫药、抗生素、激素、维生素、氨基酸等。这些物质因长期使用不当，动物产品中药剂残留和耐药菌株的产生已成为公共卫生所关注的问题。进入环境中的抗生素，会加重耐受这些抗生素的菌株的传播和扩散。

(二)饲料工业对环境污染的控制

(1)合理配制饲料，提高动物对饲料的利用率，尤其是提高饲料中氮和磷的利用率，以降低动物粪便中氮和磷的含量，此乃“治本”之举。

(2)生产环保型饲料，可通过生物活性物质如酶制剂、益生素等和合成氨基酸的添加来降低动物氮和磷的排泄量。

(3)消除饲料中抗营养因子的抗营养作用。对饲料原料经过适当的加工处理,可降低日粮中抗营养因子的含量,提高饲料养分的利用率,减少氮和磷的排出量。

(4)加强水产动物营养和饲料科学的基础研究。制定和调整动物的营养需要量,更加准确地配制出符合不同生长阶段的全价配合饲料,减少养分的过量供给和降低养分的排泄量,避免对环境造成污染。

(5)开展专门的饲料作物生产,提高现有饲料资源利用率。

(6)应用现代生物技术研究开发安全、无污染、高效的饲料添加剂品种。

(7)制定防污染法规,加强环境监督管理。

第四节 饲料质量认证和管理体系

一、质量认证和质量体系认证的概念

(一)质量认证

质量认证是由可以充分信任的第三方证实某一经鉴定的产品、过程或服务,符合特定标准或规范性文件的活动。

通过质量认证可以指导消费者选购自己满意的商品,给销售者(包括生产企业)带来信誉和更多的利润,帮助企业建立健全有效的质量体系,是供方取得需方信任的手段,可以节约大量社会检验费用,保护产品使用者和环境的安全,提高产品和企业在国际市场上的竞争能力。

(二)质量体系认证

质量体系认证是认证的一种类型,具有以下特征:

(1)认证的对象是质量体系,更准确地说,是企业质量体系中影响持续按需方的要求提供产品或服务的能力的某些要素,即质量保证能力。

(2)实行质量体系认证的基础是必须有关于质量体系的国家标准。质量体系认证进行检查评定的依据是 GB/T 19001 或 GB/T 19002 或 GB/T 19003,即 ISO 9001 或 ISO 9002 或ISO 9003,申请认证的企业应以系列标准为指导,建立适用的质量体系;认证机构则按系列标准中的质量保证标准进行检查评定。

(3)鉴定质量体系是否符合标准要求的方法是质量体系审核。由认证机构派注册审核员对申请企业的质量体系进行检查评定,提交审核报告,提出审核结论。

(4)证明取得质量体系认证资格的方式是质量体系认证书和体系认证标记。证书和标记只证明该企业的质量体系符合某一质量保证标准,不证明该企业生产的任何产品符合产品标准。因此,质量体系认证的证书和标记都不能用于产品。主要是因为产品认证和质量体系认证存在一定的差别。

(5)质量体系认证是第三方从事的活动。第三方是指独立于第一方(供方)和第二方(需方)之外的一方,他与第一方和第二方既无行政上的隶属关系,又无经济上的利害关系。强调体系认证要由第三方实施,是为了确保认证活动的公正性。

我国质量体系认证的实施可分为提出申请、体系审核、审批发证、监督管理 4 个阶段。

二、饲料企业GMP管理

目前世界已有100多个国家在制药、食品、饲料行业实行GMP管理，我国某些行业（如兽药）也逐步采用GMP的有关原理和条例。

（一）GMP简介

GMP(Good Manufacturing Practice)，中文的意思是“良好操作规范”，或是“优良制造标准”，是一种特别注重制造过程中产品质量与卫生安全的自主性管理制度，目前人们在一些专业文献中多简称其为规范或GMP。

GMP于1963年诞生于美国，最初应用于医药生产管理。1969年世界卫生组织(WHO)要求全体会员国政府制定实施药品GMP制度。同年，美国公布了《食品制造、加工、包装贮存的现行良好制造规范》(简称CGM或食品GMP基本法)，食品GMP很快为联合国粮农组织(FAO)和联合国食品法典委员会(CAC)采纳。

GMP是一套与人类食品和药品有关的产品品质保证体系，它的目标是在食品或药品的生产、包装和贮运过程中，有关建筑、设施、设备、人员、生产过程、质量管理都能符合良好的生产条件和卫生标准，防止食品品质变坏或污染事故的发生，确保食品卫生安全质量稳定。GMP的工作核心是保证食品生产过程的安全性。为防止有害物质污染，实施双重检验制度，防止人为的错误发生。进行标签管理、生产纪录、检验结果和质量报告等完善的质量管理的档案制度。

随着GMP的发展，国际间开始实施GMP认证。我国卫生部于1995年7月11日下达卫药发(1995)第53号《关于开展药品GMP认证工作的通知》，自此，中国的GMP认证工作即具有其法律效力。GMP认证是国家或行业组织依法对药品或视同药品管理的产品的生产企业（或车间）和药品或视同药品管理的产品实施GMP监督检查并取得认可的一种制度，是国际间进行技术交流、建厂合作、商品交换和监督管理的重要内容，也是做好药品或视同药品管理的产品管理，确保药品或视同药品管理的产品管理的稳定性、安全性和有效性的一种科学的先进管理手段。

（二）GMP管理的分类

根据不同的分类方法，可以将GMP分为不同的种类，目前比较通用的是根据GMP的制定者、GMP的适用范围、GMP的性质、GMP的标准等进行分类。

1. 根据GMP的适用范围分类

(1)适用于世界范围或是世界性组织或者是跨越某一国家或地区的具有国际性质的GMP，如WHO的GMP，在WHO成员国内适用。

(2)由国家权力机构制定并颁布实施，只适用于制定者法定辖区内的GMP，如中华人民共和国卫生部及后来的国家药品监督管理局颁布的GMP。

(3)行业管理部门或组织、工业组织、企业制定的GMP，中国医药工业公司制定的GMP及其实施指南，某些药厂或公司自己制定的GMP，都只适用于制定者法定管理权限内，即行业管理部门或组织、工业组织、企业的管理范围之内，在行业管理部门或组织、工业组织、企业的管理范围之外不起作用。

2. 根据GMP的性质分类

(1)由政府制定并颁布，将GMP作为法典规定的GMP，如美国、日本的GMP。这种GMP的特点是由国家权力机构制定并颁布实施，具有法律效力，只适用于制定者法定辖区内，其强制性强，被管理者选择余地小，一般只能按照执行，不能修改。

(2)由世界性、地区性组织制定并颁布施行的GMP，适用于世界范围或是世界性组织或者是跨越某一国家或地区的具有国际性质的GMP，但仅将GMP作为建议性的规定，成员间交流只作为参考，没有法律效力，GMP只起到对药品或视同药品管理的产品的生产和质量管理的指导作用，如WHO的GMP。

(三)饲料工业GMP管理的实施

在饲料工业实施GMP管理，可有效地避免因饲料质量或污染对养殖动物健康和人类食品安全的负面影响。2001年联合国FAO还专门为渔用饲料起草了《渔用饲料良好操作规范》(Good Aquaculture Feed Manufacturing Practice，GAFMP)。我国在饲料行业中推行GMP管理也势在必行。

饲料良好操作规范是一套饲料生产的产品质量保证体系，基本内容涉及到人员、厂房、厂区和车间的卫生状况、原料、生产工艺、包装、标签、质量控制系统、自检、销售记录、用户意见、不良反应报告、文件管理等方面。硬件方面主要是厂房、设备、仪器、周边环境等要符合要求，软件方面主要是生产工艺要先进可靠、管理制度要健全、管理要严格、文件管理要规范、要有一套严格的检查验证管理办法等。它要求从饲料的生产环境、原料采集、加工、包装、贮藏、运输、销售、使用全过程都能符合良好的生产条件和卫生标准，防止饲料变质或污染事故的发生，确保饲料卫生安全和质量稳定。

三、饲料企业ISO 9000质量体系认证

ISO是国际标准化组织(International Standard Organization)的简称，是世界上最大的非政府性标准化专门组织。该组织创建于1947年2月23日，日常办事机构是中央秘书处，总部设在瑞士日内瓦，其最高权力机构是每年一次的“全体大会”。目前由100多个国家和地区的2 700余个不同级别的技术委员会、技术分工和小组构成。根据该组织的章程，每一个国家只能有一个最有代表性的标准化团体作为其成员，我国以中国标准化协会名义正式加入ISO。其宗旨是为确保管理方法、加工制造、工艺流程和产品质量管理标准的一致性和可比性提供系统的标准及方法，在世界上促进标准化及其相关活动的开展，以便于商品和服务的国际交流，在智力、科学、技术和经济领域开展合作。ISO的工作涉及除电工标准以外的各个领域。大部分产品的ISO质量标准的执行是自愿的，本身无法律约束力，但是在国际贸易中许多产品由于未进行ISO标准认定而处于不利地位。

自从1987年ISO 9000系列标准问世以来，为了加强品质管理、适应品质竞争的需要，企业家门纷纷采用ISO 9000系列标准在企业内部建立品质管理体系，申请品质体系认证，很快形成了一个世界性的潮流。

ISO 9000家族拥有100余个标准，并且在不断地修订、增加，其中通常为ISO 9001、ISO 9002、ISO 9003、ISO 9004四个标准称为核心标准。ISO 9001的全称为“质量体系　设计、开发、生产、安装和服务的质量保证模式”，它规定了包括管理职责、设计开发、采购过程控制等在内的20个质量体系要素，适用于具有设计、生产/安装和服务职能及过程的供方组织向其顾客提供质量保证。

ISO 9002(质量体系　生产、安装和服务的质量保证模式)和ISO 9003(质量体系　最终检验

和试验的质量保证模式）则适用于没有设计职能和仅需通过对产品最终检验进行控制，达到提供质量保证的供方组织。

四、饲料企业HACCP管理体系

（一）HACCP简介

HACCP(Hazard Analysis Critical Control Point，危害分析及关键控制点）是一个为国际认可的、保证食品免受生物性、化学性及物理性危害的预防体系，已被联合国食品法典委员会采纳并向全球推广。它主要是通过科学和系统的方法，分析和查找食品生产过程中的危害，确定具体的预防控制措施和关键控制点，并实施有效的监控，从而确保产品的安全卫生质量。该体系是强调企业本身的作用，而不是依靠对最终产品的检测或政府执法部门取样分析来确定产品的质量。

什么是HACCP体系？国家标准GB/T 15091—1994《食品工业基本术语》对HACCP的定义为：生产（加工）安全食品的一种控制手段；对原料、关键生产工序及影响产品安全的人为因素进行分析，确定加工过程中的关键环节，建立、完善监控程序和监控标准，采取规范的纠正措施。国际标准CAC/RCP-1《食品卫生通则》(1997年修订3版）对HACCP的定义为：鉴别、评价和控制对食品安全至关重要的危害的一种体系。

（二）HACCP计划的7个原理

（1）进行危害分析(HA)。要从原料的生产、加工工艺步骤以及销售和消费的每个环节可能出现的多种危害（包括物理、化学及微生物的危害）进行确定，并评价其相对的危害性，提出预防的措施。

（2）确定生产、加工过程中的关键控制点(CCP)。对每个显著危害确定适当的关键控制点。关键控制点是指那些若控制不利就会影响产品的质量，从而危害消费者身体健康的环节。一般来说，关键控制点要少于6个。一旦被确定为关键控制点则都要照例进行监测，可见，关键控制点的选择是HACCP系统的主要部分。

（3）确定关键限值。对确定的关键控制点的每一个预防措施确定关键限值。对已经确定的每一个CCP，都必须制定出相应的管制标准和适当的检测方法。经常管制的标准包括：时间、温度、水分活度、pH值、可滴定酸盐的浓度、防腐剂含量、有机氯浓度等。

（4）建立HACCP监控程序。建立包括监控什么、如何监控、监控频率和谁来监控等内容的程序，以确保关键限值得以完全符合。标准设定后，每一个CCP都必须进行例行监测，以确保每一环节都维持在适当的管制状态下。

（5）纠偏行为。确定当发生关键限值偏离时，可采取的纠偏行动，以确保恢复对生产、加工的控制，并确保没有不安全的产品销售出去。当发现某一个CCP超出管制标准，应有临时性修正计划，该计划包括如何使CCP回复到再管制状态以及建议在CCP超出管制标准期间所生产的产品如何处理。

（6）建立有效的记录保持程序。每次CCP检测的结果都要进行认真记录、存档，便于今后对可能出现的事故进行分析鉴定。

（7）建立验证程序，证明HACCP系统是否正常运转。HACCP系统有效性验证是通过对最终产品进行微生物、物理、化学及感官检测来完成的，特别是微生物检测是最为有效的验证指标，但微生物检测法通常不直接用来检测 CCP。有效性验证可以是厂家自查或请政府检测机构来完成。

(三)推行 HACCP 的重要意义

HACCP 体系的最大优点就在于它是一种系统性强、结构严谨、理性化、有多项约束、适应性强而效益显著的以预防为主的质量保证方法。在食品加工、饲料生产、兽药生产等企业以及养殖生产过程中推行 HACCP 有着重要的意义：HACCP 证书是产品进入国际市场的准入证；HACCP 验证、补充和完整了传统的检验方法，可将一个公司从仅仅的追溯性的最终产品检验方法转变为预防性的质量保证方法；强调加工控制集中在影响产品安全的关键加工点上，安全检验集中在预防性上；正确应用 HACCP 研究能鉴别出所有现今能想到的危害，包括那些实际预见到可能发生的危害；强调执法人员和企业之间的交流；不需要大的投资，使用 HACCP 既简单又实用，可降低产品的消耗。

饲料企业在获得 ISO 9000 质量保证体系认证的基础上将更有利于 HACCP 管理体系的建立，使生产的饲料质量与安全卫生得到更可靠的保证，使饲料企业取得更大的成功。

在饲料行业实施 HACCP 计划在世界范围内已得到了普遍认同和前所未有的重视，如美国要求在所有红肉、禽肉及水产品的生产中强制实施 HACCP 计划，以减少由于生肉和熟肉制品病原菌污染而导致的食物中毒。欧洲一些国家正在实施一项关于食品安全的名为“从饲料到食品”(from feed to food)的行动计划。在世界饲料生产领域，加拿大、欧洲、澳大利亚许多企业都已实施 HACCP计划。

思考题

1. 饲料原料和产品检验的主要内容有哪些？
2. 饲料原料和产品检验的基本方法有哪些？
3. 如何进行饲料样品的采集、制备和保存？
4. 饲料原料和配合饲料的质量判定方法有哪些？
5. 如何进行配合饲料生产的质量控制？
6. 何谓饲料安全？饲料安全问题产生的原因有哪些？
7. 何谓产品质量认证？
8. 饲料企业 GMP 管理、ISO 9000 质量体系认证、HACCP 管理体系的主要内容有哪些？

第十五章
水产动物营养与饲料的研究方法

内容提要

本章主要介绍水产动物营养与饲料研究的实验设计原理和实验设计方法，实验动物选择时应遵循的原则以及分组方法，在水产动物营养与饲料研究中的数据处理和结果分析方法等。

第一节 概 述

水产动物营养与饲料的研究主要包括饲料原料的选用和开发、配方设计、加工工艺、加工机械的选用等。只有在深入研究营养的基础上，才能研制出高质量的配合饲料。鲤鱼配合饲料的饲料系数从早期的2.5～3.0到目前的1.3左右；对虾的饲料系数从20世纪80年代初的4～5到目前的1.8左右，这些主要是对其营养学研究逐步深入的结果。因此，可以说鱼、虾类的营养生理和营养需要的研究，是水产动物配合饲料研究的基础和前提。

水产动物营养与饲料的研究，在学术上的目的是要通过机体的生长和体内的化学变化来认识营养素的生理作用、营养素之间的关系和营养需要等，阐明饲料中的营养物质对动物机体的影响；而其在应用领域中的目的是研制高效、低成本的配合饲料，为提高养殖生产水平服务。

实验设计以数理统计为基础，用较少的实验取得较好的效果。正确的实验能获得误差的良好估计，且能控制实验误差。设计实验时应遵循下述基本原则：一是重复原则。所谓重复是将实验重复做几次。通过重复实验间的变异，方能对实验误差作出估计。二是随机原则。随机原则是指实验材料的配置和处理安排完全排除实验者主观意向，这样可防止系统误差及减少由环境条件引起的误差。三是局部控制原则。局部控制是指实验时采用的各种措施，以控制和减少实验误差。局部控制常采用区组设置技术，每一次重复设置一个区组，区组内的实验条件近似，可以达到局部控制的目的。

在介绍实验设计之前先了解实验中几个基本概念：

(1)指标　判断实验结果好坏的标准。

(2)因素与水平　通常把影响实验指标的条件称作因素或因子。把因素所处的状态称作水平。

(3)处理　处理是实验的一种方法或步骤。可以把因素所处的水平称作处理，也可以把因素水平间的相互搭配看作处理。方法、条件等都可以视为处理。

(4)区组　一般地，把近似的实验材料或大致相同的环境条件安排在同一组，该组就称作一个区组。在渔业生物实验工作上，养殖池、各段养殖实验水面、苗种、观测仪器、调查船、调查工具、观测人员等都可作为区组因子。不少区组因子只有一些细微的差别，将这些只有细微差别的因子作为区组以抵消其影响,必将提高实验的精度,使实验取得更好的结果。

(5)实验单元　在实验中可施以不同处理的最小实验单位。是区组之下的单位,也称作小区。

(6)重复　同一处理中的实验单位。

例如,在实验室内安排正交实验时,由于受水族箱较多或现有的实验室面积的限制,需要两个或两个以上的实验室才能容纳全部水族箱。那么每个实验间可视为一个实验单元。其中每号实验的配方组合即是一种处理。如果每号实验在3个水族箱进行,即每一处理有3个重复。

在一个实验中,实验单元可以是一个或多个;而处理必须两个或两个以上。生物实验常设对照实验,对照也是一种处理。为了达到统计学要求,每个处理起码要求作3个重复。

实验设计的程序大体是,根据实验的目的、要求和条件,划分区组、规定处理、确定衡量实验效果的指标。区组由于受客观条件的限制,其容量(即包含的实验单元数或小区数)有大有小。处理是根据实验的目的要求定的,如饲料实验的几种饲料。衡量实验效果好坏的指标也根据实验的目的而定,如养殖实验的产量、增长度,测试仪器的精确度等,这些指标都应表现为一定的数量以便比较。

第二节　实验设计与分组

一、实验设计

在营养与饲料研究中常用的方法主要是单因子实验法和多因子正交实验法两大类。单因子实验设计相对简单,即选定某一因子并施予数个水平,而同时固定其他可控因子即可。也就是说,单因子实验设计只考察一个因子对实验结果的影响。单因子实验虽然不能在短期内了解养殖对象的整体营养特征,但由于其实验规模小,为所有实验室、研究者所能承担,因此,目前单因子实验法应用最为广泛。而多因子调查实验则与此相反,考察的是多个因子对实验结果的影响。尽管多因子实验法的规模相对大一些,但是可以同时得到多个实验结果,相对而言得到每一个实验结果的时间和经费缩小了,同时营养素之间存在着复杂的关系,多因子实验可以综合这些关系,因此多因子实验更具有意义。

(一)单因子实验设计

单因子实验设计包括完全区组实验设计和不完全区组实验设计。如果设计的区组容量足够容纳一整套处理,即规定有几种处理就设计每区组有几个实验单元(或小区)。这样的区组设计称为完全区组设计。如果设计的区组容量安排不下全部处理则称为不完全区组设计。

1.完全区组设计　包括随机化区组设计和拉丁方区组设计。

(1)随机化区组设计　所谓随机化区组设计,就是在各种处理的安排上要屏除可能的系统化和人为的选择安排等主观因素,使每种处理在各区组内的所在位置是任意定的,其机会是均等的。举例来说,养殖饲料实验有A、B、C、D四种饲料,养殖区有4个,每区有4个小实验池。将养殖区和小实验池都按序编上1、2、3、4的号码。A、B、C、D四种饲料也是1、2、2、4四种饲料。如果采取抽签的办法,做10个编号的竹签或纸团,任意抽出一个,记下后放回重抽。如应用随机数字表则可将抽出的第一个数代表第几纵列,第二个数代表第几横行(指方区)。如为5、3则从第5列第3行(方区)的第一个数55读起,将1～4各数记下来,每4个数一组,同组中相重的数去掉,则可选出2,

341,3,214,3,241,2,314 作为各区组各小区安排处理的顺序。也可采取其他读法或直接抽签排出。本例的随机化区组排列如表 15-1 所示。

表 15-1　随机化区组排列

区组＼小区	1	2	3	4
1	2B	3C	4D	1A
2	3C	2B	1A	4D
3	3C	2B	4D	1A
4	2B	3C	1A	4D

例 15.1　今有适于养虾的滩涂一块，土质南北有差异，挖池并进行 4 种养虾饲料实验，进行随机区组设计。横切南北划分为 4 个性质相近的区组，每区组有 4 个面积相等的实验池，各按序编号，4 种饲料分别为豆饼(A)、花生饼(B)、混合饲料(C)和动物性饲料(D)，按上述随机化办法排列如表 15-2 所示。

表 15-2　随机化区组排列

处理＼小区＼区组	1	2	3	4
1	D	C	B	A
2	B	D	C	A
3	D	C	B	A
4	C	A	B	D

(2)拉丁方区组设计　上述随机化区组设计虽避免了人为的主观选择不致得出错误的结果，但存在缺陷，如在小区的安排上就不够均衡。例 15.1 的安排，第 1 小区有两个 D，第 2 小区有两个 C，第 3 小区有 3 个 B，第 4 小区有 3 个 A。在小区有差异时，也会给实验结果以干扰。拉丁方区组设计可以免除此弊病。拉丁方区组设计要求每种处理在每个小区出现一次而且只出现一次。如上例(例 15.1)改用拉丁方区组设计，用 4×4 拉丁方表，各处理的排列如表 15-3 所示。

表 15-3　拉丁方区组设计上例结果

处理＼小区＼区组	1	2	3	4
1	A	B	C	D
2	C	D	A	B
3	B	A	D	C
4	D	C	B	A

2.**不完全区组实验设计**　不完全区组设计和完全区组设计的差别在于区组的容量能否容纳一整套处理。能容纳的可进行完全区组设计。由于种种原因，如人力、物力、时间、自然条件等的限制，区组容量较小，容纳不下全部处理的实验，只能进行不完全区组设计。不完全区组设计所得实验结果的精确度较差，不如完全区组设计。以下介绍两种不完全区组设计。

(1)均衡缺项区组实验设计　均衡缺项区组实验设计的基本要求是：

①每个区组所含的实验单元数(或小区数)相等,但少于实验处理的个数;

②每种处理在同等个数的区组中出现一次,而且只出现一次,即每种处理的实验次数相等。

举例来说,某一实验有A、B、C、D、E 5种处理,安排在5个区组内进行,而每个区组只有4个小区(或实验单元),这样的实验只能按均衡缺项区组实验进行设计,其设计如表15-4所示。

表15-4 均衡缺项区组设计表

处理 小区 / 区组	1	2	3	4	5
1	A	A	A	A	B
2	B	B	B	C	C
3	C	C	D	D	D
4	D	E	E	E	E

表中显示:5种处理中的每一种处理只能在5个区组的4个区组中各出现一次,而不在其他组出现;任何指定的一对处理出现在同一区组内的次数相同。如A在5个区组的4个区组中各出现一次,其他组不再出现,B、C、D、E均同;AB、AC、BD、CE等任两因子对在5个区组中都出现3次。由于出现的次数均衡,又都缺项,故称为均衡缺项区组实验设计,又称"BIB"实验设计。在"BIB"实验设计中,任一对处理都要求出现同样的次数。

(2)尤登(Youden)方区组实验设计 在拉丁方区组设计中,要求区组的容量足以容纳一整套处理。如容纳不了,解决的办法有以上介绍的均衡缺项区组设计(即"BIB"设计)。但这种设计有缺点:小区间的差异所形成的能变性将进入用来进行比较的观测效应的剩余误差中,必然降低实验的精度。如加以改变,将小区和区组颠倒过来,使所有的处理在每个新区组(原小区)以随机的顺序出现,但原区组的差异所形成的能变性同样会进入剩余误差并将其增大,都不是好的解决办法。Youden(1937)想出了一种称为尤登方区的设计方法,其优点是,可以从剩余误差中消除各区组间和各小区间能变性的来源。

(二)多因子实验设计

多因子实验也称复因子实验,是多于一个因子的实验。前面介绍的几种实验设计主要是处理单因子实验的问题。在单因子实验里,实验因子只有一个(即自变量只有一个)。在多因子实验里,实验因子(即自变量)有两个或两个以上。多因子实验,要求的实验单元数是单因子实验单元数的u次方(区组也作为因子对待)。在单因子实验中,完全区组设计要求的实验单元数是处理数的平方,多因子实验设计则为水平数的u次方(u除实验因子数外,区组因子也包括在内。另外,水平和处理的含义相同)。如八因子六水平实验的实验单元数为$6^8=1.68\times10^6$,这样大容量的实验是无法完成的,必须采取一种简便的办法。

采用正交表设计,就可用较少的实验单元数反映出全面情况,找到最优点。也就是用部分实验达到全面实验的目的。上述的八因子六水平实验如采用正交设计,36个实验单元就可以完成。但是,采用正交表设计首先要确定影响实验结果的重要因子和非重要因子。因子的重要性确定后可进而确定影响实验结果的各个因子的水平,即哪个水平的效果最好;最后就是确定各个因子以何种水平搭配起来对实验结果产生最好的影响。

正交设计的程序如下:

1.选用正交表 正交表用L字母表示,L的右下角号码表示实验单元数(即要做的实验次数),

如 L_{27} 就表示要作 27 次实验。L 右边括弧内的底数代表水平数，指数代表因子数，如 $L_{27}(3^{13})$ 表示可安排 13 个因子(正交表的一列安排一个因子)，每个因子有 3 个水平。以研究某新品种 S 对营养素的需要为例加以说明。实验的目的是找到几个主要营养成分的适量范围。从众多因子中挑选出蛋白质、总糖、脂肪及胆碱 4 个因子。

2. 表头设计　表头设计是安排各个因子以适当的列号。挑选要研究的因素并拟定实验水平。譬如，挑选出蛋白质、总糖、脂肪及胆碱 4 个因素。每个因素选了 3 个水平把它们列成因素水平如表 15-5 所示。

表 15-5　新品种 S 因子水平　%

因素 / 水平	蛋白质	总糖	脂肪	胆碱
1	25	30	4	0.25
2	35	20	8	0.50
3	45	10	12	1.00

3. 设计实验方案　表头设计作好后，接着可设计实验方案。将各因子的各个水平用抽签办法确定其号数，按正交表做实验方案如表 15-6 所示。

表 15-6　新品种 S 营养正交实验方案

实验号	蛋白质	总糖	脂肪	胆碱
1	1	1	3	2
2	2	1	1	1
3	3	1	2	3
4	1	2	2	1
5	2	2	3	3
6	3	2	1	2
7	1	3	1	3
8	2	3	2	2
9	3	3	3	1

注：表内的号码为水平号。

按照正交实验设计进行实验得出实验结果，实验结果表现为我们所要考察的指标。找出各号实验的基本配方组成。表中第一横行就是第一号实验的基本配方组成，依此类推，共有 9 个实验。各基本配方配上混合维生素、无机盐、防霉剂、抗氧化剂等相同组分即可。方案定下来之后，要严格按照方案进行，不可随意变动。

二、动物的选择与分组

(一)动物的选择

实验动物的选择应该遵循以下几个原则：

(1)所选择的实验动物最好是来自同一母体，以减少遗传性状的差异。

(2)选择快速生长的遗传品系进行实验。

(3)对个体差异甚大(如斑节对虾)，且很快分化的动物，在实验前要安排适当的暂养期，以确保选择生长快速、均匀的个体做实验。

(4)选择幼龄动物做实验。因为幼龄动物生长迅速,对实验饲料的差异反应敏感。一般地,如果某一处理对幼龄动物没有显著影响,那么就有把握说对成年动物也不会有显著影响。

在进行实验前必须考虑实验动物的饲养史。鱼、虾对某些营养物质(如脂肪酸、维生素等)的代谢需要量特别低。这些营养物质在组织中可以贮存很长时间。在没有完全消耗这些营养物质之前,这些动物不宜用于与这些营养素有关的实验。因此,用幼龄动物做实验可以减少代偿生长及微量营养物质在体内贮存过长所带来的影响。

(二)动物的分组

鱼、虾营养实验的每个重复需饲养多少动物呢?有如下两方面需要考虑:一是数量要达到消除不等性比的影响。多数鱼、虾的雌、雄生长速度不一。如莫桑比克罗非鱼雄鱼比雌鱼生长快,而对虾则相反。在自然种群中,性比接近1∶1。如每个水族箱的放养数目太少便会导致不等性比。二要避免等级化摄饵模式。在实验和生产中都发现,在同一水槽或池塘中,有些个体越长越快,而另一些越长越慢。这种现象随着养殖密度的增加更加严重。尽管投饲及溶氧等环境条件未成为限制因素,高密度组的平均生长速度也比低密度组差。这实质上是动物种内竞争的结果。大的活泼的个体的优势行为会导致弱小个体的紧张状态而摄食不足。这种摄食活动的等级化现象称为等级化摄饵模式。这种现象在同类相残的种类中更为严重。另外,紧张状态远不止导致摄饵不足,还会引起一系列生理生化的机能紊乱而产生更严重的后果。因此,放养密度既要考虑统计学的要求和避免不等性比出现,又要防止密度过高而加剧种内竞争。

尽管选择了遗传性状相似、大小相近的实验动物,但由于动物分组和水族箱排列时的人为因素都可能给实验导入系统误差。这种系统误差是不能通过任何数据处理方法消除的,使实验作不出正确的判断而报废,或导致错误的结论。这种系统误差可在安排实验时通过动物分组和水族箱排列的随机化方法来消除。

1.动物分组随机化 准备做实验的鱼苗总数应比实用总数高出25%左右,甚至更多。把健壮活泼的鱼、虾全部置于一个大小合适的水族箱中,然后随机捞取,随机分配到各实验水族箱内。但不是配足一个水族箱后再配第二个。因为很容易被首先捕到的鱼苗其活力可能会差一些;另一方面,捕到后面的鱼苗由于长时间的捞取而引起应激反应和物理损伤,所以可能导致前后不均。30尾鱼苗可分几次捞取。捞一轮随机分配到全部水族箱后,再捞第二轮,直至每个水族箱分配到30尾鱼苗为止。分配过程也不必按次序,只要记住每个水族箱的分配次数即可。捞取过程要完全随机化,绝不要施以人为的干扰。

2.水族箱排列次序的随机化 随机化排列方法很多,例如随机化区组配置法、完全随机化配置法、拉丁方随机化方法和正交划分法等。

(1)随机化区组配置法 如$L_{27}(3^{13})$试验中,27个水族箱如果需要3个实验室才能容纳它们,每间实验室则可容纳9个水族箱。在这里实验室既可视为实验单元,又可视为区组。但实验区组并不一定等于实验单元,因为有时一个区组可安排多个实验单元。现在看如何把这9个处理随机化地配置到这3个区组中去。

先把各区组的水族箱编号。编号不必随机,任意依次编号就行。同样对9种处理也任意依次编为$A_1 \sim A_9$。

数字1～9共有250组随机数字组。用任意方法抽取其中一组。如用抽签的方法从标有0,1,…,9的10个数字签中随意抓一个,譬如说是2;放回去混合后再抓一个,如得8;放回去混合后又抽一个，如得4。于是可从250组随机组的第2列群的第8行群中抽第4组数字：485672193。因为有3个区组，所以需抽取3组随机数字。其余两组可以用同样方法抽取，或就上面抽得数字的上下或左右再抽两组即可。如抽得279351684和183654729。

把水族箱号依次序排列，把处理依上面的随机次序排列，一一对上，就得到一个3区组9个饲养基本单位的随机排列图。

(2)完全随机化配置法 有时一个实验单元可容纳全部实验的重复数，或者不同单元间的差异并不比同单元中不同水族箱间的差异大。这样随机化的要求不像随机化区组那样仅限于区组内部，而是把全部水族箱一起作随机化配置。方法如下：

①把27个水族箱依次编号为1～27。

②把全部处理及其重复排序。处理及其重复可用A_{ij}表示，i表示处理的序号，j表示该处理的重复的序号。例如第一种处理(即第一号实验)的3个重复可表示为：A_{11}、A_{22}、A_{13}；第二种处理的3个重复表示为：A_{21}、A_{22}、A_{23}，依此类推。然后把A的角码(ij)视为一个两位整数，由小到大依次编号。

③仍用数字1～9的随机排列的250组随机数字组，随意地抽一个数字，例如抽中第2行群第3列群第三组数字的2，自2开始依次向右(也可向左、向上或向下)连续读27个3位数得出。

然后按照各3位数的大小，在各数字下方标出大小秩数(N)。例如132最小，作为(1)，143次之作为(2)，依此类推。

④把编好的处理及重复序号与③中的秩数对应起来，再配置到按顺序排列的水族箱中，使得到完全随机配置排列表。

第三节 实验饲料

随着集约化饲养业的发展，全封闭管理环境的出现，使动物处于基本上与自然环境隔绝的条件下。因而其所需营养物质完全取之于养殖业者所提供的饲料，所以全价营养供应问题日趋突出。加之遗传育种工作的进展，大大提高了动物的生产性能，也使动物对营养物质供应的要求更加苛刻。为此，就提出了全价营养的完善日粮搭配，以期全面满足各种动物在不同生产用途时对各种营养物质的要求，保证产品养殖业的高效生产。

实验饲料应符合如下要求：①除被实验的成分外，实验饲料的所有其他组分应是完全一致的，且营养全面。②实验饲料的化学、物理性状应符合实验动物的摄食习性要求。③具有适当的水中稳定性，以减少营养物质的溶失，提高营养物质摄入量的估计精度。鱼类实验饲料应由高度纯化的组分组成，以便准确控制营养物质在各处理中的含量。目前，实验饲料主要包括精制饲料、半精制饲料、等能饲料、等氮饲料和对照饲料等。

一、精制饲料与半精制饲料

配制实验饲料，除被考察的因子之外，其他的因子无论是种类上还是数量和比例上都必须满足动物的营养需要，否则就会影响实验结果的准确性。

根据原料的纯化程度，实验饲料可分为精制饲料和半精制饲料。一般来说，精制饲料所含的营养素比较全面，易于定性和定量控制所研究的营养成分比例，并可在不同研究机构之间或相关研究中作为试验饲料参考。半精制饲料所含营养素相对不够全面，不过这二者之间没有明确的界限。

酪蛋白和明胶是精制饲料的优质蛋白源，且两者常以4：1的比例混合使用。做维生素需要实验时，常以不含维生素的酪蛋白作蛋白源。血纤维蛋白是矿物质需要实验的理想蛋白源。而全卵蛋白是蛋白质及氨基酸实验的适用蛋白源。所有这些蛋白源都已有高度纯化的商品出售。

糊精是传统的糖源。熟淀粉对温水性鱼类来说是理想的，但冷水性鱼类对它的利用能力较差。

鱼油是n-3系列不饱和脂肪酸的重要来源。仅作能量调节的脂肪可来自植物油和动物油。但作必需脂肪酸等脂质需要的专门实验时，所有脂质都应来自纯化的脂肪酸、甘油三酯及类脂质等。

纯化纤维素一般作非营养性填充剂。

无论是制作湿性实验饲料还是干性实验饲料，黏合剂都必不可少，以保证饲料具有适当的水中稳定性。明胶、面筋、琼胶、褐藻酸及羧甲基纤维素等常用作实验饲料的黏合剂，添加量一般为2%～5%。

二、等能饲料、等氮饲料和对照饲料

在动物营养与饲料的研究中常常用到等能饲料和等氮饲料，以避免能量不等或粗蛋白不等而影响实验结果。为了使实验结果具有说服力，在实验中对照饲料也是往往使用的。

1.**等能饲料** 动物的生产力除了和遗传性有关外，正常条件下，日粮能量水平是影响动物健康和生产性能的重要因素之一。动物为了维持生命活动和生产活动，要求日粮具有适宜的能量水平，只有在动物对能量需要获得满足的前提下，动物的生产性能才能得以发挥。若能量不足，则会导致动物的健康恶化，体重减轻，生产性能下降等。但是日粮能量水平亦不宜过高，否则同样对动物的健康和生产性能，尤其对繁殖性能造成不良影响。为保证试验结果的准确性，在有些营养与饲料的研究实验中常常使用等能饲料。

所谓等能饲料就是两种或两种以上所含能量相等的饲料。等能饲料之间相比较避免因能量的不等而影响试验结果。

2.**等氮饲料** 蛋白质在水产动物营养中占有特殊地位，它的营养作用是其他营养物质不能代替的。饲料中蛋白质不足或蛋白质品质低下，将影响水产动物的健康、生长、繁殖及生产性能。但如果饲料中蛋白质超过动物的需要，不仅造成浪费，而且多余氨基酸的脱氨作用，会加重机体负担。为保证试验结果的准确性，在有些营养与饲料的研究实验中常常使用等氮饲料。

所谓等氮饲料就是两种或两种以上所含氮量相等(即粗蛋白含量相等)的饲料。等氮饲料之间相比较避免因粗蛋白的不等而影响试验结果。

3.**对照饲料** 一般地说，在研究某一营养成分的需要时，可对典型配方中相应组分进行有目的地调整，而其他成分保持不变或作必要的加减，即可以达到不同研究的目的要求。因此，我们可以把典型的饲料配方作为对照饲料，或者把完全缺失某种营养成分的饲料作为对照饲料。

第四节 数据处理与结果分析

在任何定量试验中，实验方案必须确定一个或几个判据，作为定量地判明所研究现象的性质。试验过程就是收集这些判据的有关资料的过程。营养饲养试验最简单又具普遍意义的判据是生长率、存活率和饲料系数等。饲养试验结束，有两方面的工作要做好。一方面，对试验动物的终体重、体长及存活率等测量进行记录，同时对肉眼可见的临床症状仔细观察记录。另一方面，对样品进行适当处理保存，供进一步作组织学、生理学、生物化学等项目的分析研究。

另外，对实验数据进行统计学处理与研究中的其他工作同样重要。根据试验目的、条件、数据的性质等选择适当的生物统计学方法，进行正确数据处理，以便获得正确的结论。一般要求实验数据要给出平均数及标准差。进行平均数比较时，应选择适合的方法进行差异显著性检验。具体统计方法请参考有关统计学书籍。现在介绍单因子实验设计包括完全区组实验设计和不完全区组实验设计研究的定量计算方法和多因子正交实验的结果分析。

一、完全区组实验结果分析

(一)随机化区组设计实验结果分析

在例 15.1 中按随机化区组设计进行实验后得出结果(表 15-7)(斤/亩)并进行分析。

表 15-7　实验结果

(引自夏世福，1980)

区组	豆饼 A	花生饼 B	混合饲料 C	动物性饲料 D	合计
1	62	80	62	102	306
2	82	90	82	103	357
3	105	103	87	148	443
4	116	120	92	153	481
合计	365	393	323	506	1 587

表中数据按以下程序进行计算：

①各数平方后相加。

$62^2+80^2+62^2+\cdots+120^2+92^2+153^2=167\ 485$

②各横行的合计数平方后，计总并除以原来的个数 4。

$$\frac{306^2+357^2+443^2+481^2}{4}=162\ 147$$

③将各纵列的合计数平方后，计总并除以原来的个数 4。

$$\frac{365^2+393^2+323^2+506^2}{4}=161\ 510$$

④总合计数平方后除以总个数 16。

$$\frac{1\ 587^2}{16}=157\ 411$$

列方差分析表(表 15-8)。

表 15-8　方差分析表

方差来源	平方和	自由度	平均平方
在区组间	②－④＝162 147－157 411＝4 763	$n_1-1=4-1=3$	1 583
在各种饵料间	③－④＝161 510－157 411＝4 090	$n_2-1=4-1=3$	1 366
剩余	①＋④－②－③＝1 212	$(n_1-1)(n_2-1)=9$	135
合计	①－④＝167 485－157 411＝10 074	$n_1n_2-1=15$	

$N_1=3, N_2=9$ 查方差比值表 $F_{0.05}=3.9, F_{0.01}=7.0$。

平均平方与剩余相比：

在区组间　$F=1\,588/135=11.8>F_{0.01}$

在饵料间　$F=1\,366/135=10.1>F_{0.01}$

区组间、饵料间与剩余的方差比都很显著，显著性水准大于 0.01。但实验的目的是考察不同饵料的差异，由于区组的效应显著且大于饲料，说明实验存在着缺陷，应设法改进。

(二)拉丁方区组设计实验结果分析

将上例改用拉丁方区组设计，对结果进行分析(表 15-9)。

表 15-9　实验结果改用拉丁方区组设计

(引自夏世福，1980)

处理结果 / 小区 / 区组	1	2	3	4	合计
1	62A	80B	62C	102D	306
2	82C	103D	82A	90B	357
3	103B	105A	148D	87C	443
4	153D	92C	120B	116A	481
合计	400	380	412	395	1 587
处理	A	B	C	D	
合计	365	393	323	506	

方差分析的计算程序如下：

①将每个观测值平方后相加。

$$62^2+80^2+62^2+\cdots+120^2+92^2+153^2=167\,485$$

②各横行的合计数平方后，计总并除以原来的个数 4。

$$\frac{306^2+357^2+443^2+481^2}{4}=162\,147$$

③将各纵列的合计数平方后，计总并除以原来的个数 4。

$$\frac{400^2+380^2+412^2+395^2}{4}=157\,542$$

④将处理的合计数平方后相加再除以合计处理的个数 4。

$$\frac{365^2+393^2+323^2+506^2}{4}=161\,510$$

⑤将总合计数平方后除以总观测个数 16。

$$\frac{1\,587^2}{16}=157\,411$$

将上列各数及 $n=4$ 按方差的不同来源作方差分析表(表 15-10)。

表 15-10 方差分析表

方差来源	平方和	自由度	平均平方
区组	②－⑤＝162 174－157 411＝4 763	$n-1=3$	588
小区	③－⑤＝157 542－157 411＝131	$n-1=3$	44
饵料种类	④－⑤＝161 510－157 411＝4 099	$n-1=3$	1 366
剩余	1 081	$(n-1)(n-2)=6$	180
合计	①－⑤＝167 485－157 411＝10 074	$n^2-1=15$	

查方差比值表 $N_1=3, N_2=6, F_{0.05}=4.8, F_{0.01}=9.8$。

与剩余相比:

区组 1 588/180＝8.82＞$F_{0.05}$

小区 44/180＝0.24

饵料种类 1 366/180＝7.59＞$F_{0.05}$

区组和饵料种类都很显著,其显著性水平均在 0.05 以上,小区则不显著,因此,在饵料实验设计上,区组因子应很好考虑。

与随机化区组设计比较,拉丁方区组实验设计的可靠性优于一般随机化区组设计。

二、不完全区组实验结果分析

不完全区组实验中以均衡缺项区组实验设计(BIB)为例,做实验设计并对实验结果进行分析。

例 15.2 在海带养殖方法实验中,考察 5 种养殖方法(处理)对海带增长(cm/d)的影响,5 种养殖方法安排 5 个养殖区(区组)的 4 台架子(小区)上进行。

采用 BIB 实验设计。处理数 $t=5$,区组数 $b=5$,小区数 $k=4$,处理重复数 $r=4$,实验结果及计算值列于表 15-11。

表 15-11 海带不同养殖方法实验结果

处理 \ 区组	1	2	3	4	5	合计	Q_i	Q_i^2	V_i	调整后的处理平均数
A	4.3	3.9	3.8	2.9		14.9	14.7	216.09	0.245	26.045
B	2.8	3.4	2.8		4.2	13.2	10.8	116.64	0.180	25.980
C	3.4	1.6		2.9	1.3	9.2	－2.6	6.76	－0.043	25.757
D	0.9		4.0	2.9	0.7	8.6	－5.9	34.81	－0.102	25.698
E		2.8	1.6	0.9	0.5	5.8	－17.0	289.00	－0.283	25.517
合计	11.4	11.7	12.2	9.6	6.7	51.6	0	663.3		

总观测次数 $N=tr=bk=5\times4=20$

总观测值合计数 $G=51.6$

横行各处理的 r 个观测值的合计数为 t_i,纵列各区组的 k 个观测值的合计数为 B_j,Q_i 为调整后的处理合计数,则

$$Q_i=kT_i-B_1-B_2-\cdots-B_r$$

根据表 15-11 数据代入公式得出:

$$Q_1=4\times 14.9-11.4-11.7-12.2-9.6=14.7$$

$$Q_2=4\times 13.2-11.4-11.7-12.2-6.7=10$$

计算处理平方和 S_T^2 的公式为：

$$S_T^2=\frac{t-1}{NK(K-1)}\sum Q_i^2$$

将 $t=5, K=4, N=20$，$\sum Q^2=663.3$ 代入公式得：

$$S_T^2=\frac{5-1}{20\times 4\times 3}\times 663.3=11.05$$

区组平方和按通常求平方和的方法求得：

$$\frac{11.4^2+11.7^2+12.2^2+9.6^2+6.7^2}{4}-\frac{51.6^2}{20}=2.55$$

总平方和用通常方法求出：

$$4.3^2+3.9^2+3.8^2+\cdots+1.6^2+0.9^2+0.5^2-\frac{51.6^2}{20}=29.69$$

处理平均数的修正值 V_i 的求法为：

$$V_i=\frac{t-1}{NK(K-1)}Q_i$$

将有关各数代入得出：

$$V_1=\frac{5-1}{20\times 4\times 3}\times 14.7=0.245$$

$$V_2=\frac{5-1}{20\times 4\times 3}\times 10.8=0.180$$

总平均数＝51.6/20＝25.8

调整后的处理平均数为总平均数加修正值 V_i。

查方差比值表 $N_1=4, N_2=11, F_{0.05}=3.4$。

与误差相比：

区组间　$0.64/1.46=0.438<F_{0.05}$

处理间　$2.76/1.46=1.89<F_{0.05}$

在本例区组间的差异均不显著。

三、正交实验设计及结果分析

做对虾饵料配方实验，因素与水平的选取见表 15-12。

表 15-12　对虾饵料因素水平　　%

因素 / 水平	A 蛋白质	B 糖	C 纤维素	D 脂肪
1	36	31	4.0	8
2	40	26	4.5	6
3	44	21	5.0	4

本实验是 4 因素 3 水平，且无交互作用，故可选表 $L_9(3^4)$。再随机地将因素安置到表头上去。见表 15-13。

表 15-13 饵料实验的表头设计

实验号 \ 列号	A 1	B 2	C 3	D 4

表头设计完成后即按每一号实验所列各因素水平间的搭配，配制饵料进行喂养。例如，1 号实验的搭配是 $A_1B_1C_1D_1$。即 4 个因素都取 1 水平，分别为：蛋白质 36%、糖 31%、纤维素 4.0%、脂肪 8%。

实验结果见表 15-14。

表 15-14 实验结果

实验号 \ 列号	A 1	B 2	C 3	D 4	实验结果 /(g/尾)
1	1	1	1	1	3.62
2	1	2	2	2	4.33
3	1	3	3	3	4.33
4	2	1	2	3	4.33
5	2	2	3	1	3.95
6	2	3	1	2	4.33
7	3	1	3	2	4.68
8	3	2	1	3	5.23
9	3	3	2	1	4.29
K_1	12.28	12.63	13.18	11.86	
K_2	12.61	13.51	12.95	13.34	
K_3	14.20	12.95	12.96	13.89	
R	1.92	0.88	0.23	2.03	

在正交表下面列出 4 栏 K_1、K_2、K_3 及 R。$K_1(1)$ 为因素 A 的 i 水平实验结果的和数，例如 A 因素的 1 水平 $K_1(1)$ 值为：

$$K_1(1) = 3.62 + 4.33 + 4.33 = 12.28$$

正交表具有一个重要特性，即搭配均匀性。例如 A 因素的 1 水平出现在第 1、2、3 号实验，而这 3 次实验中因素 B 与 C 的 3 个水平皆各出现 1 次，2 水平、3 水平也有与 1 水平类似的表现。由于搭配均匀，从而使 K_1 间具有可比性，K_1 间的差异表示了因素水平间的变异。

比较各因素的 K_1 值，即可找到因素的较好水平，本例中各因素间较优的搭配是 $A_3B_2C_1D_3$。

R 为 K_1 值的极差，如：

$$R_1 = 14.20 - 12.28 = 1.92$$

R 值愈大表明因素对指标的影响愈大，因此，极差的大小反映了因素对指标作用的大小，也就决定了因素的主次。表中 $R_4 > R_1 > R_2 > R_3$，故因素的主次顺序为：

$$D > A > B > C$$

即脂肪和蛋白质是影响对虾生长的主要因素。

思考题

1. 在动物的选择与分组中应注意哪些问题?
2. 什么是实验单元、处理和重复? 为什么每个处理要作重复?
3. 什么是单因素试验法和多因素实验法? 各有何优点?
4. 何谓区组? 区组设计的目的是什么?
5. 多因素正交实验如何进行设计? 试举例说明。
6. 完全随机设计与随机区组设计有何不同? 各有什么优缺点?

附 录

饲料营养成分表

营养成分	干物质/%	粗蛋白质/%	粗脂肪/%	粗纤维/%	钙/%	磷/%	植酸磷/%	铜/(mg/kg)	铁/(mg/kg)	锌/(mg/kg)	锰/(mg/kg)	硒/(mg/kg)	苏氨酸/%	缬氨酸/%	蛋氨酸/%	胱氨酸/%	异亮氨酸/%	亮氨酸/%	苯丙氨酸/%	赖氨酸/%	组氨酸/%	精氨酸/%	色氨酸/%
玉米	86.0	8.5	3.9	2.0	0.02	0.21	0.17	1.8	19.1	50.5	6.5	0.02	0.34	0.48	0.16	0.15	0.32	1.21	0.61	0.26	0.25	0.41	0.07
高粱	86.0	9.0	3.4	1.4	0.09	0.28	0.19	7.6	3.6	20.1	17.1	0.02	0.26	0.44	0.17	0.12	0.34	1.05	0.45	0.19	0.18	0.34	0.08
皮大麦	87.0	11.0	1.7	4.8	0.09	0.33	0.16	5.6	87.3	23.6	17.5	0.06	0.41	0.65	0.19	0.18	0.46	0.92	0.59	0.41	0.24	0.64	0.16
米大麦	87.0	11.4	2.0	1.5	0.04	0.39	0.19	7.0	100.0	30.0	18.1	0.16	0.48	0.72	0.15	0.17	0.49	0.99	0.85	0.47	0.26	0.72	0.11
小麦	87.0	14.0	1.6	2.0	0.07	0.36	0.19	8.0	89.0	30.0	46.4	0.05	0.33	0.56	0.25	0.21	0.44	0.81	0.58	0.31	0.27	0.57	0.16
稻谷	87.3	7.9	1.6	8.4	0.07	0.25	0.16	3.5	40.0	1.8	20.0	0.04	0.26	0.48	0.11	0.11	0.32	0.60	0.41	0.29	0.16	0.59	0.09
糙米	87.0	8.8	2.0	0.7	0.03	0.33	0.20	3.3	100	10.0	21.0	0.07	0.28	0.49	0.14	0.14	0.30	0.61	0.34	0.29	0.17	0.65	0.12
碎米	88.0	8.8	2.2	1.1	0.06	0.32	0.19	8.8	62.0	36.4	47.5	0.06	0.29	0.46	0.18	0.18	0.32	0.59	0.40	0.34	0.19	0.67	0.12
甘薯干	87.0	4.0	0.8	2.8	0.19	0.02	0	6.9	10.3	8.7	9.1	0.02	0.17	0.27	0.05	0.07	0.17	0.26	0.19	0.17	0.07	0.17	0.05
木薯干	87.0	2.4	0.7	2.6	0.27	0.09	0	4.2	100.0	14.0	6.0	0.04	0.10	0.13	0.05	0.04	0.11	0.15	0.10	0.13	0.05	0.04	0.03
糜子	87.9	10.1	2.9	8.0	0.05	0.56	—	0	130.0	35.0	11.0	0.03	0.24	0.41	0.14	0.06	0.27	0.98	0.42	0.35	0.40	0.24	0.07
小麦麸	87.0	13.5	4.4	10.1	0.22	1.0	0.73	13.5	184.1	80.5	117.4	0.08	0.47	0.68	0.15	0.35	0.49	0.93	0.67	0.58	0.40	1.03	0.23
米糠	87.0	12.8	16.5	5.7	0.07	1.43	1.33	7.1	303.6	50.3	175.9	0.09	0.48	0.81	0.25	0.22	0.63	1.02	0.63	0.74	0.39	1.06	0.10
米糠饼	88.0	14.7	9.2	7.4	0.14	1.69	1.47	8.7	400	56.4	211.6	0.09	0.53	0.99	0.26	0.40	0.72	1.20	0.76	0.81	0.43	1.19	0.15
大豆饼	87.0	41.6	5.7	4.7	0.32	0.50	0.25	20.0	189.0	43.9	32.4	0.04	1.43	1.68	0.37	0.25	1.55	2.72	1.77	2.49	1.09	2.50	0.64
大豆粕	87.0	43.0	1.9	5.1	0.32	0.62	0.30	23.8	183.0	45.9	27.7	0.06	1.50	1.70	0.43	0.25	1.61	2.83	1.88	2.47	1.19	2.66	0.55
棉籽饼	88.0	32.3	6.1	11.1	0.31	0.64	0.40	18.3	235.0	65.0	16.8	0.08	1.30	1.68	0.47	1.17	1.13	2.27	1.95	1.15	0.96	2.87	0.35
菜籽饼	88.0	37.4	8.9	10.1	0.60	0.94	0.62	8.5	218.0	68.0	60.0	0.07	1.46	1.40	0.64	0.78	1.29	2.35	1.43	1.18	0.89	1.91	0.43
花生仁饼	88.0	44.7	5.9	7.2	0.25	0.58	0.22	21.7	900.0	49.9	29.0	0.06	0.99	1.23	0.26	0.72	1.12	2.26	1.73	1.24	0.80	4.41	0.94
向日葵籽饼	88.0	32.0	3.3	16.4	0.27	0.79	—	41.5	614.0	62.1	41.5	0.09	0.87	1.25	0.57	0.36	1.15	1.72	1.15	0.75	0.62	1.93	0.20
亚麻饼	88.0	32.2	7.8	7.8	0.45	0.83	0.53	26.4	200.0	134.0	39.4	—	1.08	1.58	0.55	0.57	1.58	1.82	1.33	1.11	0.62	2.67	0.48
芝麻饼	92.2	39.4	5.1	10.0	0.72	1.23	0.88	28.5	1 100.0	88.0	123.0	0.14	1.29	1.84	0.82	0.36	1.42	2.52	1.68	0.82	0.81	2.38	0.40
玉米胚芽饼	90.0	16.8	8.7	5.7	0.40	1.48	—	4.4	330.0	100.0	3.7	—	0.62	0.83	0.23	0.60	0.49	1.20	0.57	0.69	0.45	1.12	0.16

续表

营养成分	干物质/%	粗蛋白质/%	粗脂肪/%	粗纤维/%	钙/%	磷/%	植酸磷/%	铜/(mg/kg)	铁/(mg/kg)	锌/(mg/kg)	锰/(mg/kg)	硒/(mg/kg)	苏氨酸/%	缬氨酸/%	蛋氨酸/%	胱氨酸/%	异亮氨酸/%	亮氨酸/%	苯丙氨酸/%	赖氨酸/%	组氨酸/%	精氨酸/%	色氨酸/%
鱼粉(国产)	90.1	53.6	10.3	—	4.64	2.13	—	8.0	292.0	88.0	9.7	1.94	2.41	2.94	1.40	0.50	2.31	3.97	2.37	3.90	1.29	3.24	0.60
鱼粉(进口)	90.0	65.0	10.0	—	3.96	2.90	—	9.6	181.0	98.9	9.2	2.7	2.86	3.46	2.00	0.56	2.92	4.95	2.68	5.28	1.71	4.00	0.71
肉粉	90.0	53.8	8.1	—	5.54	3.01	—	1.5	500.0	—	12.3	—	1.94	2.05	0.62	—	1.30	3.12	1.49	1.96	0.71	4.43	—
蚕蛹粉	90.0	53.6	25.1		0.25	0.60		19.1	621.0	190.0	8.0	—	2.41	2.97	2.21	1.36	2.37	3.78	2.27	3.66	1.29	2.86	1.25
脱脂蚕蛹粉	89.3	64.8	3.9		0.19	0.75		22.92	745.2	228.0	9.6	—	3.14	3.97	2.65	1.63	3.39	4.92	3.87	4.85	1.87	3.52	1.50
虾粉	86.4	43.7	1.3		3.06	0.15		—	—	—	—	—	1.37	1.37	1.43	—	1.27	2.15	1.31	1.94	0.58	2.16	—
血粉	88.9	84.7	0.4		0.04	0.22		8.0	2 800.0	14.0	2.3	—	3.51	7.64	0.68	1.69	0.88	11.96	6.05	7.79	6.01	4.13	1.43
酵母粉	91.7	52.4	—		0.45	1.48		61.0	902.0	86.7	22.3	—	2.18	2.54	0.85	0.56	2.19	3.33	1.96	3.57	1.06	3.12	0.48
全脂奶粉	90.0	26.4	30.6		1.62	0.66		0.9	90.0	—	0.5	—	1.61	2.80	0.70	0.38	2.70	3.40	1.50	2.40	0.90	1.10	0.50
脱脂奶粉	92.0	34.9	0.4		1.50	0.94		1.6	100.0	54.0	1.0	—	1.75	2.38	0.98	0.42	2.10	3.30	1.58	2.60	0.84	1.10	0.45
蚕豆	88.0	24.9	1.4	7.5	0.15	0.42	0.12	100.0	75.0	35.0	15.3	0.07	0.86	1.14	0.13	—	0.95	1.68	1.14	1.57	0.62	2.11	0.17
大豆	88.0	37.0	16.2	5.1	0.27	0.52	0.18	12.0	140.0	50.0	23.0	0.08	1.44	1.58	—	—	1.55	2.65	1.74	2.09	0.84	2.55	—
黑豆	88.0	36.1	14.5	6.7	0.22	0.55	0.17	15.0	250.0	20.0	27.0	0.06	0.89	1.69	0.36	—	1.39	2.51	1.32	1.60	0.51	2.22	0.50
绿豆	88.0	21.6	0.9	4.5	0.13	0.41	0.12	—	—	—	—	—	0.78	1.11	0.24	—	0.78	1.82	1.18	1.49	0.63	1.55	0.21
豌豆	88.0	22.6	1.5	5.9	0.12	0.34	0.12	10.0	65.0	18.0	17.0	0.05	0.99	0.85	0.08	0.34	0.87	1.62	1.00	1.88	1.25	2.24	0.15
豇豆	88.0	22.6	2.0	4.1	0.04	0.43	0.21	4.4	210.0	—	40.1	—	0.78	1.14	0.24	0.17	0.97	1.77	1.11	1.20	0.72	1.50	0.18
醋渣	25.0	2.4	1.2	5.3	0.06	0.03	—	—	—	—	—	—	0.08	0.13	0.05	0.01	0.08	0.14	0.10	0.08	0.05	0.12	0.02
豆腐渣	10.0	2.8	1.2	1.7	0.05	0.03							0.13	0.18	0.03	0.06	0.14	0.25	0.16	0.19	0.07	0.22	—
粉渣	25.0	1.9	0.1	4.6	0.08	0.06							0.06	0.06	0.04	0.02	0.05	0.09	0.06	0.08	0.03	0.08	—
酱油渣	22.0	4.8	3.1	3.9	0.07	0.02							0.27	0.24	0.07	0.03	0.19	0.45	0.27	0.14	0.11	0.24	—
酒糟	35.0	6.1	1.5	12.3	0.05	0.09							0.26	0.37	0.07	—	0.29	0.95	0.35	0.15	0.14	0.25	—
啤酒糟	25.0	6.9	1.5	3.8	0.09	0.12							0.18	0.28	0.08	0.17	0.22	0.40	0.27	0.18	0.11	0.30	0.06
甜菜渣	12.0	1.2	0.1	2.4	0.06	0.01							0.04	0.05	—	—	—	0.01	—	0.05	—	—	0.0
饴糖渣	16.4	1.4	1.4	1.7	0.02	0.01							0.06	0.08	0.02	0.05	0.04	0.16	0.06	0.04	0.06	0.06	0.36

注:引自王和明《配合饲料配制技术》,1986。

参考文献

[1]李爱杰.水产动物营养与饲料.北京:中国农业出版社,1994

[2]魏清和.水产动物营养与饲料学.北京:中国农业出版社,2004

[3]李复兴,李希沛.配合饲料大全.青岛:青岛海洋大学出版社,1994

[4]王道尊.鱼用配合饲料.北京:中国农业出版社,1995

[5]齐广海,等.饲料配制技术手册.北京:中国农业出版社,2000

[6]唐绍孟.鱼饲料配制和使用技术.北京:中国农业出版社,2002

[7]周明.鱼类的饲料与养殖.合肥:安徽科学技术出版社,2000

[8]荻野珍吉著.鱼类营养和饲料.陈国铭,黄小秋译.北京:海洋出版社,1987

[9]关受江,等.鱼类营养与饲料.成都:成都电讯工程学院出版社,1987

[10]杨风.动物营养学.北京:农业出版社,1993

[11]徐伯良.发酵饲料生产与营养新技术.北京:中国农业出版社,1999

[12]王和民,等.配合饲料配制技术.北京:农业出版社,1986

[13]姜懋武.饲料原料简易检测与掺假识别.沈阳:辽宁科学技术出版社,1998

[14]何欣.动物营养与饲料.北京:中央广播电视大学出版社,2003

[15]梁邢文,等.饲料原料与品质检测.北京:中国林业出版社,1999

[16] M·E·恩斯明格,C·G·奥伦廷.饲料与营养.北京:农业出版社,1985

[17]National Research Council 著.鱼类营养需要.曾虹等译.北京:中国农业出版社,1993

[18]丁角立.饲料添加剂指南.北京:中国农业大学出版社,1994

[19]李呈敏.中药饲料添加剂.北京:中国农业大学出版社,1993

[20]李美同,李玲,张子仪.饲料添加剂.北京:北京大学出版社,1991

[21]杨嘉实.氨基酸饲料学.北京:中国农业出版社,1989

[22]张乔.饲料添加剂大全.北京:工业大学出版社,1994

[23]林海.鱼虾饲料手册.北京:中国农业大学出版社,1999

[24]王纪亭,等.鱼的营养与饲料配制技术.北京:中国农业大学出版社,1999

[25]郝彦周.水生动物营养与饲料学.烟台:农业部水产职业教育研究会,2000

[26]石文雷.鱼虾蟹高效饲料配方.2 版.北京:中国农业出版社,2007

[27] 林东康.常用饲料配方与设计技巧.郑州:河南科学出版社,1995

[29]陈喜斌.饲料学.北京:科学出版社,2003

[30]刘德芳.配合饲料学.北京:中国农业大学出版社,1993

[31]梁邢文,等.饲料原料与品质检验.北京:中国林业出版社,1999

图书在版编目(CIP)数据

水产动物营养与配合饲料学/宋青春,齐遵利主编.—北京:中国农业大学出版社,2010.1(2016.6 重印)

ISBN 978-7-81117-925-5

Ⅰ.①水… Ⅱ.①宋…②齐… Ⅲ.①水产动物-动物营养②水产动物-配合饲料 Ⅳ.①S963

中国版本图书馆 CIP 数据核字(2010)第 015073 号

书　　名　水产动物营养与配合饲料学

作　　者　宋青春　齐遵利　主编

策划编辑　潘晓丽　　**责任编辑**　韩元凤

封面设计　郑　川　　**责任校对**　陈　莹　王晓凤

出版发行　中国农业大学出版社

社　　址　北京市海淀区圆明园西路 2 号　　**邮政编码**　100193

电　　话　发行部 010-62818525,8625　　读者服务部 010-62732336

编辑部 010-62732617,2618　　出　版　部 010-62733440

网　　址　http://www.cau.edu.cn/caup　　**E-mail** caup@public.bta.net.cn

经　　销　新华书店

印　　刷　北京时代华都印刷有限公司

版　　次　2010 年 1 月第 1 版　　2016 年 6 月第 4 次印刷

规　　格　787×1 092　16 开本　21 印张　537 千字

定　　价　34.00 元